KB184879

알기쉬운 한국건축 용어사전

알기쉬운 한국건축 용어사전 (개정증보판)

초판 1쇄 펴낸날 2007년 4월 10일
초판 26쇄 펴낸날 2024년 7월 31일
개정증보판 1쇄 펴낸날 2025년 2월 12일

지은이 김왕직
용어 영역 남수현
펴낸이 이건복
펴낸곳 도서출판 동녘

편집 이정신 이지원 김혜윤 홍주은
디자인 김태호
마케팅 임세현
관리 서숙희 이주원

만든 사람들
편집 이상희 **디자인** 김태호

인쇄·제본 영신사 **라미네이팅** 북웨어 **종이** 한서지업사

등록 제311-1980-01호 1980년 3월 25일
주소 (10881) 경기도 파주시 회동길 77-26
전화 영업 031-955-3000 편집 031-955-3005 **팩스** 031-955-3009
홈페이지 www.dongnyok.com **전자우편** editor@dongnyok.com
페이스북·인스타그램 @dongnyokpub

ISBN 978-89-7297-152-8 (03540)

Dictionary of
Korean Traditional
Architectural Terminology

알기쉬운 한국건축 용어사전

개정증보판

김왕직 지음
Kim Wangjik

남수현 용어 영역
terminology translation
Nam Soohyoun

동녘

개정증보판을 내면서

그동안 독자들의 많은 애정과 사랑에 깊이 감사드립니다.《알기쉬운 한국 건축 용어사전》 초판이 발간된 지 15년이 훌쩍 지났습니다. 용어가 크게 바뀐 것은 없으나 개념에 혼돈이 있었던 용어, 필요하지만 분량 때문에 소개하지 못했던 용어, 설명이 충분하지 못했던 용어 등에 대해서 아쉬움을 갖고 있던 차에 용어 영역에 대한 요청이 있어서 개정증보판을 내게 되었습니다. 용어와 크게 관계없이 보편적인 내용이었던 "건축유형" 편은 없앴으며, 도판과 사진, 설명원고를 새롭게 보충하고 수정하여 이해하기 더욱 쉽게 하였습니다.

가장 달라진 점은 '모든 용어의 영어 음역과 영어 표현을 병기하였다'는 점입니다. 그동안 용어의 영역에 대한 필요성과 요청은 많았으나 용기를 내지 못하고 있었는데 도서출판 동녘 이건복 대표님의 강한 의지와 후원과 함께 명지대학교 남수현 교수님의 헌신적인 노력으로 결실을 맺게 되었습니다.

덕분에 이번 개정증보판이 훨씬 더 빛을 발하게 되었습니다. 특히 한국 건축의 학술적 발전은 물론 해외에 한국건축을 소개하는 데 더욱 기여할 수 있으리라고 기대합니다. 상세한 용어까지 영역 작업이 이루어졌다는 것은 저자로서도 놀라운 일이며 영역에 물심양면으로 도움을 주신 이건복 대표님과 명지대학교 건축대학 남수현 교수님께 감사드립니다.

근래에 건축 관련《의궤》에 대한 연구가 활발해지면서《화성성역의궤 건축용어집》(2007)이 발간되었고, 인접학문 분야에서도《한국고고학 전문 용어집》(2018),《알기쉬운 전통조경시설사전》(2012),《한국고고학전문사전》

(2012), 《한국성곽용어사전》(2019), 《한국 의식주 생활사전》(2019) 등의 용어집 발간이 활성화되었습니다. 이는 모든 학문 분야에서 용어는 가장 기본적이고 중요하며 필수라는 방증이라고 생각합니다. 아무쪼록 한국건축을 처음 접하신 분들에게 이 책이 조금이라도 도움이 되길 바라며 이를 계기로 많은 학문적 성취가 있길 기원합니다.

오랫동안 용어를 공부하면서 용어는 살아 움직이는 생명체라는 생각을 하게 됩니다. 생성되고 성장하며 소멸하는 과정을 거치고 살아있는 동안 그 분야의 학문 발전에 활력소가 되고 에너지가 됩니다. 용어가 다양하다는 말은 문화가 다양하고 역사가 깊다는 의미입니다. 그래서 용어는 꼭 하나로 통일될 필요가 없으며 다양성을 인정해야 한다고 생각합니다. 다만 같은 시대에 그 분야의 소통을 위해서는 용어의 개념을 공유할 필요가 있습니다. 이러한 부분에 이 책이 조금이라도 기여한다면 저자로서는 더 이상 바람이 없습니다.

혹여 잘못된 부분이 있다면 온전히 저자의 책임입니다. 독자들의 많은 충고와 지적을 기다리겠습니다. 개정증보판이 발간되기까지 도판을 작성해주신 제자 서영옥 님과 편집과 발간에 애써주신 편집자 이상희 님, 도서출판 동녘 식구들께 다시 한번 감사의 말씀을 전합니다.

2025년 1월

명지대학교 한국건축연구실에서 김왕직

《알기쉬운 한국건축 용어사전》을 내면서

한국건축이 어렵게 느껴지는 것은 한국건축에 사용되는 용어를 모르기 때문이다. 용어를 익히면 한국건축의 반은 이해한 것이며 훨씬 재미있고 흥미로워진다. 본 용어사전은 기존의 딱딱하고 어려운 사전 틀을 벗어나 집을 지어나가는 순서대로 집필되었다. 그래서 앞에서부터 따라 읽어 나가다 보면 한국건축에 대한 소양과 풍부한 기초지식도 함께 갖추어지게 될 것이다. 여기에 소개된 건축용어는 500여 개인데 하나의 용어에 딸린 세부용어까지 합하면 1000여 개 정도이다. 통상 한국건축에 사용되는 용어는 만 여 개가 넘지만 대부분 사용되지 않거나 사용 빈도수가 낮은 것들이 많다. 그래서 한국 건축을 이해하는데 반드시 필요한 빈도수 높은 용어를 기준으로 선택했다. 여기에 나오는 건축용어만 알아도 답사 다니고 한국건축을 공부하고, 현장에서 일하는 데 큰 어려움은 없을 것이다. 이전에 출판되었던 《그림으로 보는 한국건축용어》보다 용어의 숫자도 늘었고 범위도 넓어졌다. 내용설명도 새로 작성하여 더욱 풍부해졌고 도판과 사진도 훨씬 많아졌다. 어느 부분에서는 보다 전문적이고 상세한 용어가 해설된 부분도 있는데 지면이 구분되도록 했으므로 초보자는 이 부분을 보지 않고 지나가도 좋다.

본 용어사전에서는 보편적이고 많이 사용되는 용어를 기준으로 선택했으며 가능하면 《의궤》와 같은 옛 문헌을 근거로 했다. 특히 공포용어에서는 기존에 통용되는 용어와 개념이 다른 부분도 있다. 이는 기존 용어들이 논리가 맞지 않고 개념이 혼동되게 사용되어 온 경향이 있어서 이를 수정하는 의미에서 새롭게 정리한 것이므로 처음에는 어색해도 차츰 익숙해지리라고 기대한다.

이 책이 만들어지기까지 선학들의 많은 연구와 문화재청에서 그동안 발간한 실측조사 보고서들이 있어서 가능했다. 몇몇 도판은 장기인, 《목조》(보성각, 1988) / 김동현, 《한국고건축단장(하)》(동산문화사, 1977) / 손영식, 《한국성곽의 연구》(문화재관리국, 1987) / 황수영, 《국보(4권)》(예경산업사, 1986) 및 실측보고서에서 인용하였다. 지면을 통해서나마 감사드린다.

용어는 살아 있는 것이고 소멸과 생성을 거듭하여 변화해가기 때문에 개념 차이와 이견이 있을 수 있다. 또 필자의 연구부족으로 부족한 부분이 많을 것으로 우려되며 그런 만큼 선배 제현들의 충고와 질책을 기다린다. 이 책이 한국건축사를 처음 공부하는 초보자에게 조금이나마 보탬이 된다면 필자로서는 더할 나위 없이 기쁠 것이다.

끝으로 이 책의 도판을 완성하는 데 많은 도움을 준 명지대학교 건축역사연구실 김상협 박사를 비롯한 이영수, 박태근, 박만홍, 이효진, 이재용, 조영민, 정록죽 후배들에게 감사드리며 수없이 많은 수정과 교정으로 책을 옥석으로 만들어준 도서출판 동녘의 편집부 식구들과 이건복 사장님께도 감사의 마음을 전한다.

2007년 3월

함박골 연구실에서 김왕직

《그림으로 보는 한국건축용어》 서문

요즘은 한옥에 관심이 높아져 한옥강좌와 답사에 많은 사람들이 참여하고 있다. 그러나 강사가 아무리 쉽게 설명해도, 책이 아무리 쉽게 쓰여졌어도 이해하기 어렵다고 한다. 가장 큰 원인은 사용되는 언어가 다르기 때문에 대화가 안 되는 것과 마찬가지이다. 어느 분야를 이해하고자 할 때 제일 먼저 해야 할 일은 그 분야에서 쓰고 있는 용어를 이해하는 것이다. 의학을 공부할 때 의학용어를 먼저 습득하는 것과 마찬가지다.

사용되는 용어를 알면 그 분야의 반은 이해한 것이다. 한옥도 기초적인 용어만 알면 책을 보고 답사 다니는 일이 훨씬 재미있고 유익해진다. 본 서에서는 가장 많이 사용되는 한국건축용어 300개 정도를 선택하여 집 짓는 순서대로 서술하였다. 사전식이 아니기 때문에 차근차근 읽다 보면 한국건축에 대한 기초적인 소양도 함께 갖추어지게 될 것이다. 부록에서는 답사해볼 만한 중요 유적의 목록과 한국건축을 이해하는 데 반드시 필요한 내용을 수록하였다.

책에 따라서 용어에 약간씩 차이를 보이고 있다. 본 서에서는 가장 보편적으로 사용되는 용어를 선택하였고, 가능하면 옛 문헌에 근거하였다. 그러다 보니 현재 사용되고 있는 용어 중에서 공포 부분의 용어는 약간의 이견을 보일 수도 있을 것이다. 공포 부분의 용어는 조선시대 건축기록인 의궤를 토대로 연구한 〈조선시대영조의궤의공포용어에관한연구〉(김도경, 고려대석사논문, 1993)를 참조하였다.

그리고 몇몇 도판은 《목조》(장기인, 보성각, 1998), 《한국의살림집》(신영훈, 열화당, 1983), 《한국고건축단장(하)》(김동현, 동산문화사, 1977), 《한국성곽의연구》(손영식, 문화재관리국, 1987), 《국보(금동불)》(황수영, 예경산업사, 1986), 《국보(석조)》(정영호, 예경산업사, 1986)와 각종 실측보고서 등 선학들의 연구가 큰 도움이 되었다. 지면을 통해서나마 감사드린다.

본 서에서 나타나는 잘못은 필자의 무지에서 온 것이므로 전적으로 필자에게 책임이 있으며 아직 부족한 것이 많으므로 독자 제현들의 따가운 충고를 기다린다. 아무쪼록 한국건축을 이해하는 데 조금이나마 보탬이 된다면 필자로서는 더할 나위 없이 기쁠 것이다.

끝으로 본 서 대부분의 삽도를 그려준 명지대학교 건축역사연구실 이승종, 황선영 후배와 원고교정에 애써 준 김재학, 민두진 후배에게 감사의 말을 전한다. 그리고 어려운 출판계의 현실 속에서도 기꺼이 출판을 맡아준 도서출판 발언 여러분들께도 감사의 말을 전한다.

2000년 4월 1일

김왕직

차례

Contents

* The translation of the glossary for Traditional North-eastern Asian Architecture into English remains in its early stages. Terms from traditional Chinese and Japanese architecture were considered; however, distinct differences from Korean architectural terminology have led to their exclusion. This pioneering effort focuses on conveying the architectural and structural concepts of each element with precision. To ensure accurate meaning, some terms have become lengthier and more descriptive. To enhance comprehension, universally relatable terminologies have been employed where applicable.

mogjae

목재 Wood

sumog-ui saengjang teugseong
- 수목의 생장 특성 Growth Characteristics of Trees

sumog-ui danmyeon teugseong
- 수목의 단면 특성 Cross-sectional Characteristics of Trees

mogjae-ui geonjo
- 목재의 건조 Desiccation of Wood

mogjae-ui sayong
- 목재의 사용 Wood Application

yeonlyun-yeondae
- 연륜연대 Dendrochronology (Tree-ring Dating)

소나무 단면 수원 한옥기술전시관

침엽수(소나무) 매원마을
Softwood (Pine Tree)

활엽수(느티나무) 진천 보탑사
Hardwood (Zelkova)

활엽수(밤나무) 화성 당성
Hardwood (Chest Nut)

목재는 한국건축의 뼈대를 형성하는 주재료이다. 근현대에 들어서 콘크리트와 철 등이 목재를 대신하지만 지구환경, 지속가능성, 친환경 등을 고려하면 목재가 미래의 건축재료로 화려하게 부활할 것은 명백하다. 유기물인 목재는 제재(製材) 후에도 자연환경과 상호 교류하면서 변화하기 때문에 그것이 지닌 고유한 재료적 성질과 특성을 이해하는 일은 매우 중요하다. 우리나라 소나무는 육송, 홍송, 해송으로 분류하는데, 다른 목재에 비해 탄력이 좋고 단단하며 내습성이 강하고 질감이 좋으며 가공성이 뛰어나다. 또 우리나라 산에서 흔히 볼 수 있는 소나무는 십장생 중 하나이며 예로부터 한국 사람은 소나무의 청향(淸香)을 좋아했다. 활엽수는 주로 치장재와 가구재로 쓰이는데 한국건축에서는 특별히 활엽수를 많이 쓰지는 않았다. 이는 서양건축과 달리 구조재가 곧 실내 마감재로서 역할을 했기 때문이라고 볼 수 있다. 누각의 하부 기둥은 비바람과 풍화를 견뎌야 하므로 활엽수인 느티나무를 사용한 사례가 있다. 일산의 밤가시초가는 집 전체를 활엽수인 밤나무로 지었다.

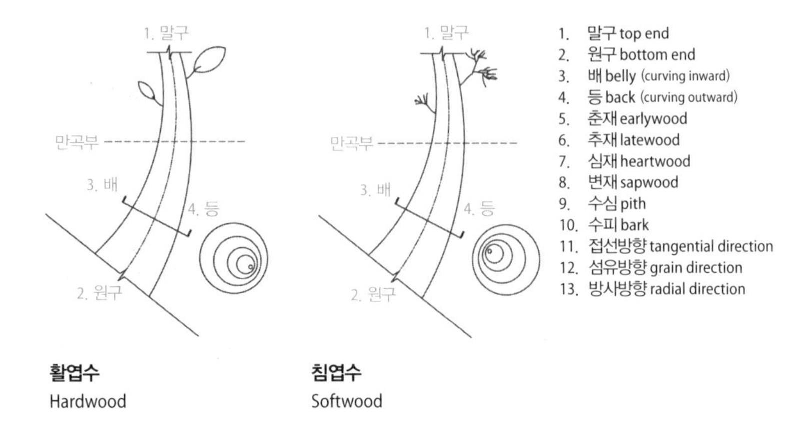

활엽수
Hardwood

침엽수
Softwood

sumog-ui saengjang teugseong

수목의 생장 특성
Growth Characteristics of Trees

나무는 생장 환경과 지형에 따라 그 특성이 다르다.

저지대와 계곡부는 영양이 많고 토심(土深)이 깊어 성장이 빠르다. 그래서 나이테가 넓고 나무가 무른 것이 특징이다. 반대로 산등성이나 토심이 얕은 곳에서는 성장이 느려 나이테가 조밀하고 나무가 단단하다. 나무는 절단했을 때 뿌리 쪽을 **원구***, 위쪽을 **말구****라고 하며 말구보다 원구 쪽이 단단하다.

나무는 중력과 반대 방향인 수직으로 자라려는 직립성이 있는데 한국과 같이 비탈진 경사지가 많은 곳에서는 일정 높이까지는 굽어 자란다. 지형이 낮은 계곡 쪽으로 휘며 자라는데 이쪽을 **등*****이라고 하고 반대쪽, 안으로 휘어 들어간 부분을 **배******라고 한다. 등과 배의 특성은 침엽수와 활엽수가 다르다. 활엽수는 배 쪽이 세포벽의 주성분인 섬유소(셀룰로스)의 밀도가

* 원구(wongu) bottom end
** 말구(malgu) top end
*** 등(deung) back (curving outward)
**** 배(bae) belly (curving inward)

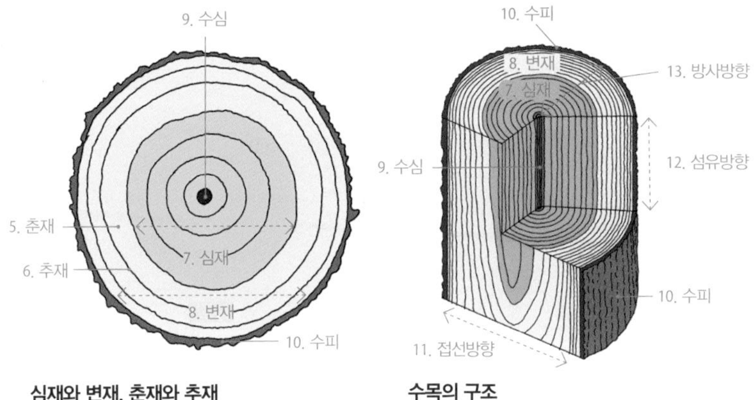

심재와 변재, 춘재와 추재
Heartwood & Sapwood, Earlywood & Latewood

수목의 구조
Tree Structure

높아 인장력을 받아주는 역할을 한다. 침엽수는 섬유소와 섬유소를 잡아주는 리그닌의 밀도가 높아 등 쪽에서 압축력을 받아주는 역할을 한다. 목질화한 식물의 섬유소 다음가는 주성분인 리그닌은 수목을 지지하는 역할 이외에 물리적으로 단단하기 때문에 동물에 의해 쉽게 먹히지 않고 병원균이나 감염을 막는 역할을 한다. 건축에 사용할 때는 원구와 말구, 등과 배의 특성을 잘 알고 활용하는 것이 중요하다.

sumog-ui danmyeon teugseong

수목의 단면 특성
Cross-sectional Characteristics of Trees

나무의 절단면을 보면 동그랗게 동심원을 그리며 나무가 성장하는 것을 볼 수 있다. 이를 나이테(木理)라고 하는데 나이테가 시작되는 중앙점을 **수심***이라고 한다. 나이테는 수심을 에워싸며 동심원으로 형성되며 춘재와 추재로 구분된다. **춘재****는 봄과 여름에 자란 부분으로 세포막이 얇고 색깔이 연하다.

* 수심(susim) pith

** 춘재(chunjae) earlywood

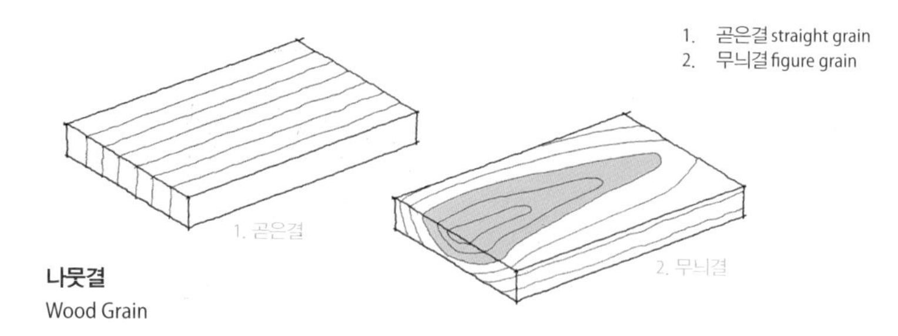

나뭇결
Wood Grain

추재*는 가을과 겨울에 자란 부분으로 세포막이 두껍고 조직이 치밀하며 색깔이 짙다. 침엽수는 활엽수에 비해 나이테가 비교적 선명하다.

또 수심으로부터 빛깔이 짙은 부분과 그 바깥으로 연한 부분이 있는데 안쪽의 짙은 부분을 **심재****, 바깥의 연한 부분을 **변재*****라고 한다. 심재와 변재는 조직의 차이는 없으나 심재부에는 녹말, 당분, 타닌, 색소 등 화학물질 함량이 많아 색이 짙게 나타나고 강도, 내구력, 비중 등 물리적 성질이 변재보다 좋다. 삼나무는 변재와 심재의 구분이 명료하지만 소나무는 명료하지 않은 것이 특징이다.

건축에 사용되는 목재는 자르는 방향에 따라 무늬와 성질 및 강도 특성이 달라진다. 나무의 길이 방향, 즉 상하 생장 방향을 **섬유방향******이라고 하고, 수심을 기준으로 나이테와 직각을 이루며 방사선으로 퍼져나간 방향을 **방사방향*******이라고 하며, 나이테와 접선을 이루는 방향을 **접선방향********이라고 한다. 이러한 방향에 따라 목재의 성질과 강도 특성인 압축, 인장, 휨, 전단력이 다르다. 일반적으로 목재는 섬유방향을 기준으로 본다면 '휨 〉 압축 〉 인장 〉 전단' 순서의 강도 특성이 있다. 즉 목재는 휨 응력에 가장 강하

* 추재(chujae) latewood
** 심재(simjae) heartwood
*** 변재(byeonjae) sapwood
**** 섬유방향(seomyubanghyang) grain direction
***** 방사방향(bangsabanghyang) radial direction
****** 접선방향(jeobseonbanghyang) tangential direction

다. 또 목재는 방향에 따라 수축률의 편차가 크다. 수종에 따른 차이도 있지만 일반적으로 수축 정도는 '접선방향 〉 방사방향 〉 섬유방향' 순서로 나타난다. 즉 수목이 길이 방향으로는 잘 줄어들지 않는 데 비해 접선방향으로는 많이 줄어든다는 의미로, 심한 경우 50~100배 차이가 나기도 한다.

또 목재는 절단 방향에 따라 시각적인 패턴이 달라진다. 방사방향으로 자르면 나이테 무늬가 평행선으로 보이는데 이를 **곧은결***이라고 하고, 접선방향으로 자르면 물결무늬가 나타나는데 이를 **무늬결****이라고 한다. 곧은결은 휨과 변형이 적어 창호 등 수장재에 주로 사용하며 무늬결은 패턴이 아름다워 변형과 관계없는 치장 및 마감재에 사용한다.

* 곧은결(godeungyeol) straight grain

** 무늬결(munuigyeol) figure grain

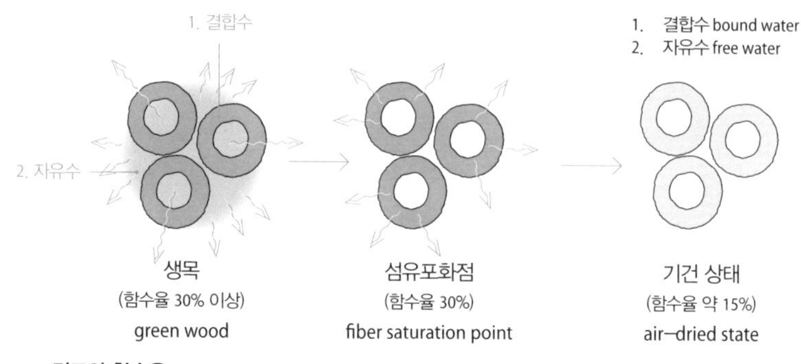

건조와 함수율
Desiccation and Moisture Content

mogjae-ui geonjo
목재의 건조
Desiccation of Wood

목재는 주로 **함수율(含水率)***에 따라 변형과 갈라짐 등의 차이가 있다. 변형의 형태와 방향은 해당 부위와 나이테의 구성에 따라 다르게 나타나는데, 변형의 형태는 목재 각 방향의 수축률에 따라 결정되고, 수축의 정도는 함수율과 관계가 있다. 따라서 수축에 의한 갈라짐과 변형을 최소화하려면 건조를 충분히 해야 한다. 또 목재의 절단면에는 수분이 침투하기 쉽기 때문에 물이나 습기를 방지하기 위한 조치가 필요하다. 그리고 변재가 심재보다 흡수성이 강하기 때문에 사용처를 고려해 목재를 선택해야 한다.

목재가 함유하는 수분은 크게 자유수와 결합수로 구분된다. **자유수****는 세포 내 소관의 빈 공간과 세포 사이에 존재하는 수분을 말한다. 자유수가 모두 증발된 상태를 **섬유포화점*****이라고 하며 함수율로는 30% 정도이다. 섬유포화점까지는 수분이 증발해도 목재의 변형이 일어나지 않는다. **결합**

* 함수율(hamsuyul) moisture content
** 자유수(jayusu) free water
*** 섬유포화점(seomyupohwajeom) fiber saturation point

수*는 세포벽 내에 존재하는 수분을 말한다. 결합수는 목재의 물리적·기계적 성질에 크게 영향을 미치며, 결합수가 빠져서 함수율이 30% 이하로 떨어지면 표면 가까운 곳에서부터 안쪽으로 갈라진다. 즉 세포 간의 균형이 깨지고 섬유가 축소되어 건조균열이 발생한다. 건조가 1% 진행되면 세포는 0.1~0.3% 정도 축소된다. 우리나라 평균 **기건함수율****, 즉 대기 중의 온도·습도와 평형상태를 이룬 목재의 함수율은 계절과 지역에 따라서 차이가 있지만 12~15% 범위로 알려져 있다. 따라서 목재를 함수율 약 15% 정도로 건조하면 건조균열을 방지할 수 있다.

* 결합수(gyeolhabsu) bound water

** 기건함수율(gigeonhamsuyul) air-dry moisture content

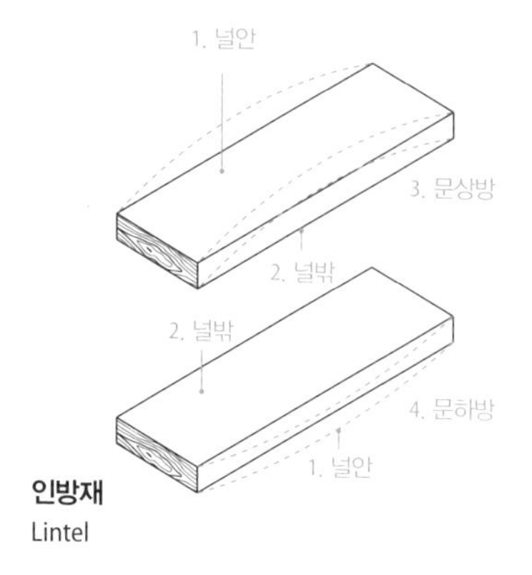

인방재
Lintel

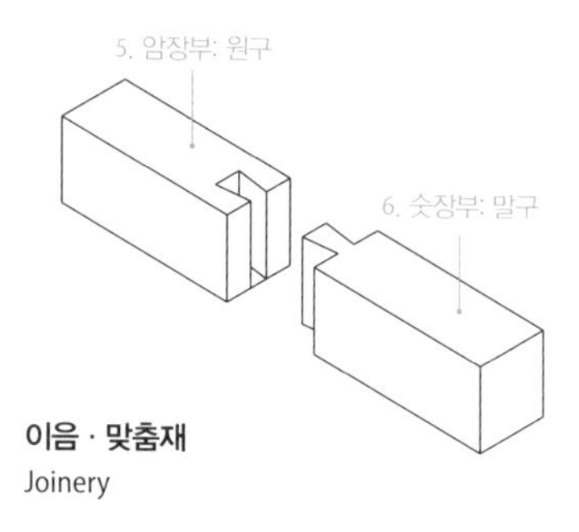

이음 · 맞춤재
Joinery

1. 널안 pith side
2. 널밖 bark side
3. 문상방 top lintel
4. 문하방 lower lintel
5. 암장부: 원구 female mortise: bottom end
6. 숫장부: 말구 male tenon: top end
7. 등: 위로 back side to top
8. 배: 아래로 belly side to bottom
9. 남쪽: 말구 top end to southern end
10. 북쪽: 원구 bottom end to northern end
11. 원구: 처마쪽 bottom end to eave
12. 말구: 건물 안쪽 top end to inside

mogjae-ui sayong
목재의 사용
Wood Application

목재는 수종 및 생장 조건, 나이테의 구성, 제재, 함수율에 따라 수축 및 변형이 모두 다르기 때문에 개별 특성에 따라 사용 방법을 달리해야 한다.

목재는 벌채해 사용하더라도 기본적으로 산림에 있을 때의 생장 조건과 같은 위치 및 방위를 지켜서 쓰는 것이 변형을 최소화하고 내구성을 높이는 방법이다. 예컨대 산의 북사면에서 자란 목재는 건물에 사용할 때도 북쪽 기둥으로 사용하는 것이 합당하다. 또 자랄 때 남북 방향을 건물에 사용할 때도 향을 그대로 지켜 사용하면 변형을 최소화할 수 있다.

판재는 수심 쪽을 **널안***, 수피 쪽을 **널밖****이라고 한다. 일반적으로 널밖이 마디가 적고 결이 좋다. 그러나 널밖에 비해 널안이 단단하고 수축이 적기 때문에 건조하면 널안으로 배가 나오는 변형이 이루어진다. 널밖은 대

* 널안(neol-an) pith side
** 널밖(neol-bakk) bark side

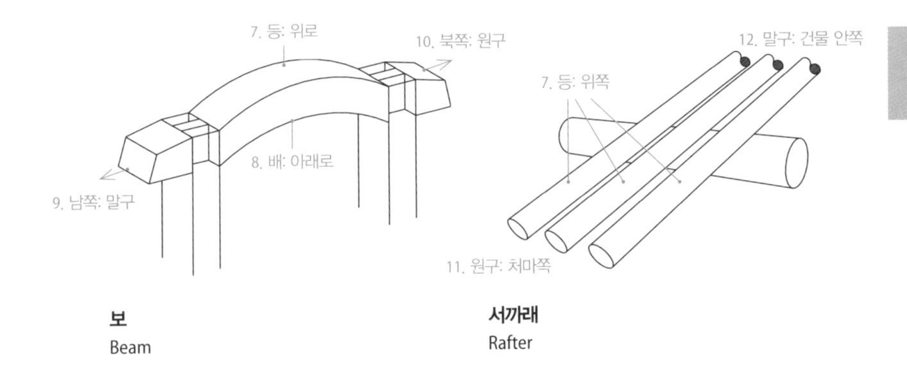

보
Beam

서까래
Rafter

패질하면 광택이 나고 거스러미도 적어 마감재 표면으로 사용하면 좋다. 예를 들어 문틀의 경우 문지방은 널안을 아래로 하고 문상방은 널안을 위로 해야 건조수축해도 눌리지 않아 문짝이 잘 움직인다.

기둥이나 보, 도리 등 구조재도 휘는 방향을 고려해 사용해야 한다. 기둥의 경우 널안 쪽으로 배가 부르며 휘기 때문에 널안은 벽체에 면하도록 하고 널밖은 개구부 쪽으로 면하게 해야 변형을 상쇄할 수 있다. 모서리 기둥의 경우는 이렇게 사용할 수 없기 때문에 수심을 중앙에 두고 널안과 널밖이 생기지 않도록 제재해 사용해야 한다.

보나 도리처럼 횡부재로 사용할 경우에는 나이테가 조밀한 북쪽을 아래로 놓아야 콘크리트 건물의 철근과 같은 역할을 해서 상부 하중을 잘 받아준다. 경사지에서 자란 곡부재의 경우는 배 쪽이 나이테가 조밀하고 단단하기 때문에 배 쪽을 아래로 놓는다. 물론 부재의 양쪽에서 지지하지 않는 처마서까래와 같은 캔틸레버(외팔보) 구조에서는 반대로 나이테가 조밀한 면을 위로 향하도록 해야 한다. 그리고 하부 지지점이 중앙에만 있는 횡부재의 경우도 마찬가지이다. 또 향도 고려해야 하는데 보의 경우 원구 쪽을 북쪽으로 향하도록 해야 한다. 원구는 말구에 비해 심재 부분이 많고 나이테도 조밀하기 때문에 강도가 우수하다. 서까래의 경우는 향과 관계없이 단단한 원구를 노출되는 쪽으로 배치해야 풍화를 늦출 수 있다.

부재를 이음맞춤 할 때 이음이 연속되는 경우는 암장부 쪽을 원구로, 숫

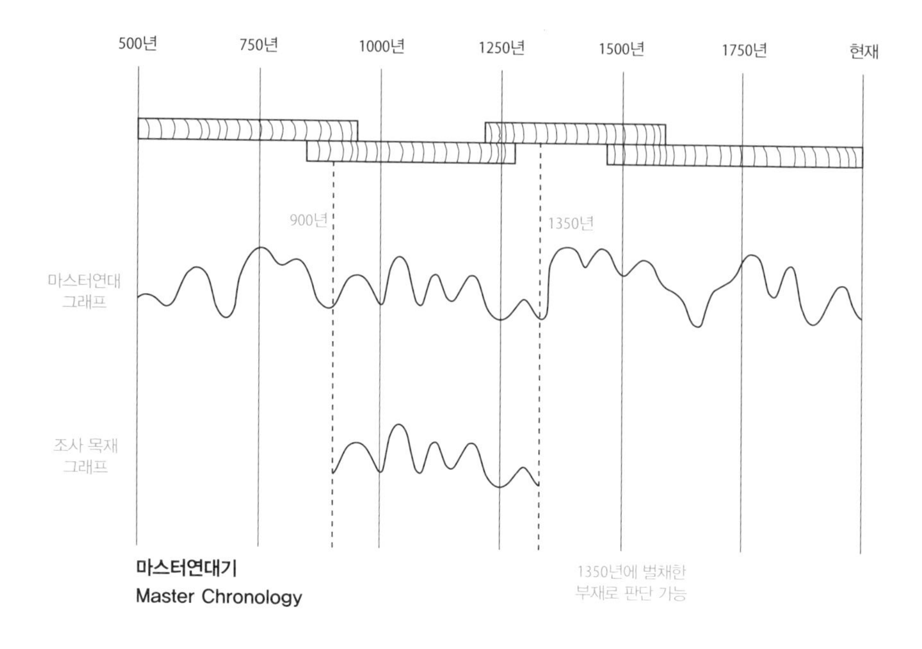

마스터연대기
Master Chronology

장부 쪽을 말구로 해야 균형이 맞는다. 그러나 장부 반대쪽에 이음맞춤이 없는 경우는 암장부와 숫장부를 모두 원구로 하면 매우 단단한 결구를 할 수 있다.

yeonlyun-yeondae

연륜연대

Dendrochronology (Tree-ring Dating)

목재는 생육환경에 따라 나이테의 패턴이 다르게 나타난다. 환경이 좋으면 나이테의 폭이 넓고 나쁘면 좁게 나타난다. 그래서 나무의 나이테는 기후환경의 지문이라고 할 수 있다. 이러한 특성을 이용해 나이테의 폭을 그래프로 작성한 연륜패턴 그래프로 목재의 나이를 측정하는 방법이 연륜연대법이다. 건축에 사용된 목재의 연륜패턴을 마스터연대기와 대조하면 마지막 벌채 연대를 알 수 있고 이를 통해 건축 시기를 추정할 수 있다. 건축물에 상량문이나 묵서 등이 남아 있어서 건축 시기를 알 수 있으면 가장 정확하겠지만 이런 기록이 없는 경우 연륜연대법은 매우 유용한 건물의 나이 측정법이다.

마스터연대기는 현생목을 기반으로 만들어진다. 2023년 현재 수령이 500년인 나무를 잘랐다고 하면 1523년부터 2023년까지의 나이테 그래프를 알 수 있다. 또 땅속에서 발견된 700년 된 목재가 있어서 나이테 그래프를 그려 이것과 겹쳐보니 1523년부터 1700년까지의 부분이 겹친다고 하면 이 둘을 결합해 1000년부터 2023년까지의 마스터 연대기를 만들 수 있다. 이렇게 반복하면 상당한 기간의 마스터 연대기를 만들 수 있다.

건축 부재의 나이테 그래프를 만들어 마스터연대기와 일치하는 위치에 안치하면 수피의 마지막 연륜과 겹치는 연대가 목재의 벌목 연대이다. 건축에 사용되는 목재는 벌목 후 보통 2~3년 건조해서 사용한다고 하면 건축연대는 마지막 벌목 연대에서 2~3년을 더한 것이 건축 연도이다.

geonchuggujo

건축구조
Structure

gagusiggujo

가구식구조 Post-and-lintel Structure

deulbosig

- 들보식 Beams on Column System

kkwebangsig

- 꿰방식 Column Pierced Beam System

byeogsiggujo

벽식구조 Wall Structure

gwiteulsig

- 귀틀식 Stacked Log Construction System

byeogjusig

- 벽주식 Primitive Pillar-wall Structure System

jojeogsig

- 조적식 Masonry Construction System

ilchesig

- 일체식 Monolithic Structure System

창덕궁 인정전 회랑

건축구조는 하중을 받는 주 구조체의 형식에 따라 가구식과 벽식으로 나뉜다. **가구식**은 기둥과 보 등 뼈대가 하중을 받는 것이며, **벽식**은 뼈대 없이 벽 자체가 하중을 받는 구조이다. 벽식구조의 벽은 **내력벽**이라고 하고, 하중을 받지 않는 가구식구조의 벽은 **비내력벽**이라고 한다. 가구식은 다시 들보식과 꿰방식으로 나눈다. **들보식**은 대량식(大樑式)이라고도 하는데 보가 있는 구조 형식을 가리킨다. **꿰방식**은 보가 없는 구조로 중국의 천두식(穿斗式)이나 일본의 다이부쯔요(大佛樣)가 여기에 해당한다. 벽식구조는 다시 귀틀식과 조적식, 일체식으로 세분할 수 있다. **귀틀식**은 나무를 옆으로 포개 쌓아 벽체를 만든 구조이고 **조적식**은 벽돌이나 돌을 회나 시멘트 등으로 붙여 쌓은 것이다. **일체식**은 회나 시멘트 등의 접착제 없이 한 덩어리로 이루어진 구조이다.

건축구조는 전통건축이나 현대건축 구분 없이 모두 이 다섯 방식에 포함되며 재료는 목조, 석조, 벽돌조, 콘크리트조(RC조), 철골조 등으로 다양하다. 그러나 가구식이나 벽식에 속하지 않는 원시건축의 **엮집**은 기둥과 보가 없으며, 또 지붕과 벽체가 구분되어 있지 않고 도리에 서까래를 건 매우 간략한 구조 형식이다.

구조	형식	적용 재료
가구식	들보식(大樑式)	목조, RC조, 철골조
	꿰방식(중국 穿斗式, 일본 大佛樣)	목조
벽식(내력벽)	귀틀식(중국 井幹式)	목조
	조적식(組積式)	석조, 벽돌조
	일체식(一體式)	RC조, 2×4목조, CLT목조
	벽주식(壁柱式)	토벽, 목재벽

gagusiggujo

가구식구조

Post-and-lintel Structure

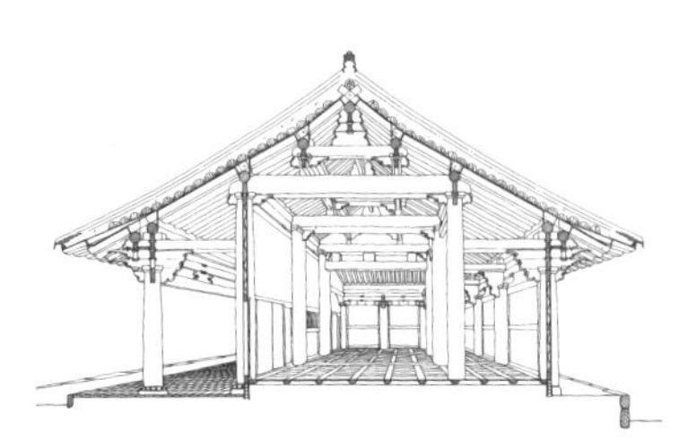

들보식 나주향교 대성전
Beams on Column System

들보식 부석사 무량수전

deulbosig

들보식

Beams on Column System

들보식은 기둥과 보와 도리 등을 이음과 맞춤으로 결구한 건축구조이다. 원시 움집인 엮집으로부터 출발해 건축이 지상화하면서 탄생한 구조법으로 과도기에는 꿰방식과 같은 구조법이 사용되었을 것이다. 꿰방식은 기둥 간격이 좁은 것이 단점인데 차츰 기둥 간격이 넓어지면서 기둥머리의 횡부재의 안정된 결구를 위해 공포나 보아지 등을 사용했다. 고구려 고분벽화에서는 기둥 간격을 넓히기 위해 '人'자 모양의 부재들을 사용한 트러스 구조를 만들었다. 그러나 공포는 받침목 성격의 첨차를 여러 층 쌓아 만든 것으로 조적조와 같이 횡력에는 약하다. 그래서 내부에 고주를 세우고 여기에 굵은 보를 바로 걸어 구조적 보강을 하면서 지금과 같은 들보식 구조가 탄생한 것으로 추론한다. 현재 동양 삼국의 목조건축은 대부분 들보식이며 목조건축의 가장 보편적인 구조법이다.

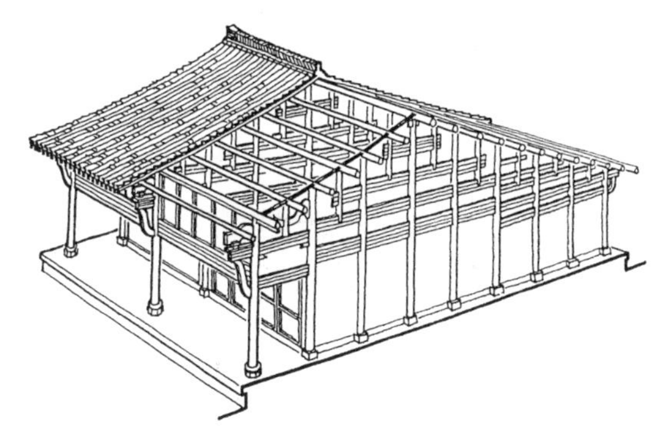

꿰방식으로 분류할 수 있는 중국 남방 민가의 천두식(穿斗式)
Column-and-tie Timber Frame, Southern Chinese Folk House

kkwebangsig
꿰방식
Column Pierced Beam System

꿰방식은 기둥에 구멍을 뚫어 들보 없이 인방재들을 관통시켜 연결한 구조법이다. 중국의 **천두식(穿斗式)***과 같은 구조인데 한국에서는 유물이 남아 있지 않아 용어도 사라졌다. 강원 삼척시 미로면 고천리 민가에 일부 남아 있는데 이곳 주민들은 '실을 바늘에 꿰는 듯'하다는 의미로 **꿰방집****이라고 부르고 있다. 지방 방언일 수 있으나 중국 천두식의 대체용어로 사용하고자 한다.

천두식은 중국 윈난성 등 주로 남쪽 지방에 남아 있는 구조법으로 원시 구조법에 속한다. 윈난성 태족은 습기와 더위를 피하기 위해 누각식으로 건물을 짓는데 그 하부 누하주를 천두식으로 했다. 일본에서는 이를 **다이부쯔요(大佛樣)*****라고 하는데 도다이지(東大寺) 대불전과 남대문 및 조도지(淨土寺)에서 사례를 볼 수 있다. 기둥이 도리를 직접 받도록 하였고 기둥에

* 천두식(chundousig) column-and-tie timber frame
** 이용준, 〈꿰방집의 목조가구 결구에 관한 고찰〉, 《한국농촌건축학회》 9권 1호, 2007년 2월

1. 어미기둥 tall column on flank center

꿰방식 흔적이 남아 있는 어미기둥 봉정사 극락전
Tall Column on Flank Center, with Traces of Column Pierced Beam System

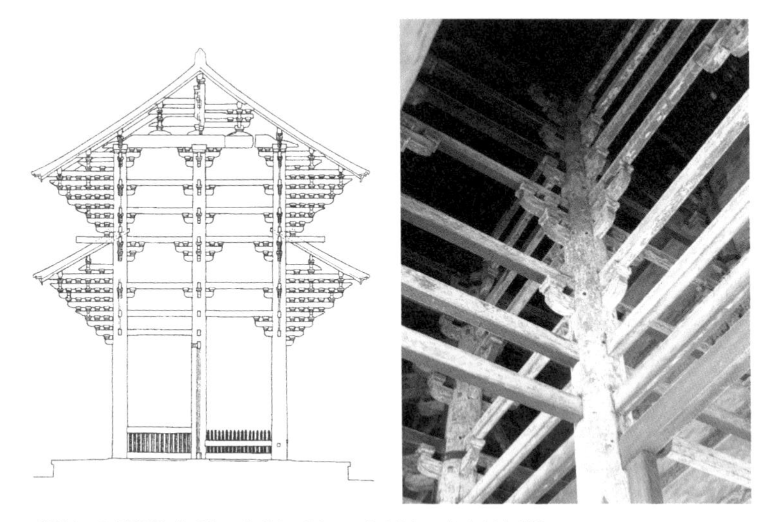

꿰방식으로 분류할 수 있는 다이부쯔요(大佛樣) 일본 도다이지 남대문
Daibutsuyō Style

*** 다이부쯔요(大佛樣). 대불을 모시기 위해 중층으로 건물을 짓고 층고를 매우 높게 만든 건축물이다. 이러한 건물들은 기둥이 높기 때문에 횡력을 견디기 위해 인방재들을 기둥에 관통시켜 촘촘히 걸어주는데 이를 다이부쯔요라고 한다. 중국의 천두식과 유사한 구조법이다.

많은 인방재를 관통시켜 결구했다. 천두식이나 다이부쯔요는 기둥에 인방재를 관통시킨 것 외에 기둥이 도리를 직접 받치는 것이 특징이다.

구조 발생 초기 움집은 기둥을 땅에 박은 백이기둥 방식이었기 때문에 기둥머리 결구가 튼튼치 않아도 가능했다. 그러나 백이기둥 방식은 기둥이 지면 습기로 썩는 것이 단점이었고 이를 방지하기 위해 기둥을 초석 위에 올려놓는 지상화가 진행되었다.

건축의 지상화는 철기시대 이후 건축 연장이 발달하고 이음과 맞춤으로 기둥머리를 튼튼히 결구할 수 있게 되면서 가능해졌다. 그러나 과도기에는 기둥을 촘촘히 세우고 기둥 사이를 인방재로 수없이 엮어 망처럼 구조하는 방식이 사용되었는데 이것이 천두식이다. 이 구조법은 기둥이 많아 실내공간의 효율성이 떨어지기 때문에 기둥을 줄여 나가는 감주법이 탄생하였고 감주법으로 인한 구조적인 결함 때문에 공포가 나타나고 굵은 보를 사용하게 되었다. 그래서 발생한 것이 들보식으로 추정된다.

들보식 구조는 보를 사용하면서부터 탄생한 것으로 볼 수 있는데 동양에서 가장 오래된 건물인 일본의 호류지(法隆寺) 금당은 보가 없다. 다음으로 785년 당나라 때 지은 중국의 남선사(南禪寺) 대전에는 보가 있다. 이를 기준으로 한다면 보의 탄생은 8세기 중반 이후라고 할 수 있다. 고주는 아마 그 이후부터 사용했을 것으로 추정된다.

byeogsiggujo

벽식구조
Wall Structure

귀틀식 대동 팔청리 벽화 고분
Stacked Log Construction System

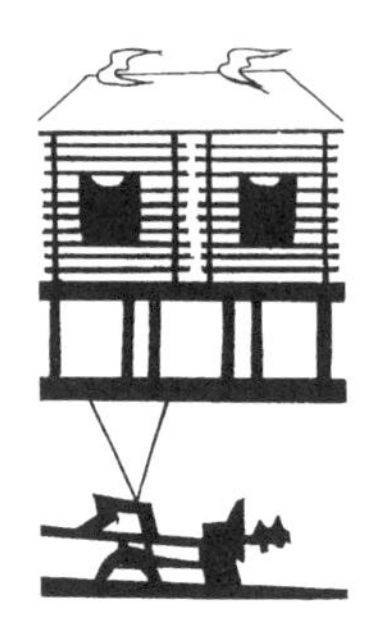

귀틀식 집안 마선구 1호분

귀틀식 일본 도다이지 교창

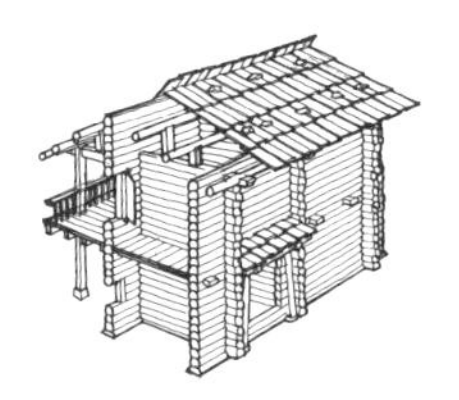

귀틀식 중국 민가

gwiteulsig

귀틀식
Stacked Log Construction System

귀틀식은 나무를 옆으로 포개 쌓아 만든 구조이다. 중국의 역사서 《삼국지》〈위지〉 "동이전" '변진조'에는 "집을 짓는데 옆으로 나무를 포개어 쌓아 마치 감옥과 비슷하다"라는 기록이 있다. 또 고구려에서는 집집마다 '부경'이라는 작은 창고를 두고 있었는데 이 또한 귀틀집이었던 것으로 추정하고 있다. 고구려 마선구 1호분에는 두 칸짜리 귀틀집이 보인다. 또 팔청리 벽화고분에도 단칸의 귀틀집이 보이는데, 사다리가 놓여 있는 누각 건물로 기둥이 굵고 기둥 위에 주두도 있는 고급 귀틀집이다. 고구려의 귀틀집은 일본에 전해졌으며 사찰 창고로 지어져 현재까지 전하고 있다. 가장 유

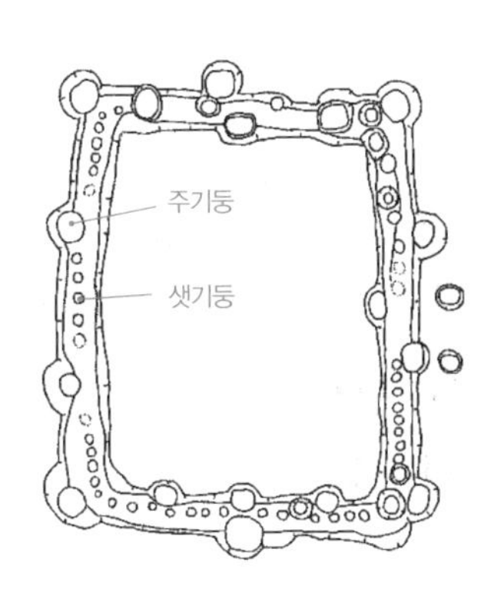

벽주식 유적*
Primitive Pillar—wall Structure System

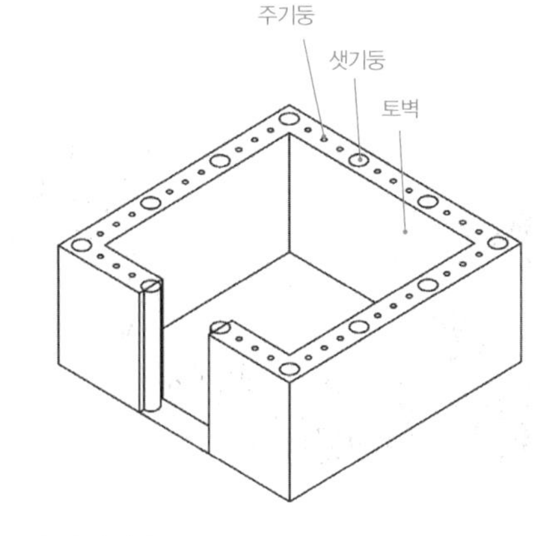

벽주식 벽체 개념도
Wall Concept Drawing

명한 것이 도다이지(東大寺)에 남아 있는 나라 시대의 쇼소인(正倉院)이다. 이외에도 도쇼다이지(唐招提寺)와 야쿠시지(藥師寺), 호류지(法隆寺) 등에도 남아 있다. 귀틀집은 누하주의 기둥 간격과 상관없이 얼마든지 넓은 공간을 만들 수 있는 구조로 서민들의 토속적이고 투박한 귀틀집에서 쇼소인과 같은 격식 있는 귀틀집까지 다양하다. 중국에서는 이를 **정간식**(井幹式)이라고 한다. 한국에서는 강원도 산간의 민가에 귀틀집이 꽤 많이 있었으나 지금은 모두 사라지고 울릉도 투막집 정도에서 볼 수 있다.

byeogjusig
벽주식
Primitive Pillar-wall Structure System

지붕과 벽이 구분되어 있지 않았던 원시 움집은 2세기 이후 지상화 과정에서 벽과 지붕이 분리되기 시작하였다. 초기에는 규모가 큰 집에서도 보가 사용되지 않았기 때문에 외곽의 벽체가 지붕 하중을 받는 내력벽 구조였

* 출처: 권오영 · 이형원, 〈삼국시대 벽주건물 연구〉, 《한국고고학보》 60권 60호, 2006

조적식 장군총, 고구려
Masonry Construction System

조적식 경주 첨성대, 신라

다. 그래서 외곽 벽선을 따라 촘촘한 간격으로 얇은 기둥목을 세우고 양쪽에서 흙을 바르거나 판재를 붙여 벽체를 만들었다. 벽체의 뼈대로 촘촘한 기둥목을 사용한다는 의미에서 고고학 쪽에서 이러한 벽체 구조를 벽주식(壁柱式)이라고 부르고 있다.

jojeogsig
조적식
Masonry Construction System

벽돌이나 블록, 돌과 같이 일정 크기의 재료를 회나 시멘트와 같은 접착제로 붙여 가면서 쌓아 만드는 건축 구조법이다. 근대건축에서는 재료의 규격화에 따른 공사 효율성과 경제성을 위해 벽돌이 대량으로 사용되기 시작하면서 조적조 건물이 널리 유행하였다. 그러나 최근에는 조적조가 습식공법으로 공기가 길고 품이 많이 들어 인건비에서 불리하게 되면서 잘 사용하지 않게 되었다. 한국건축은 대부분 목재를 이용한 가구식구조이지만 고구려 국내성 안에서 최근에 발굴된 10m 내외의 주거형 방형 건물들이 벽은 벽돌로 쌓고 지붕은 기와를 얹은 조적식 구조였음이 밝혀졌다. 중국 선양(瀋陽)의 푸순(撫順)에 있는 고구려의 육각전탑이나 백제의 송산리 6호분 및 무령왕릉 등이 대표적인 벽돌조인 조적식 구조이다. 돌로 만들어진

일체식 토담집 문경 망댕이 사기요
Earthen House of Monolithic Structure System

일체식 담장 김기응 가옥
Wall of Monolithic Structure System

조적식 구조에는 고구려 전기 대부분의 석총과 신라의 첨성대 등을 예로 들 수 있다. 이외에 장대석기단이나 화계, 석축 및 사괴석 담장이나 전축담장 등도 모두 조적식이라고 할 수 있다.

ilchesig

일체식

Monolithic Structure System

일체식은 콘크리트 구조처럼 이음이나 맞춤 없이 구조체가 하나의 덩어리로 이루어진 건축구조를 말한다. 콘크리트 건물 대부분이 일체식이다. 아파트의 경우 초기 1960~70년대에는 기둥과 보가 있는 가구식구조였으나 최근에는 기둥과 보가 사라지고 벽으로만 이루어진 벽식구조가 대부분이다. 전통건축에서는 판축기법으로 만든 토담집이나 토성, 토벽 등을 일체식 구조라고 할 수 있으나 건축으로는 매우 드물다. 토담집도 지붕의 도리와 서까래는 목조이기 때문에 엄격한 의미에서는 벽만 일체식이고 지붕은 가구식인 혼합식이라고 할 수 있다. 현대 목조건축의 서양식 2×4 구조나 CLT 구조 등도 목재를 사용한 일체식이라고 할 수 있다.

jijeong, gicho

지정과 기초
Groundwork and Foundation

- hangtogicho
  항토기초 Surface Foundation
- tochuggicho
  토축기초 Earthen Foundation
- ibsagicho
  입사기초 Sand-water-tamping Foundation
- jeogsimseoggicho
  적심석기초 Gravel-tamping Foundation
- jangdaeseoggicho
  장대석기초 Rectangular Stone Spread Footing Foundation
- hoechuggicho
  회축기초 Quicklime Added Foundation
- tanchugbeob
  탄축법 Charcoal Powder Added Foundation
- yeomchugbeob
  염축법 Salt Added Foundation
- dalgo, dalgojil
  달고와 달고질 Rammer and Rammering

시전행랑 기초 유구

지정과 기초는 집 지을 땅을 고르고 견고하게 다지고 보강하는 공정이다. **지정(地定)**은 기초를 하기 전에 집 지을 터의 높은 곳은 깎고 낮은 곳은 성토하여 고르고 보강하여 대지를 조성하는 일을 가리킨다.

기초(基礎)는 지정을 하고 나서 건물이 들어설 자리에 기둥의 침하를 방지하기 위해 지반을 보강하거나 개량하는 일을 말한다. 즉 대지 전체 지반을 보강하는 일을 지정이라 하고, 건물지 지반을 보강하는 일을 기초라고 할 수 있다.

뻘 지반에서는 먼저 암반이나 생토층까지 나무말뚝을 박아 튼튼히 하고 그 위에 적심석 등으로 기초를 하고 초석을 놓았다. 즉 말뚝지정을 하고 적심석기초를 한 것인데 경복궁과 군기시 터, 동대문 인근 오간수문에서 확인되었다.

수원화성 팔달문과 장안문은 건물지 전체를 파고 모래를 채워 다진 다음 육축을 쌓고 육축 위에 문루를 세웠다. 이 경우 입사지정과 입사기초 두 용어를 동시에 사용해도 무방하다. 그리고 화성행궁 앞 도로는 흙을 층층이 채워가며 다졌는데 이처럼 지정한 위에 건물이 없을 때는 기초라고 하기는 어렵고 지정이라고 부르는 것이 합당하다.

따라서 지정과 기초는 구분되기도 하지만 때로는 혼용해서 쓰기도 한다. 지정은 사용되는 재료에 따라 말뚝지정, 입사지정, 토축지정 등으로 구분할 수 있다. 지정은 토목공사에 가깝고 기초는 건축공사에 가깝다고 할 수 있다. 기초는 일반적으로 지정 작업을 한 이후에 초석이 놓일 자리에 **궐지(闕地)**라는 기초웅덩이를 파고 여기에 다양한 재료를 층층이 다지며 쌓아 올라가는 방식이다. 기초의 종류는 궐지에 채워지는 재료에 따라 분류한다.

기초 종류와 기초법

기초 종류	기초법	비고
항토기초	간축법(乾築法)	조적법과 판축법 이외의 기초법 명칭은《화성성역의궤》에 따랐다.
토축기초	판축법(版築法), 석저간축법(石杵乾築法), 간축법	
적심석기초	교전교축법(交塡交築法), 간축법	
장대석기초	조적법(組積法)	
입사기초	사수저축법(沙水杵築法)	
회축기초	포회저축법(鋪灰杵築法), 판축법	

말뚝지정 청진지구
Pile Foundation

말뚝지정 동대문 이간수문 (김석현 제공)

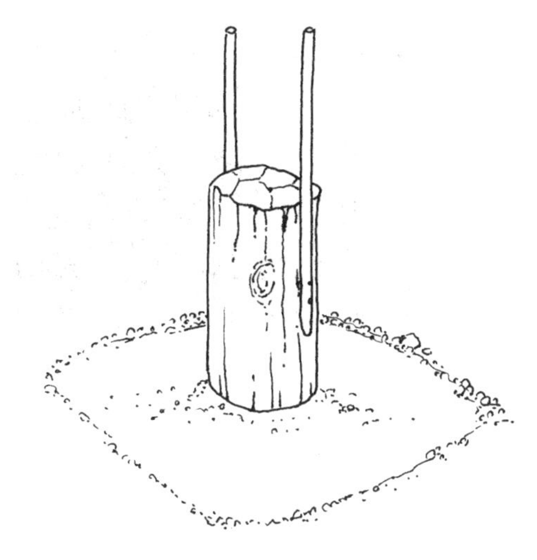

항토기초
Surface Foundation

hangtogicho
항토기초
Surface Foundation

항토기초(夯土基礎)는 기초웅덩이인 궐지를 파지 않고 초석 놓을 자리를 달고로 다진 정도의 가벼운 기초이다. 지반이 좋은 땅에서 작은 건물을 지을 때 사용한다. 이때 사용되는 달고는 규모가 작기 때문에 나무달고 정도면 충분하다. 달고만을 사용해 다지기 때문에 기초법은 **간축법**(乾築法)* 이라고 할 수 있다. 항토기초는 기초웅덩이인 궐지가 없는 것이 특징이다.

* 간축법(ganchugbeob) rammed earth foundation method

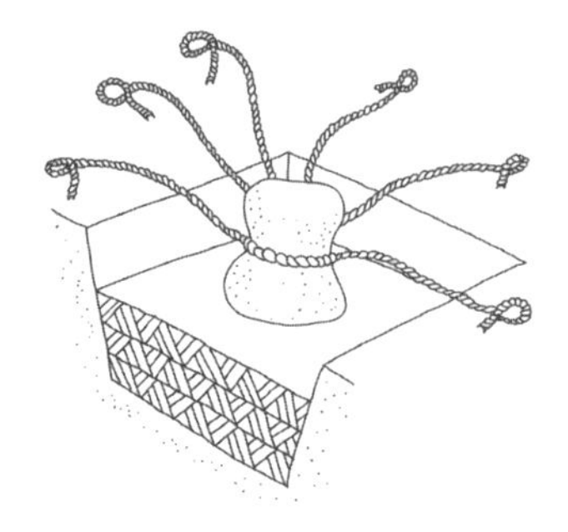

토축기초
Earthen Foundation

토축기초 수원화성 장안문 북서적대

tochuggicho
토축기초
Earthen Foundation

토축기초(土築基礎)는 흙을 다져 쌓아올린 기초를 의미하는 것으로 일반적으로 점질토와 사질토를 교대로 다지며 쌓는다. 지반에 특별히 문제가 없는 곳에서 작은 규모의 건물을 지을 때 사용한다. 그러나 토축기초라고 해서 연약한 기초는 아니다. 미륵사지 동탑과 제석사지 목탑지 등 고대 석탑과 목탑의 기초가 대개 사질토와 점질토로 이루어진 토축기초라는 점을 들 수 있다. 때에 따라서는 사질토 대신에 백토와 작은 자갈들이 사용되기도 한다. 대신 중량감 있는 건축물의 토축기초는 켤지를 깊게 판다. 이처럼 토축기초는 규모가 작은 민가에서부터 성곽, 목탑 및 석탑 등 고대 건축에서 널리 쓰인 기초법이다.

토축기초에 사용되는 기초법은 성질이 다른 흙을 교대로 다지며 쌓아올라가기 때문에 **판축법**(版築法)*이라고 할 수 있다. 또 달고를 사용한다는 측면에서 **간축법** 또는 돌달고를 사용하면 **석저간축법**(石杵乾築法)**이라고도 할 수 있다. 건축기초뿐 아니라 담장이나 토성 등은 진흙에 물을 뿌려가며 시루떡처럼 층층이 달고로 다져가며 쌓는데 이것도 판축법이라고 한다.

* 판축법(panchugbeob) alternate earth layer foundation method

** 석저간축법(seogjeoganchugbeob) stone-rammer used earth foundation method

판축지정 서울성곽 서전문 구간
Alternate Earth Layer Foundation

'판축(版築)'이라는 용어는《영건의궤》에는 나타나지 않으며《증보문헌비고》에서 나타난다. 일본에서는 보편적으로 사용하는 용어이기 때문에 보통 일본 용어라고 알고 있으나 거꾸로 일본에서는 우리나라에서 전래된 것으로 알려져 있다. 또 많은 사람이 판축법을 기초 종류로 알고 있는데, 판축이라는 말은 시루떡처럼 다지며 쌓아올라가는 방법에 방점을 둔 기초법을 지칭하는 것으로 기초의 종류가 아니라 기초법이라고 할 수 있다. 주로 토축 기초에서 판축법을 사용한다.

입사기초
Sand–water–tamping Foundation

입사기초 부여 화지산 유적

ibsagicho
입사기초
Sand-water-tamping Foundation

생땅이 나올 때까지 기초웅덩이를 파고 물을 부어가면서 모래를 층층이 다져 올리는 기초를 말한다. 모래는 물로 다지는 것이 가장 좋은 방법이기 때문에 층마다 모래를 깔고 물을 뿌리고 달고질하는 과정을 반복하여 기초를 만든다. 따라서 '모래를 붓고 물로 채우고 달고로 다진다'고 하여 이러한 기초법을 **사수저축법**(沙水杵築法)* 이라고 한다. 입사기초(立砂基礎)는 현대건축에서도 자주 사용하는 기초법으로 오랜 역사를 갖고 있다. 모래는 대개 세사(細沙)를 사용하는데 세사를 구하기 어려운 곳에서는 **석비레**(石飛輿)라는 황사(黃砂)를 쓰기도 한다. 석비레는 화강석이 풍화하여 만들어진 산모래로 **백토**(白土)라고도 부른다. 우리나라는 화강석이 많아 석비레를 비교적 쉽게 구할 수 있었다. 석비레는 기초에 사용되는 것 이외에도 마당에 깔면 하얘서 빛이 잘 반사되어 집이 밝고 배수가 원활하다. 다른 건물에 비해 하중이 큰 수원화성의 장안문과 팔달문, 창룡문, 화서문 등 성문지에서 사람 키 이상으로 궐지를 판 다음 사수저축법으로 입사기초를 한 사례가 있다.

* 사수저축법(sasujeochugbeob) sand–water–tamping foundation method

입사지정+적심석기초 실상사
Sand–water–tamping Foundation + Gravel–tamping Foundation

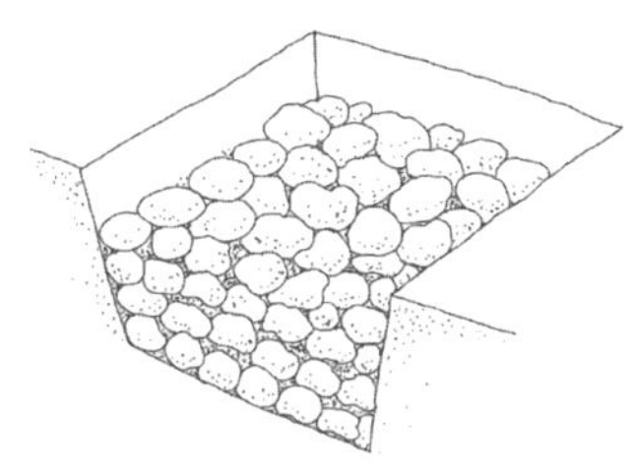

적심석기초
Gravel–tamping Foundation

적심석기초 사천왕사

jeogsimseoggicho

적심석기초
Gravel-tamping Foundation

생땅이 나올 때까지 기초웅덩이를 파고 적심석(積心石)이라는 자갈을 층층이 다지면서 쌓아올린 기초이다. 이때 적심석만을 달고로 다지며 쌓아올라가는 **간축법***이 있고 웅덩이에서 파낸 흙을 적심석과 교대로 채워가며 다져 기초하는 **교전교축법**(交塡交築法)**이 있다. 우리나라에서 건물뿐만 아니라 성곽 및 석조물 등에서 가장 많이 사용하는 기초이다. 발굴하면 대개 기둥 위치에 초석은 없어지고 초석을 받쳤던 적심석만 남아 있는 경우가

* 간축법(ganchugbeob) rammed earth foundation method

** 교전교축법(gyojeongyochugbeob) earth gravel alternate layer foundation method

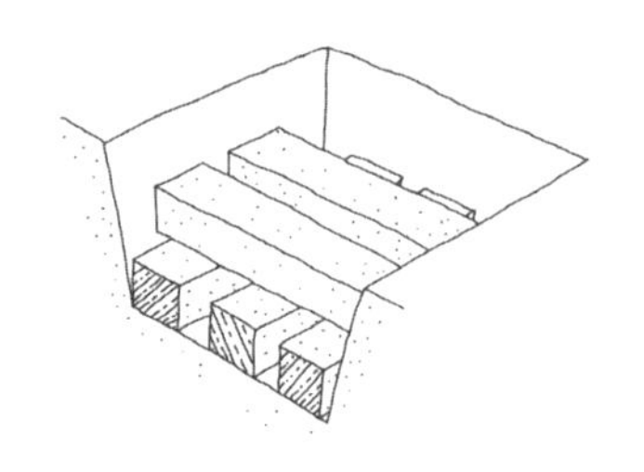

장대석기초
Rectangular Stone Spread Footing Foundation

장대석기초 종친부 기단과 초석 하부 장대석 기초 (이근균 제공)

많다. 초석은 없어도 이를 보고 기둥 위치를 파악하기도 한다. 적심석기초는 전국에 그 사례가 무수히 많지만 교전교축법으로 기초를 축조한 기록은 《화성성역의궤》에서 볼 수 있다. 이에 따르면 성벽 폭으로 기초웅덩이인 궐지를 깊이 4.5자로 판 다음 적심석을 넣고 5~6치가 될 때까지 다지고 그 위에 다시 흙을 넣고 3치가 될 때까지 다진다. 이 작업을 번갈아가며 지면까지 한 다음 지면에서는 박석을 깔고 그 위에 성돌을 쌓았다.

jangdaeseoggicho

장대석기초

Rectangular Stone Spread Footing Foundation

생땅이 나올 때까지 궐지를 파고 **장대석**(長臺石)* 을 '井'자형으로 쌓아올려 기초하는 방식이다. 장대석은 도로 경계석처럼 생긴 방형 단면의 긴 화강석을 말한다. 조선 후기에 중건된 경복궁 경회루와 남대문 및 동대문 기초가 장대석기초이다. 장대석기초는 흔치 않으며 물이 많고 지반이 특히 약한 곳에서 건물의 규모와 하중이 클 때 사용했다.

* 장대석(jangdaeseog) rectangular stone

회축기초 수원화성 창룡문 옹성
Quicklime Added Foundation

회축기초 상부에 퇴박석을 깐 모습
수원화성 장안문

hoechuggicho
회축기초
Quicklime Added Foundation

건물기초보다는 방수해야 하는 성벽 외곽의 **퇴박석**(退礡石)* 아래나 옹성 위 바닥 면에 사용하였다. 퇴박석은 성벽이나 담장 외곽에 일정한 폭으로 깔아 빗물을 성벽 바깥으로 배수시키는 역할을 한다. 퇴박석이라는 명칭은 《화성성역의궤》에 나타나며 실례로는 고구려 산성에서부터 백제 왕궁리 성곽뿐만 아니라 조선시대 경복궁, 수원화성에서도 사용된 오랜 전통의 건축기초이다.

수원화성에서는 퇴박석 부분에 박석과 회를 교대로 쌓아올리고 그 위에 경사지게 흙을 깔고 잔디를 심어 배수가 원활하도록 하였다. 또 옹성 상부 바닥은 빗물이 누수되면 옹성 내부로 침투되어 문제가 발생하기 때문에 바닥에 회축(灰築)을 하고 그 위에 보호층을 덮었다. 방수 목적으로 사용되는 회축은 회성분이 높을수록 효과가 있다. 보통 회축에는 100%로 생석회만을 사용하지 않고 **삼물**(三物)이라고 하여 생석회, 진흙, 세사를 섞은 것을 사용한다. 이 삼물은 용마루 양성바름(樑上塗灰) 할 때도 사용한다. 건물에서는 적심석 등으로 기초를 한 다음 최상부 한 층은 방수를 위해 회축하는 경우도 있었다. 그러나 건물기초에서 순수하게 회축만으로 기초를 하는 경우는 없었다.

* 퇴박석(toebagseog) flat stone under castle walls

탄축법 남한산성 행궁지
Charcoal Powder Added Foundation

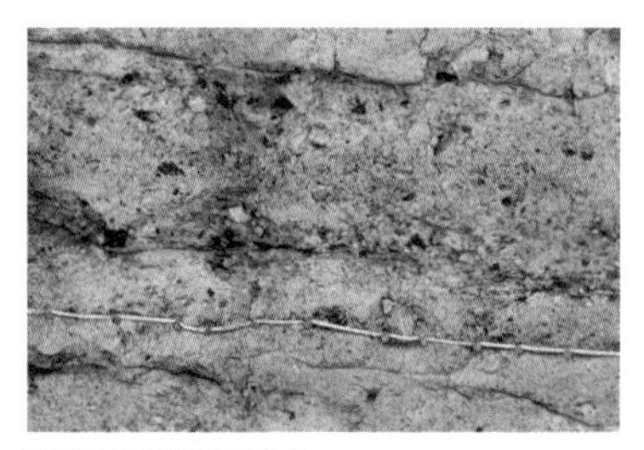

탄축법 경주 월성해자

tanchugbeob

탄축법

Charcoal Powder Added Foundation

탄축법(炭築法)은 기초재료로 숯가루인 **탄말**(炭末)을 사용한 것인데 단독으로 사용되는 기초법은 아니다. 대개 토축기초 또는 적심석기초 등과 함께 쓰인다. 백제시대 풍납토성에서는 숯을 넣어 다진 층이 발견되었다. 해인사 장경판전 지정에서도 탄축이 사용되었다고 전하며 남한산성 행궁지를 발굴했을 때도 적심석기초에 숯이 섞여 있는 것을 발견하였다. 건축에서 숯이 정확히 어떤 역할을 하는지 아직은 잘 모르지만 회격묘(灰隔墓)를 만들 때는 회격 바깥으로 탄말(炭末)을 한 겹 입혀서 벌레와 나무뿌리의 침투를 막았다.

소금을 섞은 날벽돌 중국 투루판
Salt-added Adobe

소금물로 반죽한 날벽돌 재료 중국 투루판
Adobe from Mud Mixed with Salt Water

yeomchugbeob
염축법
Salt Added Foundation

염축법(鹽築法)은 탄축법과 같이 단독으로 사용하지는 않았다. 토축기초뿐만 아니라 토성벽을 쌓을 때도 사용되었는데 흙이나 백토를 판축으로 다져 넣을 때 소금물을 뿌리거나 소금물로 반죽하여 다진 사례가 있다. 보통은 염전에서 앙금으로 앉은 석고 재료를 걷어다가 뿌리면서 다졌다. 소금은 물에 약하지만 건조한 곳에서는 흙의 접착력과 강도를 높이는 역할을 한다. 투루판에서는 내구성 향상을 위해 날벽돌을 만들 때 소금물로 반죽하여 성형한 사례를 볼 수 있다.

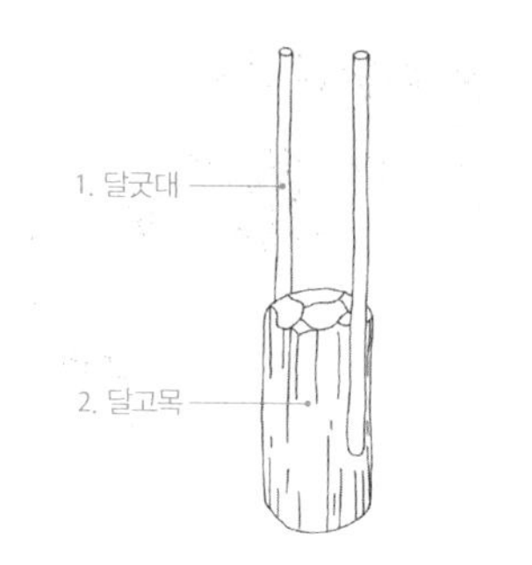

나무달고
Wooden Rammer

나무달고질 모습
Wooden Rammering

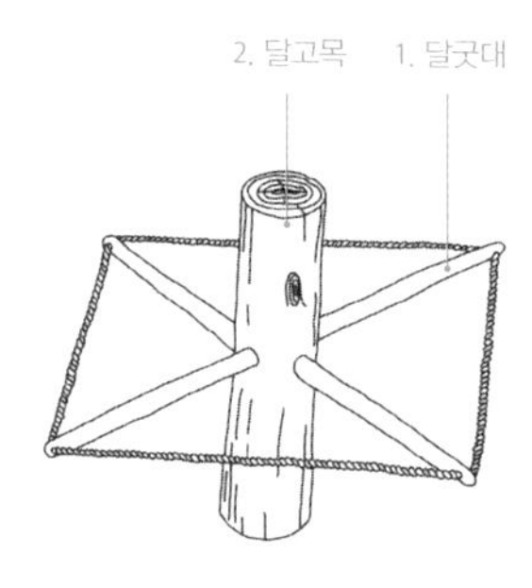

1. 달굿대 handle of wooden rammer
2. 달고목 rammering head of wooden rammer

나무달고 《화성성역의궤》

dalgo, dalgojil
달고와 달고질
Rammer and Rammering

대부분의 기초공사에서 다짐에 사용되는 연장을 **달고**(達古)* 또는 **달구**(達毆)라고 하며 이를 이용하여 땅을 견고하게 하는 일을 **달고질**** 또는 **지경닫기**라고 한다. 달고는 돌이나 나무로 만드는데 돌로 만든 것을 **돌달고**(石

* 달고(dalgo) rammer
** 달고질(dalgojil) rammering

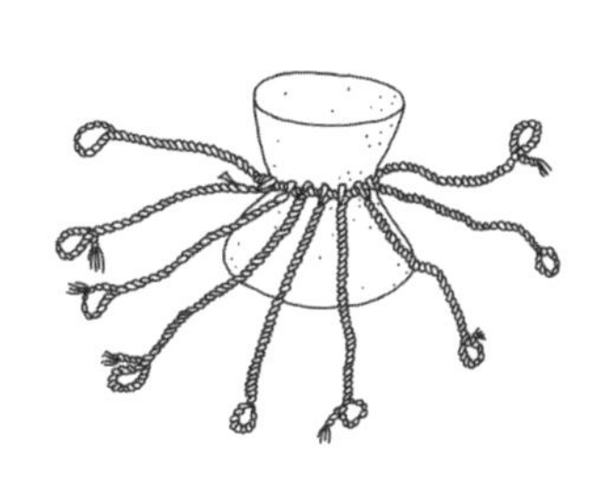

돌달고《화성성역의궤》
Stone Rammer

돌달고질 모습
Stone Rammering

몽둥달고질 모습 캄보디아 앙코르와트
One Person Wooden Rammering

杵)*, 나무로 만든 것을 **나무달고(木杵)****라고 한다. 수원화성 축성공사 기록인《화성성역의궤》에는 돌달고와 나무달고 그림이 나온다. 돌달고는 절구통처럼 생긴 잘록한 부분에 동아줄을 여러 가닥 매어 사용한다. 돌달고는 나무달고에 비해 무겁고 여러 명이 같이 작업을 할 수 있기 때문에 비교

* 돌달고(doldalgo) stone rammer
** 나무달고(namu dalgo) wooden rammer

적 큰 공사에 사용하였다. 나무달고는 **달고목**[*]에 **달굿대**[**]라는 손잡이를 크기에 따라 2~4개 정도 달아 높이 들었다 놓으면서 다진다.《화성성역의궤》에서는 달굿대를 십자로 교차하여 달고목에 설치하고 그 끝에 끈을 매어 여러 명이 사용할 수 있도록 했다. 혼자 사용하는 나무달고도 있는데 이는 **손달고**[***] 또는 **몽둥달고**, **장달고**라고도 하며 직경은 5치 정도이고 길이는 1.5발 정도이다. 가운데는 손으로 쥐기 편하도록 얇게 다듬어 사용한다. 한국에서는 거의 사라졌지만 캄보디아 앙코르와트 공사 현장에서 손달고를 볼 수 있었다. 나무나 돌달고 이외에 쇠달고도 있었다고 하나 흔하게 사용되지는 않은 것으로 추정된다.

조선시대에는 **달고패**라는 달고질만을 전문적으로 하는 집단이 있었다. 이들은 보통 11명으로 구성되며 좌우에 5명씩 10명이 동아줄을 잡고 달고질을 하는데 한 명은 작업능률을 높이고 피로감을 덜기 위해 장구치고 소리 메김한다. 이때 하는 노래가 **지신밟기** 노래이며 전국적으로 분포한다.

* 달고목(dalgomok) rammering head of wooden rammer

** 달굿대(dalgusdae) handle of wooden rammer

*** 손달고(son dalgo) one person wooden rammer

gaegisig
개기식
Ground-breaking Ceremony

건축공정에서 제일 먼저 시작하는 일이 지정과 기초를 하는 일이다. 이를 '건물 지을 터를 처음으로 연다'는 의미에서 **개기**(開基)라고 한다. 이때 **개기식**(開基式)을 하는데 대목들이 주관하고 건축주가 참여하는 것이 보통이다. 개기식은 토지를 주관하는 지신(地神)에게 그 땅을 이용한다는 것을 알리는 텃고사와 대목들의 공사 시작을 알리는 모탕고사를 함께 지내기도 한다.

텃고사*는 집주인이 주관하며 좋은 날을 받아 정성스레 준비한 술, 과일, 포, 소금, 향, 초 등을 준비하여 지낸다. 텃고사는 토지신에게 고하는 것으로 땅을 깊이 파서 깨끗한 흙을 열고 반드시 생땅을 본 뒤에 그친다. 혹시 나무뿌리나 사람 모발 및 다른 더러운 물건이 있으면 모두 제거한다.

모탕고사**는 대목들이 주관한다. 대목들의 작업대를 '**모탕**'이라고 한데서 유래하였다. 모탕고사는 집주인이 음식을 준비하고 대목이 지낸다. 돼지머리, 무명실 타래와 북어, 시루떡, 날알과 정화수, 소금과 고춧가루, 수저, 막걸리를 준비한다. 상량할 나무를 진설하고 절을 하는데 고사가 끝나면 소금과 고춧가루를 집터에 뿌린다. 소금과 고춧가루는 잡귀를 물리치는 것으로 잡귀를 몰아내어 공사 중 안전을 기원하는 의미이다. 모탕고사에서 모탕 위에 상량할 목재를 올려놓고 절하는 것은 상량할 목재에 상량신이 깃들어 있다고 생각하기 때문이다. 상량대는 나중에 상량식과 더불어 성주신으로 변한다. 이처럼 모탕고사는 대목이 공사의 원활한 진행을 위하여 지내는 것으로 텃고사와는 구분되는 것이지만 공사의 시작과 동시에 이루어지기 때문에 같은 것으로 인식하는 경우가 많다. 터를 잡고 터 다지는 것에 관해서는《증보 산림경제》와《임원십육지》등에 잘 서술되어 있다.

— 강영환,《집의 사회사》(웅진출판, 1992)에서 인용

* 텃고사(teos-gosa) ritual to honor the earth deity

** 모탕고사(motang-gosa) ritual to ensure safe construction

gidan, gyedan

기단과 계단
Stylobate and Stairs

gidan
기단 Stylobate

tochuggidan
- 토축기단 Earthen Stylobate

jayeonseoggidan
- 자연석기단 Natural Form Stone Stylobate

jangdaeseoggidan
- 장대석기단 Rectangular Stone Stylobate

gagusiggidan
- 가구식기단 Post and Lintel Stylobate

jeonchuggidan
- 전축기단 Brick Stylobate

wajeoggidan
- 와적기단 Roof-tile Stylobate

honhabsiggidan
- 혼합식기단 Hybrid Stylobate

gwiteulseog
- 귀틀석 L-shape Cornerstone

daesdol
- 댓돌 Piled Stone or Stepping Stone

bangjeon
- 방전 Square Tile

gyedan
계단 Stairs

dolgyedan
- 돌계단 Stone Stairs

namugyedan
- 나무계단 Wooden Stairs

byeogdolgyedan
- 벽돌계단 Brick Stairs

woldae
월대 Widened Stylobate

양주 회암사지 보광전의 기단과 월대

gidan-ui balsaeng-gwa yeoghal

기단의 발생과 역할

the Beginning and Function of Stylobate

기단이 언제부터 쓰였는지 정확히 알 수 없다. 다만 원시 움집과 고상식 건물에는 기단이 없으므로 기단은 건축이 지상화한 이후부터 사용되었다고 할 수 있다. 철기시대 이후로 건축연장과 온돌이 발달하면서 건축의 지상화가 진행되었다. 건축의 지상화와 기단의 사용으로 습기에 의한 목조건축의 피해를 최소화할 수 있었다. 한국은 온돌이 있기 때문에 중국과 일본에 비해 기단이 높고 다양하게 발달하였다.

기단의 역할은 크게 세 가지로 볼 수 있다.

첫째, 목조건축이 주류였던 한·중·일에서는 지면의 습기로부터 목조건축을 보호하기 위해 기단이 필요했다. 특히 습도가 높은 지역에서 기단은 필수이다. 기단 내밀기를 처마 내밀기보다 작게 한 것도 낙숫물이 기단 밖으로 떨어지게 하기 위함이다. 또 기단이 있으면 건물이 높기 때문에 통풍이 원활해져 습도를 낮출 수 있다.

둘째, 기단은 채광을 원활하게 하는 역할을 한다. 쾌적한 집의 조건 중 하나가 채광이며 집이 낮으면 어둡고 높으면 밝아진다. 기단을 높이면 입면 면적이 커지고 그만큼 빛을 받아들이는 양이 많아져 집이 밝아진다. 따라서 기단 높이는 채광량과도 관계가 있다. 처마가 깊어 마당에 떨어진 반사광을 간접광으로 채광하는 한옥은 더더욱 기단의 역할이 크다고 할 수 있다. 채광은 사람의 심성에도 영향을 주는 것으로 양명한 빛은 밝고 명랑한 사람을 길러낸다. 한·중·일 삼국 중에서도 한국 사람이 가장 밝고 역동적인 것도 기단이 높아 채광량이 많은 한옥의 영향이라고 할 수 있다.

셋째, 기단은 구들에 습기가 차지 않게 한다. 구들은 한국인의 정체성이 담긴 한국만의 난방시설이다. 구들바닥은 지면보다 높아야 습기의 영향이 적어서 불이 잘 들어간다. 그리고 고래둑을 쌓기 위해서는 지면으로부터 일정 높이가 확보되어야 한다. 따라서 안정된 고래를 축조하는데 기단의 역할은 필수적이다. 동양 삼국 중에서도 기단이 가장 높은 것도 한국에서 구들이 발달했기 때문이다.

gidan

기단

Stylobate

기단(基壇)은 지면으로부터 건물을 높여주는 역할을 한다. 기단을 두는 이유는 지면의 습기를 피하고 통풍을 원활하게 하며 햇빛을 집안으로 충분히 받아들이기 위함이다. 기단은 한국건축에서 가장 발달하였으며 높이도 중국이나 일본보다 높은 편이다. 기단 높이는 건물 규모와 여건에 따라서 차이가 있지만 보통 2자에서 5자 정도이다. 기단 내밀기는 처마보다 안쪽에 위치하도록 하여 빗물이 건물로 튀지 않도록 한다.

근정전과 같은 궁궐 정전이나 성균관 강당 등에는 기단 앞에 행사 등을 위해 넓은 단을 설치하는데 이를 기단과 구분하여 **월대(月臺)**라고 부른다. 기단은 한 층이 일반적이지만 통일신라 석탑은 대부분 가구식 이중기단이다. 이중기단 건물 사례로는 백제 부여 금강사지 금당, 능산리사지 금당, 부소산사지 금당, 제석사지 금당, 미륵사지 금당, 신라 감은사지 금당, 사천왕사지 금당, 고려 부석사 무량수전 등이 있다. 또《삼국사기》〈옥사조〉에는 세 층의 기단을 암시하는 '삼중계(三重階)'라는 기록이 있다. 중요하고 상징성이 있는 건물에서는 기단 수를 높여 권위를 표현했다.

기단 종류는 재료에 따라서 구분하며 기단이라는 명칭이 언제부터 쓰여 지금과 같은 개념으로 고착하였는지는 정확히 알 수 없다. 고려나 조선시대 고문헌에서는 기단을 '계(階)'나 '폐(陛)'로 표기하기도 했다.

토축기단 고흥 민가
Earthen Stylobate

토축기단 법흥리 귀틀집 (유문용 그림)

tochuggidan
토축기단
Earthen Stylobate

서민들의 살림집에서 많이 사용하였다. 진흙을 다져 쌓아올려 만든 기단인데 견고하지 않기 때문에 작은 돌을 섞어 쌓거나 목심을 박아 쌓기도 한다. 때로는 기와편을 섞어가면서 쌓기도 한다. 이를 모두 **토축기단**(土築基壇)이라고 한다. 특히 돌이나 목심, 와편 등을 섞어 쌓은 토축기단을 **죽담**이라고도 한다. 《삼국유사》에는 '토계(土階)'라는 표기가 있다. 현재 토축기단은 거의 사라져 유례를 찾기 어렵다.

자연석기단 봉정사 대웅전
Natural Form Stone Stylobate

자연석기단 아산 맹씨행단

jayeonseoggidan
자연석기단
Natural Form Stone Stylobate

자연석*으로 쌓은 기단을 말하며 다양한 건물에 폭넓게 쓰였다. 작은 규모의 살림집에서는 크고 작은 돌을 정밀하게 이를 맞추어 쌓기보다는 비슷한 크기의 돌을 약간의 진흙을 섞어가며 거칠게 쌓는 것이 보통이고, 사찰과 같이 규모가 큰 건물에서는 비교적 큰 돌을 그렝이를 떠서 서로 이를 맞춰가면서 쌓는 것이 일반적이다. 살림집은 안동 하회마을 양진당, 안동 의성김씨 종택 외에도 많은 집에서 볼 수 있다. 사찰은 봉정사 대웅전, 쌍계사 대웅전, 전등사 대웅전, 금산사 미륵전, 화암사 극락전, 은해사 거조암 영산전, 환성사 대웅전, 위봉사 보광명전, 내소사 대웅보전 등에서 볼 수 있다. 자연석기단을 사용한 사찰은 많은데 비슷한 규모의 건물이라 할지라도 궁궐건축에서는 거의 보이지 않는다. 한국에서는 자연석을 쌓을 때 세우거나 모로 쌓지 않고 길게 옆으로 뉘어 쌓아 시각적으로, 구조적으로 안정되어 보이게 한다.

* 자연석(jayeonseog) natural stone

장대석기단 수덕사 대웅전
Rectangular Stone Stylobate

장대석기단 종묘 정전

jangdaeseoggidan
장대석기단
Rectangular Stone Stylobate

일정한 길이로 가공된 장대석을 층층이 쌓아 만든 기단을 말한다. 조선시대에 가장 널리 쓰인 기단으로 지금도 흔하게 볼 수 있다. 조선시대 궁궐 기단은 대부분 장대석기단이며 궁궐만큼은 아니지만 양반주택에서도 즐겨 썼다. 현존하는 가장 오래된 고려시대 봉정사 극락전과 수덕사 대웅전의 기단도 장대석기단이다. 조선시대 **장대석기단(長臺石基壇)**의 장대석은 높이가 거의 일정한 데 비해 고려시대에는 각 장대석의 높이가 일정치 않고 맨 위 장대석이 제일 높다. 이것은 윗돌이 무거워야 안정되게 눌러준다는 당시의 구조적 이해에서 비롯되었다고 할 수 있다. 장대석을 쌓을 때는 아래 장대석보다 위 장대석을 약간씩 뒤로 물려가면서 들여쌓는데 이를 **퇴물림***이라고 한다. 퇴물림은 삼국시대 이래 성곽, 석총을 비롯한 각종 석조물의 쌓기 기법이다.

* 퇴물림(toemullim) off-set stacking

1. 지대석 foundation base stone
2. 탱주석 column stone
3. 갑석 capstone
4. 우주석 corner stone
5. 면석 slab stone

가구식기단 불국사 대웅전
Post and Lintel Stylobate

gagusiggidan
가구식기단
Post and Lintel Stylobate

가장 고급스러운 기단으로 주로 고려시대 이전 건물에서 볼 수 있다. 기단을 구성하는 각 부재를 목가구 짜듯이 맞춤으로 구성하기 때문에 붙인 명칭이다. 먼저 지면에 받침석 역할을 하는 **지대석(地臺石)***을 놓고 그 위에 건물 기둥을 세우듯이 일정한 간격으로 기둥석을 세운다. 이 기둥석을 **탱주석(撑柱石)****이라고 하는데 모서리 기둥은 좀 더 굵고 맞춤 모양도 다르기 때문에 특별히 **우주석(隅柱石)*****이라고 구분하여 부른다. 기둥과 기둥 사이는 얇은 판석으로 막는데, 이를 **면석(面石)****** 또는 **청판석(廳板石)*******이라고 한다. 다시 그 위에는 수평으로 길게 돌을 얹어 완성하는데, 이 돌을 **갑석(甲石)********이라고 한다. 때로는 기둥석 없이 지대석과 갑석 사이에 면석만을 연결해 만든 것도 있다. 백제 미륵사지 동서 금당 및 탑, 통일신라 감은사지 금당, 성주사지 금당, 거돈사지 금당, 고려시대 부석사 무량수전, 조선

* 지대석(jidaeseog) foundation base stone
** 탱주석(taengjuseog) column stone
*** 우주석(ujuseog) corner stone
**** 면석(myeonseog) slab stone
***** 청판석(cheongpanseog) synonym for myeonseog
****** 갑석(gabseog) capstone

전축기단 수원화성 방화수류정
Brick Stylobate

전축기단 중국 남선사(南禪寺) 대전

시대 쌍봉사 대웅전 등이 기둥석 없는 가구식기단 사례이다. 탱주석과 우주석이 모두 갖추어진 가구식기단의 대표적인 사례로는 통일신라 불국사 대웅전과 극락전이 있으며 이외에도 사례가 많다. 통도사 대웅전은 면석에 꽃을 조각해 화려하게 장식했으며 법천사지 지광국사 부도전은 이중기단인데 지대석과 기둥석, 갑석을 맞춤 없이 통돌을 사용했다.

jeonchuggidan
전축기단
Brick Stylobate

벽돌로 만든 기단을 말하며 흔하게 볼 수 있는 기단은 아니다. 조선 정조 때 지은 수원화성의 방화수류정과 화성행궁 낙남헌에서 볼 수 있다. 그러나 이 건물들도 기단 전체를 모두 벽돌로 쌓은 순수 전축기단은 아니고 화강석으로 가구식기단처럼 지대석과 기둥석 및 갑석을 구성하고 면석 부분만 벽돌로 쌓은 정도이다. 이를《의궤》에서는 벽체석연(甓砌石緣)이라고 했다.

와적기단 부여 정림사지 회랑
Roof-tile Stylobate

wajeoggidan
와적기단
Roof-tile Stylobate

기와를 쌓아 만든 기단이다. 건물은 남아 있지 않지만 백제 군수리사지 금당과 강당, 능사 공방지, 왕흥사 서회랑지, 부소산성 서문지, 금성산 건물지 등에서 확인할 수 있다. **와적기단**(瓦積基壇)은 백제 건물에서 많이 출토되었고 신라 통일 후에도 보이며, 일본에 전파되어 나라시대 건물에서도 다수 발굴되었다. 와적기단은 쌓는 모양에 따라 옆으로 길게 뉘어 쌓은 것을 **평적식**(平積式)*, '人'자 모양으로 연결해 쌓은 **합장식**(合掌式)**, 세워 쌓은 **수직횡렬식**(垂直橫列式)***으로 구분하기도 한다. 일본에서는 7~8세기 도토리현의 가미요도폐사(上淀廢寺)와 나라의 히노쿠마사지(檜隈寺趾), 오사카의 다나베폐사(田邊廢寺), 교토의 고우라이지(高麗寺)와 카시하라폐사(樫原廢寺) 등 한국에서 건너간 사람들이 조성한 사찰에서 주로 나타난다. 따라서 와적기단은 백제의 독특한 기단 형식이라고 할 수 있다.

* 평적식(pyeongjeogsig) flat stack style
** 합장식(habjangsig) diagonal stack style
*** 수직횡렬식(sujighoenglyeolsig) vertical stack style

혼합식기단 무위사 극락전
Hybrid Stylobate

혼합식기단 불국사 전면 석축

honhabsiggidan
혼합식기단
Hybrid Stylobate

두 종류 이상의 기단을 혼합한 기단을 가리킨다. 조선 초 강진 무위사 극락전은 자연석기단 위에 가구식기단을 얹은 혼합식기단이다. 자연석을 일정한 높이까지 쌓고 이것을 지대석 삼아 면석을 놓았는데 면석이라기보다는 장대석이라고 불러야 할 정도로 높이가 낮고 긴 면석을 사용했다. 맨 윗단은 갑석을 약간 밖으로 튀어나오도록 덮었다. **혼합식기단(混合式基壇)**의 아름다움과 멋을 여실히 보여주는 사례는 불국사 전면의 석축이다. 자연석 석축 위에 가구식기단을 올렸는데 거친 자연석과 잘 가공한 기단석이 거침과 고움으로 시각적인 조화와 안정감을 준다. 이 같은 불국사 전면 회랑의 긴 석축은 한국 석조예술의 꽃이라고 할 수 있으며 신라시대 재상이었던 김대성이 23년에 걸쳐 만든 걸작품이다.

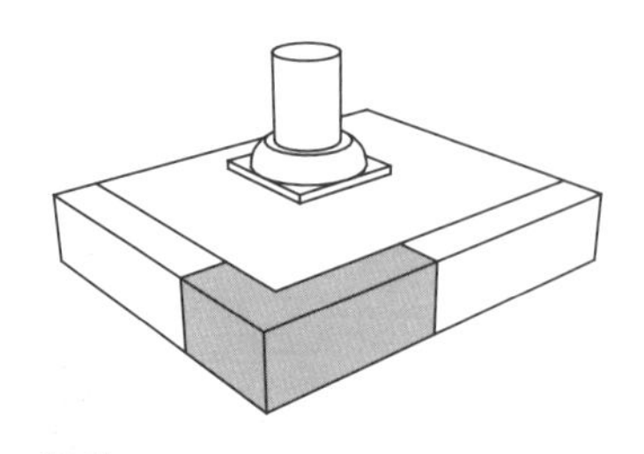

귀틀석
L-shape Cornerstone

귀틀석 덕수궁 중화전

gwiteulseog
귀틀석
L-shape Cornerstone

기단 모서리 갑석은 'ㄱ'자 형태가 일반적인데 이를 **귀틀석(耳機石)**이라고 한다. 모서리 갑석은 일반 장대석을 사용하면 벌어지기 쉬우므로 이를 방지하기 위해 ㄱ자 모양으로 만들어 올린다. 귀틀석을 사용한 예는 중국과 일본에도 있으나 그 사례가 드물며 특히 한국에서 널리 사용하였다.

daesdol
댓돌
Piled Stone or Stepping Stone

댓돌은 두 가지 의미로 사용한다.

첫째는 기단을 쌓는 낱개 돌을 가리킨다. 기단은 보통 서민들의 살림집에서는 낮고 양반집이나 궁궐에서는 높은데 댓돌 한 단으로 구성된 기단을 **외벌대***, 두 단은 **두벌대****, 세 단은 **세벌대*****라고 한다. 장대석은 단이 잘 구분되지만 자연석은 구분되지 않아 단 수를 헤아리기 어렵다.

* 외벌대(oebeoldae) single level pile

** 두벌대(dubeoldae) double level pile

*** 세벌대(sebeoldae) triple level pile

4. 디딤돌(섬돌)

3. 댓돌

댓돌과 섬돌 해운정
Piled Stone and Stepping Stone

1. 장대석 rectangular stone
2. 귀틀석 L–shape cornerstone
3. 댓돌 piled stone
4. 디딤돌(섬돌) stepping stone (island stone)
5. 외벌대기단 single level pile
6. 월대 widened stylobate for ceremonies
7. 세벌대기단 triple level pile

댓돌과 섬돌 여주 보통리고택
Piled Stone and Stepping Stone

두 단의 디딤돌 청안 동헌
Double Level Stepping Stone

디딤돌(섬돌) 석파정
Stepping Stone

외벌대기단 경복궁 근정전
Single Level Pile

세벌대기단 창경궁 양화당
Triple Level Pile

두 번째는 **디딤돌***을 가리키는 것으로 **섬돌****이라고도 한다. 디딤돌은 낮은 곳에서 높은 곳으로 오르기 위해 놓는데 기단에서 마루에 오를 때나 마당에서 기단을 오를 때도 필요하다. 기단 위 디딤돌은 보통 하나 정도를 놓지만 마당에서 기단을 오를 때는 여러 단의 디딤돌을 계단처럼 놓는다. 즉 계단을 구성하는 개개의 돌을 디딤돌이라고도 하며 한자로 '**보석**(步石)' 이라고 쓴다.

bangjeon

방전

Square Tile

기단 바닥은 살림집에서는 보통 진흙으로 마감하지만 궁궐과 사찰 등에서는 흙으로 구워 만든 정방형 모양의 **방전**(方甎)을 깔기도 한다. 방전은 고려시대 이전에는 기단뿐만 아니라 사찰, 살림집, 궁궐 등 주요 건물의 내부 바닥에도 사용하였다. 백제시대 부여지역에서 출토된 방전에는 산수문, 봉황문, 와운문 등 다양한 문양전이 출토되기도 하였는데 이로 미루어 방전은 바닥뿐만 아니라 벽체에도 널리 쓰였음을 알 수 있다. 조선시대 수원화성의 축성 기록인《화성성역의궤》에서는 모양이 같더라도 바닥에 까는 것을 **전**(甎), 벽에 사용하는 것을 **벽**(甓)으로 구분하기도 하였다. 또 크기에 따라 한 자가 넘는 것을 **대방전*****, 그 이하인 것을 **소방전******으로 구분하였으며 방전을 반으로 가른 것을 **반방전*******이라고 하였다. 방전(方甎)은 방전(方磚), 방전(方塼), 전석(甎石), 전석(磚石), 전석(塼石)으로 쓰기도 한다. 전석은 경복궁 근정전 마당이나 능원의 참배로 등에 까는 얇은 판석인 **박석**

* 디딤돌(didimdol) stepping stone

** 섬돌(seomdol) synonym for didimdol

*** 대방전(daebangjeon) large square tile

**** 소방전(sobangjeon) small square tile

***** 반방전(banbangjeon) half-cut square tile

방전 덕수궁 석어당
Square Tile

홍예벽 수원화성 동북공심돈
Trapezoidal Tile for Arch

귀벽과 종벽 수원화성 여장
Corner Tile and Ridge Tile

1. 홍예벽 trapezoidal tile for arch
2. 벽 wall
3. 종벽 ridge tiles
4. 귀종벽 corner ridge tile
5. 대방전 large square tile
6. 귀벽 corner tile

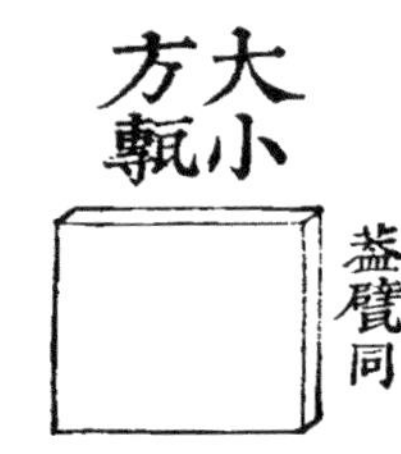

대소방전
Large and Small Square Tile

반방전
Half–cut Square Tile

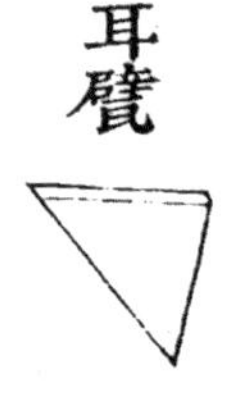

이벽
Corner Tile

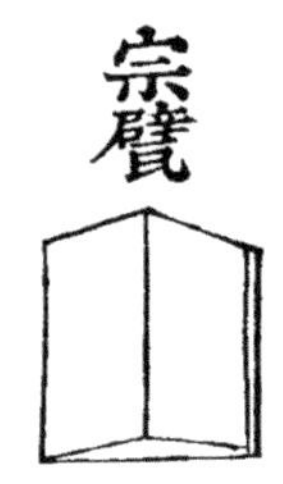

종벽
Ridge Tile

홍예벽
Trapezoidal Tile for Arch

벽돌의 종류 《화성성역의궤》

(博石, 薄石)과는 다른 것인데 한자가 유사해 혼돈하기도 한다.

벽을 쌓을 때 사용하는 벽돌인 벽(甓)은 반방전과 구분되지 않을 정도로 유사하다. 그래서 **반벽**(半甓)이라고 부르기도 하는데 일반적으로 쓰이는 용어는 아니다. 여장과 홍예를 쌓을 때는 특수한 모양의 벽돌을 사용하는데 여장의 맨 위에 올라가는 지붕 모양의 벽돌을 **종벽**(宗甓)*이라고 하며 여장 양 끝에 쓰이는 삼각형 모양의 벽돌을 **귀벽**(耳甓)**이라고 한다. 그리고 홍예에 사용되는 사다리꼴 형태의 벽돌은 **홍예벽**(虹霓甓)***이라고 한다.

* 종벽(jongbyeog) ridge tile
** 귀벽(gwibyeog) corner tile
*** 홍예벽(hong-yebyeog) trapezoidal tile for arch

gyedan

계단

Stairs

계단은 낮은 곳과 높은 곳의 수직 동선을 연결하는 구조물이다. 한국건축에서는 기단에 대개 돌계단을 설치하고 누각이나 다락, 중층건물의 상부를 오르내리기 위한 건물에 부설되는 계단은 보통 나무계단으로 한다. 수원화성과 같은 전축성에서는 계단도 벽돌을 사용한 전축계단이다.

dolgyedan

돌계단

Stone Stairs

돌계단은 풍화에 강하기 때문에 외부에 노출된 기단이나 월대, 석축, 석교 등에 주로 사용되었다. 《화성성역의궤》에서는 돌계단을 **석등**(石磴)* 과 **석제**(石梯)** 로 구분하였는데 석등은 디딤돌로만 구성된 것, 석제는 와장대석 등이 갖추어진 것을 가리킨다.

기단에 부설된 계단은 기단의 형식을 쫓는 것이 일반적이다. 즉 기단의 종류와 같이 자연석계단, 장대석계단, 가구식계단으로 구분할 수 있고 특수하게는 통돌계단이 있다. 계단의 단을 이루는 낱개 돌을 **디딤돌***** 또는 댓돌이라고 한다. 계단 측면은 장식으로 처리하여 막는 경우도 많은데 가구식계단은 마치 가구식기단과 같이 **지대석******, **면석*******, 기둥석, 갑석으로 구성된다. 다만 계단에서 갑석은 경사지에 놓이는데 이를 한자로 **와장대석**(臥長臺石)****** 으로 쓰기도 한다. 때로는 지대석 위에 면석과 기둥석,

* 석등(seogdeung) low-rise stairs

** 석제(seogje) high-rise stairs

*** 디딤돌(didimdol) stepping stone

**** 지대석(jidaeseog) foundation base stone

***** 면석(myeonseog) slab stone

****** 와장대석(wajangdaeseog) sloped capstone

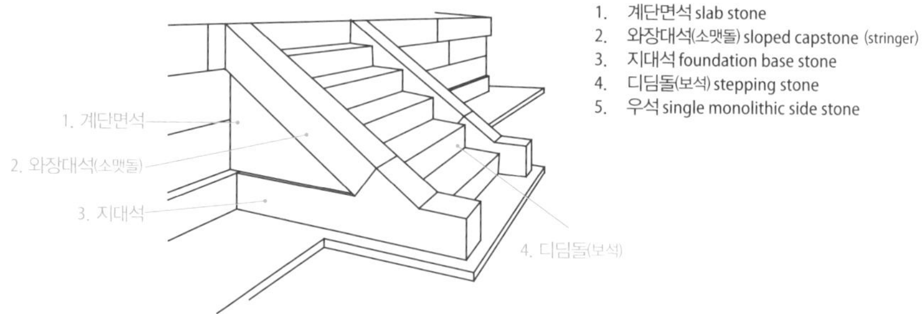

가구식계단
Post and Lintel Stone Stairs

석등 《화성성역의궤》
Low-rise Stairs

석제 《화성성역의궤》
High-rise Stairs

장대석계단(석등) 운현궁
Rectangular Stone Stairs
(Low-rise Stairs)

소맷돌*을 구분하지 않고 통돌로 만드는 경우도 있다. 이를 통칭하여 **우석**(隅石)**이라고도 한다. 고려시대에는 무지개형 우석을 사용하고 계단 시작 부분에는 구름이나 태극, 해태, 용을 조각하는 경우가 많았다. 계단에 난간을 설치하는 경우는 계단 시작 부분에 기둥석을 세워 난간대를 고정했는데 이를 **법수석**(法首石)***이라 하였다. 돌난간과 연결된 돌계단의 모습은 불국사 연화교·칠보교와 청운교·백운교에서 볼 수 있다.

* 소맷돌(somaesdol) stringer
** 우석(useog) single monolithic side stone
*** 법수석(beobsuseog) stone newel post

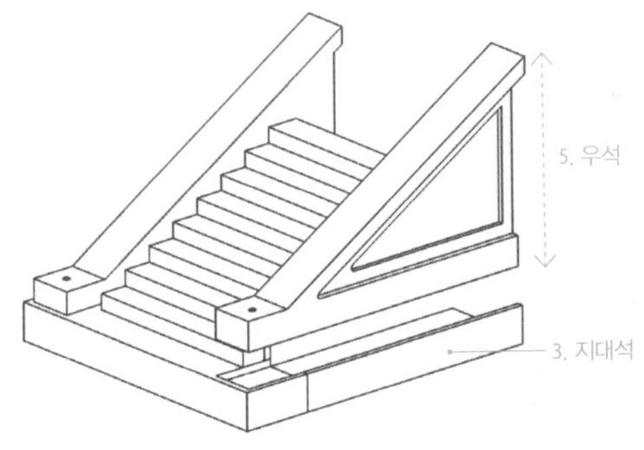

우석계단
Single Monolithic Side Stone Stairs

우석계단 회암사지 보광전

雲刻大隅石
一名毛老臺
見東將臺

운각대우석 《화성성역의궤》
Cloud Pattern Single Monolithic Side Stone

우석 장식 종묘 정전
Decorated Single Monolithic Side Stone

우석 장식 송광사 일주문

1. 돌란대 stone handrail
2. 기둥석 stone spindle
3. 법수석 stone newel post
4. 와장대석 slopped capstone
5. 우석 single monolithic side stone
6. 답도 wide stone panel with decorations

법수석 불국사
Stone Rail Post

답도와 우석 덕수궁
Wide Stone Panel with Decorations and
Single Monolithic Side Stone

궁궐의 정전이나 종묘 정전의 동쪽 계단과 같이 격식 있는 건물의 경우에는 와장대석을 중간에도 삽입하여 삼도(三道) 형식으로 만든 계단도 있다. 종묘 정전은 와장대석을 무지개 모양으로 하고 와장대석 앞에는 구름을 새겨 마치 구름 속의 무지개를 타고 하늘로 오르는 느낌으로 계단을 오를 수 있게 하였다. 종묘를 지상이 아닌 하늘에 있는 건물로 만들려는 상징성의 표현이라고 할 수 있다. 궁궐 정전의 삼도 형식의 계단에서는 중앙에 용 또는 봉황을 새긴 넓은 판석을 설치하는데 이를 **답도***라고 한다. 왕의 가마가 지나는 통로에 설치하는 것으로 조각은 왕을 상징하며 상서로움을 나타낸다. 덕수궁 답도에는 용을 새겼으며 경복궁과 창경궁, 창덕궁, 경희궁

통돌계단 영암사지
Monolithic Stone Stairs

에는 봉황을 새겼다.

통돌계단은 영암사지 금당에 오르는 무지개형 계단이 남아 있으며 동궁과 월지에도 통돌계단이 쓰였다는 기록이 있다. 계단을 전면과 좌우 어디서나 오르내릴 수 있도록 만든 성주사 금당지 계단과 같은 것을 **여의계단****이라고 부른다. 여의계단은 중국에서 많이 볼 수 있다.

* 답도(dabdo) wide stone panel with decorations

** 여의계단(yeouigyedan) stairs on all sides

1. 계단틀 stringer
2. 디딤판 tread

곡란층제 수원화성 팔달문
L or U Shape Stairs

高欄層梯

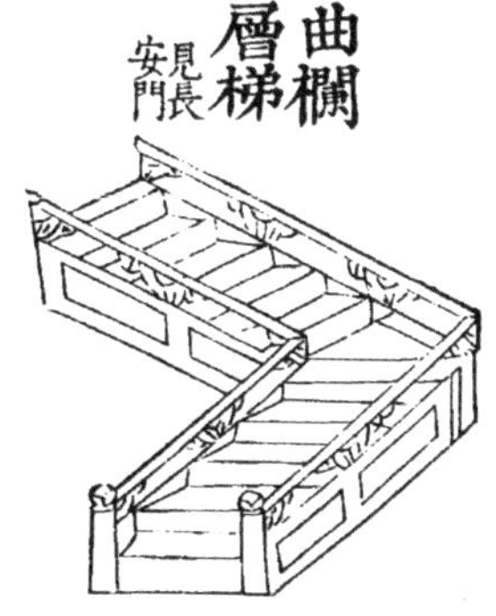

고란층제 《화성성역의궤》
Straight Stairs

곡란층제 《화성성역의궤》
L–shape Stairs

namugyedan
나무계단
Wooden Stairs

나무계단은 주로 건물에 부설되는 경우가 많다. 《화성성역의궤》에서는 난간이 있는 계단 중에 직선형 계단은 **고란층제(高欄層梯)***, 꺾음형 계단은 **곡란층제(曲欄層梯)****라고 표기하였다. 나무계단(木梯)을 구성하는 부재는 보

* 고란층제(golancheungje) straight stairs

** 곡란층제(goglancheungje) L or U shape stairs

가구식 나무계단 양동 향단
Wooden Stairs

통나무계단 김덕진 가옥
Log Stairs

통나무계단 하동고택

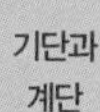

통 세 개 정도이다. **보판(步板)**이라고 부르는 **디딤판***과 디딤판을 좌우에서 고정시켜 주는 **층교기(層橋機)**라고 부르는 **계단틀****, 그리고 디딤판과 디딤판 사이를 막아주는 판재인 **후판(後板)**이라고 쓰는 **뒤판*****으로 구성된다. 난간까지 갖추어진 화려한 나무계단은 수원화성의 장안문과 팔달문 등에서 볼 수 있고, 후판이 생략되어 소박하지만 무게감 있는 나무계단은 양동마을의 향단에서 볼 수 있다. 옥산서원과 병산서원의 누각으로 오르는 계단은 원목을 깎아 걸쳐 놓은 통나무계단인데 이때 통나무 두께가 얇을수록 선(仙)적인 느낌을 준다. 하회마을 하동고택의 2층 다락으로 오르는 계단은 각재에 살짝 디딤구멍만 뚫어 수직으로 세운 통나무계단인데 마치 날아서 다락으로 오르는 것 같은 느낌을 준다.

* 디딤판(didimpan) tread
** 계단틀(gyedanteul) stringer
*** 뒤판(dwipan) riser

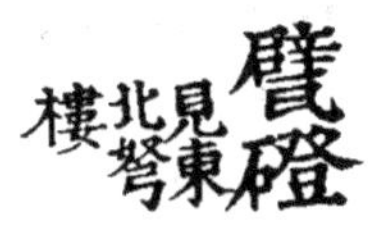

벽등 《화성성역의궤》
Brick Stairs

벽등 수원화성 동북노대

벽제 수원 화성 동북포루

byeogdolgyedan

벽돌계단
Brick Stairs

벽돌로 만든 계단을 가리킨다. 《화성성역의궤》에서는 벽돌계단을 **벽등**(甓磴)과 **벽제**(甓梯)로 구분하였다. 벽등은 봉돈과 동북노대에 쓰였고 벽제는 동북포루에서 볼 수 있다. 벽등과 벽제의 정확한 구분은 어렵다.

woldae

월대

Widened Stylobate

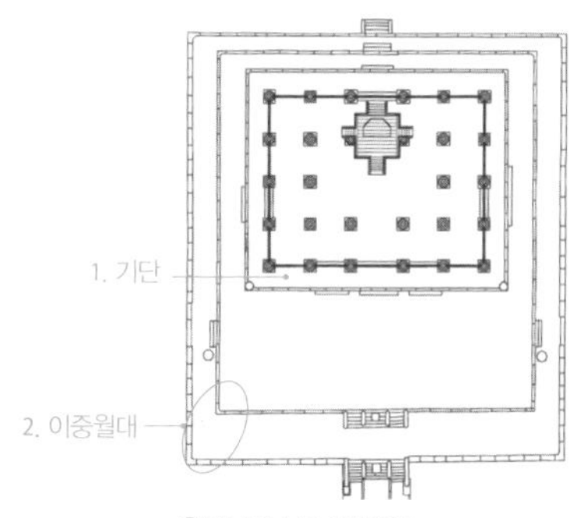

월대 덕수궁 중화전
Widened Stylobate

월대 종묘 정전

월대 성균관 명륜당

월대 경복궁 강녕전

1. 기단 stylobate
2. 이중월대 dual widened stylobate

월대(月臺)는 궁궐 정전이나 종묘, 성균관, 산릉 정자각과 같은 의례용 건물 전면에 넓은 대를 만들어 행사에 사용하였다. 기단과 모양은 비슷하지만 용도가 다른 시설이다. 때로는 사찰 불전 앞에 설치하기도 한다. 궁궐 월대에서는 임금의 즉위식, 세자 책봉, 왕실의 혼례, 사신 접견, 신하들의 조하, 구식(救蝕) 등에 사용하였고 정전이 아닌 창덕궁의 대조전이나 창경궁의 통명전과 같은 침전에도 월대가 설치된 사례가 있다.

choseog

초석

Stone Column Base

choseog-ui guseong

초석의 구성 Composition of Stone Column Base

jayeonseogchoseog

자연석초석 Natural Form Stone Column Base

gagongseogchoseog

가공석초석 Refined Stone Column Base

- wonhyeongchoseog
  원형초석 Round Shape Stone Column Base
- banghyeongchoseog
  방형초석 Square Shape Stone Column Base
- dagaghyeongchoseog
  다각형초석 Polygonal Shape Stone Column Base
- dujuchoseog
  두주초석 Plain Square Shape Stone Column Base
- gomaeg-ichoseog
  고맥이초석 Column Base with Perimeter Stone

teugsuchoseog

특수초석 Unique Stone Column Base

- jangjuchoseog
  장주초석 Tall Stone Column Base
- hwaljuchoseog
  활주초석 Eave-supporting Column Stone Base
- simjuchoseog
  심주초석 Central Column Stone Base for Wooden Pagoda

사천왕사 단석지

초석(礎石)은 주초(柱礎)라고도 하며 기둥 밑에 놓여 지면의 습기가 기둥에 전달되는 것을 막아주고 건물 하중을 지면에 효율적으로 전달해주는 역할을 한다. 원시시대 움집은 초석 없이 기둥을 땅에 박아 세우는 백이기둥이 일반적이었다. 백이기둥은 기둥 밑을 땅에 묻기 때문에 쓰러지거나 미끄러지지 않는 장점은 있으나 지면 부분이 잘 썩는 것이 단점이다. 이러한 단점을 극복하기 위해 철기시대 이후에는 지상화하여 기둥 밑에 초석을 받쳤다.

초석은 노출되기 때문에 다양한 모양과 장식으로 치장하기도 하고 재료도 돌이 일반적이지만 목재나 흙으로 구운 테라코타를 사용한 사례도 드물게 볼 수 있다. 나무초석은 현재 한국에는 남아있지 않지만 건조하고 목재가 풍부한 인도 히말라야 근처 히마찰프라데시주(Himachal Pradesh)의 아디브라마 사원(Adi Brahma Temple)과 일본 가마쿠라(鎌倉)를 비롯한 고대 사원에서 가끔 보인다. 테라코타 초석은 건물은 없어졌지만 일본 호류지(法隆寺)에서 볼 수 있다. 그러나 초석은 습기로부터 강해야 하기 때문에 대부분 돌로 만드는 것이 일반적이다.

초석의 종류는 재료에 따라서 구분하기도 하지만 보통은 가공 여부에 따라 **자연석초석**(自然石礎石)과 **가공석초석**(加工石礎石)으로 분류할 수 있다. 자연석초석을 우리말로는 **덤벙주초** 또는 **막돌초석**이라고 하며 가공석초석은 **다듬돌초석**이라고도 한다. 다듬돌초석은 초반과 운두, 주좌로 구성된다. 주좌는 그 형태가 방형, 원형, 육각형, 팔각형 등으로 다양하며 주좌의 모양은 기둥의 단면 형태와 같은 것이 일반적이다. 주좌의 형태에 따라 **방형초석**, **원형초석**, **육각초석**, **팔각초석** 등으로 세분하기도 한다. 또 초석은 사용 위치에 따라 이름을 달리하는데 기둥 명칭을 따라 **평주초석**, **고주초석**, **심주초석**, **사천주초석**, **동바리초석**, **활주초석** 등으로 분류한다.

choseog-ui guseong

초석의 구성

Composition of Stone Column Base

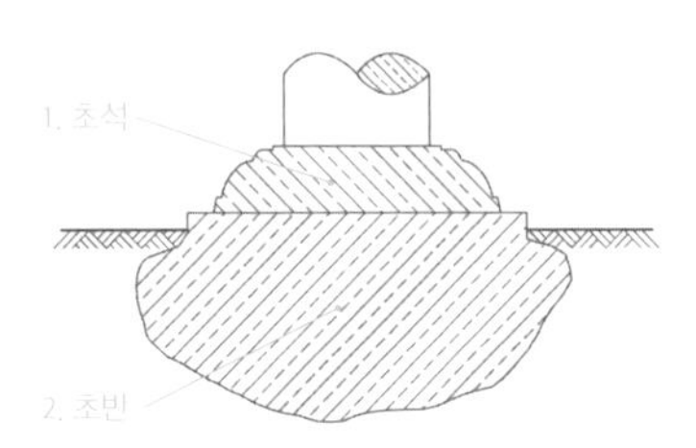

초반과 초석
Underground Portion of Foundation Stone and Stone Column Base

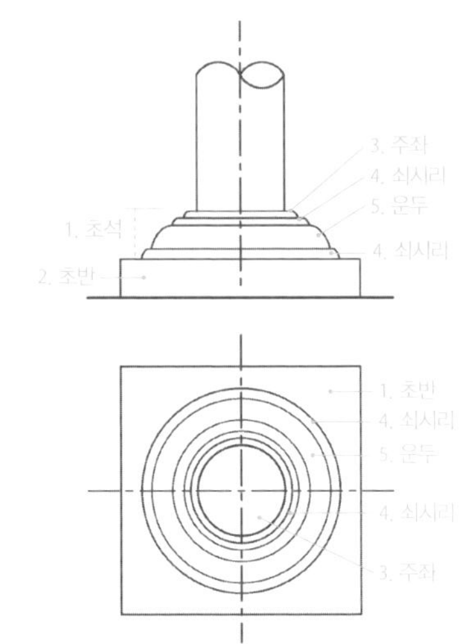

초반과 초석 미륵사지 서금당지

초석 세부 명칭 성주사지 동문
Stone Column Base Detail

1. 초석 stone column base
2. 초반 underground portion of foundation stone
3. 주좌 column position defining ring
4. 쇠시리 cushion shape protrusion
5. 운두 pronounced cushion shape protrusion

초반과 나무초석 일본 겐조지(建長寺)
Underground Portion of Foundation Stone and Wooden Column Base

가공석(다듬돌)초석은 지면 아래로 묻히는 부분과 지상으로 노출되는 부분으로 구분할 수 있다. 지면 아래에 묻히는 부분을 **초반**(礎盤)*이라고 하는데 초반이 별석으로 구성된 경우에 **초반석**(礎盤石)**이라고 구분하여 부르기도 한다. 익산 미륵사지 동서 금당, 정읍 피향정 등에서 볼 수 있으나 흔하지 않다. 초반은 땅속에 묻히기 때문에 윗면 정도만 평평하게 다듬는다. 가공석초석 중에는 운두나 주좌 없이 초반이 초석을 대신하기도 한다. 경주 장항리사지나 황룡사지, 하남 동사지 등 고대 건물에서 종종 볼 수 있다. 일본 가마쿠라의 겐조지(建長寺)에서는 초반석은 돌로 하고 초석은 나무로 한 사례를 볼 수 있다.

가장 일반적인 가공석초석은 초반과 초석을 한 덩어리로 만든 경우이다. 이 경우 초반과 초석이 구분되지 않기 때문에 보통 초석이라고 부르며 초석 하단의 넓은 부분은 지하에 묻힌다. 이때 지상으로 도드라져 올라와 기둥을 받치는 방석처럼 생긴 부분을 **운두*****라고 한다. 운두 위에서 다시 기둥이 앉을 자리를 약간 높여 주었을 경우 이를 **주좌**(柱座)****라고 하고, 주좌나 운두 아래에 다시 한번 테두리를 두르는 경우 이를 **쇠시리*******라고 한다. 고대 초석일수록 운두가 낮거나 없고 넓은 초반에 주좌만 있는 경우도 많다. 조선시대 궁궐건축에서는 운두가 높고 보통 밖으로 배를 불린 형태가 많이 사용되었다. 수원화성 화령전 초석과 같이 운두만 있고 주좌가 없는 경우도 있으며 고려시대 법천사지 부도전에 사용된 초석과 같이 부좌와 쇠시리를 연꽃으로 장식한 화려한 초석도 있다.

* 초반(choban) underground portion of foundation stone

** 초반석(chobanseog) detached underground foundation stone

*** 운두(undu) pronounced cushion shape protrusion

**** 주좌(jujwa) column position defining ring

***** 쇠시리(soesili) cushion shape protrusion

jayeonseogchoseog

자연석초석

Natural Form Stone Column Base

자연석초석 논산 쌍계사 대웅전
Natural Form Stone Column Base

자연석초석 안동 권성백 고택

자연석을 가공 없이 그대로 사용한 초석을 가리키는 것으로 **덤벙주초*** 또는 **막돌초석****이라고도 한다. 석재의 종류는 다양하며 주로 주변 지역에서 조달했지만 강돌은 쓰지 않았고 산돌을 사용했다. 강돌은 미끄러울 뿐만 아니라 돌의 성질이 차고 음이라고 생각해 건물에는 사용하지 않았다. 덤벙주초는 기둥과 만나는 면이 굴곡이 있으므로 기둥 밑면을 초석에 맞도록 그렝이질한다. 그렝이질해서 기둥을 초석과 맞춰놓으면 기둥이 움직일 염려가 없다. 덤벙주초는 서민들의 살림집에서 주로 사용했지만 사찰과 관아 누정 등에서도 널리 쓰였다. 덤벙주초라 할지라도 때에 따라서 기둥이 놓이는 주좌를 살짝 돌출되게 가공하기도 한다.

* 덤벙주초(deombeongjucho) synonym for jayeonseogchoseog

** 막돌초석(magdolchoseog) synonym for jayeonseogchoseog

gagongseogchoseog

가공석초석

Refined Stone Column Base

원형초석 사천왕사 금당지

Round Shape Stone Column Base

원형초석 수원화성 화령전

1. 주좌 column position defining ring
2. 운두 pronounced cushion shape protrusion
3. 부좌 primary defining edge
4. 초반 underground portion of foundation stone

wonhyeongchoseog

원형초석

Round Shape Stone Column Base

주좌나 운두의 모양이 둥근 것을 원형초석이라고 하며 주로 원기둥 초석으로 사용한다. 조선시대 일반 민가에서는 법적으로 원기둥 사용을 금했기 때문에 원형초석은 거의 사용되지 않았으며 주로 궁궐이나 관아 및 사찰 등에 쓰였다. 원형초석이라 할지라도 초반은 방형이 대부분이며 운두는 시대가 올라갈수록 낮고 조선시대로 내려올수록 높아지는 경향을 보인다. 그리고 한국에서는 운두가 밖으로 배부른 모양이 일반적인데 중국에서는 반대로 배가 들어간 모양을 선호한다. 민족적 정서에 따른 차이라고 할 수 있으며 한국은 대개 날카롭지 않고 부드러우며 후덕한 모양을 선호했다. 원형초석도 쇠시리의 모양, 주좌 및 부좌의 유무 등에 따라 다양한 형태가 있다. 사천왕사지 초석의 경우는 초반은 자연형인데 부좌가 방형으로 넓으며 쇠시리와 주좌만 원형인 형태이다. 종묘 정전의 경우는 초반이 장방형이고 쇠시리가 원형이며 측면은 사선으로 가공했고 주좌가 없다.

방형초석 사천왕사 단석지
Square Shape Stone Column Base

방형초석 사천왕사 서탑지*

방형초석 법천사지

방형초석 경주 최부자댁

banghyeongchoseog

방형초석
Square Shape Stone Column Base

방형초석은 주로 방주 건물에서 사용했는데 남아있는 초석 유물로 보면 원형초석에 비해 그 수가 현저히 적다.* 이는 궁궐과 사찰에서는 거의 방주를 쓰지 않고 원주를 사용했기 때문으로 볼 수 있다. 다만 규모가 작은 부속건물이나 민가 등에서는 대개 방주를 사용했지만 초석에 운두가 없는 자연석 초석이나 **두주초석****을 사용했기 때문에 운두가 방형인 초석 유적은 적다. 주요 건물에 사용된 방형초석은 백제 건물에서 많이 나타난다. 신라 사천왕사지의 동서 단석지 초석은 주좌와 운두가 매우 낮으며 가운데 촉구멍이 있고 사방 모서리에는 추녀를 선각한 **우동(隅棟)**이 있는 것이 특징이다. 방

* 출처: 《사천왕사 I : 발굴조사보고서》, 국립경주문화재연구소, 2012

** 두주초석(dujuchoseog) plain square shape stone column base

팔모초석 수원화성 화령전
Octagonal Shape Stone Column Base

팔모초석 고구려 국내성

1. 주좌 column position defining ring
2. 초반 underground portion of foundation stone
3. 쇠시리 cushion shape protrusion
4. 초석 stone column base
5. 운두 pronounced cushion shape protrusion

형초석에는 기둥에서 모접기를 하듯이 모를 접은 **모죽임초석**도 있는데 부여 군수리 폐사지 초석 등에서 사례를 볼 수 있다.

dagaghyeongchoseog
다각형초석
Polygonal Shape Stone Column Base

다각형초석은 **육모초석***, **팔모초석**** 등을 말한다. 이 중에서도 팔모초석이 많은데 이는 육모기둥보다 팔모기둥이 많았기 때문이다. 다각형초석은 특수한 용도의 건물에 사용되어 남아있는 게 많지 않다. 고구려 유적에서는 주좌 없이 운두를 사선 경사로 다듬은 팔모초석이 많이 발견되고 있다. 이는 고구려에서 팔각기둥이 궁궐을 비롯한 일반건물에서도 흔히 사용되었다는 의미이다. 유물은 없지만 기록을 통해 고구려에서는 **칠모초석*****이 있었음을 알 수 있다. 고주몽 설화에 따르면 '고주몽이 북부여를 탈출하면서

* 육모초석(yugmochoseog) hexagonal shape stone column base
** 팔모초석(palmochoseog) octagonal shape stone column base
*** 칠모초석(chilmochoseog) heptangular shape stone column base

연화형초석 석굴암 (이성구 제공)
Lotus Shape Stone Column Base

유화부인에게 자식을 의탁하고 신표를 숨겨 두었는데 그 신표가 일곱모 초석과 기둥 사이에 있었다'고 기록하고 있다. 고주몽 설화는 기원전 37년의 기록이므로 이미 기원전에 칠각을 작도할 정도로 기하학 지식이 뛰어났음도 알 수 있다. 백제 이성산성에서는 구각형 건물지가 발견되기도 하였다. 수원화성 화령전은 팔모초석을 사용했으며 향원정은 육각형의 **장주초석***을 썼다. 도피안사에서 발굴된 배부른 장방형초석은 매우 특수한 사례이다. 방형초석은 기둥 형태에 따라 정방형이 일반적인데 장방형초석에 사용한 기둥의 단면도 장방형이었을지 궁금하다.

석굴암의 팔각 석주 아래를 받치고 있는 초석은 운두가 높고 연꽃을 새겼다. 이를 **복련(覆蓮)**이라고 하는데 불교건축에서 주로 사용했으며 특히 중국과 일본에서 흔하게 볼 수 있다. 이 경우 장식문양을 기준으로 **연화형초석****이라고 명명하기도 한다. 또 초석의 모양이 마치 북을 엎어 놓은 것과 같은 **고복형초석*****을 경복궁 집옥재와 보림사 대적광전에 사용한 사례가 있다.

* 장주초석(jangjuchoseog) tall stone column base
** 연화형초석(yeonhwahyeongchoseog) lotus shape stone column base
*** 고복형초석(goboghyeongchoseog) drum shape stone column base

두주초석 김두한 가옥
Plain Square Shape Stone Column Base

두주초석 덕수궁 석어당

dujuchoseog
두주초석
Plain Square Shape Stone Column Base

두주초석(斗柱礎石)은 18세기 이후 살림집에서 많이 사용했다. 초반과 쇠시리 등을 구분하지 않고 주좌도 없는 것이 특징이다. 위는 좁고 아래는 넓은 사다리꼴 형태의 방형초석으로 보통 높이는 한 자 정도가 일반적이다. 조선시대 살림집에서는 가공 초석을 사용하지 못하도록 법적으로 규제했는데 조선후기 양반가에서부터 가공한 두주초석이 쓰이기 시작했다. 조선시대 관아의 부속건물이나 능원의 수복방과 수라간 등에도 두주초석이 쓰였으며《의궤(儀軌)》에 그 명칭이 기록되어 있다.

고맥이초석 부석사 무량수전
Column Base with Perimeter Stone

고맥이초석 거돈사지

1. 고맥이석 perimeter stone
2. 고맥이초석 column base with perimeter stone

gomaeg-ichoseog
고맥이초석
Column Base with Perimeter Stone

고맥이초석은 **고막이초석**이라고도 하며 고맥이석과 연결되는 부분에 하방 폭으로 운두와 쇠시리를 덧붙인 초석을 가리킨다. 보통 초석은 운두와 주좌 등이 솟아 올라와 있기 때문에 하방을 걸면 하방과 지면 사이에 공간이 생기게 된다. 이 공간을 고맥이 또는 고막이라고 하는데 이 부분에 사용되는 하방 받침돌을 **고맥이석*** 또는 **고막석**(庫莫石)이라고 한다. 고맥이석과 만나는 초석에서 운두를 고맥이 모양으로 만든 것을 고맥이초석이라고 한다. 고맥이석과 고맥이초석은 마루가 보편화되지 않았던 고려시대 이전 건물에 많이 쓰였다. 마루가 보편화되는 조선시대에는 하방이 마루를 따라 높아져 고맥이 부분이 고맥이석만으로 막기가 어려워졌다. 그래서 이때부터는 하방 하부를 고맥이석 대신에 벽돌이나 기와, 토벽, 회벽, 판벽 등으로 막고 환기 구멍을 내는 것이 일반적이었다. 이를 **고맥이벽****이라고도 부른다.

* 고맥이석(gomaeg-iseog) perimeter stone
** 고맥이벽(gomaeg-ibyeog) perimeter wall

teugsuchoseog

특수초석

Unique Stone Column Base

장주초석 창덕궁 낙선재
Tall Stone Column Base

장주초석 고창읍성 문루

jangjuchoseog

장주초석

Tall Stone Column Base

장주초석(長柱礎石)은 일반 초석에 비해 월등히 키가 높은 초석을 말한다. 운두나 주좌 부분을 높인 것이라고 할 수 있는데 워낙에 모양이 달라서 이 부분을 **주각**(柱脚)*이라고도 부른다. 장주초석은 원형이나 두주(斗柱) 형태가 많으며 운두 및 주좌 등의 장식이 거의 없다. 주로 중층의 누각 건물에서 사용한다. 누각은 처마를 많이 빼더라도 건물 자체가 높아서 하층 기둥에 비가 들이치게 마련이다. 그래서 기둥의 부식 방지를 위해 일정 높이까지 초석 높이를 높여 준 장주초석을 사용한다. 살림집에서도 누각에 해당하는 누마루에서 장주초석을 사용한 사례가 많다. 경복궁 경회루와 같이 습기가 많은 곳에서는 장주초석이 아니라 아예 돌기둥을 세우기도 한다. 장주초석과 돌기둥은 높이가 비슷해 구분되지 않는 경우가 많은데 조금이라도 목조 기둥이 있으면 장주초석으로 보아야 한다.

* 주각(jugag) synonym for jangjuchoseog

활주초석 백양사 대웅전
Eave–supporting Column Stone Base

활주초석 부석사 무량수전

활주초석 용주사 대웅전

hwaljuchoseog

활주초석
Eave-supporting Column Stone Base

활주초석(活柱礎石)은 팔작지붕의 추녀 밑을 받치는 활주에 사용되는 초석을 말한다. 활주초석은 모양과 높이가 일반 초석에 비해 다양하다. 사다리형, 방형, 팔각형 등이 많고 일반 초석에 비해 규모는 작지만 높이가 높은 것이 특징이다. 높이가 높은 이유는 활주가 비에 노출이 많기 때문으로 볼 수 있다.

심주초석 실상사 목탑지
Central Column Stone Base for Wooden Pagoda

심주초석 황룡사 9층목탑지

1. 심주초석 central column stone base for wooden pagoda
2. 사천주초석 corner stone column base

simjuchoseog
심주초석
Central Column Stone Base for Wooden Pagoda

심주초석(心柱礎石)은 목탑의 심주 밑을 받치고 있는 초석을 말한다. 현존하는 한국 목탑은 법주사 팔상전과 쌍봉사 대웅전밖에 없는데 쌍봉사 대웅전은 2층부터 심주가 시작되므로 심주초석이 없다. 그러나 대부분 목탑 유적에는 심주가 있고 심주초석이 사용되었다. 황룡사 9층 목탑지 심주초석에는 사리공을 두고 여기에 사리를 보관하였던 흔적이 남아있다.

일본 호류지 목탑의 심주초석은 심주가 백이기둥이었기 때문에 땅에 묻혀있다. 심주초석은 일반 초석에 비해 높이와 폭이 크며 가운데에는 대부분 사리공이 있다. 사리공에는 사리를 보관하는 유리나 금, 은 등으로 만든 사리함을 보관하였다. 사리공 위는 뚜껑을 덮고 유황 등을 끓여 부어 밀봉한다. 그 위에 심주를 세우기 때문에 탑 전체가 넘어지기 전까지는 사리를 꺼낼 수 없다. 따라서 심주초석은 심주를 받치는 역할을 하는 것이지만 의례적으로도 중요한 의미가 있다.

pyeongmyeon
평면
Floor Planning

kan
- **칸** Planar Module Bay (Kan)

pyeongmyeon guseong
- **평면구성** Plan Composition

pyeongmyeonhyeongsig
- **평면형식** Type of Plan Composition

경주 양동 관가정

평면은 건축을 구성하는 가장 기본적인 요소로 필요한 기능과 규모, 구조를 고려하여 계획한다. 건축에서 기둥과 기둥 사이를 경간(徑間)이라고 하는데 한국건축의 경간은 구조와 경제성을 고려하여 일정한 간격으로 설정하였다. 이때 경간을 이루는 기둥과 기둥 사이를 **칸**(間) 또는 **주칸**(柱間)이라고 한다. 칸은 건물의 규모와 평면구성에 직접적인 영향을 미친다.

칸(間)은 기둥과 기둥 사이의 길이를 나타내는 단위이기도 하지만 기둥 4개가 만드는 단위 공간의 넓이를 가리키기도 한다. 따라서 칸에는 길이 개념과 넓이 개념이 동시에 들어있다. 기둥 사이에는 보 또는 도리를 걸기 때문에 어느 정도 간격이 제한되어 있어서 살림집에서는 8자 정도가 보통이며 사찰이나 궁궐에서는 10자에서 12자 정도가 많다. 이처럼 칸은 무한정 크게 할 수 없는 한계가 있기 때문에 칸수를 세면 대략 평면 크기를 알 수 있다.

현재 건축도면의 평면도는 투영도법으로 그리는데 한국에서는 **간가도**(間架圖)라고 하였고 도법도 약간 차이가 있다. 간가도는 정면 칸(間)수와 측면 가구법(架)을 개념에 두고 명칭을 붙인 것으로 단순한 투영도법의 서양식 평면도와는 달랐다.

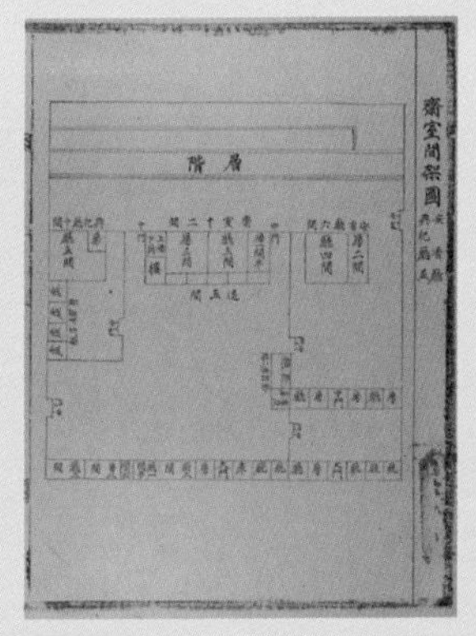

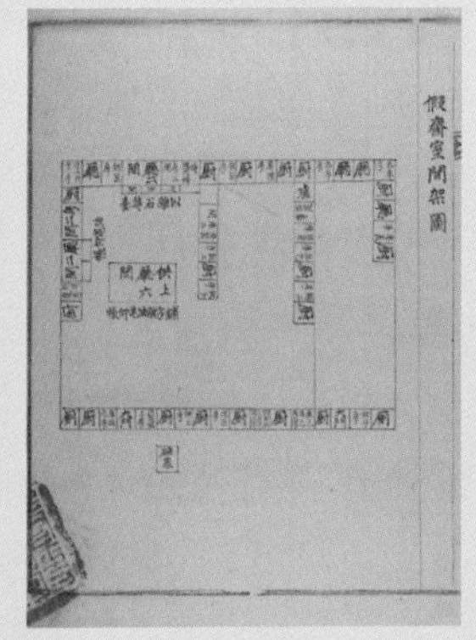

건릉 재실 간가도 《정조건릉산릉도감의궤》
Floor Plan, Tomb Keeper's House

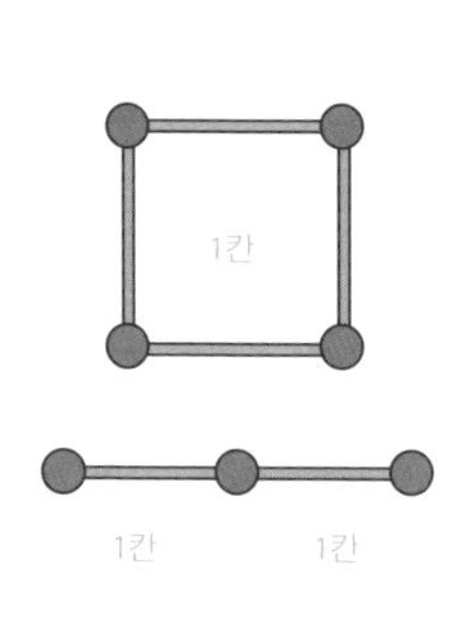

칸의 개념
Concept of Planar Module Bay (Kan)

칸(정면 5칸, 측면 2칸) 경주향교 서재
Planar Module Bay (Main Elevation 5 Kan, Side Elevation 2 Kan)

kan
칸
Planar Module Bay (Kan)

일반적으로 한국건축은 규모를 이야기할 때 '몇 칸 집'이라고 표현한다. 이는 칸(間)이라는 것이 면적을 나타내는 기본단위로 사용되고 있다는 뜻이다. 이러한 칸의 개념은 목조건축이 갖는 또 하나의 특징이라고 할 수 있다. 기둥과 기둥 사이를 **주칸(柱間)***이라고 하며 사방 각각 1주칸을 1칸이라는 면적 단위로 사용한다. 예를 들면 정면 3칸이고 측면 2칸인 집은 '3×2=6칸 집'이라고 한다. 칸은 또 길이 단위로도 사용한다. 정면 5칸이라고 하면 정면에 기둥이 여섯 개 있는 주칸이 5칸인 것을 말한다. 주칸의 길이는 목재가 갖고 있는 한계 때문에 무한히 크게 할 수 없다. 살림집은 대개 8자(약 2.4m) 정도였으며 불전이나 궁궐 건물에서는 10~12자를 사용하는 등 주칸의 길이는 건물에 따라 약간씩 차이가 있다. 또 같은 건물에서도 중앙 칸과 양쪽 측면 칸의 주칸은 다른 것이 대부분이다.

칸은 한자로는 간(間)이라고 쓰지만 한글로 읽을 때는 격음화하여 '칸'이라고 읽는다. 퇴간(退間)은 '툇간'이 올바른 표기라고 하지만 건축 용어로는 '퇴칸'이 합당하다.

* 주칸(jukan) distance between two columns

pyeongmyeonguseong

평면구성

Plan Composition

한국건축에서는 평면도(平面圖)를 **간가도(間架圖)***라고 부른다. 이는 기둥과 보에 의한 가구식구조이기 때문에 붙은 명칭으로 추정된다. 현재는 정면 몇 칸, 측면 몇 칸 등으로 부르는 것이 일반적이지만 건물에 따라서는 정면이 바뀔 수 있기 때문에 구조를 기준으로 정면을 **도리칸****, 측면을 **보칸*****이라고 부르면 혼돈이 없다. 정면 전체 길이를 표현할 때는 **도리통(道理通)******이라고 하고, 측면의 전체 길이는 **양통(梁通)*******이라고 한다. 방향을 구분할 때도 이를 기준으로 **도리방향********, **보방향*********이라고 한다.

한국건축은 겨울과 여름이라는 상반되는 기후조건 때문에 공간과 공간을 연결하는 완충공간으로 퇴칸을 둔다. 마치 계란과 같은 구조인데 노른자에 해당하는 고주 안쪽 내부공간을 **고주칸(高柱間)**********이라 하고 이를 둘러싼 외부공간을 **퇴칸(退間)**********이라고 한다. 퇴칸의 폭은 대개 반 칸으로 한다. 도리방향과 보방향이 여러 칸일 경우 각각 명칭이 다르다. 대개는 정면성을 강조하기 위해 정중앙 칸을 조금 넓게 하는데 이를 **정칸(正間)**********이라고 한다. 그러나 궁궐건축에서는 이를 **어칸(御間)**********이라고 한다. 그리고 정칸 좌우칸은 가까운 곳부터 **제1협칸(第一夾間)**********, **제2협**

* 간가도(gangado) floor plan

** 도리칸(dolikan) main elevation

*** 보칸(bokan) side elevation

**** 도리통(dolitong) width of a building

***** 양통(yangtong) depth of a building

****** 도리방향(dolibanghyang) longitudinal direction

******* 보방향(bobanghyang) transverse direction

******** 고주칸(gojukan) bay between two inner columns

******** 퇴칸(toekan) half bay

******** 정칸(jeongkan) center bay

******** 어칸(eokan) center bay of royal palace

******** 제1협칸(jeil-hyeobgan) 1st side bay from center bay

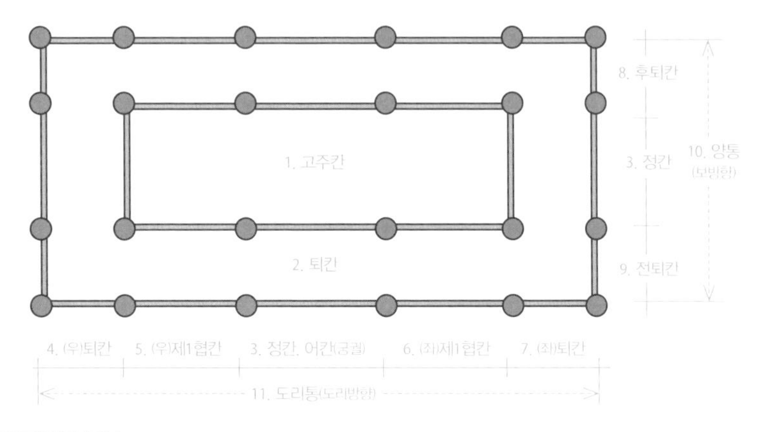

평면과 칸의 구성
Composition of Plan and Planar Module Bay (Kan)

칸의 명칭 경복궁 근정전
Names of Kan

가퇴 창덕궁
Added Half Bay

천랑 창덕궁 선정전
Loggia

1. 고주칸 bay between two inner columns
2. 퇴칸 half bay between inner and outer columns
3. 정칸, 어칸(궁궐) center bay
4. (우)퇴칸 (right) half bay
5. (우)제1협칸 (right) 1st side bay from center bay
6. (좌)제1협칸 (left) 1st side bay from center bay
7. (좌)퇴칸 (left) half bay
8. 후퇴칸 rear half bay
9. 전퇴칸 front half bay
10. 양통(보방향) depth of a building (transverse direction)
11. 도리통(도리방향) width of a building (longitudinal direction)

칸(第二夾間)* 이라고 하며 양쪽 제일 끝 칸을 퇴칸이라고 하고 퇴칸은 대개 반 칸이다. 혼돈을 줄이기 위해 끝 칸이 반 칸이 아닌 경우는 협칸으로 명명하는 것이 타당하다. 협칸은 좌우 대칭으로 배치되므로 이를 구분하기 위해 이름 앞에 좌우를 붙여준다. 이때 좌우는 주인이 건물에 앉아서 내다보는 것을 기준으로 한다. 즉 남향한 건물이라면 동쪽이 좌(左)가 되고 서쪽이 우(右)가 된다. 만약 바라보면서 좌우를 가리킬 때는 **향좌**(向左)**, **향우**(向右)***로 표기한다. 측면 보칸의 각 주칸 명칭도 도리칸 기준에 따른다.

중국건축에서는 정칸을 명칸(明間), 제1협칸을 차칸(次間), 제2협칸을 초칸(梢間)이라고 부른다. 처마 아래에 기둥 바깥으로 퇴를 달아내는 경우는 **가퇴**(假退)라고 부른다. 주로 궁궐건축의 침전에서 수직군사를 위해 가퇴를 설치하는 경우가 많다. 드물지만 궁궐의 정전과 편전 또는 정문과 정전의 정중앙을 연결하는 복도각은 **천랑**(穿廊)이라고 부른다.

* 제2협칸(jei-hyeobgan) 2nd side bay from center bay

** 향좌(hyangjwa) left side, facing the building

*** 향우(hyang-u) right side, facing the building

pyeongmyeonhyeongsig

평면형식

Type of Plan Composition

평면형식 및 종류는 평면의 전체적인 형태와 퇴의 구성 방식에 따라 분류한다. 한국건축의 평면 형태는 장방형이 압도적으로 많다. 공간을 크게 만들 경우 보칸을 늘리는 것보다는 도리칸을 확장하는 것이 쉽기 때문에 고대건축은 정방형에 가깝고 시대가 떨어지면서 차츰 장방형으로 발전해갔다. 정방형 평면은 일반 건물에서는 찾아보기 어렵다. 목탑이 대개 정방형이며 심주가 있다. 현존하는 법주사 팔상전과 쌍봉사 대웅전에서 그 사례를 볼 수 있는데 쌍봉사 대웅전은 단칸 정방형 평면이다. 또 정방형 평면은 정자에서 많이 사용되었다. 정자는 1×1칸과 2×2칸이 대부분이며 창덕궁 애련정, 태극정, 능허정 등은 단칸 정자이고 강원도 경포정, 해호정, 안동의 태고정, 귀래정 등은 사방 2칸 정방형 평면이다. 창경궁 함인정은 사방 3칸 정방형 평면이다. 다각형 평면으로는 육각과 팔각이 많이 사용되었는데 대개 정자에서 나타난다. 창덕궁 존덕정, 경복궁 향원정, 충북 세심정 등에서 육각평면을 볼 수 있고 원구단의 황궁우, 개태사 팔각당, 경기도 용인의 봉서정, 괴산의 수옥정 등에서 팔각평면을 볼 수 있다. 현존하지는 않지만 이성산성에서는 구각평면 건물도 발굴되었다. 특수한 평면으로는 원각사 및 경천사지 석탑, 창덕궁 부용정과 같이 십(十)자형을 기본으로 한 아(亞)자형 평면이 있고 창덕궁 관람정과 같이 부채살 모양의 선형(扇形)평면이 있다. 또 중부지방 민가에서는 'ㄱ'자형 평면이 많은데 이를 **곱은자집***이라고도 한다. 민가에서는 'ㅁ'자형 평면도 비교적 많이 쓰였다.

퇴의 구성 형태에 따라 평면을 구분하기도 한다. 퇴 없이 측면이 단칸인 평면은 평안도 살림집에서 많이 나타나는데 이를 **홑집****또는 **외통집**이라고 한다. 이에 비해 측면이 2칸 이상인 집을 **겹집*****이라고 하는데 칸수에 따라

* 곱은자집(gob-eunjajib) L-shaped floor plan

** 홑집(hotjib) one bay depth plan

*** 겹집(gyeobjib) multiple bay depth plan

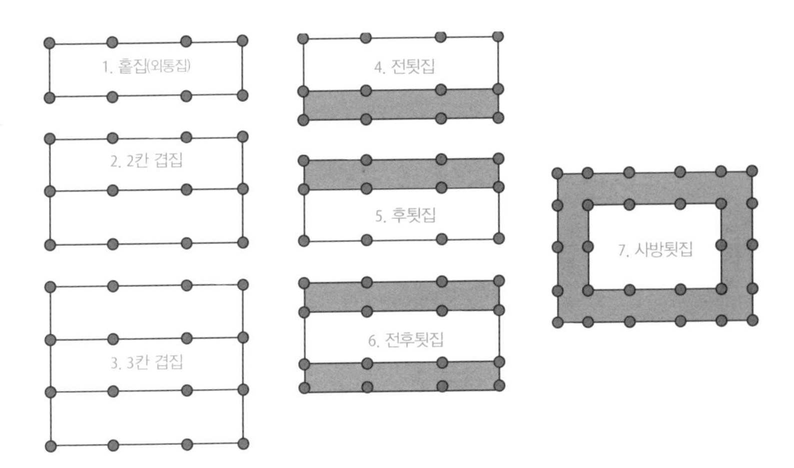

구성에 따른 평면형식

Type of Plan Composition

1. 홑집(외통집) one bay depth plan
2. 2칸 겹집(양통집) two bay depth plan
3. 3칸 겹집 three bay depth plan
4. 전툇집 plan with extra half bay in front
5. 후툇집 plan with extra half bay at the rear
6. 전후툇집 plan with extra half bays in front and at the rear
7. 사방툇집 plan with half bays on all four sides

홑집 소수서원 학구재

One Bay Depth Plan

전툇집 소수서원 직방재

Plan with Extra Half Bay in Front

양통집 예천 용문사 대장전

Two Bay Depth Plan

3칸 겹집 불국사 극락전

Three Bay Depth Plan

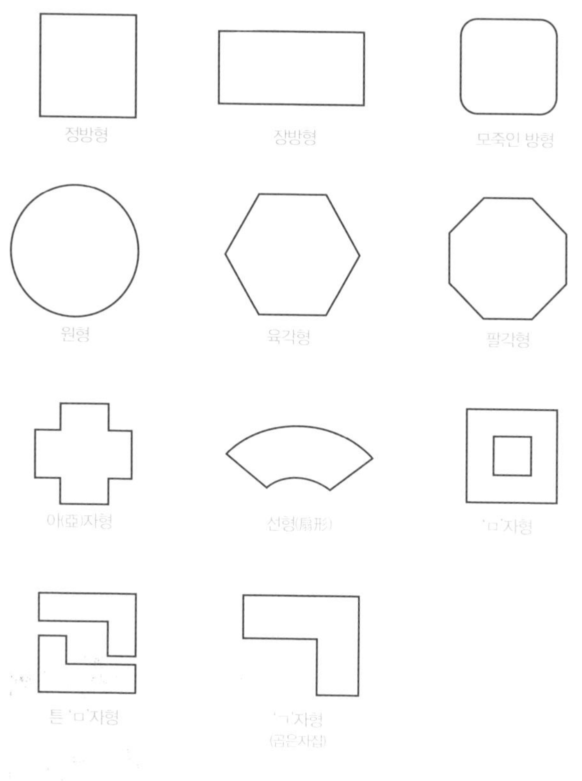

형태에 따른 평면형식
Type of Plan Shape

곱은자집 추사 김정희 선생 고택 사랑채
L–Shaped Floor Plan

ㅁ자형 평면 양동 관가정
ㅁ–Shaped Floor Plan

2칸인 것을 **2칸 겹집** 또는 **양통집**[*]이라고 하고 **3칸 겹집**[**], **4칸 겹집**[***] 등이 있다. 또 퇴가 앞에만 있는 것을 **전툇집**[****], 뒤에만 있는 것을 **후툇집**[*****], 앞뒤로 다 있는 것을 **전후툇집**[******], 사방에 모두 퇴가 있는 것을 **사방툇집**[*******]이라고 한다.

* 양통집(yangtongjib) two bay depth plan

** 3칸 겹집(sekan gyeobjib) three bay depth plan

*** 4칸 겹집(nekan gyeobjib) four bay depth plan

**** 전툇집(jeontoesjib) plan with extra half bay in front

***** 후툇집(hutoesjib) plan with extra half bay at the rear

****** 전후툇집(jeonhutoesjib) plan with extra half bays in front and at the rear

******* 사방툇집(sabangtoesjib) plan with half bays on all four sides

gidung
기둥
Column

gidung-ui sebu myeongching
기둥의 세부 명칭
Column Part Designation

jaelyo-e ttaleun gidung-ui jonglyu
재료에 따른 기둥의 종류
Type of Columns Depending on Material

- namugidung
  나무기둥 Wooden Column
- dolgidung
  돌기둥 Stone Column

hyeongtae-e ttaleun gidung-ui jonglyu
형태에 따른 기둥의 종류
Classification of Columns Depending on Sectional Form

- wonju, gagju
  원주와 각주 Round Column and Angular Column
- heullimgidung
  흘림기둥 Tapered Column
- dolangju
  도랑주 Natural Shape Column

안동권씨 능동재사

wichi-wa gineung-e ttaleun gidung-ui jonglyu
위치와 기능에 따른 기둥의 종류
Type of Columns Depending on Function and Location

- goju, pyeongju, gwigidung
  고주, 평주, 귀기둥
  Tall Column, Typical Column and Corner Column
- eomigidung
  어미기둥 Tall Column on Flank Center
- simju, sacheonju
  심주와 사천주
  Center Column of Wooden Pagoda and Corner Column of Wooden Pagoda
- nusangju, nuhaju
  누상주와 누하주
  Upper and Lower Column of a Pavilion
- hwalju
  활주 Eave-supporting Column
- dongjaju
  동자주 Queen Post
- dongbaligidung
  동바리기둥 Floor-supporting Post
- baeg-igidung
  백이기둥 Ground-buried Column

gidung-e sayongdoen gibeob-gwa jangsig
기둥에 사용된 기법과 장식
Technics and Ornamentation Related to Column Construction

- dalimbogi, geulaeng-i
  다림보기와 그렝이 Vertical Alignment and Notching
- gwisos-eum, anssollim
  귀솟음과 안쏠림
  Gradual Increase of Height towards Corner Columns and Slight inward Tilting of Columns
- mojeobgi, myeonjeobgi
  모접기와 면접기
  Chamfering and Line Insert on Surface
- pyeonsukkakkgi
  편수깎기
  Rounding Column Head

기둥은 건물 하중을 지면에 전달하는 수직 구조부재이다. 수평 구조부재인 대들보와 더불어 목조건축에서 가장 중요한 빼대를 형성한다. 집안의 장남을 대들보와 기둥에 비유하는 것도 이와 같은 이유이다. 원시 움집에서는 보와 기둥의 기능이 아직 분화되지 않아 명확히 나누어 볼 수 없지만 철기시대 이후 건축이 지상화하면서 기둥과 보의 기능이 차츰 세분되고 다양해졌다. 같은 기능의 기둥이라도 시각적 안정감이나 장식성 등이 고려되면서 단면 형태와 입면 모양이 다양해졌다. 기둥은 국어학적으로 18세기에는 '지동'으로 불렸다고 하며 이외에도 긷, 기디, 기둥 등으로 다양하게 명명되었다. 기둥을 나타내는 한자로는 주(柱), 영(楹), 탱(撑), 찰(擦) 등이 있는데 약간씩 기능의 차이가 있다.

건물을 지으면서 첫 기둥을 세울 때는 입주식(立柱式)이라는 의례를 거행한다. 현대건축은 가구식구조가 아니기 때문에 입주식이라는 개념도 사라지고 의례도 상량식(上梁式) 정도로 간략하게 바뀌었다. 하지만 전통건축에서는 기둥을 처음 세우는 일은 중요한 의미를 갖기 때문에 상량식과 대등하게 음식을 차려 놓고 성대하게 입주식을 거행했다.

기둥을 세울 때는 원래 나무가 자라던 방향에 맞추어 세운다. 나이테가 남쪽은 넓고 북쪽은 조밀해 방향을 구분할 수 있다. 원래 방향대로 세워야 비틀림이나 갈라짐을 조금이라도 줄일 수 있다. 또 기둥은 거꾸로 세우면 안 된다. 만약 기둥뿌리 쪽이 위로 향하도록 세우면 그 집에 사는 사람들을 괴롭히는 일이 계속 발생한다고 한다. 그래서 피치 못하게 기둥을 거꾸로 세웠다면 솥뚜껑으로 나무를 두드리며 거꾸로 세워도 좋다고 반복적으로 외쳐야 겨우 길함을 얻을 수 있고, 또 사는 사람은 두고두고 온정을 베풀어야 길함을 얻을 수 있다고 한다. 가공된 나무의 위아래는 옹이와 표면 무늬를 보면 알 수 있다. 옹이는 위로 향하며 무늬는 산 모양으로 뾰족한 부분이 위쪽이다.

gidung-ui sebu myeongching

기둥의 세부 명칭

Column Part Designation

기둥 논산 쌍계사 대웅전
Column

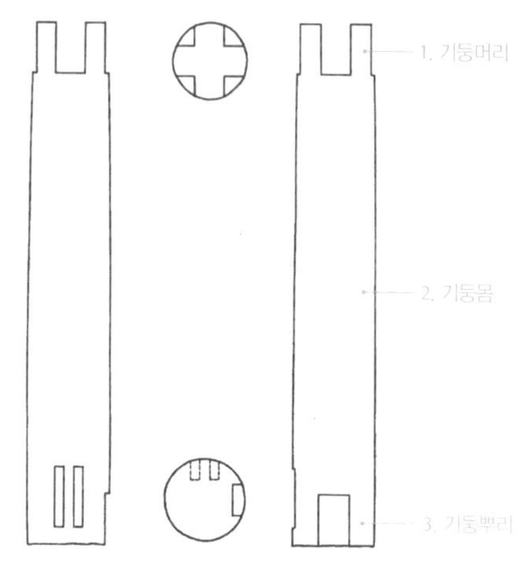

1. 기둥머리 column head
2. 기둥몸 column body
3. 기둥뿌리 column root

기둥은 상중하로 나눠 **기둥머리***, **기둥몸**** 또는 기둥허리, **기둥뿌리*****로 구분한다. 기둥머리에서는 도리방향으로 도리, 장혀, 창방, 상인방 등이 결구되며 보방향으로는 보와 보아지, 익공과 살미, 두공 등이 결구된다. 기둥몸에는 중인방이 걸리며 기둥뿌리는 초석에 접촉되는 부분으로 초석과는 그렝이 기법을 통해 온전히 밀착되며 좌우로는 하인방이나 문지방이 걸린다. 그리고 기둥 밑면은 지면에 직접 접하는 부분으로 부식이나 해충의 침입을 방지하기 위해 소금이나 간수 등을 넣기도 한다.

* 기둥머리(gidungmeoli) column head

** 기둥몸(gidungmom) column body

*** 기둥뿌리(gidungppuli) column root

jaelyo-e ttaleun gidung-ui jonglyu

재료에 따른 기둥의 종류

Type of Columns Depending on Material

나무기둥 정수사 법당

Wooden Column

나무기둥 삼척 죽서루 누하주

namugidung

나무기둥

Wooden Column

목조건축에는 나무기둥이 압도적으로 많다. 나무기둥은 처마가 있어도 기둥뿌리 부분에는 비가 들이쳐 부식되는 단점은 있으나 가공이 쉽고 돌기둥에 비해 인장력이 뛰어나 외부 충격에 대응력이 좋다는 장점이 있다. 기둥 중에서는 모서리의 귓기둥이 하중을 제일 많이 받기 때문에 굵게 쓰는 경우도 많으며 단면 형태와 입면, 길이도 다양하다.

돌기둥 석굴암
Stone Column

돌기둥 고구려 쌍영총

돌기둥 경복궁 경회루

dolgidung
돌기둥
Stone Column

돌기둥은 압축 강성이 뛰어나고 부식에 강해 수명이 길다. 따라서 연못에 접하고 있는 누각 기둥이나 목조건물이 아닌 무덤과 석굴 등에 자주 사용하였다. 고구려 쌍영총에는 주실로 통하는 입구 양쪽에 팔각돌기둥을 사용했고 신라의 석굴암은 본전으로 들어가는 입구 양쪽에 앙련과 복련 장식이 있는 팔각돌기둥을 사용했다. 또 조선시대 경회루는 처음 지을 때는 용 조각이 있는 돌기둥이었으나 조선 후기에 다시 지으면서 조각이 없는 사다리꼴 형태의 방형 돌기둥으로 바뀌었다. 이처럼 드물기는 하지만 돌기둥은 삼국시대부터 조선말까지 꾸준히 사용된 오랜 역사를 갖고 있다.

hyeongtae-e ttaleun gidung-ui jonglyu

형태에 따른 기둥의 종류

Classification of Columns Depending on Sectional Form

1. 원기둥 round column
2. 사모기둥 square column
3. 팔모기둥 octagon column
4. 육모기둥 hexagon column

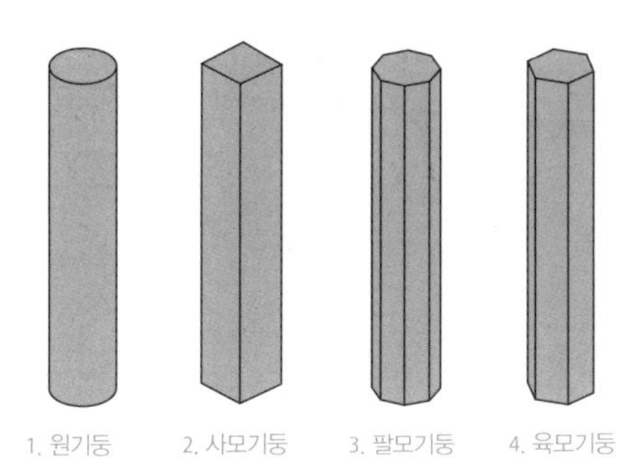

기둥의 단면 형태별 종류
Type of Columns Sectional Form

wonju, gagju

원주와 각주

Round Column and Angular Column

기둥을 단면 형태에 따라 분류하면 크게 **원주***와 **각주****로 나눌 수 있다. 원주는 **원기둥**, **두리기둥**으로도 불린다. 각주는 다시 방형의 **방주**(方柱) 또는 **사모기둥*****, 육각형의 **육각주**(六角柱) 또는 **육모기둥******, 팔각형의 **팔각주**(八角柱) 또는 **팔모기둥*******으로 세분할 수 있다. 두리기둥과 사모기둥이 가장 많이 사용되었다. 그리고 방주보다는 원주가 격이 높다고 생각해서 주요 정전이나 큰 건물에는 원기둥을 사용하였고 방주는 부속채나 작은 건물에 사용하는 경우가 많았다. 조선시대에는 살림집에서는 원기둥을 사용하

* 원주(wonju) round column
** 각주(gagju) angular column
*** 사모기둥(samogidung) square column
**** 육모기둥(yugmogidung) hexagon column
***** 팔모기둥(palmogidung) octagon column

원기둥 안동 수곡 고택
Round Column

사모기둥 운현궁 이로당
Square Column

팔모기둥 안성 정무공 오정방 고택
Octagon Column

육모기둥 창덕궁 상량정
Hexagon Column

지 못하도록 법으로 금지하기도 했다. 그러나 한양에서 먼 지역의 귀족들부터 원기둥을 쓰기 시작했고 조선 후기에는 상당수 살림집에서도 원기둥을 사용하였다. 살림집에 쓰인 원기둥은 주로 대청에서 벽 없이 노출된 곳에 사용했으며 벽이 있을 경우는 마감에 유리한 방주를 사용했다.

육모기둥과 팔모기둥은 주로 정자와 같이 비일상적인 건물에 사용했다. 육모기둥은 조선시대 경복궁 향원정이나 창덕궁 상량정 등 육각정에서 볼 수 있다. 팔모기둥은 팔각정에 사용되었을 테지만 팔모기둥의 예는 거의 찾아보기 어렵다. 다만 고구려 쌍영총 주실 입구와 신라 석굴암의 주실 전

통형기둥 홍성 노은리 고택
Straight Column

면에 팔각형의 돌기둥이 사용된 사례가 있다. 기원전 북부여 고주몽 설화에서는 일곱모 초석에 대한 기록이 있어서 칠각 기둥을 상상해 볼 수 있다. 또 도피안사 초석은 주좌의 모양이 타원형인데 기둥 모양이 주좌 모양을 따랐다면 타원형 단면의 기둥으로 상상하기 어려운 단면 형태이다.

heullimgidung
흘림기둥
Tapered Column

기둥의 입면 형태는 크게 흘림이 있는 것과 없는 것으로 나눌 수 있다. 흘림 없이 기둥 상하의 직경이 같은 경우 **통형**(筒形)으로 부르기도 하지만 아직 정확한 용어는 없는 실정이다. 흘림기둥은 크게 민흘림기둥과 배흘림기둥 두 종류가 있다. **민흘림기둥***은 기둥 하부가 기둥 상부보다 굵은 사선의 흘림을 갖는 기둥을 말한다. **배흘림기둥****은 기둥 하부에서 1/3지점이 가장 굵고 위아래로 갈수록 얇아지는 곡선의 흘림을 갖는 기둥을 말한다.

대개 배흘림기둥은 원기둥이 많고 민흘림기둥은 사모기둥이 많다. 흘림기둥은 주로 건물 규모가 크거나 주요 건물에 사용했고 살림집이나 작은

* 민흘림기둥(minheullimgidung) plain tapered column
** 배흘림기둥(baeheullimgidung) column with entasis

민흘림기둥 의성 탑리 5층 석탑
Plain Tapered Column

배흘림기둥 강릉 임영관 삼문
Column with Entasis

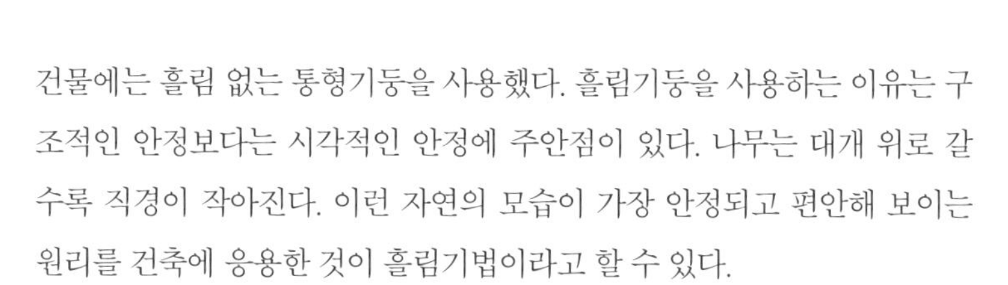

건물에는 흘림 없는 통형기둥을 사용했다. 흘림기둥을 사용하는 이유는 구조적인 안정보다는 시각적인 안정에 주안점이 있다. 나무는 대개 위로 갈수록 직경이 작아진다. 이런 자연의 모습이 가장 안정되고 편안해 보이는 원리를 건축에 응용한 것이 흘림기법이라고 할 수 있다.

서양의 그리스, 로마 신전도 배흘림기둥을 사용했는데 이를 **엔타시스** Entasis라고 한다. 한국에서는 고구려 고분벽화에도 배흘림기둥이 묘사되어 있음을 볼 때 최소 삼국시대부터 사용되었음을 알 수 있으며 조선말까지 이어졌다. 현존하는 건물 중에서 고려시대 봉정사 극락전, 부석사 무량수전, 수덕사 대웅전, 강릉 임영관 삼문 등과 조선시대 대부분의 주요 건물은 흘림기둥을 사용했다. 배흘림의 정도로는 강릉 임영관 삼문이 가장 강하다. 신라시대 목조건물은 남아있지 않지만 쌍봉사 철감선사부도(858년)에서 강한 배흘림기둥을 볼 수 있다. 사례에 따르면 조선시대보다는 그 이전 건축에서 흘림을 강하게 했음을 알 수 있다. 또 팔작지붕보다는 맞배지붕 집에서 흘림이 강하다.

민흘림기둥도 배흘림기둥과 같이 오랜 역사를 갖고 있으며 고구려 쌍영총 전실의 팔각돌기둥과 신라시대 경북 의성 탑리 5층 석탑에서도 그 사례를 볼 수 있다. 그리고 조선시대 개암사 대웅전, 해인사 응진전, 화엄사 각

도랑주 화엄사 구층암
Natural Shape Column

도랑주 청룡사 대웅전

도랑주 개심사 심검당

황전, 서울 숭례문, 쌍봉사 대웅전, 수원화성의 장안문, 율곡사 대웅전 등에서 수없이 나타난다.

dolangju
도랑주
Natural Shape Column

원목을 껍질 정도만 벗겨 거의 가공 없이 자연목의 모양을 그대로 살려 만든 기둥을 말한다. **도랑주**는 조선 후기 자연주의 사상에 힘입어 살림집과 사찰 등에서 많이 사용했다. 가장 대표적인 것이 화엄사 구층암 기둥으로 모과나무의 기괴한 모양을 그대로 살려 바로 세우기도 하고 뒤집어 세우기도 했다. 또 경기도 안성시 청룡사 대웅전도 외곽의 평주 전체를 도랑주로 해 자연미를 그대로 살렸다. 서산의 개심사에서는 심검당 주방 부분의 기둥을 도랑주로 해 투박한 아름다움을 맘껏 표현하였다. 조선후기에는 도랑주와 함께 대들보도 가공 없이 굽은 모습을 그대로 사용하는 경우가 많았다. 가공한 것보다는 가공하지 않은 자연 상태가 더 아름답다는 자연주의 사상이 반영된 것이다. 또 한편으로는 임진왜란 이후 부족해진 목재 공급 상황을 기술적으로 잘 풀어낸 결과라고도 할 수 있다.

wichi-wa gineung-e ttaleun gidung-ui jonglyu

위치와 기능에 따른 기둥의 종류

Type of Columns Depending on Function and Location

고주와 평주 엄찬고택
Tall Column and Typical Column

귓기둥(우주) 전등사 대웅전
Corner Column

1. 평주 typical column
2. 고주 tall column
3. 귓기둥 corner column
4. 어미기둥 tall column on flank center

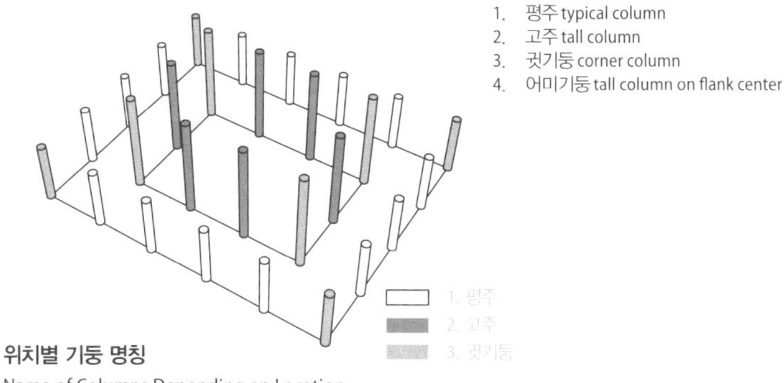

위치별 기둥 명칭
Name of Columns Depending on Location

goju, pyeongju, gwigidung

고주, 평주, 귓기둥

Tall Column, Typical Column and Corner Column

우리나라의 건물은 겨울과 여름의 추위와 더위를 동시에 견뎌야 하고 평면의 기능과 구조적인 이유로 가운데 공간을 사방으로 퇴칸이 감싸고 있는 이중구조이다. 지붕은 또 경사가 있기 때문에 외곽 기둥보다 안쪽 기둥이 높다. 따라서 기둥 높이를 기준으로 외곽기둥을 **평주**(平柱)*라고 하고 내부

* 평주(pyeongju) typical column

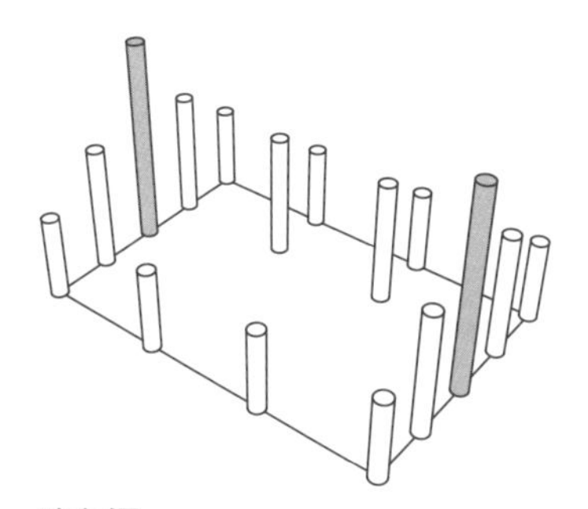

어미기둥
Tall Column on Flank Center

어미기둥 봉정사 극락전

기둥을 **고주**(高柱)*라고 한다. 평주는 퇴칸에 있기 때문에 **툇기둥**(退柱)이라고도 한다. 평주나 고주 중에서 모서리에 있는 기둥을 **귓기둥**(隅柱)**이라고 하는데 한국건축은 귓기둥에 추녀 등이 걸리고 하중을 가장 많이 받기 때문에 평주보다는 굵게 만드는 것이 보통이며 귀솟음에 의해 기둥 높이도 평주보다 약간 높다. 공간 명칭을 따라서 고주 안쪽을 내진, 퇴칸을 외진이라고 하여 내진고주, 외진평주라고 부르는 경우도 있으나 이 명칭은 일본 명칭이기 때문에 사용하지 않는 것이 좋다.

eomigidung
어미기둥
Tall Column on Flank Center

어미기둥은 건물 측면 중앙에 생긴다. 봉정사 극락전의 경우 측면 정중앙에 종도리까지 이르는 높은 기둥을 사용했다. 정칸 고주라고 보기도 어렵고 탑 심주라고 보기도 어렵다. 어미기둥이 이렇게 종도리까지 올라간 경우는 봉정사 극락전이 유일한 사례이며 수덕사 대웅전은 보 밑에서 끝났다. 봉정사 극락전과 같이 기둥을 도리 밑까지 올리는 경우는 중국의 천두

* 고주(goju) tall column

** 귓기둥(gwigidung) corner column

식(穿斗式) 구조에서 나타나며 일본은 나라에 있는 도다이지(東大寺)와 같은 다이부쯔요(大佛樣)라는 건축양식에서 볼 수 있다. 천두식은 중국 남방지역에서 주로 사용한 고식 가구법으로 한국에서도 고대건축에서는 존재했을 것으로 추정되지만 현존하는 건물은 남아있지 않다. 다만 봉정사 극락전은 천두식 구조는 아니지만 측벽 어미기둥에서 그 흔적을 볼 수 있는 정도이다. 중국 건물의 **산주**(山柱)에 해당하는 기둥이다.

simju, sacheonju

심주와 사천주

Center Column of Wooden Pagoda and Corner Column of Wooden Pagoda

법주사 팔상전과 같은 목탑은 평면이 정방형이고 정중앙에는 최상층까지 이어진 기둥을 세운다. 이를 **심주**(心柱)*라고 한다. 심주는 최상층 지붕 밖으로 빠져 올라와 상륜 장식의 지주 역할도 하는데 그래서 **찰주**(擦柱)**라고도 부른다. 때로는 심주와 찰주를 구분하여 별도로 세우기도 한다. 심주는 목탑에서는 구조의 중심 역할을 한다. 한국의 영향을 받은 일본 목탑에도 대부분 심주가 있다. 그러나 중국에서 가장 오래되었다고 하는 불궁사(佛宮寺) 석가탑에는 심주가 없다. 이러한 탑을 적층구조(積層構造)라고 한다. 또 심주를 중심으로 사방 네 모서리에도 상층까지 이어지는 기둥을 세우는데 이를 **사천주**(四天柱)***라고 한다. 사천은 불교의 우주관에서 비롯된 수미산 중턱 네 방향에 있는 사천왕상이 주재하는 문을 의미하는 것으로 불교적인 명칭이다. 일반건물의 고주에 해당한다.

* 심주(simju) center column of wooden pagoda

** 찰주(chalju) synonym for simju

*** 사천주(sachunju) corner column of wooden pagoda

심주와 사천주 백제역사재현단지 목탑
Center Column of Wooden Pagoda and Corner Column of Wooden Pagoda

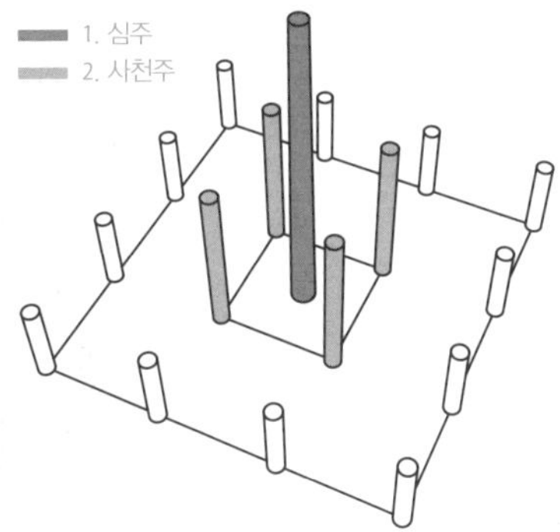

심주와 사천주

심주 보탑사 목탑
Center Column of Wooden Pagoda

사천주 법주사 팔상전
Corner Column of Wooden Pagoda

1. 심주 center column of wooden pagoda
2. 사천주 corner column of wooden pagoda

기둥

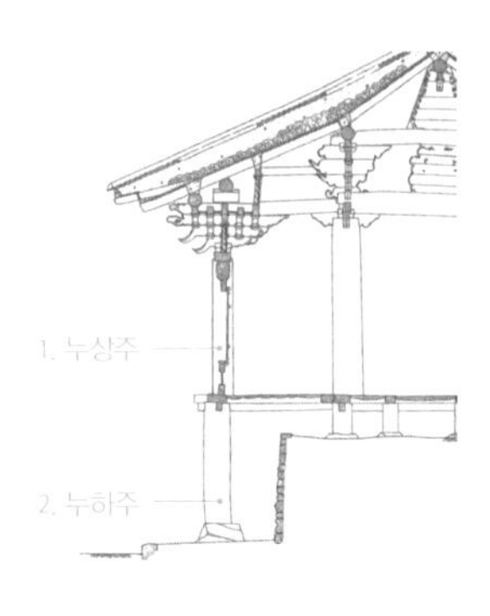

누상주와 누하주 완주 화암사
Upper and Lower Column of a Pavilion

누상주와 누하주 봉정사 만세루

1. 누상주 upper column of a pavilion
2. 누하주 lower column of a pavilion

nusangju, nuhaju

누상주와 누하주
Upper and Lower Column of a Pavilion

중층 누각식 건물에서는 누를 기준으로 상하기둥을 구분하여 부른다. 이때 누 밑에 있는 기둥을 **누하주**(樓下柱)*, 누 위에 있는 기둥을 **누상주**(樓上柱)** 라고 한다. 부석사 무량수전 앞의 안양루와 봉정사 대웅전 앞의 만세루 등과 같이 선종사찰 금당 앞에는 누를 두어 누하로 진입하도록 하는 것이 일반적이었다. 이때 누하주는 눈앞에 펼쳐지는 풍경의 근경 역할을 하여 입체감을 준다. 또 동적 공간 처리와 함께 누하의 어두운 공간에서 금당 마당의 밝고 넓은 공간으로 탈출할 때 느끼는 희열은 종교적 신비감을 주기도 한다.

* 누하주(nuhaju) lower column of a pavilion

** 누상주(nusangju) upper column of a pavilion

활주 송광사 대웅전
Eave-supporting Column

활주 금산사 미륵전

hwalju
활주
Eave-supporting Column

추녀 밑을 받치고 있는 보조기둥을 일컫는다. 우리나라 건물은 처마가 깊고 안허리곡이 있어서 처마 모서리에 걸린 추녀는 기둥 밖으로 매우 많이 빠져나간다. 때로는 건물 안쪽으로 물린 길이보다 바깥으로 빠져나간 길이가 더 길 때도 있다. 이 경우 추녀가 처지기 때문에 추녀 안쪽 끝에 무거운 돌을 올려 눌러주기도 하고 철띠로 고주에 잡아매기도 하며, **강다리***라는 보강재를 이용해 하부 도리에 묶어주기도 한다. 그래도 부족해서 추녀 끝에서 보조기둥을 받쳐 주는데 이를 **활주**(活柱)라고 한다. 활주는 대개 추녀 끝에서 기단 끝으로 연결되기 때문에 경사지게 세우는 것이 일반적이며 활주 밑에는 별도로 초석을 받친다. 이를 **활주초석**이라고 한다. 추녀와 만나는 연결부분에는 기둥에 주두를 얹듯 연화형으로 장식하거나 십자형으로 조각재를 끼워 치장하기도 한다. 금산사 미륵전과 같은 중층건물에서는 각 층마다 활주를 세우기도 한다. 활주는 구조적인 역할 외에 처마아래 공간감을 형성하기도 한다.

* 강다리(gangdali) rafter sag preventing pole

기둥

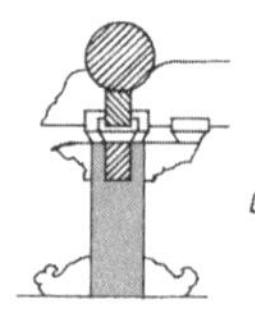
1. 동자형동자주

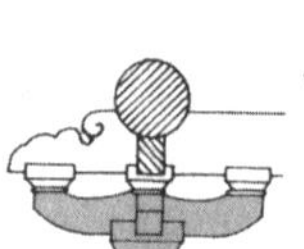
2. 포동자주

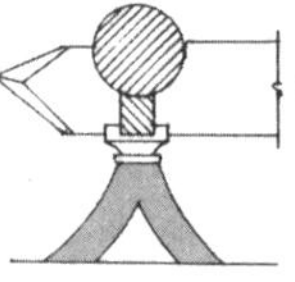
3. 인(ㅅ)자형동자주

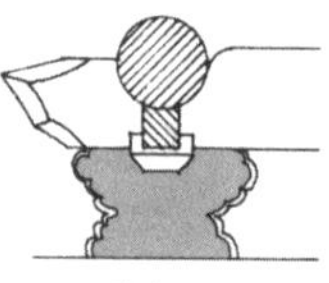
5. 화반동자주

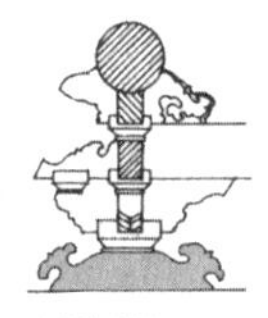
6. 복화반형동자주

동자주의 종류
Types of Queen Post

동자형동자주 병산서원 강당
typical queen post

포동자주 부석사 조사당
bracket–set queen post

항아리형동자주 상주 흥암서원
jar–shape queen post

1. 동자형동자주 typical queen post
2. 포동자주 bracket–set queen post
3. 인(ㅅ)자형동자주 reverse V–shape queen post
4. 화반동자주 flower–shape queen post
5. 복화반형동자주 flame–shape queen post

dongjaju
동자주
Queen Post

5량가나 7량가에서 대들보나 중보 위에 올라가는 짧은 기둥을 말한다. 조선시대 살림집에서는 일반기둥과 같은 사모기둥을 동자주(童子柱)로 사용하는 경우가 많았다. 그러나 시대에 따라서 또는 궁궐이나 사찰에서는 여러 모양의 다양한 동자주를 사용했다. 고구려 벽화에는 '人'자 모양의 동자주가 있으며, 고려 이전 주심포건물에서는 첨차를 이용해 공포를 짜듯이 만든 동자주도 있다. 모양에 따라서 동자주의 종류를 나누는데 **인(人)자형동자주**, **화반동자주**, **포동자주**, **동자형동자주**, **복화반형동자주** 등으로 다양하다. 일본에서는 중국으로부터 젠슈우요(禪宗樣. 간포가 있는 다포식)가 들어오면서 동자주가 장식화되었다. 단면은 원형이고 배흘림이 있으며 동자주 위아래를 당초 등으로 조각해 화려하게 꾸몄다. 대개 홍예보와 함께 사

대청 동바리기둥 안동 탁청정
Floor-supporting Post of Roofed Wooden Floor Main Hall

동바리이음 음성 잿말 고택
Partial Column Replacement

용되는데 이러한 모습은 중국 남방건축에서도 흔히 보이는 양식이다. 그러나 한국에는 이러한 동자주의 모습은 남아있지 않다.

dongbaligidung
동바리기둥
Floor-supporting Post

마루 밑을 받치는 짧은 기둥을 말한다. **동바리**(童發伊, 童發里)는 짧은 받침기둥이란 의미로 순우리말이다. 대청이 넓을 때는 귀틀이 출렁거리거나 아래로 처질 수 있으므로 그 아래에 짧은 기둥을 받치는데 마루 밑은 보이지 않기 때문에 동바리는 정밀하게 가공하지 않는다. 건물 밖으로 달아낸 쪽마루에도 동바리기둥을 받친다. 기둥 하부가 썩어 일부를 잘라내고 짧은 새 기둥으로 갈아 끼우기도 하는데 이것을 **동바리이음***이라고 한다. 따라서 동바리에는 짧은 동가리란 의미가 있다. 동바리는 나무로 만들 수도 있지만 틈이 작을 때에는 자연석을 이용해 받치기도 했다. 이를 동바리초석이라고 한다.

* 동바리이음(dongbaliieum) partial column replacement

백이기둥 초석 감은사지 회랑지
Stone Colum base of Ground–buried Column

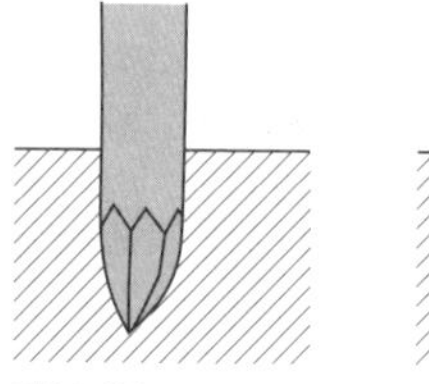

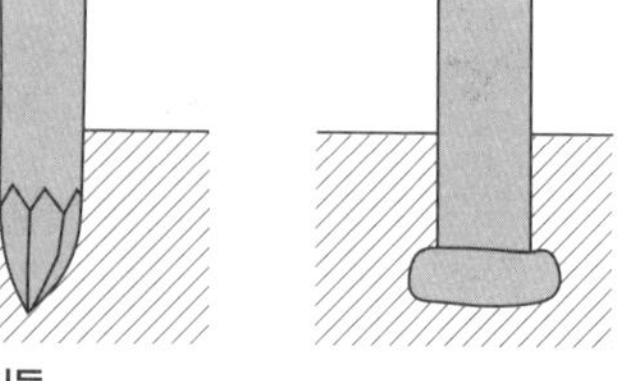

백이기둥
Ground–buried Column

baeg-igidung
백이기둥
Ground-buried Column

땅속에 박아 세운 기둥을 말한다. 대개 기둥머리의 결구법이 발달하지 않았던 원시 건물에서는 기둥을 땅에 박아 견고히 할 필요가 있었다. 백이기둥의 단점은 지면 부분이 습기에 의해 잘 썩는다는 점이다. 이를 극복하기 위해 결구법과 난방이 발전하는 철기시대 이후에는 지금처럼 초석 위에 기둥을 세우는 지상화가 진행되었다. 하지만 이음과 맞춤 등의 결구법이 발달했다고 해서 백이기둥 건물이 바로 사라진 것은 아니다. 통일신라 감은사지 회랑에서는 일부 백이기둥에 사용했을 것으로 추정되는 초석이 발견되었다. 가운데 기둥구멍이 뚫려 있고 초석이 반으로 나뉜 두 쪽짜리이다. 백제시대 풍납토성에서는 토기로 제작한 백이기둥 초석이 발굴되기도 하였다. 이 경우 백이기둥을 세우고 장식으로 지면 양쪽에서 초석을 붙여놓는 방식이다. 일본에서는 나라시대 헤이조큐(平城宮) 정전을 제외한 나머지 건물은 거의 백이기둥 건물이었는데, 이처럼 백이기둥이 꼭 원시 움집에서만 사용된 것은 아니다. 일본에서는 백이기둥을 **굴립주**(掘立柱)라고 한다.

gidung-e sayongdoen gibeob-gwa jangsig

기둥에 사용된 기법과 장식

Technics and Ornamentation Related to Column Construction

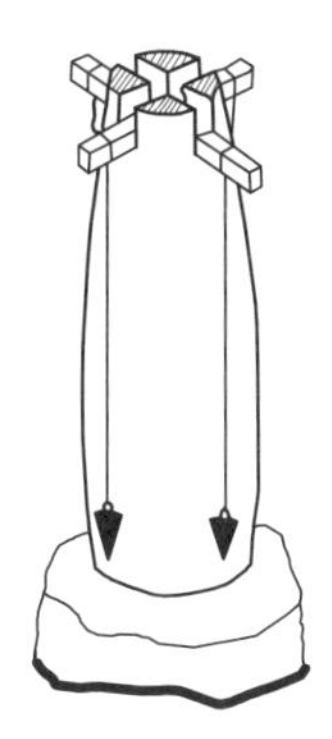

다림보기 (강성원 그림)
Vertical Alignment

다림보기 동호재 공사

dalimbogi, geuleng-i

다림보기와 그렝이

Vertical Alignment and Notching

기둥을 초석 위에 세우고 전면과 측면에서 추를 내려뜨려 기둥에 쳐 놓은 중심 먹선과 일치하면 기둥은 전후와 좌우에 대해 수직으로 선 것이다. 이렇게 기둥을 전후좌우 수직으로 세우는 일련의 작업을 **다림보기***라고 한다. 그러나 초석과 기둥 밑면이 밀착되어 있지 않기 때문에 손을 놓으면 기둥은 다시 기운다. 따라서 다림보기해서 수직으로 세운 기둥이 다시 기울지 않도록 초석과 기둥을 밀착시켜주는 작업이 필요한데 이를 **그렝이****라고 한다. 그렝이는 기둥에서만 필요한 것이 아니고 두 부재를 생김새대로 맞추는 곳에서 모두 발생한다. 석축을 쌓을 때 돌끼리 이를 맞추기 위해서도 필요하며 배흘림기둥에 벽선을 세울 때 배흘림곡에 맞추어 벽선에 그렝이를 떠 맞추게 된다. 또 도리에 추녀를 얹을 때도 추녀 모양에 맞춰 도리에

* 다림보기(dalimbogi) vertical alignment

** 그렝이(geuleng-i) notching

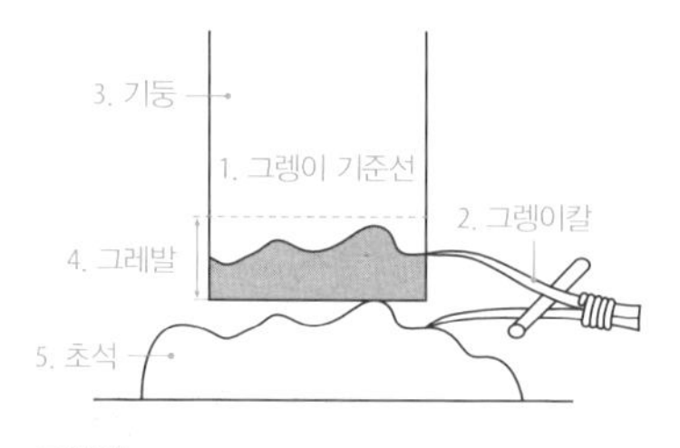

그레질
Notching Process

1. 그렝이 기준선 notching base line
2. 그렝이칼 notching knife
3. 기둥 column
4. 그레발 notching depth
5. 초석 stone column base

기둥 하부 그렝이 쌍봉사 극락전
Notching Column Bottom

그렝이를 뜬다. 이처럼 그렝이란 별개의 두 부재가 만날 때 그 모양을 맞춰주는 작업을 말한다. 그렝이하는 일련의 작업을 **그렝이질*** 또는 **그레질**이라고 하며 그레질을 하기 위해서는 **그렝이칼****이 필요하다. 그렝이칼은 컴퍼스처럼 생겼는데 한쪽은 먹을 찍어 선을 그릴 수 있도록 되어 있고 한쪽은 초석 높낮이에 따라 상하로 오르내리면서 기둥 밑면에 초석 모양을 그려나간다. **그렝이선** 또는 **그레먹**이 그려지고 나면 기둥을 뉘어 그렝이선에 따라 기둥 밑을 끌로 따낸다. 그런 후에 다시 기둥을 세우면 초석과 기둥이 밀착하게 된다. 그렝이를 뜨기 위해서 기둥은 실제보다 약간 긴 것을 사용한다. 설치된 초석 중에서 가장 높은 초석이 그렝이 기준선이 되며 초석이 낮을수록 그렝이 기준선과 초석 윗면 사이의 편차는 커진다. 이처럼 그렝이 기준선과 초석 윗면과의 거리를 **그레발*****이라고 하며 보통 그레발은 두 치가 넘지 않는 것이 작업에 편리하다.

* 그렝이질(geulaeng-ijil) notching process

** 그렝이칼(geuleng-ikal) notching knife

*** 그레발(geulebal) notching depth

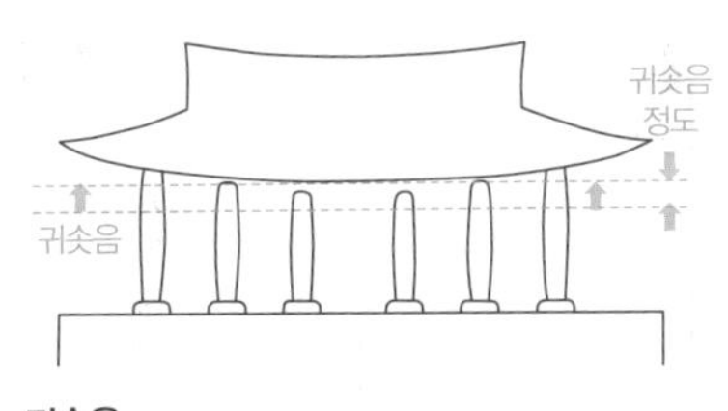

귀솟음
Gradual Increase of Height towards Corner Columns

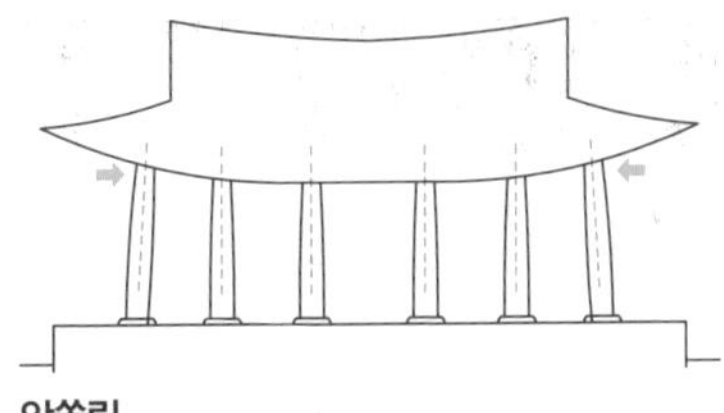

안쏠림
Slight inward Tilting of Columns

귀솟음 화암사 극락전 배면

귀솟음 중국 융흥사(隆興寺) 마니전
(귀솟음으로 인해 창방의 좌우 높이가 다르다)

기둥

gwisos-eum, anssollim

귀솟음과 안쏠림

Gradual Increase of Height towards Corner Columns and Slight inward Tilting of Columns

우리나라의 건축은 중앙에서 양 측면으로 갈수록 기둥 높이가 약간씩 높아진다. 이처럼 기둥이 귀로 갈수록 솟았다고 하여 **귀솟음***이라고 한다. 귀솟음을 하지 않고 수평으로 하면 양쪽 어깨가 처져 보이는 착시현상이 발생한다. 귀솟음은 착시현상을 없애주기 위한 기법이라고 할 수 있으며 구조적으로도 약간의 역할을 한다. 귀솟음은 삼국시대 석탑에도 남아있는 것으로 미루어 고대에서부터 사용된 것으로 추정된다. 귀솟음을 하면 창방이나 공포 부재의 좌우 높이를 각각 미세하게 달리 해야 하는 어려움이 발생한다. 귀솟음은 세련된 장인의 솜씨를 엿볼 수 있는 것으로 고도의 기술이 필

* 귀솟음(gwisos-eum) gradual increase of height towards corner columns

쌍사모접기 홍성 노은리 고택
Triple Rounded Chamfer

둥근턱빗모접기 안성 정무공 오정방 고택
Round inward Chamfer

요하다. 일본에서는 한국건축의 직접적인 영향을 벗어나는 나라시대 이후에는 귀솟음이 완전히 사라졌다.

기둥은 기둥머리를 건물 안쪽으로 약간씩 기울여 준다. 이를 기둥이 안쪽으로 쏠렸다고 해서 **안쏠림***이라고 한다. 안쏠림은 기둥머리보다는 기둥뿌리를 밖으로 약간 벌려 놓는 경우가 대부분이다. 안쏠림은 기둥 위쪽이 벌어져 보이는 착시현상을 교정하거나 구조적으로도 약간의 역할을 하지만 실제 건물에서 안쏠림을 둔 사례는 흔치 않다. 안쏠림은 **오금**이라고도 한다. 귀솟음과 안쏠림은 시각적인 안정감을 줌과 동시에 하중을 가장 많이 받는 귓기둥을 높여줌으로써 구조적인 안정감도 준다.

mojeobgi, myeonjeobgi

모접기와 면접기
Chamfering and Line Insert on Surface

네모기둥의 날카로운 모서리를 깎아내는 것을 **모접기****라고 한다. 모접기는 모서리를 부드럽게 하며 다양한 형태의 모접기는 장식 효과도 있다. 모접기와 같은 방식으로 기둥 면의 중앙 부분에 세로 선을 넣기도 하는데 이

* 안쏠림(anssollim) slight inward tilting of columns

** 모접기(mojeobgi) chamfering

를 **면접기**[*]라고 한다. 면접기는 대개 수직선을 기둥 중앙에 넣어 부재의 결점과 시각적 산만함을 없애는 역할을 한다. 모접기나 면접기는 규모가 있고 격식 있는 건물에 주로 사용하며 모접기나 면접기를 위해서는 **모끼대패**를 사용하는데 모끼대패는 대팻날의 모양이 다양하며 장인이 직접 만들어 사용한다. 모접기는 사선으로 접는 **평모**[**], 둥근 외줄의 **외사모**[***], 둥근 두 줄의 **쌍사모**[****]를 가장 많이 사용하였다. 면접기에서는 외사와 쌍사가 가장 많이 사용되었다.

* 면접기(myeonjeobgi) line insert on surface
** 평모(pyeongmo) plane cut chamfer
*** 외사모(oesamojeobgi) double rounded chamfer
**** 쌍사모(ssangsamojeobgi) triple rounded chamfer

편수깎기 일본 겐조지(建長寺)
Rounding Column Head

편수깎기 중국 하 화엄사(下華嚴寺)

pyeonsukkakkgi

편수깎기
Rounding Column Head

주두나 평방과 만나는 기둥머리 부분을 둥글게 원으로 접어주는 것을 **편수깎기**라고 한다. 기둥머리 장식이라고 할 수 있는데 현존하는 한국 건물에는 거의 남아있지 않고 신라시대에 만든 쌍봉사의 철감선사탑(868년)에서 그 흔적을 볼 수 있다. 중국이나 일본보다는 곡률이 완만한 것이 특징이다. 중국과 일본은 많이 남아있는데 중국에서 가장 오래된 당나라 때의 남선사(南禪寺) 대전을 비롯하여 불광사(佛光寺), 상·하 화엄사(華嚴寺) 등이 대표적이다. 일본은 중국에서 선종이 유입된 가마쿠라 지역의 사찰에서 흔히 볼 수 있다.

입주식 동호재
First Column Erection Ceremony

ibjusig
입주식
First Column Erection Ceremony

입주식(立柱式)은 치목을 모두 마치고 첫 기둥을 세우는 날 거행한다. 입주식을 분기점으로 치목에서 조립으로 넘어가며 구조체가 만들어지는 시점이므로 매우 중요한 공정이다. 관공서에서는 물론 민간에서도 입주하는 일자와 시간까지도 택일관(擇日官)으로부터 지정받아 그 시각에 입주식을 거행했으며, 방향도 중요해서 어느 쪽 기둥을 먼저 세울 것인지도 풍수가의 말을 따랐다. 건축공정에서는 공사를 처음 시작하는 **개기**(開基)* 와 초석을 놓는 **정초**(定礎)**, 기둥을 세우는 **입주**(立柱)***, 상량대를 거는 **상량**(上樑)**** 이 가장 중요한 공정이었기 때문에 반드시 날을 받아 시행했으며 건축공정을 기록할 때도 빠지지 않는 항목이다.

입주식 할 때는 가장 먼저 세우는 기둥 앞에 과일과 돼지머리, 북어 등 **모탕고사** 때와 같이 상을 차려 놓고 건물이 무사히 올라갈 수 있도록 제를 올린다. 제를 올린 다음에는 기둥이 썩지 않도록 기둥 밑에 간수를 넣는 일을 한다. 요즘에는 상징적으로 기단에 소금항아리를 묻거나 건물 주변을 돌면서 소금을 뿌리기도 한다.

* 개기(gaegi) construction initiation
** 정초(jeongcho) foundation construction
*** 입주(ibju) column erection
**** 상량(sanglyang) framing completion

gongpo

공포 Bracket Set

gongpo-ui guseong

공포의 구성Composition of Bracket Set

chulmog, chulmogsu
- 출목과 출목수 Bracket Row and Number of Bracket Rows

posu
- 포수 Number of Bracket Arms

judu
- 주두 Column Top (Bracket) Support

solo
- 소로 Bracket Bearing Block

cheomcha
- 첨차 Bracket Arm

salmi
- 살미 Cantilever Bracket Arm

iggong
- 익공 Wing-shaped Cantilever Bracket

haang
- 하앙 Extended Cantilever Bracket Arm

haeng-gong
- 행공 Purlin Brace Tie

gwihandae, jwaudae
- 귀한대와 좌우대 Angle Brace and Transverse Brace

byeongcheom, domaecheom
- 병첨과 도매첨 Parallel Brace and Oblique Brace

hyeongsig-e ttaleun gongpo-ui jonglyu

형식에 따른 공포의 종류 Classification of Bracket Set

posig
- 포식 Typical Bracket Set

iggongsig
- 익공식 Bracket Set with Wing-shaped Cantilever Bracket

mindolisig
- 민도리식 Type without Bracket Set

baechi-e ttaleun gongpo-ui jonglyu

배치에 따른 공포의 종류 Type of Bracket Set Depending on Location

jusimposig
- 주심포식 Type with Bracket Set Only on Columns

daposig
- 다포식 Type with Multiple Bracket Set on Columns and In-between

양성향교

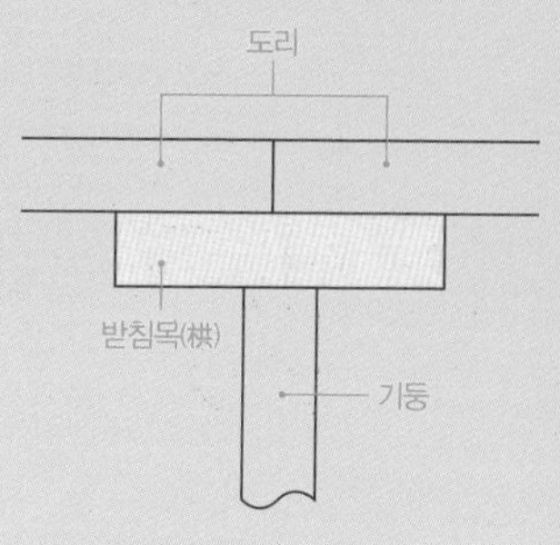

도리방향 공(栱)의 사용 개념도

도리방향 받침목(栱)
티베트 드레풍승원
(bras-spungs dgon-pa)

도리방향 받침목(栱)
일본 헤이조큐 동원

도리방향 받침목(栱)
고구려 안악 2호분

공포(栱包)는 기둥머리 위에 놓여 지붕 하중을 기둥에 전달하는 역할을 한다. 형태상으로는 받침목(栱)이 십자로 중첩된 꾸러미(包)를 가리킨다. 받침목은 처음에는 하나로 출발하여 점차 여러 단으로 발전하였다. 또 보방향으로도 받침목(栱)이 생겼고 보방향 받침목이 장식화하면서 도리방향은 **첨차(檐遮)**, 보 방향은 **살미(山彌)**로 구분하여 부르게 되었다. 그리고 공포 전체를 받치는 **주두**와 첨차 및 살미 사이를 받치는 **소로**가 발생하였다. 첨차는 도리방향으로 놓여 도리를 안정되게 받쳐주는 역할을 하며 살미는 보방향으로 놓여 **출목(出目)**을 지지하여 처마를 지지하는 역할을 한다.

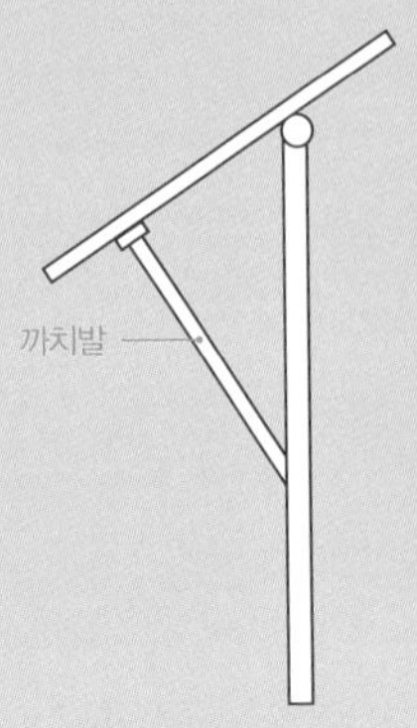

살미의 원초적인 형태

까치발 형태의 보방향 살미
네팔 카트만두 사원

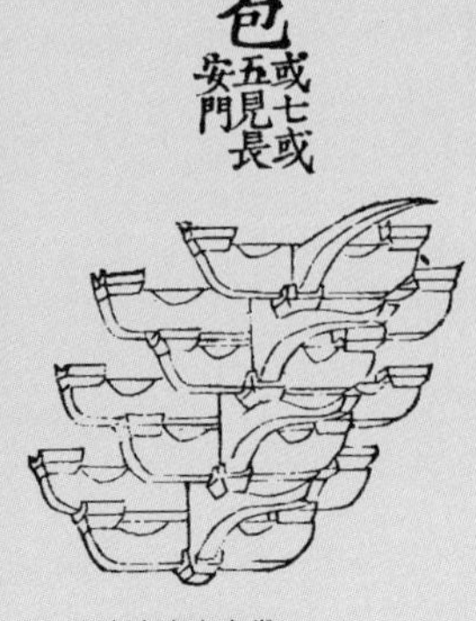

포 《화성성역의궤》

조선시대에 발간된 《영건의궤》에서는 공포를 **포**(包), **공포**(工包), **공답**(工踏), **공답공포**(工踏栱包), **포작**(包作) 등으로 다양하게 불렀다.

공포의 초기 발생 단계에서는 매우 단순했는데 첨차는 기둥머리 위에서 도리를 받치는 받침목 정도였으며 티베트의 밀교사원, 일본 호류지(法隆寺) 등에서 볼 수 있다. 고구려 고분벽화에서는 첨차가 여러 단 사용된 발달된 공포유형이 나타난다. 처마를 지지하기 위한 살미의 원초적인 형태는 까치발이라고 추정되며 네팔의 목조 힌두사원에서 흔하게 볼 수 있다.

공포의 종류는 공포의 배열과 공포 형식에 따라 나눌 수 있다. 공포배열은 기둥 위에만 공포가 놓이는 **주심포**(柱心包) 형식과 기둥 사이에 간포(間包)가 있는 **다포**(多包) 형식이 있다. 또 공포 자체의 구성에 따라 구분할 수 있는데 다양한 첨차와 살미가 사용되고 출목이 있는 **포식**(包式)과 익공 형태의 살미만을 사용한 **익공식**(翼工式), 첨차 및 살미와 출목이 없는 **민도리식**이 있다.

gongpo-ui guseong

공포의 구성

Composition of Bracket Set

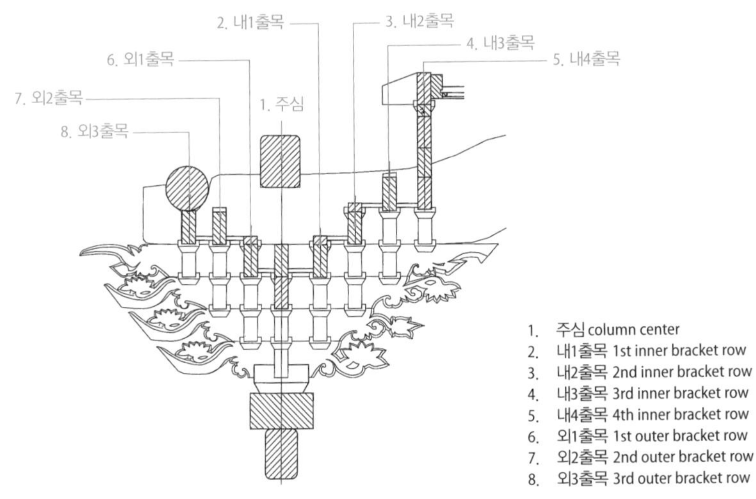

1. 주심 column center
2. 내1출목 1st inner bracket row
3. 내2출목 2nd inner bracket row
4. 내3출목 3rd inner bracket row
5. 내4출목 4th inner bracket row
6. 외1출목 1st outer bracket row
7. 외2출목 2nd outer bracket row
8. 외3출목 3rd outer bracket row

출목 개념도 선암사 대웅전
Bracket Row Detail

공포

chulmog, chulmogsu

출목과 출목수

Bracket Row and Number of Bracket Rows

공포는 살미의 단수가 많아질수록 높아지고 첨차 열도 늘어나는 것이 일반적이다. 이렇게 보방향으로 첨차 열이 돌출되는 것을 **출목(出目)***이라고 하고 처마를 많이 빼고 장식화할수록 출목의 숫자는 늘어나게 된다. 출목은 내부와 외부로 동시에 생기는데 기둥 중심선을 **주심(柱心)****이라고 하고 이

* 출목(chulmog) a bracket row

** 주심(jusim) column center

1. 외1출목 2. 외2출목 3. 외3출목

1. 외1출목

외1출목 부석사 조사당
1st Outer Bracket Row

외3출목 남대문
3rd Outer Bracket Row

1. 외1출목 1st outer bracket row
2. 외2출목 2nd outer bracket row
3. 외3출목 3rd outer bracket row

를 기준으로 바깥쪽을 **외출목(外出目)***, 안쪽을 **내출목(內出目)****이라고 한다. 출목이 여러 개 생겼을 때는 주심으로부터 내외를 구분하여 순서별로 내1출목, 내2출목, 내3출목…, 외1출목, 외2출목, 외3출목… 으로 구분한다.

출목수(出目數)는 내부가 하나 더 많은데 때로는 같을 때도 있다. 출목수로 공포의 형식을 설명할 때는 외1내2출목 공포, 외2내3출목 공포, 내외2출목 공포, 내출목이 없는 경우 외1출목 공포 등으로 구분한다.

* 외출목(oechulmog) outer bracket row

** 내출목(naechulmog) inner bracket row

외9포 구미 대둔사 대웅전
Outer Nonuple Bracket Arms

외7포 용주사 대웅전
Outer Septuple Bracket Arms

외5포 금산사 미륵전
Outer Quintuple Bracket Arms

주삼포 부석사 무량수전
Triple Bracket Arms on Column

posu
포수
Number of Bracket Arms

조선시대에는 포식 공포의 종류를 세분할 때 **포수(包數)**를 기준으로 했다. 포수가 많을수록 출목과 첨차의 숫자가 많은 공포 형식이다. 원래 포수는 내외에 사용된 첨차의 숫자로 헤아렸는데 가끔 정형에서 벗어난 형태가 있어서 혼돈을 초래하므로 출목을 기준으로 포수를 헤아리는 방식을 주로 사용한다. 출목으로 포수를 계산하는 방법은 아래와 같다.

포수 = 출목수×2+1

예를 들어 외2출목, 내3출목 공포의 경우 바깥쪽 포수는 2×2+1=5이므로 5포가 되며 안쪽은 3×2+1=7이므로 7포가 된다. 이 경우 '외5포 내7포집'이라고 표현한다. 내부는 잘 보이지 않으므로 보통 외부의 출목수에 근거하여 '5포집'이라고 부르기도 한다. 특히 주심포 형식의 경우는 출목과 첨차의 숫자가 일치하지 않는 경우가 대부분인데 이 경우《영건의궤》에서는 출목을 기준으로 1출목을 '3포'라고 기록한 것을 볼 수 있다. 1출목 주심포 형식을 다포와 구분하여 **주삼포**라고 부르는 경우도 있다.

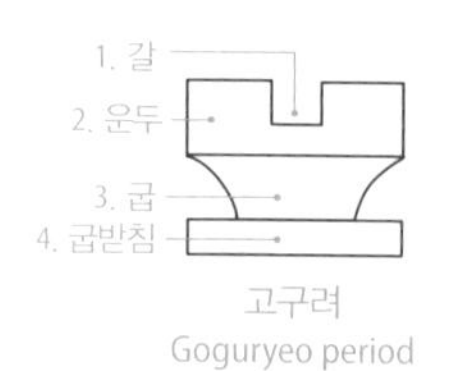

고구려
Goguryeo period

통일신라
Unified Silla period

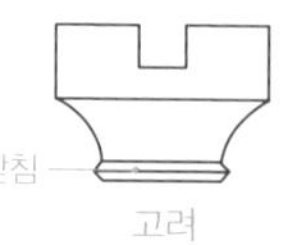

고려
Goryeo period

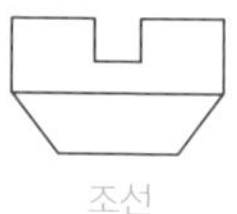

조선
Joseon period

시대별 주두 모양
Shape of Column Top Supports by Period

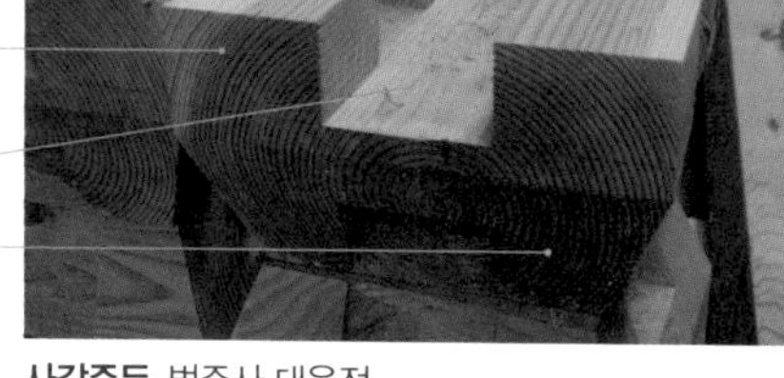

사갈주두 법주사 대웅전
Four Open Slot Column Top Support

굽받침이 있는 주두 부석사 무량수전
Column Top Support with Under–base

1. 갈 slot
2. 운두 top of column top support
3. 굽 base of column top support
4. 굽받침 under–base of column top support
5. 소주두(재주두) secondary column top support
6. 대주두(초주두) main column top support

judu
주두
Column Top (Bracket) Support

공포 최하부에 놓인 방형 부재로 공포 전체를 받치는 역할을 한다. **주두**(柱頭) 위에서는 첨차와 살미가 십자로 맞춰지기 때문에 주두 윗면은 십자로 길을 내는데 그 트인 부분을 **갈**이라고 한다. 대부분은 사방으로 트였으므로 **사갈**이라고 한다. 그리고 주두를 입면에서 보면 상하 두 층으로 나뉘는데 갈이 있는 윗부분을 **운두**라고 부르며 역사다리꼴을 이루는 아랫부분은 **굽**이라고 한다. 고구려 고분벽화에 나타난 주두 그림에서는 주두 밑에 받침목을 하나 더 놓았는데 이를 **굽받침**이라고 한다. 주두는 공포 제일 아랫부분에 하나만 사용하는 것이 보통이지만 이익공 형식에서는 초익공과 이

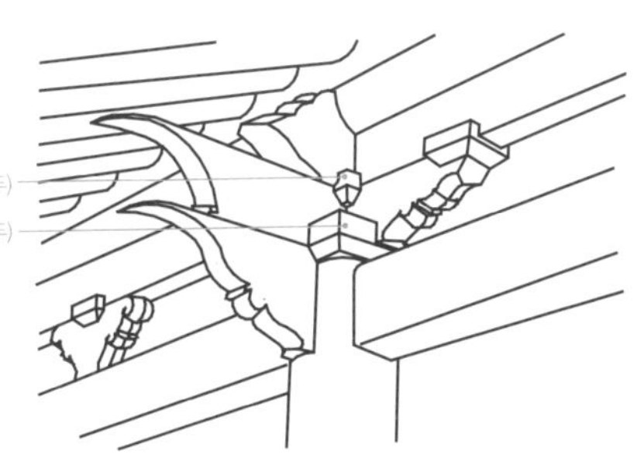

이익공 형식의 대주두와 소주두
Column Top Supports of Double Wing-shape Bracket

이익공 형식의 대주두와 소주두
망월사 천중선원

익공 위에 각각 주두를 놓기도 한다. 이때 위층 주두는 아래층 주두보다 약간 작다. 그래서 이 둘을 구분하여 밑에 있는 주두를 **대주두(大柱頭)*** 또는 **초주두(初柱頭)****라 하고 위에 있는 것을 **소주두(小柱頭)***** 또는 **재주두(再柱頭)******라고 한다. 주두는 기둥머리 위나 평방 위에 놓이며 좌우로 이동하는 것을 방지하기 위해 촉을 박아 고정한다. 한 건물에서는 주두나 소로를 같은 모양으로 하는 것이 보통이며 주두나 소로는 시대에 따라서 모양이 다르다. 고려 이전 건물에서는 굽을 오목한 곡선으로 하는 경우가 대부분이었으나 조선시대가 되면 대개 굽을 곡선으로 하지 않고 사선으로 했다. 또 고구려는 굽 아래에 별도의 받침목을 두는 굽받침을 볼 수 있으며 고려시대에는 양식적으로 고구려를 계승하여 별도의 굽받침은 아니지만 굽 아래에 굽받침 흔적을 새겨 넣었다.

* 대주두(daejudu) main column top support

** 초주두(chojudu) synonym for daejudu

*** 소주두(sojudu) secondary column top support

**** 재주두(jejudu) synonym for sojudu

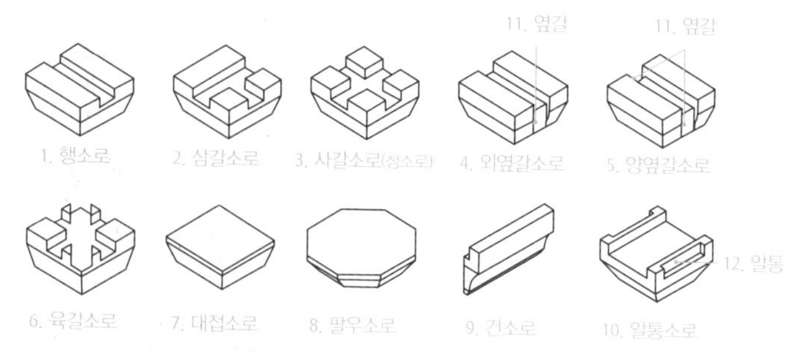

소로의 종류와 모양

Type and Shape of Bracket Bearing Blocks

1. 행소로 two open slot bearing block
2. 삼갈소로 three open slot bearing block
3. 사갈소로(청소로) four open slot bearing block
4. 외옆갈소로 two open slot bearing block with one vertical slot
5. 양옆갈소로 two open slot bearing block with two vertical slot
6. 육갈소로 six open slot bearing block
7. 대접소로 plane bearing block
8. 팔우소로 octagon–shape bearing block
9. 건소로 half bearing block
10. 알통소로 bearing block with insert on top
11. 옆갈 vertical slot
12. 알통 insert on top of bearing block
13. 소로 bracket bearing block

solo

소로

Bracket Bearing Block

소로는 주두와 모양은 같고 크기가 작다. 첨차와 첨차, 살미와 살미 사이에 놓여 상부 하중을 균형 있게 아래로 전달하는 역할을 한다. 한자 표기는 소로(小累, 小路, 小櫓, 小累) 등으로 다양한데 19세기 무렵부터 소로(小露)로 통일되었다. 모두 소로를 차음한 것이다. 놓이는 위치에 따라서 모양이 다른데 가장 보편적인 것이 갈이 양쪽으로 있는 **양옆갈소로*** 또는 **행소로**(行小累)이다. 또 세 방향으로 갈이 있는 것을 **삼갈소로**(三乫小累)**, 십자로 갈이 있는 것을 **사갈소로**(四乫小累)*** 또는 **청소로**(廳小累)라고 한다. 귀포에

* 양옆갈소로(yanggalsolo) two open slot bearing block

** 삼갈소로(samgalsolo) three open slot bearing block

*** 사갈소로(sagalsolo) four open slot bearing block

13. 소로

소로 정수사 법당
Bracket Bearing Block

소로 숭림사 보광전

서는 45도 방향으로도 귀한대가 걸리기 때문에 **육갈소로(六乫小累)***가 쓰이는데 이 경우 운두 없이 평평하게 만들기도 한다. 이것을 **대접소로(大貼小累)****라고 하고 대접소로를 팔각형으로 만들면 **팔우소로(八遇小累)*****가 된다. 또 필요에 따라서는 소로를 반쪽으로 만들어 끼우는 경우도 있는데 이를 **건소로(件小累)******라고 한다. 현장에서는 **딱지소로**라는 명칭을 많이 사용하는데 이는 기록에는 없는 현장용어이다.

때로는 상부의 첨차나 살미가 움직이지 않도록 수직으로 갈을 두는 경우가 있는데 이것을 **옆갈**이라고 한다. 옆갈도 외옆갈과 양옆갈이 있으며 갈은 보통 소로의 운두와 굽 전체 높이에 걸쳐 두는데 운두에만 갈을 둔 것을 **알통**이라고 한다.

공포

* 육갈소로(yuggalsolo) six open slot bearing block
** 대접소로(daejeobsolo) plane bearing block
*** 팔우소로(palusolo) octagon-shape bearing block
**** 건소로(geonsolo) half bearing block

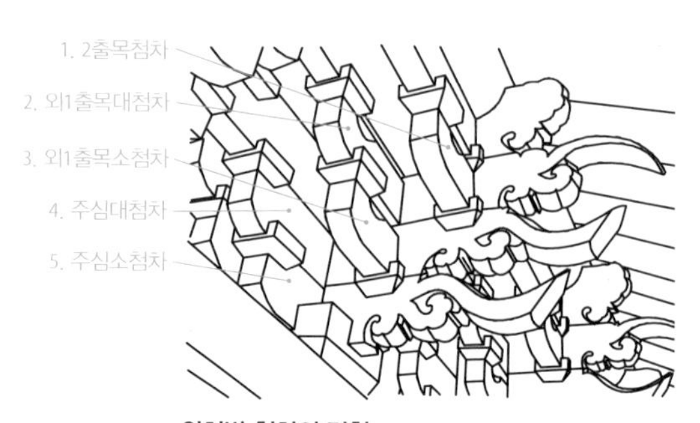

1. 2출목첨차 bracket arm on 2nd outer bracket row
2. 외1출목대첨차 higher bracket arm on 1st outer bracket row
3. 외1출목소첨차 lower bracket arm on 1st outer bracket row
4. 주심대첨차 higher bracket arm on column
5. 주심소첨차 lower bracket arm on column

위치별 첨차의 명칭
Names of Bracket Arm Depending on Location

cheomcha
첨차
Bracket Arm

첨차(檐遮)는 도리방향에 놓인 공포 부재로 위치와 모양에 따라 명칭을 붙인다. 먼저 위치에 따라 주심에 있는 첨차와 출목에 있는 첨차로 구분하여 **주심첨차***와 **출목첨차****로 나뉜다. 또 출목은 내·외출목이 있으며 5포 이상은 출목이 여러 개이므로 주심을 기준으로 번호를 붙여준다. 따라서 외1출목첨차, 외2출목첨차, 외3출목첨차 등으로 구분하고 내부도 마찬가지로 내1출목첨차, 내2출목첨차, 내3출목첨차 등으로 구분한다. 첨차는 보통 2층으로 놓이는 경우가 많은데 위첨차가 아래첨차보다 길다. 이때 위첨차를 **대첨차*****, 아래 첨차를 **소첨차******라고 한다. 이처럼 위치와 크기를 조합하여 명칭을 붙여나간다. 즉 '위치+크기+첨차'와 같은 형식으로 명칭을 부여한다. 외1출목소첨차, 외1출목대첨차, 외2출목소첨차, 외2출목대첨차, 외3출목첨차, 내1출목소첨차, 내1출목대첨차, 내2출목소첨차, 내2출목대첨차, 내3출목첨차…로 부른다.

* 주심첨차(jusimcheomcha) bracket arm on column
** 출목첨차(chulmogcheomcha) bracket arm on bracket set
*** 대첨차(daecheomcha) higher bracket arm
**** 소첨차(socheomcha) lower bracket arm

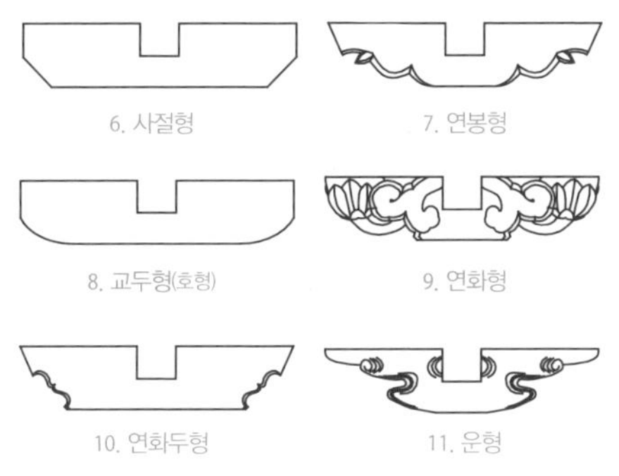

6. 사절형 corner–cut shape bracket arm
7. 연봉형 lotus shape bracket arm
8. 교두형(호형) arc shape bracket arm
9. 연화형 lotus–decorated bracket arm
10. 연화두형 lotus–head shape bracket arm
11. 운형 cloud shape bracket arm

모양별 첨차의 명칭
Shapes of Bracket Arm

호형첨차 신륵사 조사당
Arc Shape Bracket Arm

연화형첨차 정수사 법당
Lotus-decorated Bracket Arm

연화두형첨차 강릉 임영관 삼문
Lotus–head Shape Bracket Arm

운형첨차 일본 호키지(法起寺) 3층탑
Cloud Shape Bracket Arm

첨차의 모양은 시대에 따라 변화하였다. 첨차 양쪽 면을 수직으로 직절하고 하단을 둥글게 굴린 형태를 **교두형(翹頭形)첨차**라고 하며 **호형(弧形)첨차**라고도 한다. 교두형첨차는 고려시대를 제외한 전시대에 걸쳐 폭넓게 사용되었으며 가장 흔하게 볼 수 있는 것은 조선시대 5포 이상의 포식 건

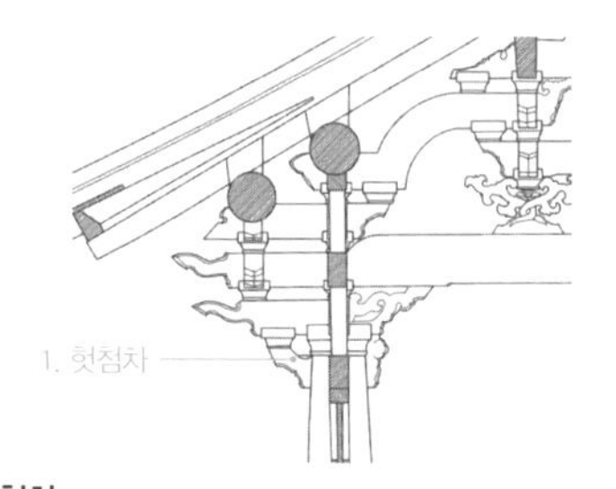

헛첨차
Half Bracket Arm

헛첨차 도갑사 해탈문

1. 헛첨차 half bracket arm
2. 초제공 primary cantilever bracket
3. 이제공 2nd cantilever bracket
4. 삼제공 3rd cantilever bracket
5. 사익공 4th cantilever bracket
6. 오운공 5th cantilever bracket
7. 육두공 6th cantilever bracket
8. 삼익공 3rd cantilever bracket
9. 사운공 4th cantilever bracket

축에서이다. 통일신라의 교두형 첨차는 안압지에서 출토된 회랑에 사용된 첨차와 쌍봉사 철감선사탑과 실상사 백장암 석탑에 새겨진 흔적을 통해 살펴볼 수 있다. 고구려에서는 교두형 이외에 하단을 45°로 사절한 첨차도 사용되었다. 특별히 부르는 명칭은 없지만 **사절형첨차** 정도가 적당하다. 백제에서는 구름 모양으로 조각해 만든 **운형첨차**가 사용되었는데 한국에 현존하는 것은 없지만 백제건축의 영향을 받아 건축한 일본의 호류지(法隆寺) 금당과 탑 및 호키지(法起寺) 3층탑 등에서 볼 수 있다. 고려시대 첨차는 독특하게 옆면을 비스듬하게 사절했으며 하단은 중괄호 형태로 했다. 이를 연꽃을 닮았다고 하여 **연화두형첨차**라고 한다. 이러한 형태는 현존하는 고려시대 건물 중 봉정사 극락전을 제외한 부석사 무량수전과 수덕사 대웅전, 강릉 임영관 삼문 등에서 볼 수 있으며 중국이나 일본에는 없는 한국 첨차만의 특징이기도 하다. 또 조선시대 말기에는 장식화하면서 첨차를 연꽃 모양으로 만든 **연화형첨차**도 널리 사용되었다.

또 첨차는 주두 위에 도리방향으로 놓이는 것이 일반적이지만 특이하게도 고려말과 조선초 건물 중에는 보방향으로 기둥머리 바깥쪽으로만 반쪽짜리 첨차가 사용된 것이 있다. 이를 **헛첨차**라고 한다. 헛첨차가 사용된 현존하는 가장 오래된 건물은 수덕사 대웅전이다. 주심포 형식에서 처마를

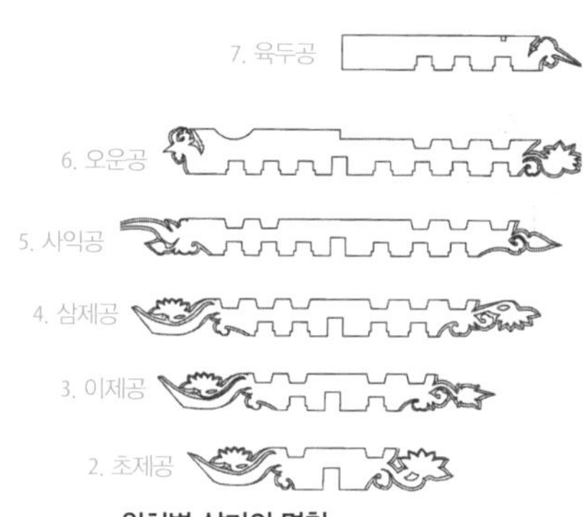

위치별 살미의 명칭
Names of Cantilever Bracket Arm Depending on Location

살미의 구성 수원화성 장안문
Composition of Cantilever Bracket Arm

많이 빼기 위한 방법으로 헛첨차를 사용한 것으로 추정할 수 있다. 조선초가 되면 헛첨차는 점차 길어지고 연화두형에서 익공형으로 변화한다.

salmi
살미
Cantilever Bracket Arm

살미(山彌)는 첨차와 직교하여 보방향으로 건 공포 부재를 통칭하여 부르는 명칭이다. 살미의 모양은 부석사 무량수전, 봉정사 극락전과 같이 고려 중기 이전에는 첨차와 같았던 것으로 추정된다. 그러나 수덕사 대웅전이나 강릉 임영관 삼문과 같이 고려 중기 이후가 되면 첨차와 달리 장식적으로 바뀌어 나간다. 대개 뾰족하게 조각하면서 길어지고 헛첨차를 사용하기 시작하는데 이것은 처마를 더 깊게 하고 장식적인 효과도 노린 것으로 볼 수 있다. 조선시대에는 포식 건물이 유행하면서 출목과 살미의 숫자가 더 늘어났으며 세장화 및 장식화가 진행되었다. 대신 살미의 모양은 어느 정도 일정한 형식을 갖게 되었다.

살미는 끝 모양에 따라 세부 명칭을 따로 부르기도 한다. 끝 모양을 **쇠서**(牛舌)라고 하는데 쇠서는 그 끝이 향하는 방향에 따라 밑으로 처진 것을

山
彌

살미 《화성성역의궤》
Cantilever Bracket Arm

운공 《화성성역의궤》
Cloud Shape Cantilever Bracket Arm

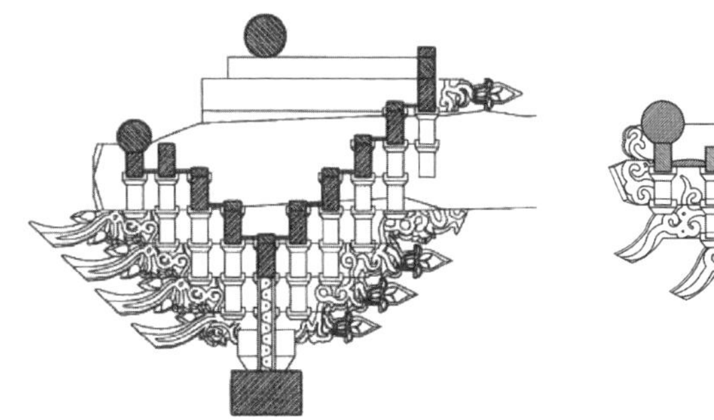

앙서형 살미
Upward Shape Cantilever Bracket Arm

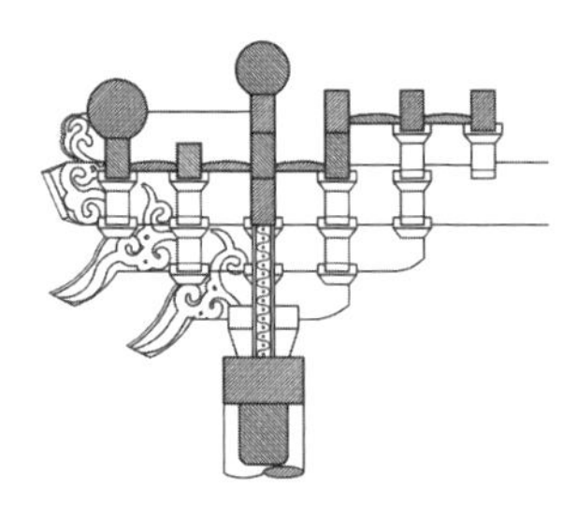

수서형 살미
Downward Shape Cantilever Bracket Arm

수서(垂舌)라고 하고 위로 솟아 올라간 것을 **앙서**(仰舌)라고 한다. 그리고 구름 모양으로 조각한 것을 **운공**(雲工)이라고 하고 외부 노출 없이 내부로만 빠져나간 반쪽짜리 살미를 **두공**(頭工)이라고 한다. 살미의 적층은 밑에서부터 단계별로 제공(齊工), 익공, 운공, 두공의 순서가 일반적이다. 이렇게 위치를 포함하여 살미의 명칭을 붙일 때는 제공이 두 단 이상 사용되면 밑에서부터 초제공, 이제공, 삼제공, 사제공 등으로 붙여나간다. 제공 위에는 **익공**(翼工)이 그 위치에 따라 세 번째에 있으면 삼익공이라고 한다. 익공 위에는 운공이 오며 위치에 따라 사운공, 오운공 등으로 불리며 맨 위에는 두공이 올라가는데 그것도 순서에 따라 오두공, 육두공 등으로 부른다. 살미의 내단은 외부와 관계없이 초기에는 교두형이 많이 사용되었으나 점

주심의 익공과 운공 수원화성 장안문
Various Cantilever Bracket Arm on Column

주심의 운공 광주향교 대성전
Cloud Shape Cantilever Bracket Arm on Column

초제공과 이제공 개심사 대웅전
Primary and 2nd Cantilever Bracket Arm

1. 제공 primary cantilever bracket arm
2. 익공 wing-shaped cantilever bracket
3. 운공 cloud shape cantilever bracket arm
4. 이제공(수서형) 2nd cantilever bracket arm (downward shape)
5. 초제공(수서형) primary cantilever bracket arm (downward shape)

차 장식화하여 운공형이나 당초, 연봉, 연화 등으로 바뀌었다. 또 외부의 운공은 조선 말기가 되면 봉황이나 용머리를 새기기도 하였다. 두공이라는 명칭은 《인정전영건도감의궤》나 《화성성역의궤》에서는 주심첨차를 가리키는 것이고 대신 간포의 상부 내부 살미는 내운공으로 표현하고 있다. 그러나 《중화전영건도감의궤》에서는 간포의 상부 내부 살미를 지칭하는 것으로 표현되어 있어서 차이가 있다.

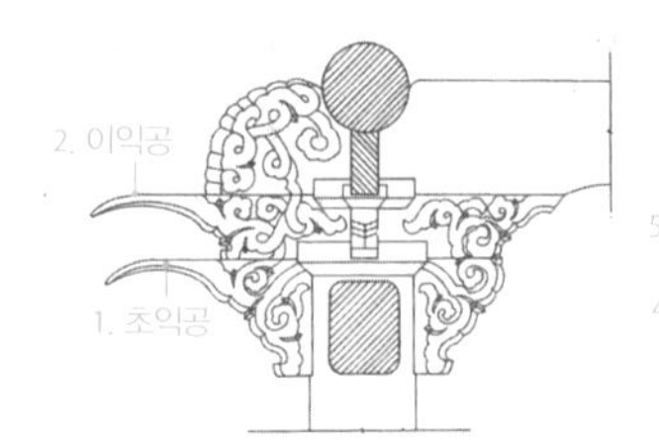

익공식 공포의 익공
Wing–shaped Cantilever Bracket Set

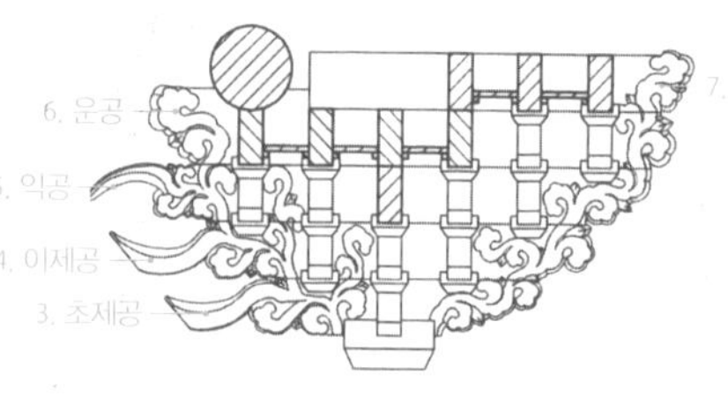

포식 공포의 익공
Wing–shaped Cantilever Bracket on Typical Bracket Set

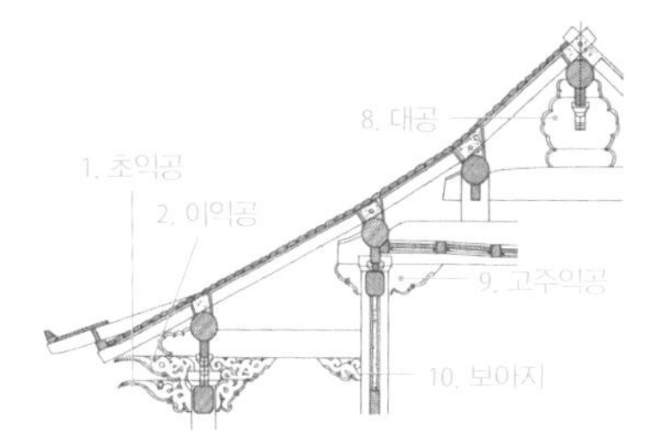

고주익공 남한산성 침괘정
Wing–shaped Cantilever Bracket on Tall Column

동자주익공 장곡사 상 대웅전
Wing–shaped Cantilever Bracket on Queen Post

물익공 창덕궁 낙선재

Cloud–engraved Cantilever Bracket

직절익공 봉화 계서당
Block–shape Cantilever Bracket

1. 초익공 single wing–shaped cantilever bracket
2. 이익공 double wing–shaped cantilever bracket
3. 초제공 primary cantilever bracket
4. 이제공 2nd cantilever bracket
5. 익공 wing–shaped cantilever bracket
6. 운공 cloud shape cantilever bracket
7. 두공(내운공) beam support
8. 대공 ridge post
9. 고주익공 wing–shaped cantilever bracket on tall column
10. 보아지 beam supports
11. 동자주익공 wing–shaped cantilever bracket on queen post
12. 동자주행공 purlin brace tie on queen post
13. 물익공 cloud–engraved cantilever bracket
14. 직절익공 block–shape cantilever bracket

iggong

익공
Wing-shaped Cantilever Bracket

익공(翼工)은 새 날개처럼 뾰족하게 생긴 보방향의 수서형 살미 부재를 말한다. 조선시대 5포 이상의 포식 공포에서는 제공, 운공, 두공과 함께 사용되지만 익공식 공포는 익공만 사용하여 만든다. 익공은 끝이 뾰족한 것이 일반적이지만 둥그렇게 당초나 구름을 새긴 것도 있는데 이를 **물익공**(勿翼工)*이라고 하고 살림집에는 장식 없이 수직으로 자른 **직절익공****도 있다. 익공은 처마 아래 평주에서만 생기는 것은 아니다. 고주와 동자주에서도 보방향으로 익공 부재를 사용하는데 이를 **고주익공**(高柱翼工)***또는 **동자주익공**(童子柱翼工)****이라고 부른다. 익공의 한자표기는 '立工', '葉工', '翼工' 등으로 다양하지만 18세기 중반 이후부터는 '翼工'으로 통일되었다.

haang

하앙
Extended Cantilever Bracket Arm

하앙(下昻)은 보방향으로 공포 상단에 서까래와 같은 경사로 놓인 살미 부재의 하나로 내외 도리를 받는다. 공포 구성의 한 형식으로 좀 더 깊은 처마를 만드는데 수평의 첨차와 살미의 중첩만으로는 한계가 있기 때문에 하앙이 탄생했다고 할 수 있다. 즉 하앙을 사용하면 공포를 높이지 않고도 안정되게 출목도리를 받칠 수 있어서 처마를 깊이 빼는데 유리하다. 한국건축에서는 조선시대 완주 화암사 극락전이 하앙식 건물로 유일하며 고대 유적으로는 백제 천왕사지 출토 금동탑편에서 그 흔적을 볼 수 있다. 백제의 영향으로 건축된 일본의 호류지(法隆寺) 금당이 하앙식이며 중국에서는 요,

* 물익공(mul-iggong) cloud-engraved cantilever bracket
** 직절익공(jigjeol-iggong) block-shape cantilever bracket
*** 고주익공(goju-iggong) wing-shaped cantilever bracket on tall column
**** 동자주익공(dongjaju-iggong) wing-shaped cantilever bracket on queen post

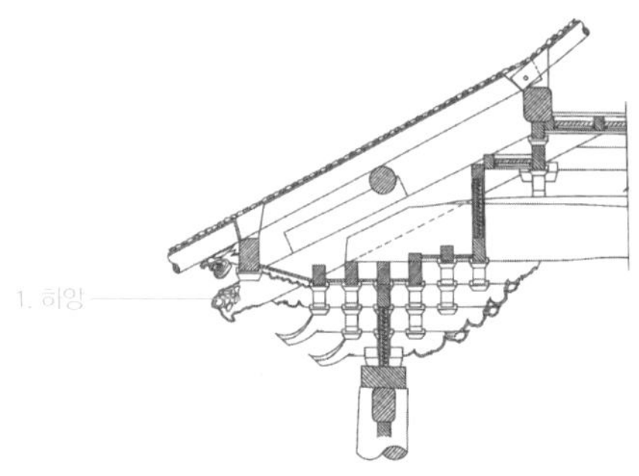

하앙 화암사 극락전
Extended Cantilever Bracket Arm

하앙 화암사 극락전

하앙 일본 호류지(法隆寺) 금당

하앙 중국 불광사 대전

1. 하앙 extended cantilever bracket arm
2. 운형살미 cloud–shaped cantilever bracket arm
3. 초익공 single wing–shaped cantilever bracket
4. 이익공 double wing–shaped cantilever bracket
5. 행공 purlin brace tie
6. 첨차 bracket arm
7. 익공 wing–shaped cantilever bracket

금 시대에 지은 하앙식 건물이 다수 남아있다. 하앙식은 처마를 깊이 만드는 것에는 유리하지만 부재 간의 이음과 맞춤이 어려워 후대까지 사용되지는 않았다.

행공 나주향교 대성전
Purlin Brace Tie

행공 동묘 삼문

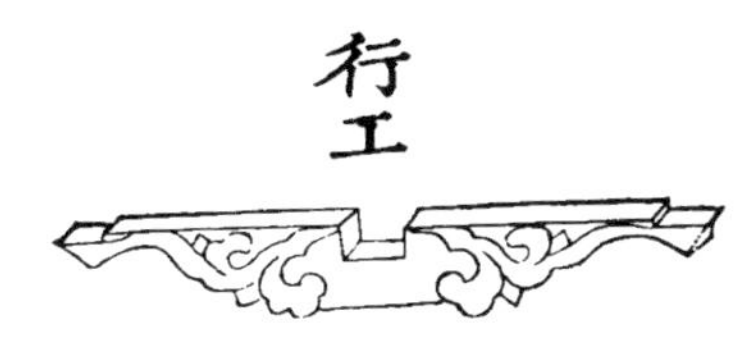

행공 《화성성역의궤》

haeng-gong
행공
Purlin Brace Tie

행공(行工)은 3포식 및 익공식 공포에서 주심에 놓인 도리방향 첨차를 말한다. 보통 5포 이상의 포식 공포에서는 주심소첨차, 주심대첨차 등으로 불리지만 3포식과 익공식에서는 대소 구분이 없으므로 행공이라고 불렀다. 초익공에서는 익공과 교차하여 창방이 결구되기 때문에 행공이 사용되는 경우가 적지만 3포나 이익공에서는 상부 이익공과 직교하여 행공이 오는 경우가 많다. 지금까지 행공은 3포식 공포에서 출목도리 밑을 받치는 공포부재를 지칭하는 것으로 통용되어 왔으나 오히려 이것은 첨차라고 정의되어 있다. 조선시대 건축보고서인 《영건도감의궤》에서는 일관되게 3포식이나 익공식 공포에서 지금까지 주심첨차로 알려진 것을 '행공', 지금까지 행공으로 불렸던 출목첨차를 그냥 '첨차'라고 하였으므로 《의궤》에 따라 명칭을 바꾸는 것이 합당하다고 생각한다.

행공은 또 평주에서만 생기지 않는다. 고주와 동자주에서 고주익공 및

동자주행공 장곡사 상 대웅전
Purlin Brace Tie on Queen Post

고주행공 화암사 우화루
Purlin Brace Tie on Tall Column

1. 동자주행공 purlin brace tie on queen post
2. 동자주익공 wing–shaped cantilever bracket on queen post
3. 고주익공 wing–shaped cantilever bracket on tall column
4. 고주행공 purlin brace tie on tall column
5. 귀한대 angle brace
6. 좌우대 transverse brace

동자주익공과 직교하여 결구되는 부재를 **고주행공***, **동자주행공****으로 부른다. 또 기둥 위치는 아닌데 대공과 직교하여 도리를 받치고 있는 것을 **대공행공*****이라고 부른다.

* 고주행공(goju-haenggong) purlin brace tie on tall column

** 동자주행공(dongjaju-haenggong) purlin brace tie on queen post

*** 대공행공(daegong-haenggong) purlin brace tie on ridge post

귀한대와 좌우대 봉정사 대웅전
Angle Brace and Transverse Brace

귀한대와 좌우대 법주사 대웅보전

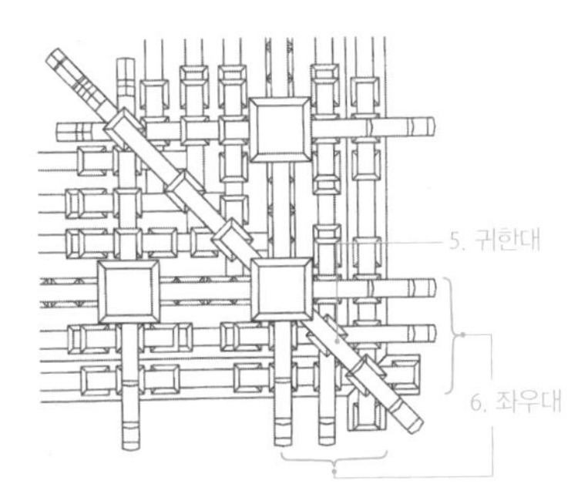

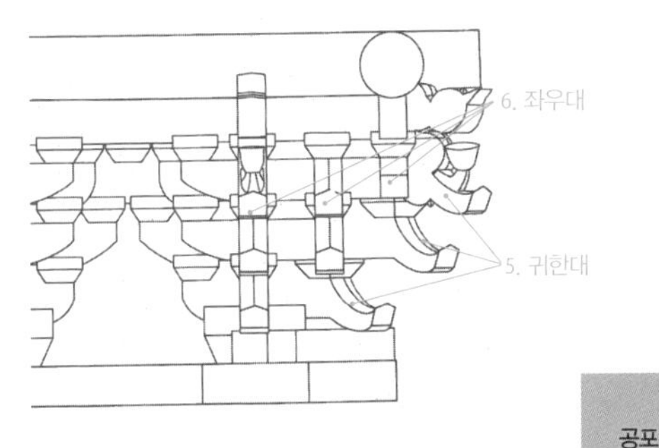

귀한대와 좌우대 송광사 영산전

gwihandae, jwaudae

귀한대와 좌우대
Angle Brace and Transverse Brace

귀한대(耳限大)*는 **한대**(限大)라고도 하며 귀포(耳包)에서 45° 로 걸린 살미를 가리킨다. 모양과 위치에 따른 세부 명칭은 살미에 준한다. **좌우대**(左右隊)**는 귀한대와 함께 귀포를 구성하는 부재로 귀포에서는 도리방향과 보방향에 모두 살미가 사용된다. 이를 좌우대라고 하며 현존하는 한국의 포식 공포에서는 대부분 좌우대가 사용되었다. 그러나 일본 나라시대 7세기 말에서 8세기 초에 건축된 것으로 알려진 호류지(法隆寺) 금당 및 5층탑과

* 귀한대(gwihandae) angle brace

** 좌우대(jwaudae) transverse brace

공포

귀한대 법륜사 대웅전
Angle Brace

귀방 숭례문
Angle Brace Supporting Block

1. 귀한대 angle brace
2. 귀방 angle brace supporting block
3. 도매첨 oblique brace
4. 병첨 parallel brace

限大

한대 《화성성역의궤》
Angle Brace

호키지(法起寺) 3층탑에는 귀한대만 있고 좌우대가 없다. 좌우대가 없으면 도리를 지지하는 지점 간의 거리가 멀어져 구조적으로 불리하다. 그래서 나라시대 야쿠시지(藥師寺) 목탑부터는 좌우대를 사용하기 시작했다. 중국에서 가장 오래되었다는 당나라 시대에 지어진(782년) 남선사(南禪寺) 대전에는 좌우대가 있다. 따라서 귀한대로만 구성되던 귀포 형식이 8세기 말경에는 좌우대가 보강된 공포 형식으로 바뀌었다고 할 수 있다.

귀포에서 귀한대를 받치는 삼각형 부재를 **귀방(耳方)**이라고 한다.

도매첨 법륜사 대웅전
Oblique Brace

도매첨 법륜사 대웅전

병첨 숭례문
Parallel Brace

byeongcheom, domaecheom

병첨과 도매첨
Parallel Brace and Oblique Brace

귀포와 그 옆 주간포 사이 또는 좌우대와 귀한대를 하나의 부재로 연결한 첨차를 **병첨(幷檐)***이라고 한다. 병첨은 하나의 부재로 만들어지기 때문에 두 공포의 결속력을 강화하는 역할을 한다.

또 귀포에서 내출목은 바깥으로 쇠서가 빠져나가지 못하고 좌우 출목끼리 결구되는데 이를 **도매첨(都每檐)****이라고 한다. 봉정사 대웅전 및 숭례문, 석남사 영산전 등에서는 내부 공포의 2출목 선상에서 주간포와 귀포에 연결된 병첨을 볼 수 있고 좌우대와 귀한대를 연결한 병첨은 봉정사 대웅전, 숭례문, 석남사 영산전, 문묘 대성전, 장곡사 하 대웅전 등에서 흔하게 볼 수 있다.

* 병첨(byeongcheom) parallel brace
** 도매첨(domaecheom) oblique brace

hyeongsig-e ttaleun gongpo-ui jonglyu

형식에 따른 공포의 종류

Classification of Bracket Set

포 《화성성역의궤》
Bracket Arms

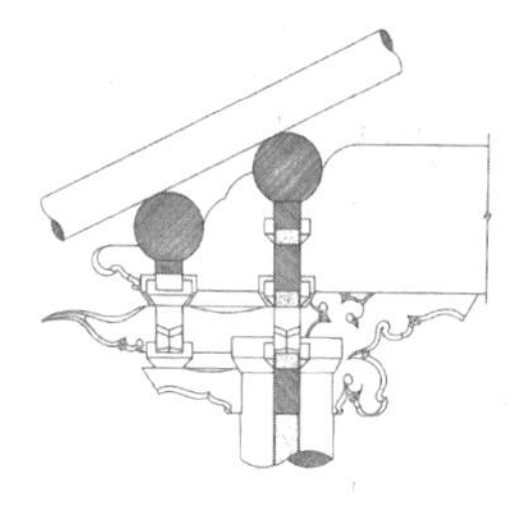

외3포 정수사 법당
Outer Triple Bracket Arms

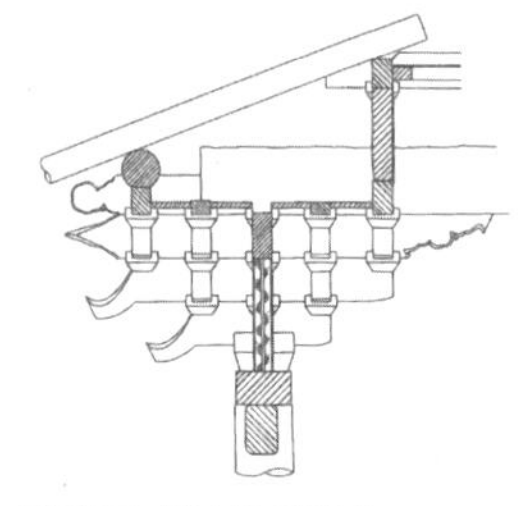

내외5포 석남사 영산전
Outer And Inner Quintuple Bracket Arms

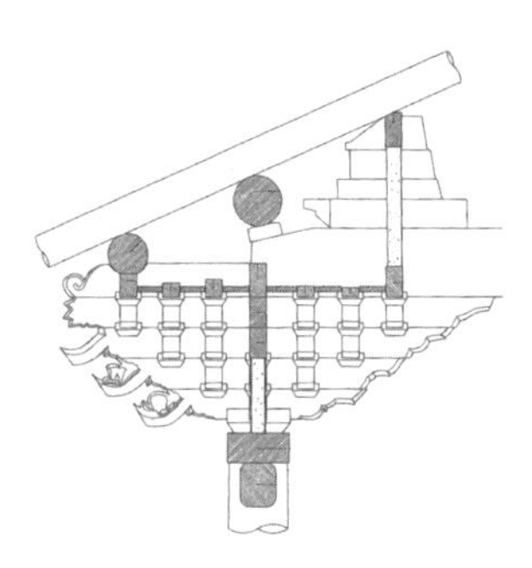

내외7포 청룡사 대웅전
Outer And Inner Septuple Bracket Arms

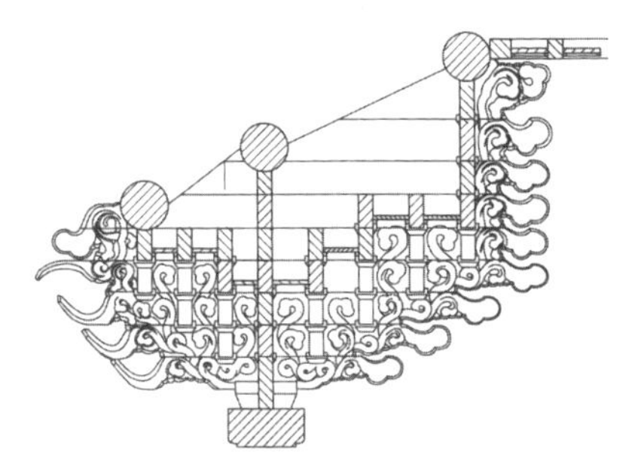

내9포 외7포 덕수궁 중화전
Inner Nonuple And Outer Septuple Bracket Arms

주삼포 수덕사 대웅전
Triple Bracket Arms on Column

외7포 덕수궁 중화전
Outer Septuple Bracket Arms

posig

포식

Typical Bracket Set

출목이 있는 공포 형식을 말하며 포수에 따라 3포식, 5포식, 7포식, 9포식 등으로 세분한다. 포수는 사용된 첨차 개수로 계산하는 것이 원칙이지만 편의상 출목수로 계산하기도 한다. 1출목은 3포식이며, 2출목은 5포식, 3출목은 7포식, 4출목은 9포식이다. 출목수에 비례하여 '포수=출목수×2+1'로 계산한다. 공포의 배열로 보면 3포식은 기둥 위에만 포를 올리는 주심포(柱心包)식에서 주로 나타난다. 주심포식에서 고려 이전에 사용되었던 3포식을 **주삼포**(柱三包)식이라고 하여 조선시대 3포식과 구분하여 부르기도 한다. 5포식 이상의 공포는 기둥 사이에도 포가 배치되는 다포(多包)식에서 주로 나타난다.

iggongsig

익공식

Bracket Set with Wing-shaped Cantilever Bracket

익공식(翼工式)은 창방과 직교하여 보방향으로 새 날개 모양의 익공이라는 부재가 결구되어 만들어진 공포 유형을 말한다. 포식 공포에서도 익공이라는 부재가 사용되는데 차이점은 익공식은 익공이라는 부재만 사용하고 제공이나 운공 등이 없다. 익공식은 사용된 익공의 숫자에 따라 세분하는데 익공이 하나만 쓰였을 때는 **초익공**(初翼工)*, 두 개 사용되었을 경우는 **이익공**(二翼工)**, 세 개인 경우 **삼익공**(三翼工)***이라고 부른다. 익공의 끝 모양이 뾰족하지 않고 둥글게 만든 것을 **물익공**(勿翼工)****이라고 부른다. 익공식은 대개 초익공과 창방이 기둥머리에서 직교하여 맞춰지는 경우가 많

* 초익공(choiggong) single wing-shaped cantilever bracket

** 이익공(iiggong) double wing-shaped cantilever bracket

*** 삼익공(samiggong) triple wing-shaped cantilever bracket

**** 물익공(muliggong) cloud-engraved cantilever bracket

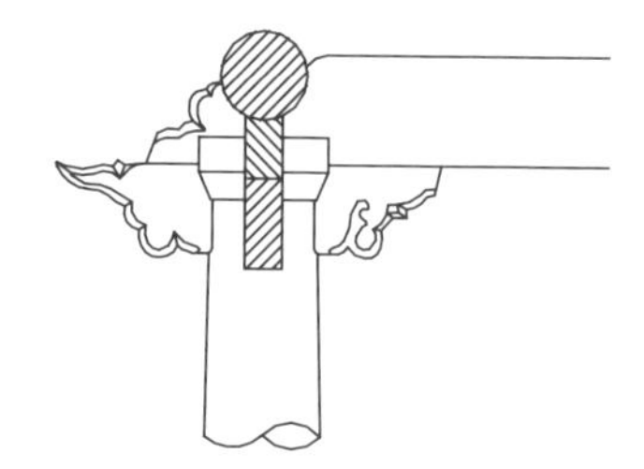

초익공
Single Wing-shaped Cantilever Bracket

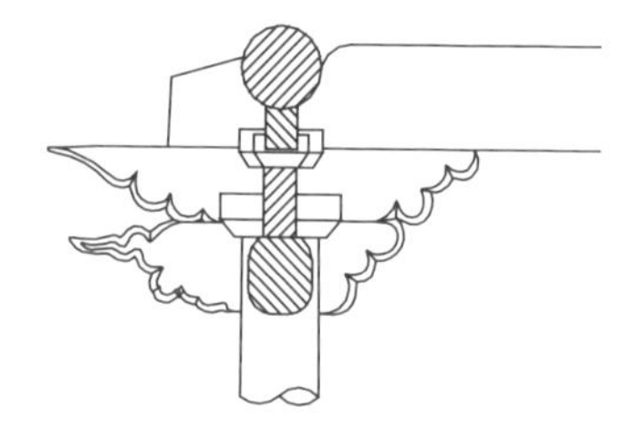

이익공
Double Wing-shaped Cantilever Bracket

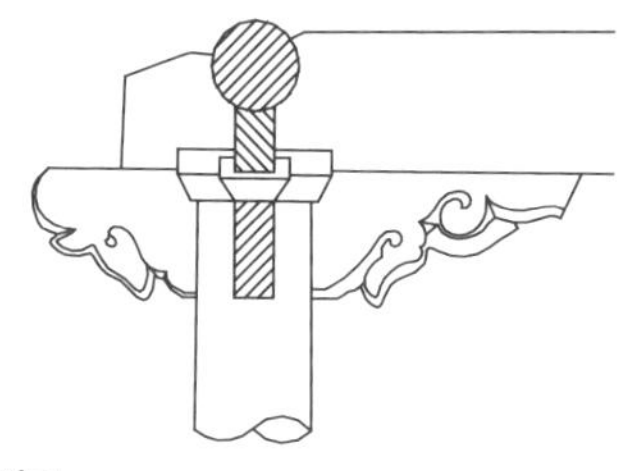

물익공
Cloud-engraved Cantilever Bracket

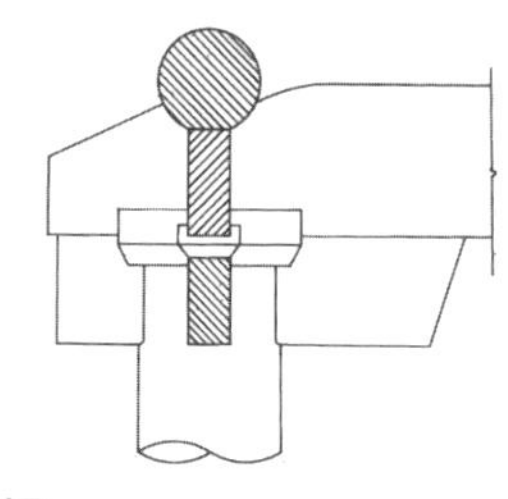

직절익공
Block-shape Cantilever Bracket

초익공 경복궁 회랑

물익공 덕수궁 즉조당

무출목 이익공 창경궁 경춘전
Double Wing-shaped Cantilever Bracket without Bracket Row

3포식 이익공 나주향교 대성전
Triple Bracket Arm with Double Wing-shaped Cantilever Bracket

초익공 《화성성역의궤》

이익공 《화성성역의궤》

직절익공 안동 충효당

다. 이익공은 주두 위에서 행공과 직교하여 만난다. 초익공 형식의 경우 장혀와 창방 사이에 소로를 일정 간격으로 배열하여 장식하는 경우가 많으며 이익공 형식에서는 장혀와 창방 사이 주간(柱間)에 화반을 받치는 것이 일반적이다. 익공식은 민가에서도 많이 볼 수 있는데 민가에서는 익공 끝을 장식하지 않고 수직으로 자르는 **직절익공(直切翼拱)***이 사용되기도 한다. 익공 형식은 중국이나 일본에는 없는 한국 고유의 공포 형식으로 적은 부재를 사용하여 탄탄한 구조를 만드는 합리적인 공포 형식이다. 주로 조선시대에 사용되었다.

* 직절익공(jigjeol-iggong) block-shape cantilever bracket

민도리식 보성 이진래 고택
Type without Bracket Set

민도리식 경주 최부자댁

민도리식 덕봉서원

민도리식 영동 김참판 고택

1. 보 beam
2. 도리 purlin
3. 장혀 purlin support
4. 두공(보받침) beam support
5. 행공(장혀받침) purlin brace tie

mindolisig
민도리식
Type without Bracket Set

첨차나 익공 등의 공포 부재를 사용하지 않고 출목과 창방이 없는 공포 형식이다. 따라서 **민도리식**은 공포 종류로 분류할 수는 없지만 기둥과 도리 부분의 결구를 비교하는 의미에서 공포 종류로 분류하여 설명한다. 민도리식은 기둥머리에서 보와 도리가 직교하여 직접 결구되는 구조이다. 보 밑에 짧은 받침목을 두는 경우도 종종 있는데 이를 부르는 명칭은 특별히 없다. 이를 **두공** 정도로 불러 보아지와 구분하는 것이 좋을 것이며 **보받침**으로 불러도 큰 무리가 없다고 생각한다. 또 보받침과 직교하여 장혀 아래에 짧은 받침목을 두는 경우도 있는데 이는 **장혀받침** 정도로 부르는 것이 합당할 것이다. 그리고 보받침을 두공이라고 한다면 장혀받침을 행공으로 불

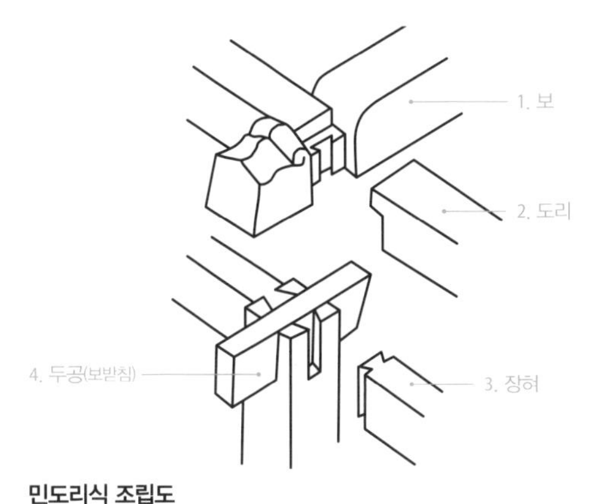

민도리식 조립도
Type without Bracket Set Detail

러도 문제가 없을 것이다. 익공식과 민도리식은 거의 유사한 구조인데 차이점은 익공식은 창방이 사용되지만 민도리식은 창방이 사용되지 않는다는 점이다. 또 익공식은 주두와 익공 위에 보가 올라가지만 민도리식은 기둥에 직접 결구된다.

baechi-e ttaleun gongpo-ui jonglyu

배치에 따른 공포의 종류

Type of Bracket Set Depending on Location

jusimposig

주심포식

Type with Bracket Set Only on Columns

공포를 기둥 위에만 배열한 것을 **주심포식(柱心包形式)***이라고 부른다. 공포 형식으로는 익공식과 함께 고려, 조선초 3포식에서 주로 나타난다. 3포식 외에도 법주사 원통보전과 같이 7폿집이면서 주심포식인 건물도 있으며 익공식에서도 출목이 있어서 포식을 겸하고 있는 경우가 있다.

주삼포는 주상포와 귀포의 모양이 같아 특별히 구분되지 않는 경우가 많다. 그것은 고려시대 주삼포 건축은 대개 맞배지붕이었기 때문이다. 그러나 부석사 무량수전은 팔작지붕이기 때문에 주상포와 귀포의 모양이 다르다. 주삼포 건물은 기둥 위에만 포가 놓이기 때문에 다포에 사용되는 평방(平防)이 없다. 또 부재가 전체적으로 정연하게 가공되고 조각이 많고 인공성이 강하다. 맞배지붕이 대부분이며 천장을 특별히 가설하지 않는 연등천장이 일반적이다. 장혀도 다포식처럼 긴 것을 쓰지 않고 포 위에서만 짧게 사용한다. 그래서 장혀(長舌)에 대비되는 개념으로 **단혀(短舌)****라고 부른다.

익공식의 주심포는 주로 조선시대 부속건물이나 살림집에서 나타나는데 기둥 위에만 포를 올렸고 주간에는 **화반(花盤)*****이라는 부재를 두어 장식 겸 구조보강용으로 사용했다. 주삼포에도 화반이 있는데 대부분 동자주형화반으로 단순하다. 그러나 익공식에서는 다양하고 화려해졌다. 주삼포이면서도 봉정사 극락전은 **복화반**이라는 화려한 장식 화반을 사용한 사례

* 주심포식(jusimposig) type with bracket set only on columns

** 단혀(danhyeo) short purlin support

*** 화반(hwaban) flower-shape board strut

주심포식 완주 송광사
Type with Bracket Set Only on Columns

주심포식 무위사 극락전

주상포 부석사 무량수전
Bracket Set on Column

주상포 봉정사 극락전

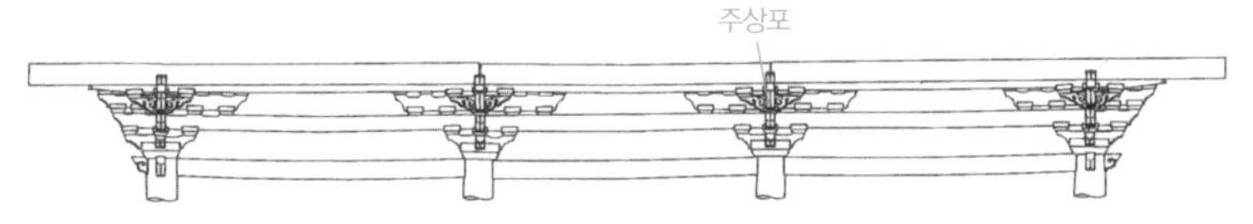

주심포식 포 배열도
Layout of Bracket Set Only on Columns

가 있다. 화반은 다포식의 간포에 해당하는 부재이다. 주심포를 일본에서는 소구미(疎組)라고 하며 한국건축에서 영향을 받은 와요(和樣)에서 주로 나타난다. 일본건축은 70% 이상이 와요이며 이외에 젠슈우요(禪宗樣), 다이부쯔요(大佛樣)가 있다. 젠슈우요는 한국 다포 형식에 해당하는 것으로 쯔메구미(詰組)라고 한다.

dapos ig

다포식

Type with Multiple Bracket Set on Columns and In-between

다포식(多包式)* 은 기둥 상부 이외에 기둥 사이에도 공포를 배열한 형식을 말한다. 이때 기둥 위에 올라간 공포를 **주상포**(柱上包)** 또는 **주심포**(柱心包)라고 하고 기둥 사이에 놓인 포를 **주간포**(柱間包)*** 또는 **간포**(間包)라고 한다. 간포는 주간의 크기에 따라 숫자가 다르며 모양은 주상포와 같다. 그러나 귓기둥 위에서는 정면과 측면 첨차가 연이어 걸리고 45° 방향으로도 귀한대라는 첨차가 사용되므로 모양이 다른데 이를 **귀포**(耳包)****라고 한다. 다포식은 5포 이상의 포식 공포에 많이 사용되며 고려 말에 나타나서 조선시대에 널리 사용되었다.

주심포식에 비해 지붕하중을 등분포로 분산할 수 있는 합리적인 구조법이며 작은 부재를 반복해 사용하는 표준화와 규격화가 가능한 공포 형식이다. 다포식에서는 간포를 받치기 위해 창방 외에 평방이라는 부재가 추가로 사용되며 주로 팔작지붕이 많다. 따라서 내부에서 측면 서까래 말구가 노출되어 보이므로 이를 가리기 위해 눈썹천장을 사용하는 경우가 많다. 주심포에 비해 부재 자체의 세공은 덜하지만 첨차가 여러 층 중첩되고 간포가 사용되어 건물의 수직성이 강조되고 화려해 보인다.

다포식은 주로 궁궐이나 사찰 등의 주요 정전에 사용되었으며 살림집에서는 다포식을 쓴 예를 찾아보기 어렵다. 다포식 중에서 특수한 사례로 완주 화암사 극락전이 있다. 하앙(下昻)이라는 부재를 사용하여 **하앙식**(下昻式)*****이라고 하는데 도리 바로 밑에 있는 살미 부재가 서까래와 같이 경사를 이루어 처마도리와 중도리를 지렛대처럼 받고 있는 공포이다. 한국에서

* 다포식(daposig) type with multiple bracket set on columns and in-between

** 주상포(jusangpo) bracket set on column

*** 주간포(juganpo) bracket set between columns

**** 귀포(gwipo) corner bracket set

***** 하앙식(haangsig) bracket set with extended cantilever bracket arm

1. 귀포 corner bracket set
2. 간포 bracket set between columns
3. 주상포 bracket set on column

다포식 위봉사 보광명전
Type with Multiple Bracket Set on Columns and In–between

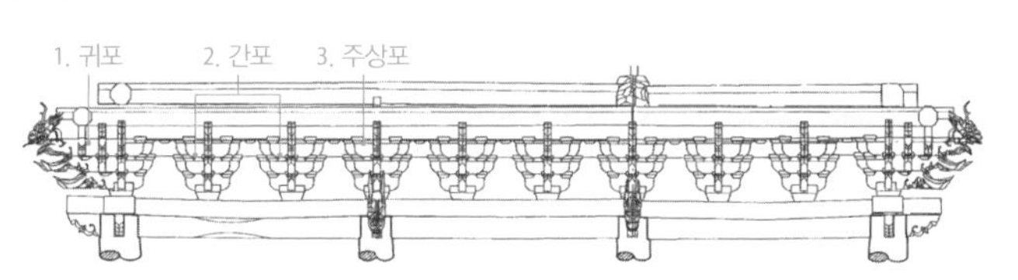

다포식 포 배열도
Layout of Multiple Bracket Set on Columns and In–between

하앙식 공포는 다포식인 화암사 극락전이 유일하지만 중국과 일본에서는 주심포식에서도 흔하게 볼 수 있다. 중국에서는 요, 금 시대 건물에 주로 나타나며 이후에는 사라졌다. 일본에서는 나라시대 와요*건축에서부터 사용되기 시작하여 후대까지 꾸준히 이어졌다. 일본 나라시대 건축은 한국건축 영향 아래에 있었기 때문에 한국에서도 고대건축에서 하앙이 많이 사용되었을 것으로 추정할 수 있다.

* 와요(和様) : 한국 고대건축의 영향을 받아 형성된 것으로 기둥 상부에만 공포를 올리는 주심포식이다. 와요는 일본식이라는 의미를 갖고 있다.

gagu

가구 Frame Structure

dancheung-gagu hyeongsig

단층가구 형식 Single-roof Frame Structure

- samlyang-ga 삼량가 3 Purlin Structure
- pyeongsalyang-ga 평사량가 4 Purlin Structure
- olyang-ga 오량가 5 Purlin Structure
- chillyang-ga 칠량가 7 Purlin Structure
- gulyang-ga 구량가 9 Purlin Structure

jungcheung-gagu hyeongsig

중층가구 형식 Layered-roof Frame Structure

- toebohyeong 툇보형 Upper Column on Beam Type
- tongjuhyeong 통주형 One Column through Multi-layer Type
- simjuhyeong 심주형 Center Column Type
- honhabhyeong 혼합형 Hybrid Type
- jeogcheunghyeong 적층형 Stacked Column Type

상주 흥암서원

bo

보 Beam Types

- bo, boaji 보와 보아지 Beam and Beam Supports
- daedeulbo, jungbo, jongbo 대들보, 중보, 종보 Main Crossbeam, Collar Crossbeam and Ridge Crossbeam
- majbo 맞보 Center-column Beam
- toebo 툇보 External Crossbeam
- chunglyang 충량 Transverse Beam
- gwisbo, gwijab-ibo 귓보와 귀잡이보 Angle Beam and Angle Tie
- goklyang, deoglyang 곡량과 덕량 Curved Beam and Beam Resting on Purli

gagu-leul guseong-haneun bujae

가구를 구성하는 부재 Elements Composing Frame Structure

- umilyang 우미량 Oxtail-shape Beam
- changbang 창방 Column Head Connecting Beam
- pyeongbang 평방 Bracket Set Supporting Beam
- doli 도리 Purlin
- janghyeo, danhyeo 장혀와 단혀 Purlin Support and Short Purlin Support
- hwaban 화반 Flower-shape Board Struts
- anchogong 안초공 Bracket-set Base Wing
- seungdu, chogong, chobang 승두, 초공과 초방 Purlin Tie, Decorated Purlin Tie and Small Purlin Tie
- choyeob, nag-yang-gag 초엽과 낙양각 Lintel-column Bracket and Elongated Lintel-column Brack
- daegong, sos-eulhabjang 대공과 소슬합장 Ridge Post and Slanted Purlin Tie

가구(架構)는 집을 만드는 뼈대의 얽기를 말한다. 부위로는 초석 위에서부터 서까래를 받치는 도리 아래를 가구라고 할 수 있다. 하지만 가구 형식을 구분하는 주요 부재는 기둥과 보와 도리이다. 이 세 부재의 구성 방식에 따라 가구법을 세분한다. 가구법은 평면의 규모와 형식, 층수에 의해 결정되며 현대건축으로 보면 종단면 형식을 말한다.

평면형식은 생활방식이나 기후 등 여건에 따라 지역적으로 다를 수 있으며 가구법 또한 마찬가지이다. 단층 건물의 가구법은 종단면에서 도리의 숫자에 의해 결정되는데 이때 출목도리는 제외한다. 중층가구는 보와 상하층 기둥의 관계 등으로 종류를 분류한다. 즉 중층가구는 상하층의 구조적 연결 관계에 따라 구분한다고 할 수 있다. 물론 지붕이 만들어지는 최상층은 단층가구 형식과 같다.

가구 형식은 건물의 규모 외에 재료의 구조적 성능 및 시공의 효율성 등과 깊은 관련이 있다. 한국건축은 목조이기 때문에 공급할 수 있는 목재의 길이와 단면 크기, 목재의 재료적 특성 등이 영향을 미친다. 특히 도리방향보다는 보방향에 더 큰 영향을 미치며, 가구 형식도 종단면으로 결정된다. 이중에서 보 길이가 가장 중요한데 시공성과 구조의 효율을 고려한다면 무한정 길게 사용할 수는 없다. 특히 살림집의 경우는 기계 사용이 어렵기 때문에 인력으로 가능한 경제적 규격이 있었던 것으로 추정된다. 퇴가 있는 평면에서는 벽체의 위치에 따라 내부에 고주를 세우고 대들보와 툇보를 나누어 결구하는 것이 효율적이었을 것이다. 이처럼 가구 형식의 결정 요인은 매우 많으며 복잡한 과정을 거쳐 결정된다.

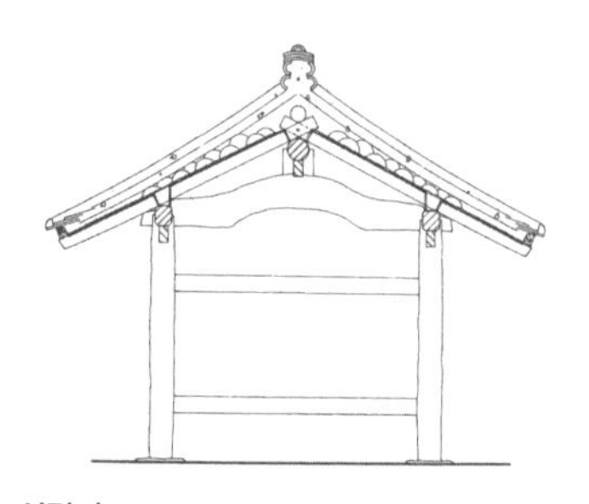

삼량가
3 Purlin Structure

삼량가 안동 하회마을 양오당 고택

samlyang-ga
삼량가
3 Purlin Structure

서까래를 받치는 부재를 도리라고 한다. 양쪽으로 경사진 지붕을 만들려면 최소한 도리를 세 줄로 걸어야 한다. 이를 **삼량가**(三樑架)*라고 한다. 삼량가는 앞뒤 기둥에 대들보를 건너지르고 대들보 중앙에 대공을 세우고 종도리를 건 다음 처마도리와 종도리에 서까래를 건 구조이다.

삼량가는 규모가 작은 건물로 살림집 중에서도 홑집 형태의 문간채나 행랑채, 광채 등 부속채에 많이 사용한다. 삼량가는 맞배지붕이 대부분이며 포가 없는 민도리집이나 익공 형식에서 많이 나타난다. 삼량가는 한국건축의 지붕을 구성하는 가장 기본적인 단위이며 빗물 배수를 위해 양쪽 경사지붕을 만들기 위한 최소 조건이다. 그런데 매우 드물게 **이량가**(二樑架)**도 있다. 수원화성의 봉돈에 부속된 건물은 편경사지붕으로 이량가이다.

* 삼량가(samlyangga) 3 purlin structure
** 이량가(i-lyangga) 2 purlin structure

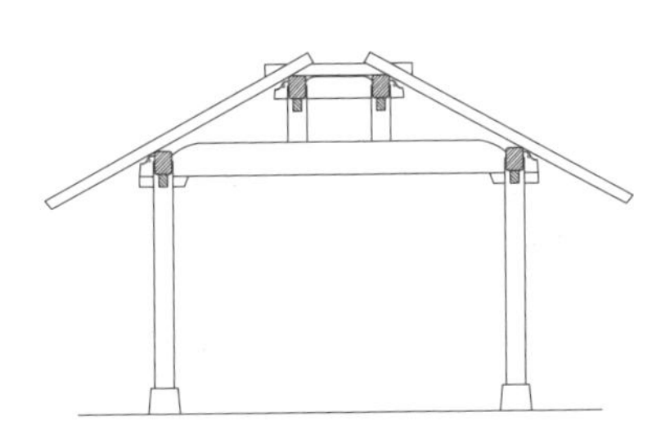

평사량가
4 Purlin Structure

평사량가 안양 이영소 가옥

pyeongsalyang-ga
평사량가
4 Purlin Structure

평사량가(平四樑架)는 종단면상 도리가 네 줄로 걸린 가구 구조이다. 오량가에서 종도리가 없는 모습이라고 할 수 있다. 즉 종보 위에 대공 없이 중도리 사이에 서까래를 수평으로 건 가구 형식을 말한다. 평사량가는 격식 있는 권위건축보다는 서민의 살림집에서 많이 사용되었다. 종도리가 없으므로 용마루 부분이 평평한데 여기에는 잡목 등을 쌓아 뾰족하게 만든 다음 지붕마루를 올렸다. 건물 측면에서는 한쪽은 종보에, 다른 한쪽은 측면 처마도리에 올려놓는 두 개의 충량을 건다. 이 충량들은 양쪽에 높이 차가 있어서 대개 굽은 보를 사용한다. 그리고 충량 중간 정도에서는 보방향으로 멍에보를 건너지른 다음 여기에 의지해 추녀와 측면 서까래를 건다. 충량과 멍에보의 교차점에는 추녀 뒤초리가 놓이는 것이 평사량의 일반적인 구성법이다.

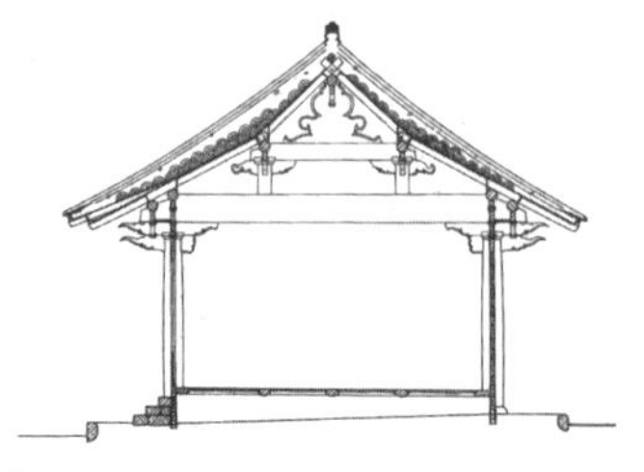

이평주오량가 나주향교 명륜당 중당
Two Column 5 purlin Structure

이평주오량가 부석사 조사당

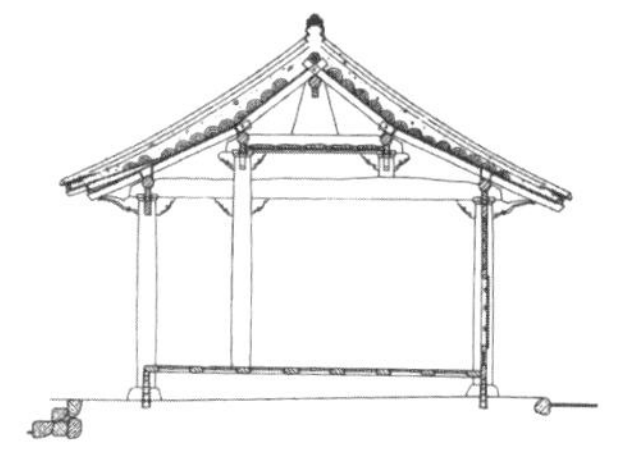

일고주오량가 나주향교 명륜당 익실
5 Purlin Structure with One High and Two Low Columns

일고주오량가 논산 명재고택

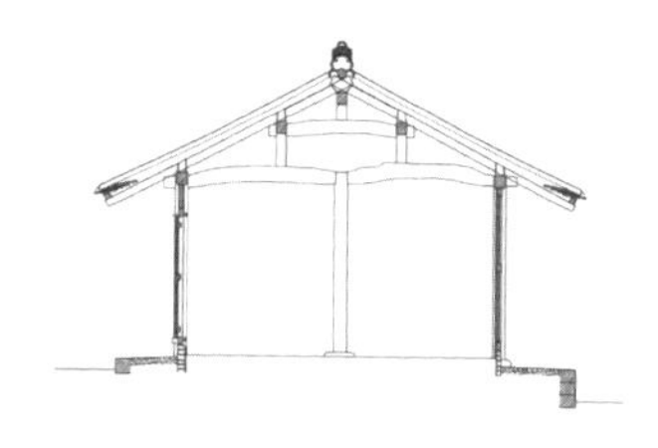

삼평주오량가
5 Purlin Structure with Three Columns

삼평주오량가 안동 하회마을 원지정사

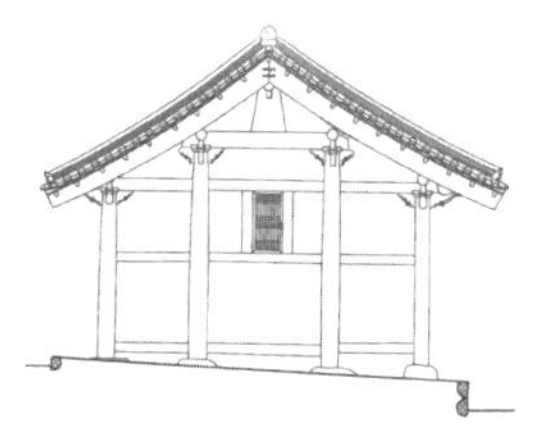

이고주오량가 나주향교 명륜당
5 Purlin Structure with Two High and Two Low Columns

이고주오량가 고부향교 대성전

o-lyang-ga

오량가

5 Purlin Structure

종단면에서 도리가 다섯 줄로 걸린 가구 형식을 말한다. 건물 측면 폭이 커지면 삼량으로 해결하기 어렵기 때문에 오량가로 한다. 오량가의 구성은 앞뒤 기둥에 대들보를 건너지른 다음 대들보 위에 종보를 걸고 종보 중앙에는 대공을 세워 대공과 종보 및 대들보 양쪽에 도리를 건다. 처마도리와 중도리에는 장연을 걸고 중도리와 종도리에는 단연을 건다. 이처럼 오량가는 서까래가 두 단으로 걸린다. 오량가는 살림집 안채와 일반 건물, 작은 사찰의 불전 등에서 사용하며 한국건축에서 가장 많이 사용하는 가구법이다.

오량가는 기둥과의 관계를 살펴 다시 세분한다. 내부에 고주 없이 앞뒤 두 개의 평주에 대들보를 길게 건너질러 구성한 오량가를 **이평주오량가**(二平柱五梁架)*라고 부른다. 살림집 대청은 개방적이고 큰 공간을 요구하기 때문에 이평주오량가가 많다. 그러나 같은 건물에서도 방 쪽에 전퇴를 두고 퇴와 방 사이에 고주를 세우는 경우가 보통이다. 즉 전면은 동자주 대신에 고주를 세우고 뒷면은 대들보 위에 동자주를 세워 고주와 동자주에 종보를 거는 가구 형식인데 이를 이평주오량가와 구분하여 **일고주오량가**(一高柱五梁架)**라고 한다. 일고주오량가는 조선시대 살림집 안채에 가장 많이 사용되었는데 이는 한옥에서 전퇴가 있는 평면구성이 일반적이기 때문이다. 사찰에서는 불단을 뒤에 꾸미기 때문에 뒤퇴 부분에 고주가 있는 일고주오량가가 일반적이다. 봉정사 대웅전, 여주 신륵사 극락보전, 칠장사 대웅전 등이 이에 속한다.

때에 따라서는 고주 없이 중앙에 평주를 세우고 앞뒤로 길이가 같은 보를 중앙기둥에 연결하여 거는 경우가 있다. 이때 보를 맞보(合樑)라고 하는데 앞뒤 맞보 중간에 동자주를 세우고 종보를 건 가구 형식을 종종 볼 수 있다. 이 경우 고주 없이 평주만 세 개 있는 오량구조이기 때문에 **삼평주오량가**(三

* 이평주오량가(i-pyeongju-o-lyang-ga) two column 5 purlin structure

** 일고주오량가(il-goju-o-lyang-ga) 5 purlin structure with one high and two low columns

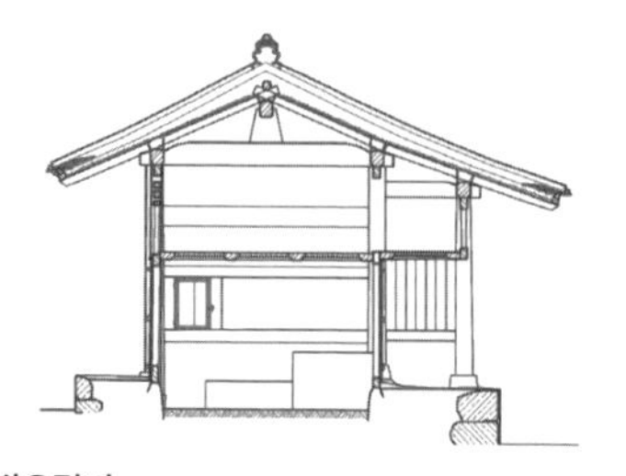

반오량가
5 Purlin Structure with Two High and One Low Columns

반오량가 해남 공재고택 사당

平柱五梁架)*라고 부른다. 또 흔하지는 않지만 전후 퇴칸이 있는 평면 구조에서 고주가 두 개 있는 오량가가 있는데 이를 **이고주오량가**(二高柱五梁架)** 라고 한다. 은해사 거조암 영산전과 강화 정수사 법당에서 볼 수 있다. 정수사 법당은 현재 전퇴가 한 칸 더 붙어 있지만 이는 임진왜란 이후에 덧붙인 것으로 원래 구조는 이고주오량가이다. 특수한 오량가 중에서는 삼량가에 전퇴를 붙여 후면은 삼량가인데 전면은 오량가인 가구가 드물게 나타난다. 반쪽만 오량가라고 하여 **반오량가*****라고 한다. 해남 공재고택 사당에서 그 사례를 볼 수 있다. 작은 사당에 전퇴를 둘 경우 이 가구 형식을 많이 사용한다.

* 삼평주오량가(sam-pyeongju-o-lyang-ga) 5 purlin structure with three columns
** 이고주오량가(i-goju-o-lyang-ga) 5 purlin structure with two high and two low columns
*** 반오량가(ban-o-lyang-ga) 5 purlin structure with two high and one low columns

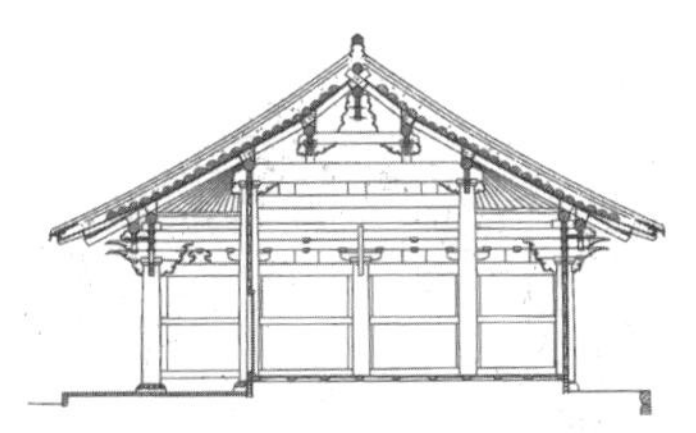

이고주칠량가 나주향교 대성전
7 Purlin Structure with Two High and Two Low Columns

이고주칠량가 무위사 극락전

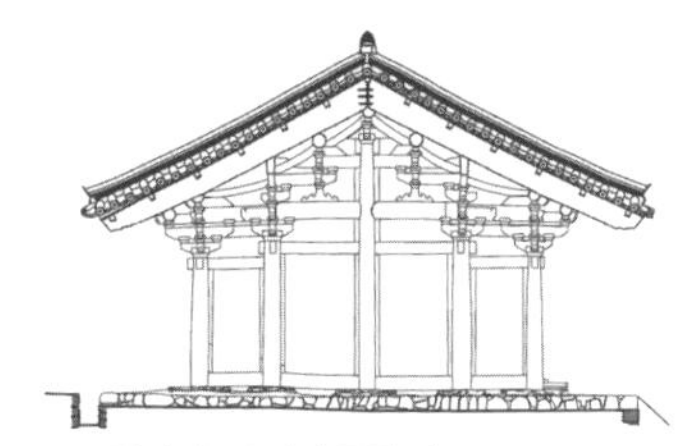

심고주칠량가 봉정사 극락전
7 Purlin Structure with One High and Four Low Columns

심고주칠량가 봉정사 극락전

chillyang-ga
칠량가
7 Purlin Structure

칠량가 이상은 일반 살림집에서는 찾아보기 어렵고 사찰이나 궁궐 등 큰 건물에서 볼 수 있다. 규모가 꽤 크기 때문에 앞뒤 평주를 하나의 대들보로 연결하는 이평주칠량가는 거의 없다고 봐야 한다. 따라서 칠량가는 앞뒤에 퇴칸이 있는 **이고주칠량가(二高柱七樑架)***가 대부분이다. 지림사 대적광전, 금산사 대적광전, 봉정사 극락전, 무위사 극락전 등이 여기에 속한다. 봉정사 극락전은 정칸과 협칸의 가구가 다른데 측면 가구는 가운데 어미기둥이 종도리까지 올라가 있는 **심고주칠량가(心高柱七樑架)****로 매우 보기 드문 사례이다.

* 이고주칠량가(i-goju-chil-lyangga) 7 purlin structure with two high and two low columns

** 심고주칠량가(sim-goju-chil-lyangga) 7 purlin structure with one high and four low columns

가구

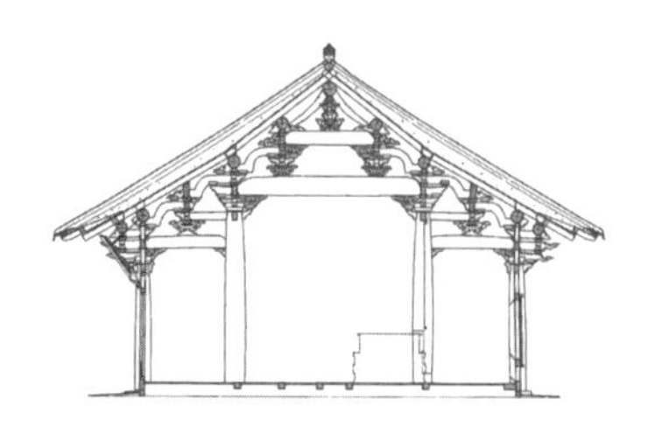

이고주구량가 수덕사 대웅전
9 Purlin Structure with Two High and Two Low Columns

이고주구량가 수덕사 대웅전

gulyang-ga
구량가
9 Purlin Structure

구량가(九樑架) 이상은 매우 보기 어렵다. 부석사 무량수전과 수덕사 대웅전은 **이고주구량가***인데 가구법이 조선시대와는 다르다. 기둥이 아닌 툇보 위에 또 하나의 짧은 툇보인 단퇴량을 걸었는데 여기에도 도리가 있다. 보통 가구 형식을 분류할 때 출목도리는 제외하지만 단퇴량 위에 걸린 도리는 포함한다. 평면은 전후툇집으로 내부에는 벽체가 없으며 좌우 측면과 내부에서 동일한 가구법을 사용했다.

* 이고주구량가(i-goju-gulyang-ga) 9 purlin structure with two high and two low columns

jungcheung-gagu hyeongsig

중층가구 형식

Layered-roof Frame Structure

툇보형 경복궁 근정전

Upper Column on Beam Type

툇보형 경복궁 근정전

툇보형 창덕궁 인정전

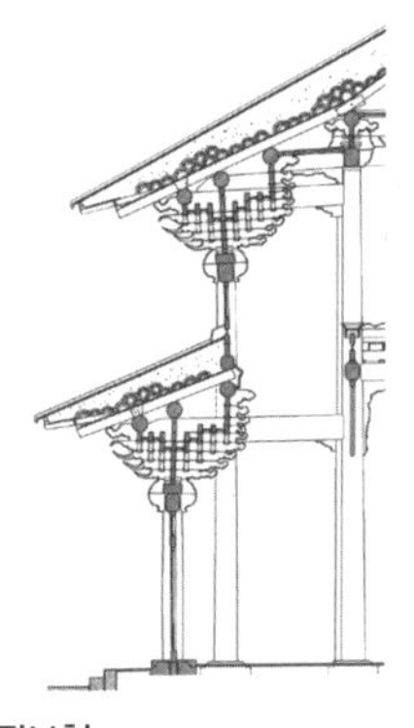

툇보형

toebohyeong

툇보형

Upper Column on Beam Type

중층은 2층 이상의 건물을 가리킨다. 2층 이상 건물의 가구 형식은 상하층의 기둥 관계를 고려하여 종류를 구분한다. 먼저 상층 평주가 하층 툇보 위에 올라간 경우를 **툇보형*** 또는 **퇴량형**(退樑形)이라고 한다. 경복궁 근정전 및 창덕궁 인정전의 경우는 2층 평주는 1층 툇보 위에 올라갔지만 귓기둥

* 툇보형(toebohyeong) upper column on beam type

통주형 무량사 극락전
One Column through Multi-layer Type

통주형 무량사 극락전

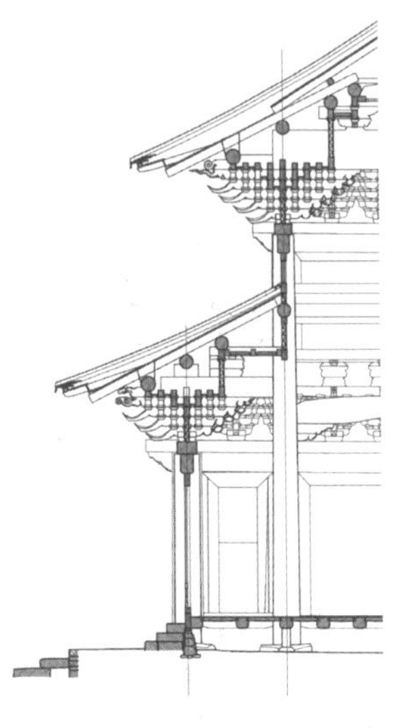

통주형 무량사 극락전

의 경우는 하층 고주가 상층 우주가 되었다. 그러나 같은 툇보형이라 할지라도 법주사 대웅전의 경우는 우주에서도 고주가 없으며 하층 귓보 위에 상층 우주가 올라갔다.

tongjuhyeong
통주형
One Column through Multi-layer Type

퇴칸이 비교적 좁고 체감이 큰 중층건물의 경우는 하층 고주가 상층 평주로 하나의 부재로 연결되어 있는데 이 경우를 **통주형**(通柱形)* 이라고 한다. 무량사 극락전이 대표적인데 1층 고주와 **우주**** 가 모두 2층의 평주와 우주가 되었다.

* 통주형(tongjuhyeong) one column through multi-layer type
** 우주(uju) corner columns

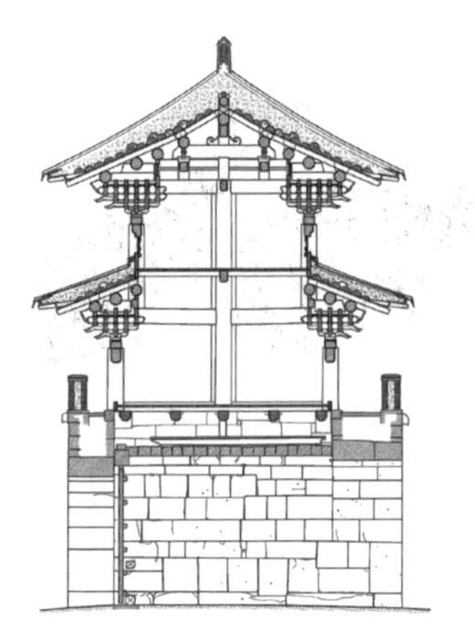

심주맞보형 숭례문
Center Column Type with Two Separate Beams

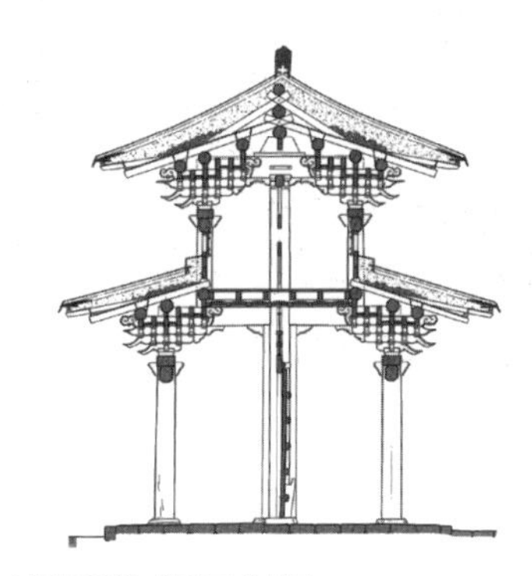

심주통보형 창경궁 홍화문
Separated Center Column Type with Single Penetrating Beam

simjuhyeong
심주형
Center Column Type

누문의 경우는 문짝을 달 수 있게 종단면의 중심에 기둥이 서기 때문에 일반 건물과 가구법에서 차이가 있다. 가운데 기둥은 심주(心柱) 또는 어미기둥이라고 할 수 있는데 이를 기준으로 가구법을 구분한다. 심주를 기준으로 양쪽 맞보를 건 경우를 **심주맞보형***이라고 하고 통보를 사용하여 기둥이 끊어져 있는 것을 **심주통보형****이라고 한다. 심주맞보형이 많은데 숭례문, 홍인지문, 수원화성 팔달문 등이 여기에 속한다. 심주맞보형은 공포 부재의 수축에 의해 보가 양쪽으로 처지는 단점이 있다. 심주통보형은 창경궁 홍화문에서 볼 수 있는데 비교적 규모가 적은 누문에서 사용한다.

* 심주맞보형(simjumajbohyeong) center column type with two separate beams

** 심주통보형(simjutongbohyeong) separated center column type with single penetrating beam

혼합형 법주사 팔상전
Hybrid Type

혼합형 금산사 미륵전

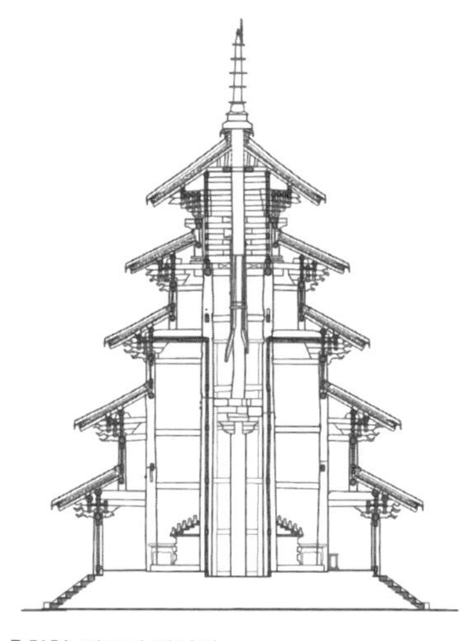

혼합형 법주사 팔상전

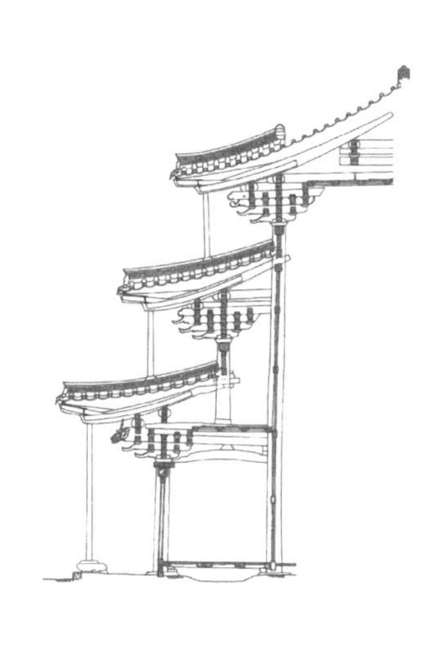

혼합형 금산사 미륵전

honhabhyeong
혼합형
Hybrid Type

툇보형과 통주형은 주로 2층에서 나타나고 3층 이상이 되면 이 두 형식을 혼합해 사용하는 경우가 대부분이다. 이를 **혼합형**이라고 할 수 있는데 금산사 미륵전에서 볼 수 있다. 1층의 고주는 2층이 아닌 3층의 평주로 이어져 있고 2층 평주는 1층 툇보 위에 올라가 있다. 2층은 툇보형이고 3층은

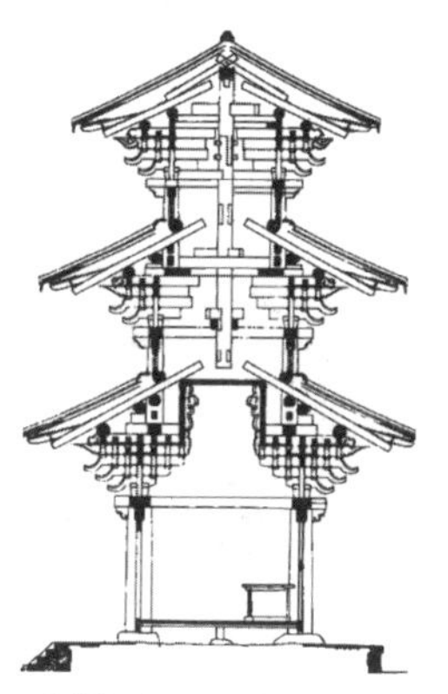

적층형 쌍봉사 대웅전

Stacked Column Type

적층형 쌍봉사 대웅전

적층형 중국 불궁사 석가탑

통주형인 경우이다. 법주사 팔상전과 같이 5층인 경우는 더 복잡하다. 1층의 고주는 3층 평주가 되었고 1층의 사천주는 5층의 평주가 되었다. 그리고 2층과 4층은 아래층의 퇴보 위에 올라가 있다. 따라서 퇴보형과 통주형은 2층 정도에서 분류가 가능하고 3층 이상이면 모두 혼합형일 수밖에 없음을 알 수 있다.

jeogcheunghyeong

적층형

Stacked Column Type

적층형(積層形)은 체감이 적고 상층 기둥이 하층 공포 위에 올라간 것으로 상하층을 잇는 통기둥이 사용되지 않은 구조이다. 통주를 사용하지 않았기 때문에 층별로 구조가 독립되어 있고 마치 층별로 벽돌을 쌓듯이 올린 가구법이다. 현재 한국에는 적층형이 남아있지 않다. 단칸이어서 딱 맞는 것은 아니지만 쌍봉사 대웅전이 적층형에 가깝다고 할 수 있다. 중국에서 가장 오래되었다고 하는 산서성의 불궁사(佛宮寺) 석가탑이 적층형에 해당한다. 황룡사 9층 탑이 남아있었다면 적층형일 가능성이 매우 크다.

bo

보

Beam Types

보아지 경주향교 명륜당

Beam Supports

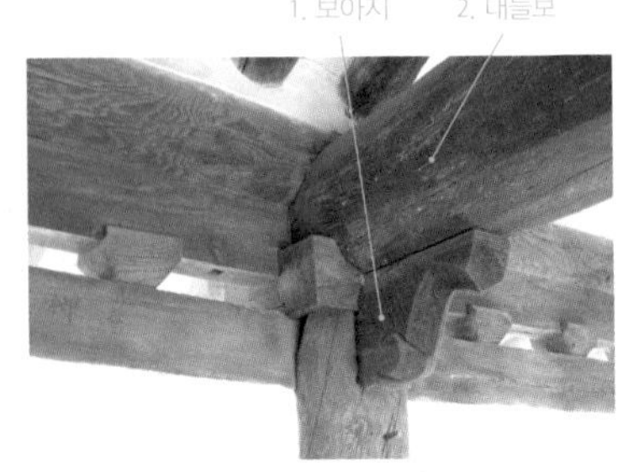

보아지 안동 하회마을 겸암정사

bo, boaji

보와 보아지
Beam and Beam Supports

보는 건물 앞뒤 기둥을 연결하는 수평 구조부재이다. 서까래와 도리를 타고 내려온 하중은 보를 통해 옆으로 흘러 다시 기둥을 타고 밑으로 전달된다. 수직 구조부재로 가장 중요한 것이 기둥이라면 수평 구조부재로 가장 중요한 것이 보이다. **보***는 한자로는 '량(樑)'이라고 쓰지만 차음 표기로 '보(褓)' 또는 '보(椺)'로 쓰기도 하며 때로는 '복(栿)'으로 쓰기도 하였다. 보는 위치와 쓰임 및 모양에 따라 다양하게 부르며 구조가 복잡해지면 한 건물에 여러 종류의 보를 동시에 사용하기도 한다. 보는 대개 기둥에 연결되는데 맞춤을 원활하게 하고 보의 전단력을 보강하기 위해 받침목을 두는 경우가 많다. 이 받침목을 **보아지(甫兒只)****라고 한다. 보아지는 '甫阿支', '甫兒之', '甫兒支' 등으로 다양하게 표기하는데 이러한 다양성은 차음 표기의 특징이다. 보아지는 살림집 등에서는 조각 없이 단순한 것이 보통이지만 사찰이나 궁궐 건축에서는 조각으로 화려하게 장식한다. 익공식에서는 익

* 보(bo) beam

** 보아지(boaji) beam supports

구형보 봉정사 대웅전
Rectagular Beam

원형보 봉정사 덕휘루
Natural Shape Beam

보 단면도
Beam Section

항아리보 부석사 무량수전
Jar–shape Section Beam

1. 보아지 beam supports
2. 대들보 main crossbeam
3. 구형보 rectangular beam
4. 원형보 natural shape beam
5. 항아리보 jar–shape section beam

홍예보

홍예보
Rainbow–shape Beam

공과 한 부재로 바깥은 익공이고 안쪽은 보아지가 되는 경우가 많다.

보는 단면 형태에 따라서는 세 종류 정도로 구분할 수 있다. 폭보다는 높이가 약간 높은 방형으로 만든 것이 일반적인데 이를 **구형보***라고 한다. 조선 후기에는 자연주의 사상과 큰 원목을 구하기 어려운 상황에서 껍질만 벗겨 자연목 형태를 그대로 살린 **원형보****도 많이 사용되었다. 보는 입면에서 보면 자유형이 대부분이다. 그러나 시대를 조금 거슬러 올라가면 고려

* 구형보(guhyeong-bo) rectangular beam

** 원형보(wonhyeong-bo) natural shape beam

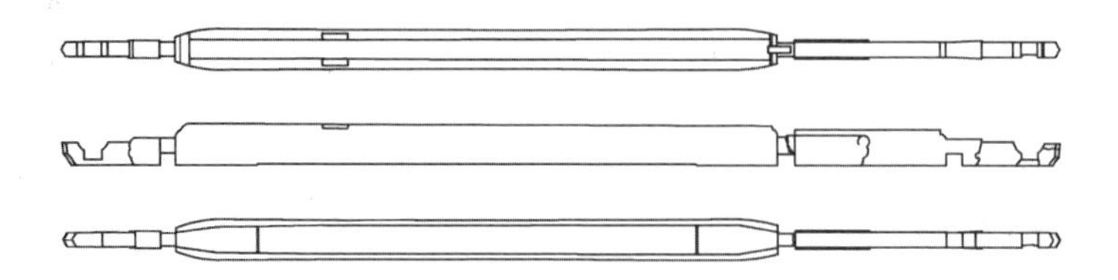

보의 배걷이 모습
Trimming of Beam's Lower Half

시대 건물은 정연하게 다듬은 보를 사용했다. 보 아랫부분은 처져 보이는 착시현상을 교정하기 위해 **배걷이***를 했으며 기둥 밖으로 빠져나간 부분은 폭도 소로 폭으로 단면을 줄였다. 그래서 보의 단면 형상은 둥글고 아래는 소로 폭으로 좁혀진 보가 되는데 마치 항아리와 유사하다고 하여 **항아리보****라고 한다. **홍예보(虹樑)*****는 단면이 항아리보인 경우가 많다. 중국에서는 명나라 건축에서 많이 볼 수 있으며 일본에서는 가마쿠라에 있는 겐조지(建長寺) 등 젠슈우요(禪宗樣) 건축에서 볼 수 있다. 홍예보는 무지개처럼 생긴 곡보를 가리키기도 한다.

* 배걷이(baegeod-i) trimming of beam's lower half

** 항아리보(hangali-bo) jar-shape section beam

*** 홍예보(hongye-bo) rainbow-shape beam

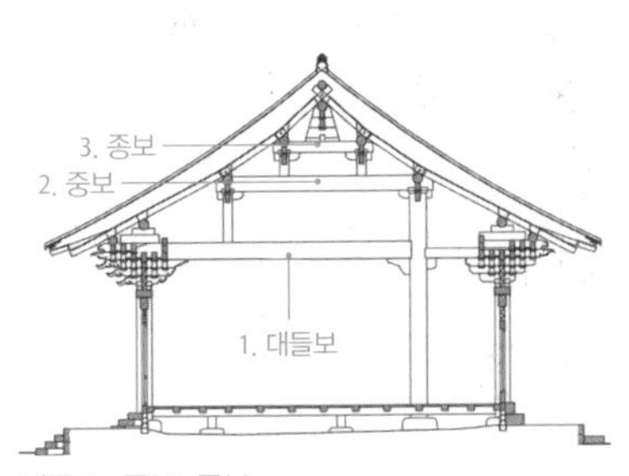

대들보, 중보, 종보
Main Crossbeam, Collar Crossbeam and Ridge Crossbeam

대들보와 종보 논산 명재고택
Main Crossbeam and Ridge Crossbeam

대들보 의성 만취당
Main Crossbeam

삼중량 남원 광한루
Triple Beam System

1. 대들보 main crossbeam
2. 중보 collar crossbeam
3. 종보 ridge crossbeam

daedeulbo, jungbo, jongbo
대들보, 중보, 종보
Main Crossbeam, Collar Crossbeam and Ridge Crossbeam

보는 가구 형식에 따라 상하 여러 층 걸리는 경우가 있다. 삼량가에서는 앞뒤 기둥을 연결하는 보가 하나만 걸린다. 보가 이렇게 하나만 있을 때는 보 또는 대들보, 평보라고 부를 수 있다. 그런데 오량가가 되면 대들보 위에 동자주를 세우고 보를 하나 더 건다. 이 경우 아랫보는 윗보에 비해 길고 단면 또한 굵다. 이때 아랫보를 **대들보*** 또는 **대량**(大樑)이라고 하며 윗보는 종

* 대들보(daedeulbo) main crossbeam

맞보 창경궁 회랑
Center-column Beam

맞보 경복궁 회랑

보* 또는 **종량**(宗樑)이라고 한다. 드물기는 하지만 종보를 한자로 '종량(從樑)'으로 표기하기도 한다. 오량가에서는 보가 대들보와 종보 두 층으로 걸리지만 칠량가 이상이 되면 보가 한 층 더 올라가 세 층으로 걸리기도 한다. 이때는 가장 위의 것이 종보가 되고 제일 밑의 것이 대들보가 되며 가운데 있는 것을 **중보**** 또는 **중량**(中樑)이라고 한다. 이렇게 보가 세 단으로 걸린 구조를 **삼중량**(三重樑)이라고 부르기도 한다.

majbo
맞보
Center-column Beam

가운데 기둥을 중심으로 양쪽에서 온 보가 만난다고 하여 한자로는 **합량**(合樑)이라고 쓰며 서로 마주보고 있다고 하여 **맞보*****라고 한다. 삼평주오량가에서 주로 나타나며 살림집에서는 양통으로 앞뒤로 방이 만들어지는 부분에서 주로 볼 수 있다. 또 경복궁, 창경궁 등의 궁궐 정전 회랑은 가운데 기둥이 있는 **복랑**(復廊)으로 꾸몄는데 이때 맞보를 사용한 삼평주오량가의 가구법이 사용되었다.

* 종보(jongbo) ridge crossbeam

** 중보(jungbo) collar crossbeam

*** 맞보(majbo) center-column beam

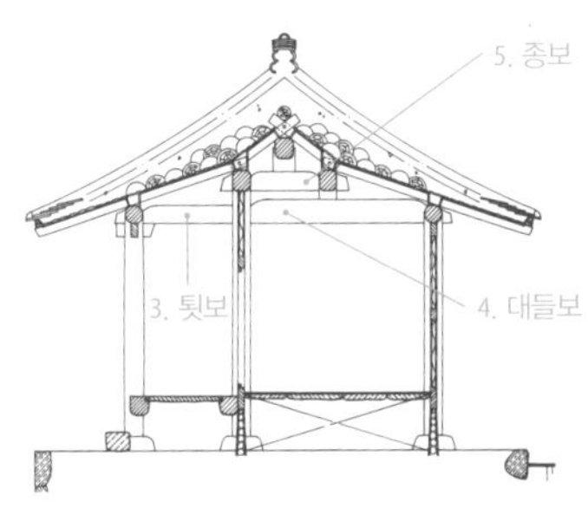

툇보와 대들보 나주향교 서재
External Crossbeam and Main Crossbeam

툇보 영동 김참판댁
External Crossbeam

1. 종보(종량) ridge crossbeam
2. 맞보(합량) center-column beam
3. 툇보 external crossbeam
4. 대들보 main crossbeam
5. 종보 ridge crossbeam

toebo

툇보
External Crossbeam

퇴칸에 걸리는 보를 **툇보*** 또는 **퇴량**(退樑)이라고 한다. 전퇴가 있는 일고주오량가에서는 고주와 전면 평주 사이에는 툇보가 걸리고 고주와 후면 평주 사이에는 대들보가 걸린다. 툇보는 대들보에 비해 길이는 반 이하이며 단면도 약간 작다. 그러나 걸리는 높이는 같다. 이고주칠량가에서는 앞뒤로 퇴칸이 만들어지는데 고주와 고주는 대들보로 연결하고 전후퇴는 툇보로 연결한다. 이때는 대들보보다 한 단 낮게 툇보가 걸린다. 툇보와 고주가 연결되는 부분에도 수덕사 대웅전과 같이 보아지를 받치는 경우가 있다. 또 툇보는 고주에 장부맞춤하고 쐐기를 박아 빠져나오지 않게 했다.

수덕사 대웅전과 같이 툇보 위에 동자주를 세우고 이 동자주와 고주를 연결하는 짧은 보를 거는 경우가 있다. 툇보에 비해 길이는 반 정도이고 단면도 훨씬 작은데 이것을 **단퇴량**(短退樑)**이라고 한다. 수원화성 장안문이

* 툇보(toebo) external crossbeam

** 단퇴량(dantoelyanglyang) short external crossbeam

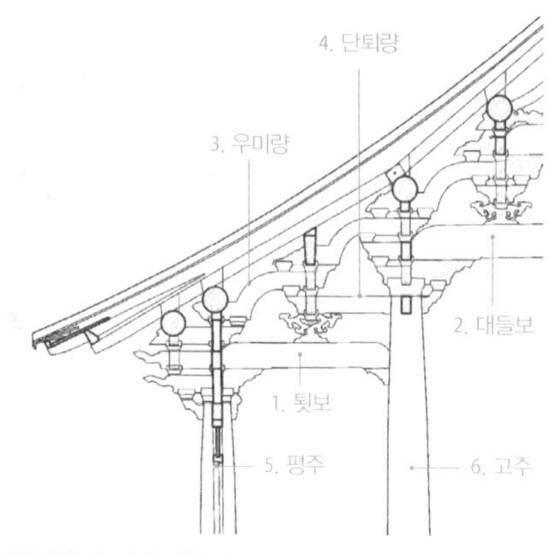

1. 툇보 external crossbeam
2. 대들보 main crossbeam
3. 우미량 oxtail–shape beam
4. 단퇴량 short external crossbeam
5. 평주 column
6. 고주 tall column
7. 외기 projected mid–purlin
8. 충량 transverse beam

단퇴량 수덕사 대웅전
Short External Crossbeam

단퇴량 수원화성 팔달문

나 팔달문의 경우 문루 2층에서는 맞보 위에 두 개의 동자주가 서고 종보 바로 아래에 짧은 툇보를 하나 더 걸었는데 이 또한 단퇴량이라고 한다.

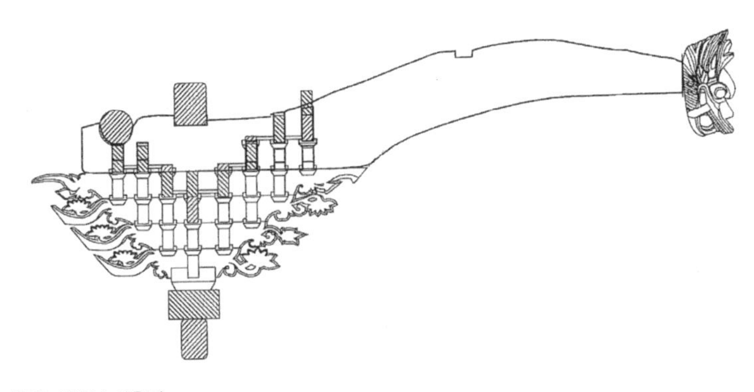

충량 선암사 대웅전
Transverse Beam

충량과 외기 예천 초간정
Transverse Beam and Projected Mid-purlin

chunglyang
충량
Transverse Beam

측면이 두 칸 이상인 건물의 퇴칸에서 생긴다. 내부 고주를 생략하면서 한쪽은 대들보 위에 걸고 한쪽은 측면 평주에 거는 보를 **충량(衝樑)***이라고 한다. 충량은 다른 보와 같이 수평으로 걸리지 못하고 대들보 쪽이 높기 때문에 굽은 보를 사용한다. 물론 측면 퇴칸에 고주가 있는 경우는 전후면과 같이 툇보를 걸게 된다. 사찰 대웅전과 같이 측면이 세 칸으로 규모가 큰 경우에는 충량이 두 개 걸리기도 한다. 충량 위에서는 외기도리가 'ㄷ'자로 짜

* 충량(chunglyang) transverse beam

이며 충량은 **외기(外機)**를 받쳐주는 역할을 한다. 그리고 이 외기도리에 측면 서까래를 걸고 외기도리가 직교하는 모서리에는 추녀를 건다. 외기도리는 중도리가 연장되어 나간 것으로 떠있거나 충량에 동자주를 세워 받쳐주기도 한다. 충량이 있음으로써 외기의 빠짐 길이를 자유롭게 할 수 있으며 합각지붕의 합각 위치를 자유롭게 설정할 수 있다. 따라서 합각지붕을 많이 사용한 조선시대 건물에서 충량의 사용이 현격하다. 대들보 위에 걸쳐지는 충량 머리는 대웅전과 같은 불전에서는 용머리를 조각해 장식하는 것이 일반적이며 일반 건물에서는 **두겁주먹장**으로 하여 대들보 옆에 끼워 넣는 경우가 많다.

귓보 부석사 무량수전
Angle Beam

귓보와 귀잡이보 법주사 팔상전
Angle Beam and Angle Tie

1. 귓보 angle beam
2. 귀잡이보 angle tie

gwisbo, gwijab-ibo

귓보와 귀잡이보
Angle Beam and Angle Tie

귓보(耳樑)*는 건물 모서리에서 45° 로 빠져나간 보를 말한다. 충량이 본격적으로 사용되기 이전에 추녀를 받쳐주고 외기를 지지하기 위해 귓보를 사용했다. 부석사 무량수전과 숭례문 등에서 볼 수 있는데 부석사 무량수전은 내부 귓기둥과 외부 귓기둥을 연결하는 귓보를 걸어 그 위에 외기를 받도록 했다. 귓보도 다른 보들과 같이 홍예보로 정연하게 만들었다.

귓보와 비슷하지만 **귀잡이보****는 건물 모서리에서 창방 안쪽에 45° 로 거는 보를 말한다. 건물이 평면적으로 뒤틀리는 것을 방지해주는 일종의 가새와 같은 역할도 한다. 고구려 고분벽화에 나타나는 귀접이천장을 연상시킨다. 목탑이나 중층건물에서는 체감을 위해 위층으로 갈수록 기둥을 안쪽으로 들여 주는데 모서리에서는 45° 방향으로 들여야 하기 때문에 귓보나 귀잡이보를 걸고 그 위에 상층 귓기둥을 세우는 경우가 많았다.

* 귓보(gwisbo) angle beam
** 귀잡이보(gwijab-ibo) angle tie

곡량(곡보) 제천 박용원 고택
Curved Beam

곡량(곡보) 수원화성 동북공심돈

곡량(무지개보, 홍예보) 경복궁 집경당 복도각

덕량 수원화성 동북포루
Beam Resting on Purlin

1. 곡량 curved beam
2. 덕량 beam resting on purlin
3. 우미량 oxtail-shape beam

goglyang, deoglyang
곡량과 덕량
Curved Beam and Beam Resting on Purlin

곡량(曲樑)은 《화성성역의궤》에 나타나는데 **곡보**라고도 한다. 수원화성의 동북공심돈에서 볼 수 있다. 민가에서도 한쪽은 종도리에, 한쪽은 측면 도리 위에 올린 보를 자주 볼 수 있다. 충량과는 차이가 있으며 더그매천장 아래의 **고미보**, **더그매보** 등을 포함한다. 일반 보 가운데 형태가 무지개처럼 휘어 있는 것도 곡보라고 하는데 이를 홍예보 또는 무지개보라고도 칭한다. 경복궁 집경당 복도각에서는 대들보를 곡보(홍예보)로 사용하여 대공을 생략했다. **덕량**(德樑)은 떡보를 가리키는 것으로 **덕보**라고도 한다. 수원화성의 동남각루나 동북포루에서 볼 수 있는데 한쪽은 대들보 측면에, 한쪽은 도리에 걸친 보를 가리킨다.

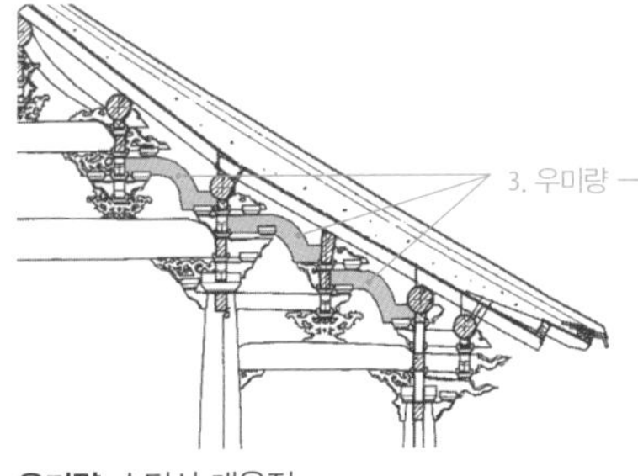

우미량 수덕사 대웅전
Oxtail–shape Beam

우미량 수덕사 대웅전

umilyang
우미량
Oxtail-shape Beam

고려 이전 주삼포 건물에서 주로 사용되었다. 단차가 있는 도리를 계단형으로 상호 연결하는 부재를 말한다. 직선 부재가 아니고 소꼬리처럼 곡선이어서 붙은 이름이다. 크기가 작으며 다른 보처럼 기둥을 연결하는 것도 아니다. 따라서 엄격한 의미에서 보라고 할 수 없는데 현재는 **우미량**(牛尾樑)*이라고 하여 보의 범주에 넣고 있다. 수덕사 대웅전에서 양쪽에 각각 세 개씩 여섯 개의 우미량이 걸려있는 것을 볼 수 있다. 다포식이나 익공식에서는 나타나지 않는다. 따라서 우미량은 주삼포 건물의 특징이라고 할 수 있다.

* 우미량(umilyang) oxtail–shape beam

창방 덕수궁 함녕전
Column Head Connecting Beam

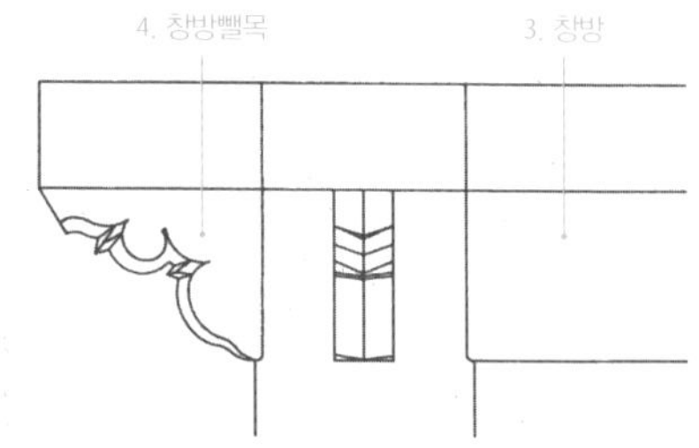

창방과 창방뺄목 지림사 대적광전
Column Head Connecting Beam and Protruding Part of Column Connecting Beam

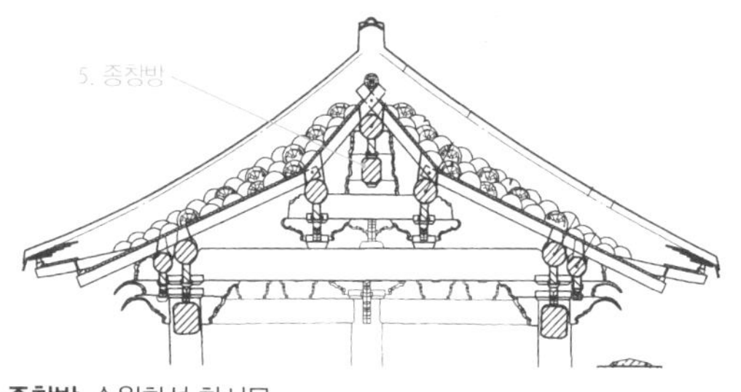

종창방 수원화성 화서문
Ridge Post Connecting Beam

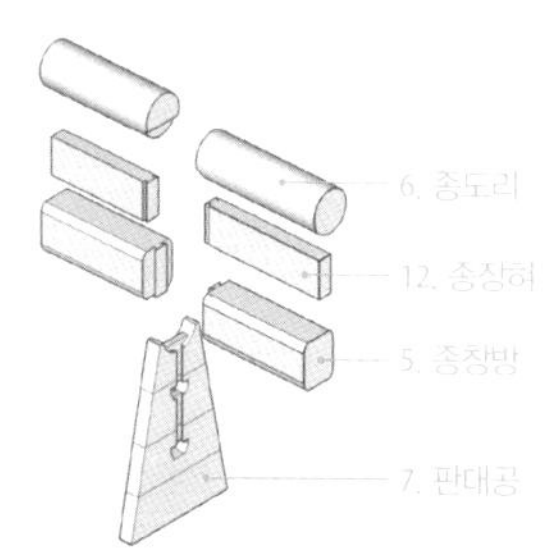

종창방 경복궁 근정전 회랑
(정연상 그림)

뜬창방 남대문
Connecting Beam between Ridge Post or Queen Post

뜬창방 삼군부 총무당

1. 도리 purlin
2. 장혀 purlin support
3. 창방 column head connecting beam
4. 창방뺄목 protruding part of column connecting beam
5. 종창방 ridge post connecting beam
6. 종도리 ridge purlin
7. 판대공 ridge board
8. 뜬창방 connecting beam between ridge post or queen post
9. 동자주창방 column head connecting beam on queen post
10. 고주창방 column head connecting beam on tall column
11. 멍에창방 mid–column connecting beam to support rafters
12. 종장혀 ridge purlin support

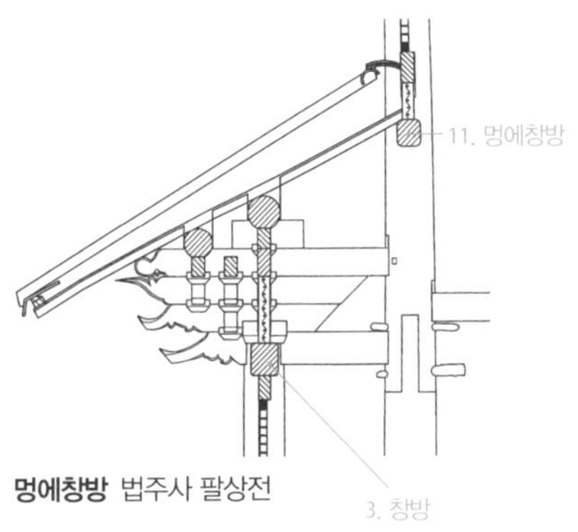

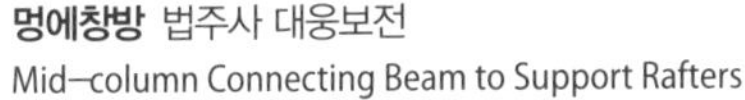

멍에창방 법주사 대웅보전
Mid–column Connecting Beam to Support Rafters

멍에창방 법주사 팔상전

changbang
창방
Column Head Connecting Beam

기둥머리를 도리방향인 좌우로 연결하는 부재이다. 민도리집은 창방(昌防)이 없고 도리가 기둥머리에서 결구되어 서까래를 받는다. 이때 도리는 창방과 비슷한 방형 납도리를 쓰는 경우가 많고 도리 밑에는 장혀를 따로 두기도 한다. 익공식에서는 기둥머리를 사갈로 트고 익공과 창방이 십자로 짜여진다. 간포가 있는 5포 이상의 포식 건축에서는 창방 위에 평방이 놓이며 기둥머리에서 보방향으로 빠져나오는 장식 부재가 없기 때문에 기둥머리를 양갈로 터서 창방만을 건다. 때로는 양갈도 트지 않고 주먹장만으로 창방과 결구하기도 한다. 그러나 귓기둥에서는 창방이 서로 교차하여 십자로 만나기 때문에 사갈을 튼다. 모서리에서 십자로 교차하는 창방은 기둥머리에서 업힐장 받을장으로 하여 반턱맞춤 되며 창방머리는 어느 정도 기둥 밖으로 빠져나오도록 한다. 이를 **창방빼목***이라고 한다. 창방빼목은 창방 높이의 1~1.5배 정도이며 조각으로 장식하는 것이 보통이다. 빼목장식도 건물마다 다르기 때문에 건물 의장을 결정하는 중요한 요소이다. 창방은 평주에만 걸리는 것이 아니라 때로는 동자주와 대공 사이에도 걸린다.

가구

* 창방빼목(changbangppaelmog) protruding part of column connecting beam

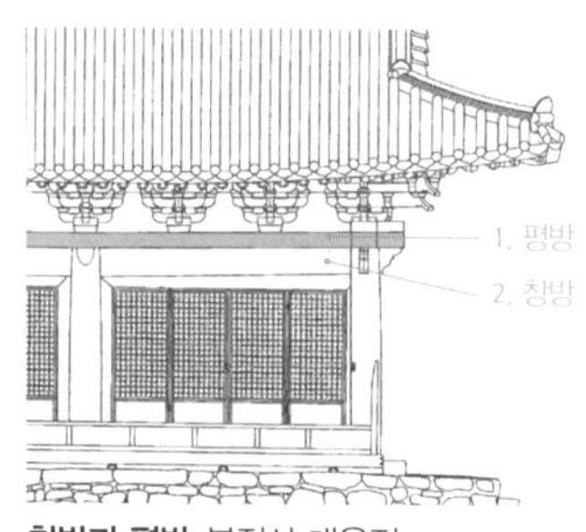

창방과 평방 봉정사 대웅전
Column Head Connecting Beam and
Bracket Set Supporting Beam

창방과 평방 숭례문

일반적으로 동자주와 대공에 걸린 창방을 위치를 구분하지 않고 **뜬창방** 또는 **별창방**(別昌防)으로 부르기도 하지만 둘을 구분하여 **동자주창방**(童子柱昌防)과 **종창방**(宗昌防)이라고도 한다. 돈화문과 같은 중층건물에서는 중간에 지붕이 있기 때문에 기둥 중간에 창방을 건너지르고 여기에 의지해 서까래를 건다. 마치 소에 멍에를 걸듯이 했다고 하여 **멍에창방**이라고 한다. 물론 고주에 걸린 창방은 **고주창방**이라고 한다.

pyeongbang
평방
Bracket Set Supporting Beam

간포가 있는 5포 이상의 포식 건물에서는 창방만으로 간포를 안정되게 올리기 어려우며 하중 분담을 위해 창방 위에 창방보다 폭이 넓은 방형 부재를 하나 더 올린다. 이를 **평방**(平防)*이라고 한다. 창방과 마찬가지로 모서리에서는 기둥 밖으로 약간 튀어나오도록 하는데 이것을 **평방뺄목****이라고 한다. 일반적으로 평방뺄목은 수직으로 직절하고 조각 장식은 하지 않는다. 평방뺄목은 창방뺄목보다 약간 더 나오는 정도가 보통이며 일반적으로

* 평방(pyeongbang) bracket set supporting beam

** 평방뺄목(pyeongbangppaelmog) protruding part of bracket set supporting beam

평방뺄목 신륵사 극락보전
Protruding Part of Bracket Set Supporting Beam

평방의 트인 장부맞춤 일본 호키지(法起寺)
Joinery of Bracket Set Supporting Beams

1. 평방 bracket set supporting beam
2. 창방 Column Head Connecting Beam
3. 평방뺄목 protruding part of bracket set supporting beam

평방 높이의 1.5~2배 정도이다. 평방은 5포 이상 간포가 있는 건물에서 주로 사용되기 때문에 다포식 건물의 특징이기도 하다. 평방은 기둥 위에서 나비장이음으로 연결되는 경우가 많으며 모서리에서는 반연귀로 하여 업힐장 받을장의 반턱맞춤으로 하는 것이 보통이다. 평방 위에는 주두를 놓고 포를 올리게 되는데 평방은 폭이 넓기 때문에 밑에서 볼 때 주두가 보이지 않아 다른 건물에 비해 주두 굽이나 운두를 높여주는 경우가 많다.

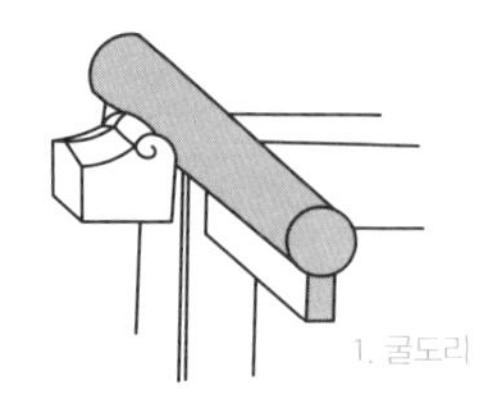

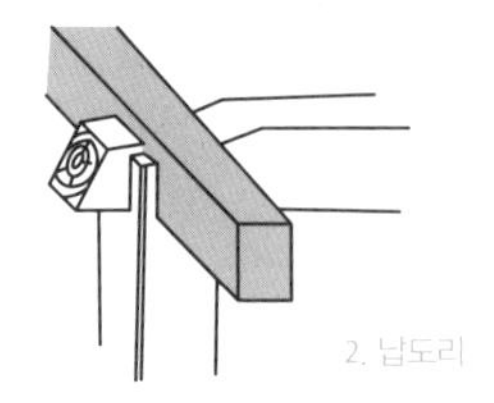

단면 형태별 도리 명칭
Name of Purlin Depending on Sectional Shape

1. 굴도리 round purlin
2. 납도리 rectangular purlin
3. 외목도리 purlin on outer bracket
4. 처마도리(주심도리) purlin on outer column
5. 중하도리 purlin between queen post and column
6. 중도리 purlin on queen post
7. 중상도리 purlin between ridge and queen post
8. 종도리 ridge purlin
9. 출목도리 purlin on bracket

doli
도리
Purlin

서까래 바로 밑에 가로로 길게 놓인 부재이다. 서까래를 타고 내려온 지붕 하중이 가장 먼저 도리에 전달된다. **도리**(道里)*는 단면 형태와 놓인 위치에 따라 명칭을 붙인다. 먼저 서민들의 민도리집에서는 단면이 네모난 방형 도리를 많이 쓰는데 이를 **납도리****라고 한다. 그러나 양반주택에서는 민도리집이라고 해도 사랑채와 안채 등 중요건물은 단면이 원형인 **굴도리*****를 즐겨 쓴다. 궁궐이나 사찰 등에서는 규모가 작은 부속채를 제외하고는 굴도리를 쓰는 경우가 훨씬 많다. 조선시대에는 천원지방(天圓地方) 사상이 있어서 원을 양성으로 남성, 방형을 음성으로 여성에 비유하기도 했다. 그래서 창덕궁 연경당의 경우에는 내행랑채에서 남성이 드나드는 문에는 굴도리를 사용했고 여성이 드나드는 문에서는 납도리를 쓴 예도 볼 수 있다.

도리는 또 놓이는 위치에 따라서 구분해서 부른다. 가장 높은 곳인 용마루

* 도리(doli) purlin
** 납도리(nabdoli) rectangular purlin
*** 굴도리(guldoli) round purlin

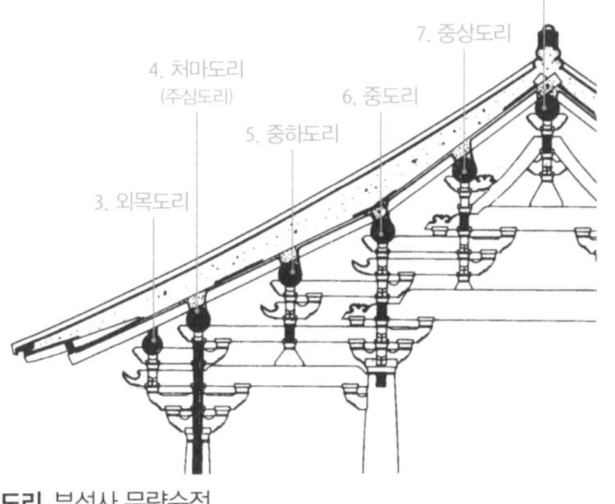

도리 부석사 무량수전
Purlin

출목도리 수덕사 대웅전
Purlin on Bracket

아래에 놓이는 도리를 **종도리***(宗道里, **마루도리**)라 하고 건물 외곽의 평주 위에 놓인 도리를 **처마도리**** 또는 **주심도리**라고 한다. 삼량가에서는 종도리와 처마도리만으로 구성되지만 오량가인 경우에는 동자주 위에도 도리가 올라간다. 이것은 가운데 있다고 하여 **중도리**(中道里)***라고 한다. 구량가에서는 한쪽에 다섯 개의 도리가 놓이기 때문에 동자주나 고주 위에 놓인 중도리를 기준으로 위에 있는 것을 **중상도리**, 아래 있는 것을 **중하도리**로 구분하여 부른다. 칠량가에서는 중도리가 없고 중상도리와 중하도리로 구성된다. 또 출목이 있는 포식건물에서는 출목상에도 도리가 놓인다. 그래서 기둥 위에 놓인 도리와 출목 위에 놓인 도리를 구분하기 위해서 주심에 있는 도리를 **주심도리**(柱心道里)****라고 하고 출목에 있는 도리를 **출목도리**(出目道里)*****라고 한다. 출목은 또 내외가 있으므로 이를 구분하여 외출목에 있는 도리는 **외목**

* 종도리(jongdoli) ridge purlin
** 처마도리(cheomadoli) purlin on outer column
*** 중도리(jungdoli) purlin on queen post
**** 주심도리(jusimdoli) synonym for cheomadoli
***** 출목도리(chulmogdoli) purlin on bracket

장혀 도갑사 해탈문
Purlin Support

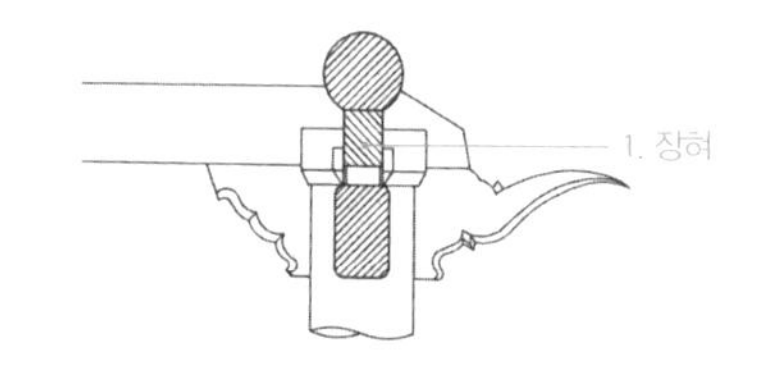

장혀 선암사 대웅전

도리(外目道里)*, 내출목에 있는 것은 **내목도리**(內目道里)**라고 한다. 출목이 여러 개인 경우는 주심을 기준으로 각각 번호를 붙여준다. 외1출목도리, 외2출목도리…, 내1출목도리, 내2출목도리…로 부른다.

janghyeo, danhyeo

장혀와 단혀
Purlin Support and Short Purlin Support

장혀(長舌)***는 **장여**라고도 하며 도리 밑에 놓인 도리받침 부재로 도리에 비해 폭이 좁으며 도리와 함께 서까래의 하중을 분담한다. 포식 건물에서는 장혀 아래에 첨차가 놓이기 때문에 장혀 하중은 첨차를 통해 공포에 전달된다. 그러나 민도리집에서는 장혀가 기둥에 연결되어 있기 때문에 장혀를 타고 내려온 하중이 기둥에 바로 전달된다. 장혀 폭은 대개 첨차나 상하인방 등 수장재의 폭과 일치한다. 따라서 장혀 폭은 다른 부재들의 상대 치수를 표기하는 기준이 되기도 한다. 이를 **수장폭******이라고 한다. 중국 청나라 건물에서는 두구(斗口)라고 하여 건물 규모를 11등급으로 정해 놓고 이를 기준으로 다른 부재들의 상대적 크기를 결정했다.

* 외목도리(oemogdoli) purlin on outer bracket

** 내목도리(naemogdoli) purlin on inner bracket

*** 장혀(janghyeo) purlin support

**** 수장폭(sujangpog) width of purlin support

단혀 부석사 무량수전
Short Purlin Support

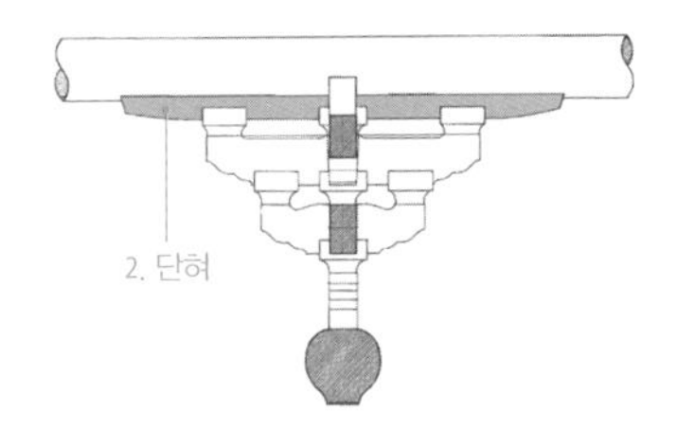

단혀

1. 장혀 purlin support
2. 단혀 short purlin support

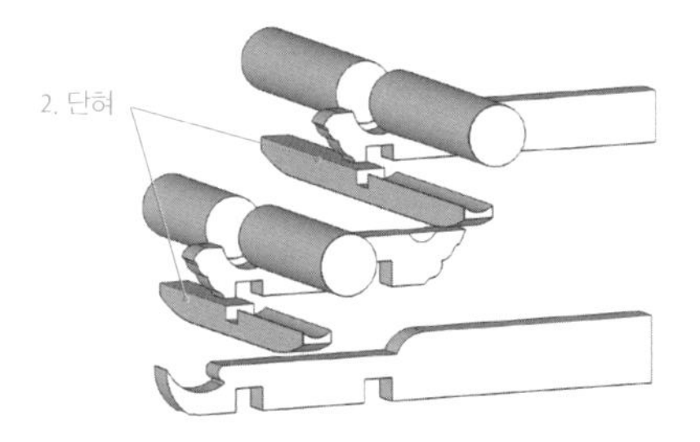

단혀 부석사 무량수전 (정연상 그림)

고려시대 주삼포 건물에서는 장혀를 도리와 같이 전체적으로 보낸 것이 아니고 공포가 있는 부분에서만 짧게 끊어서 사용했다. 이를 짧은 장혀라고 하여 단장혀(短長舌)라 하고 상대적으로 긴 장혀를 통장혀(通長舌)라고 부른다. 그러나 이는 어법에 맞지 않으며 통장혀는 단장혀라는 용어의 상대개념으로 억지로 만든 신조어이다. 따라서 일반적으로 알려져 있는 긴 장혀를 그냥 **장혀**(長舌)라 하고 짧은 장혀를 **단혀**(短舌)*라고 하면 어법에 문제가 없을 것이다. 목수들은 단장혀라는 말 대신에 지금도 단혀라는 말을 사용하고 있다. 장혀는 때로 동자주와 대공에도 걸리는데 **중도리장혀**, **종도리장혀** 등으로 구분해 부를 수 있다. 또 원 장혀 아래에 소로를 끼우고 장혀를 하나 더 추가하는 경우가 있는데 이를 **뜬장혀****라고 부른다. 뜬장혀

* 단혀(danhyeo) short purlin support
** 뜬장혀(tteunjanghyeo) extra purlin support

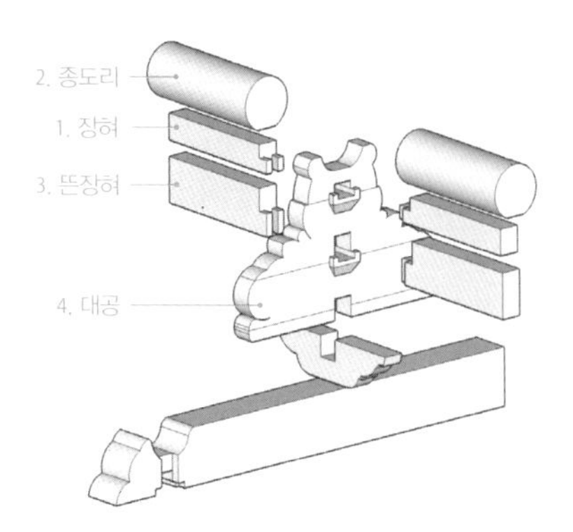

뜬장혀 기림사 대적광전 (정연상 그림)
Extra Purlin Support

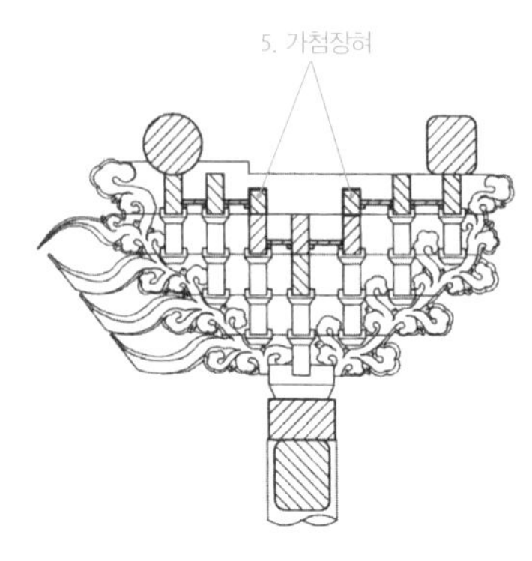

가첨장혀 《화성성역의궤》
Low Height Purlin Support

1. 장혀 purlin support
2. 종도리 ridge purlin
3. 뜬장혀 extra purlin support
4. 대공 ridge post
5. 가첨장혀 low height purlin support

는 종도리와 중도리에도 생긴다. 그리고 포식 공포의 출목에 놓인 장혀로 보통 장혀보다 높이가 낮은 장혀를 **가첨장혀**(加簷長舌) 또는 **가반장혀**(加班長舌)라고 불렀다. 가첨장혀는 공포 사이의 천장인 순각반자를 고정하는 장선 역할을 한다.

hwaban
화반
Flower-shape Board Struts

익공식과 주심포 형식의 건물에서 기둥 사이에 놓여 마치 포식의 간포와 같은 역할을 하는 부재를 **화반**(花盤)* 이라고 한다. 화반은 장혀나 도리의 중간이 처지는 것을 방지해준다. 조선시대 가장 일반적인 화반은 가운데가 잘록한 절구통 모양의 판재에 파련을 조각한 **파련형화반**이다. 그러나 화반은 그 어떤 부재보다도 형태와 모양이 다양해서 일정한 명칭을 붙이기 어

* 화반(hwaban) flower-shape board struts

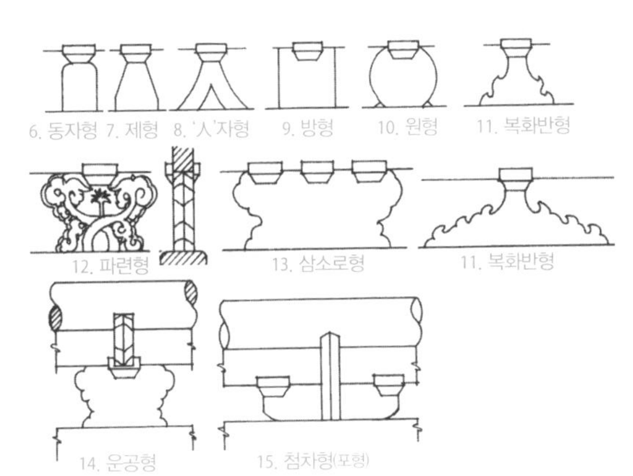

6. 동자형 post shape
7. 제형 trapezoid shape
8. 人자형 reverse V shape
9. 방형 rectangular shape
10. 원형 round shape
11. 복화반형 flame shape
12. 파련형 lotus petal shape
13. 삼소로형 three bracket bearing block shape
14. 운공형 cloud shape
15. 첨차형(포형) bracket-set shape

화반의 종류
Type of Flower-shape Board Struts

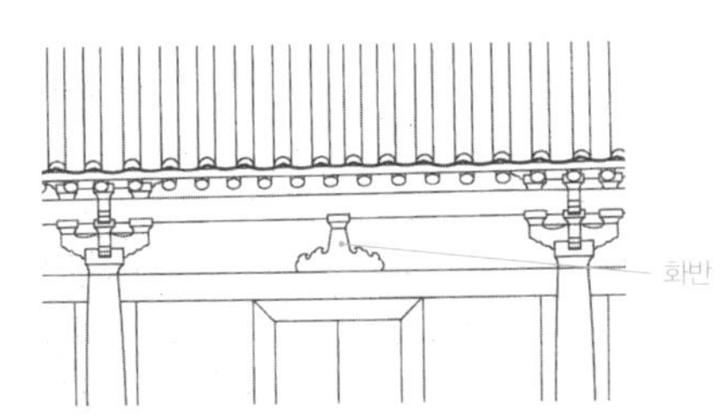

화반 봉정사 극락전
Flower-shape Board Struts

가구

화반 괴산향교 대성전

화반 각연사 대웅전

화반 돈암서원 양성당

화반 화엄사 구층암

안초공 수원화성 장안문
Bracket–set Base Wing

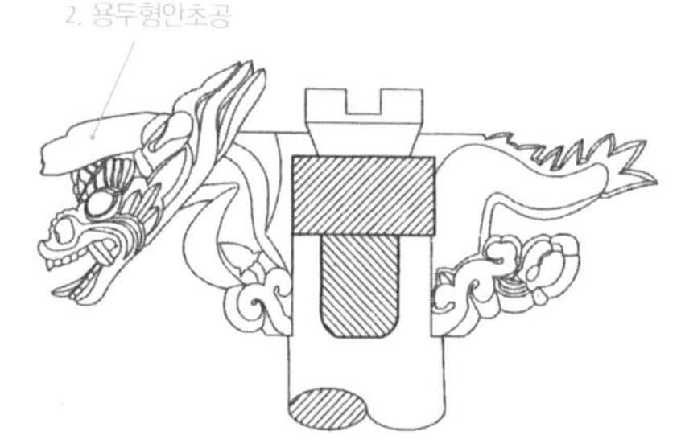

안초공 불갑사 대웅전

1. 안초공 bracket–set base wing
2. 용두형안초공 dragon head–shaped bracket–set base wing

렵지만 대개 형태에 따라서 분류한다. 고구려에서는 인(人)자대공이 많이 쓰인 것처럼 **인(人)자형화반**도 많이 사용되었다. 주삼포식에서는 **동자주형화반**이 많이 나타나지만 봉정사 극락전에는 불꽃모양의 **복화반**이 쓰였다. 이외에도 조각 없이 사다리형, 원형, 방형, 첨차형 등이 있으며 화엄사 구층암에서 보이는 것과 같이 동물 모양의 화반도 있다.

anchogong
안초공
Bracket-set Base Wing

안초공(按草工)*은 창방과 직교하여 기둥머리에서 빠져나와 평방과 주두 또는 주두와 도리까지 감싼 부재를 말한다. 안초공은 주로 주심에서 생기며 평방과 주두 등을 일체화시키는 역할과 함께 장식 효과도 있다. 안초공은 창덕궁 인정전, 수원화성 팔달문과 장안문 등 규모 있는 다포식 건물에서 볼 수 있으며 사찰 대웅전 등에서는 파련형안초공 대신에 용을 입체적으로 조

* 안초공(anchogong) bracket–set base wing

도리안초공 창덕궁 대조전
Bracket-set Base Wing under Purlin

안초공 《화성성역의궤》

각해 사용하기도 한다. 안초공은 평주에만 사용하지 않고 고주에도 사용하는 경우가 있는데 이를 **고주안초공***이라고 부른다. 《화성성역의궤》에서는 장안문과 팔달문의 심주 위에서 종도리를 받치고 있는 보방향과 도리방향의 조각 부재를 **종량안초공****이라고 하였고 대공 역할을 하는 조각 부재가 도리까지 감싸고 있는데 대공이라고 하지 않고 **도리안초공*****이라고 하였다. 또 평주에 사용되는 일반 안초공을 **창방안초공******이라고 특별히 명명하였다. 특수한 사례라고 할 수 있다. 보통 도리안초공은 화반 위에 위치하여 장혀와 도리를 감싸는 안초공을 지칭하며 창덕궁 대조전에서 볼 수 있다.

seungdu, chogong, chobang

승두, 초공과 초방
Purlin Tie, Decorated Purlin Tie and Small Purlin Tie

높이 차이를 보완하기 위해 덕량과 추녀 사이, 도리 하부 등에 놓는 작은 받침목을 **승두(蠅頭)*******라고 한다. 승두 중에는 도리가 구르는 것을 방지하기

* 고주안초공(gojuanchogong) bracket-set base wing on tall column
** 종량안초공(jonglyang-anchogong) bracket-set base wing under ridge purlin
*** 도리안초공(dolianchogong) bracket-set base wing under purlin
**** 창방안초공(changbanganchogong) bracket-set base wing on typical column
***** 승두(seungdu) purlin tie

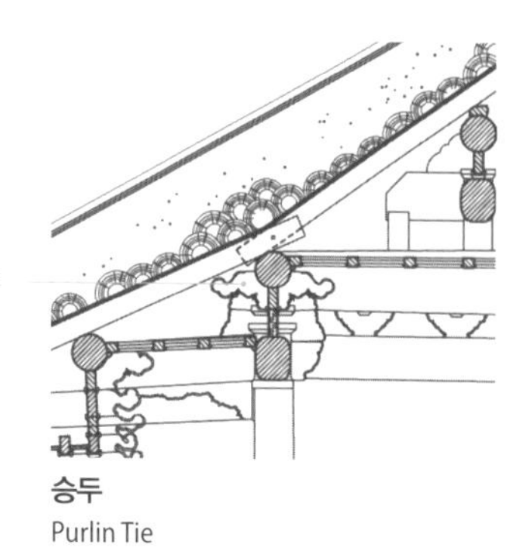

승두
Purlin Tie

승두 정수사 법당 (김석순 제공)

1. 승두 purlin tie
2. 목기연초엽 bracket on short rectangular rafter

위해 주삼포 등에서 작은 조각 부재를 사용하기도 하는데 이를 **초공**(草工)* 또는 **초방**(草枋)**이라고 한다. 초공은 장식에 초점이 있는 명칭이고 초방은 받침목이라는 기능에 초점이 있는 명칭으로 추정된다. 부석사 무량수전 등에서 중도리와 중상 및 중하도리를 상호 연결하는 살미와 같은 수평 부재는 초공이나 초방보다는 단퇴량으로 부르는 것이 합당하다. 그리고 봉정사 극락전과 같이 상하도리를 연결하는 경사 부재는 곡은 서로 다르지만 수덕사 대웅전의 우미량과 같으므로 우미량이라고 부르는 것이 타당하다. 중국의 차수(叉手)와 같은 역할을 한다고 할 수 있다.

choyeob, nag-yang-gag

초엽과 낙양각

Lintel-column Bracket and Elongated Lintel-column Bracket

초엽(草葉)***은 식물이나 넝쿨무늬를 새긴 판재를 지칭하는 것으로 주로 뺄목을 받치는 까치발 역할을 한다. 동구릉 원릉 정자각의 창방뺄목 아래에

* 초공(chogong) decorated purlin tie
** 초방(chobang) small purlin tie
*** 초엽(choyeob) lintel-column bracket

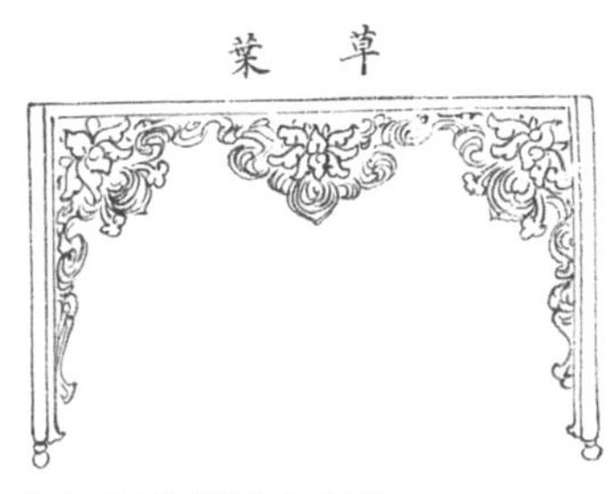

초엽 《인정전영건도감의궤》
Lintel–column Bracket

초엽 《화성성역의궤》

초엽 창덕궁 선원전

초엽 원릉 정자각

초엽 수원화성 팔달문

2. 목기연초엽

목기연초엽 창덕궁 희정당
Bracket on Short Rectangular Rafter

낙양 창덕궁 애련정
Elongated Lintel–column Bracket

사용된 사례를 볼 수 있으며, 수원화성 팔달문 심주 양쪽으로 보아지 아래에 사용된 사례를 볼 수 있다. 또 드물지만 고급건축에서는 목기연 아래에도 초엽을 받치기도 한다. 일각문 기둥 양쪽에도 사용하는데 이 경우는 **낙양**(洛陽) 또는 **낙양각**(洛陽刻)*이라고 부르는 경우가 많다. 조각 판재가 기둥 아래까지 내려와 커졌기 때문으로 짐작된다. 좀 더 장식이 강조된 것으로는 창덕궁 애련정에서와 같이 초엽을 양쪽 기둥과 창방을 연결하여 'ㄷ' 자 모양으로 돌리는 경우가 있는데 이 경우도 낙양이라고 부른다. 낙양은 화려한 꽃이나 당초(唐草) 등을 새기거나 투각하여 장식한다. 낙양은 창방의 처짐이나 기둥이 좌우로 기우는 것을 방지하는 구조적인 역할도 하며 차경(借景)할 때 액자틀과 같은 역할을 하여 차경의 효과를 높여주기도 한다. 닫집에도 사용되는데 규모는 작고 더 장식적이다. 'ㄷ'자 모양이지만 이때는 초엽으로 불렀다. 문양에 따라 **초엽**, **낙양**, **풍련**, **파련각** 등으로 다양하게 부른 것을 알 수 있다.

daegong, sos-eulhabjang

대공과 소슬합장
Ridge Post and Slanted Purlin Tie

대공(臺工)**은 종보 위에 놓여 종도리를 받고 있는 부재로 드물게 **중반**(中盤)이라고도 한다. 화반과 함께 가장 다양한 형태로 만들어지며 천장의 유무에 따라서 조각의 정도에 차이가 있다. 고려시대 주삼포 건물은 천장이 없는 연등천장으로 지붕가구가 모두 노출되기 때문에 대공 조각이 풍부하고 화려하다. 이에 비해 조선시대 포식 건물은 천장에 가려지기 때문에 조각이 없고 소박한 것이 보통이다.

가장 간단한 대공은 짧은 기둥을 세우는 것인데 이것을 **동자대공*****이라

* 낙양각(nagyanggag) elongated lintel-column bracket

** 대공(daegong) ridge post

*** 동자대공(dongjadaegong) typical ridge post

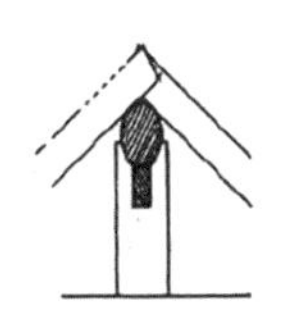
1. 동자대공

2. 사다리형대공

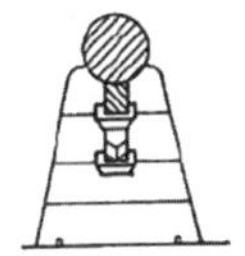
3. 판대공

4. 화반형대공

5. 접시/포대공

6. ㅅ자대공

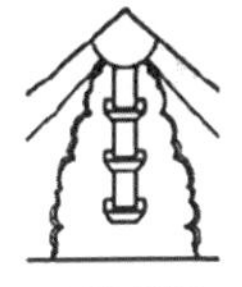
7. 운형대공

8. 파련대공

종류별 대공
Types of Ridge Post

1. 동자대공 typical ridge post
2. 사다리형대공 trapezoid ridge post
3. 판대공 ridge board
4. 화반형대공 flower–shape ridge board
5. 접시/포대공 bracket–shape ridge board
6. ㅅ자대공 gable–shape ridge post
7. 운형대공 cloud decorated ridge board
8. 파련대공 decorated ridge board

고 한다. 고려시대 다포식인 북한의 심원사 보광전에서 사례를 볼 수 있으며 일반적으로는 삼량가나 회랑, 부속채 등 간단한 건물에서 많이 쓰인다. 동자대공만큼 간단한 형태의 대공으로 **사다리형대공(梯形臺工)**[*]이 있다. 부석사 무량수전과 은해사 거조암 영산전 등 고려시대 주삼포 건물에서 볼 수 있는데 사다리형대공은 사다리형 부재 위에 첨차를 이용해 공포처럼 짜고 소로를 끼워 종도리를 받도록 했다.

다음으로 조선시대 가장 널리 쓰인 대공은 **판대공**[**]이다. 판대공은 판재를 사다리 형태로 여러 겹 겹쳐서 만든 것으로 조각이 없고 소박하며 대공과 종보 및 판재 사이는 촉으로 연결한다. 때로는 판재에 초엽이나 당초, 구름 등을 입체적으로 조각하여 화려하게 만들기도 한다. 이 경우는 **파련대**

* 사다리형대공(sadalihyeongdaegong) trapezoid ridge post

** 판대공(pandaegong) ridge board

파련대공 무위사 극락전
Decorated Ridge Board

판대공 영동 김참판댁
Ridge Board

인(人)자대공 일본 호류지(法隆寺) 회랑
Gable-shape Ridge Post

인(人)자대공 고구려 안악2호분

공*, **운형대공****이라고 하며 조선 초 무위사 극락전이나 고려시대 수덕사 대웅전 등 천장이 없는 주삼포 건물에서 볼 수 있다. 또 주삼포 건물에서는 첨차를 이용해 마치 공포를 짜듯이 대공을 만드는 경우가 있는데 이것을 **포대공*****이라고 한다. 송광사 하사당은 화반모양으로 대공을 만들어서 **화반형대공******이라고 한다. 또 고구려에서는 인(人)자화반이 많이 사용된 것처럼 대공도 **인(人)자대공*******이 많이 사용되었다. 고구려 천왕지신총과 이외

* 파련대공(palyeondaegong) decorated ridge board

** 운형대공(unhyeongdaegong) cloud decorated ridge board

*** 포대공(podaegong) bracket-shape ridge board

**** 화반형대공(hwabanhyeongdaegong) flower-shape ridge board

***** 인(人)자대공(injadaegong) gable-shape ridge post

1. 소슬합장 slanted purlin tie
2. 파련대공 decorated ridge board
3. 판대공 ridge board
4. 사다리형대공 trapezoid ridge post
5. 화반형대공 flower-shape ridge board
6. 중도리 뜬장혀 extra purlin support on tall columns
7. 중도리 장혀 purlin support on tall columns
8. 승두 purlin tie

사다리형대공 부석사 무량수전
Trapezoid Ridge Board

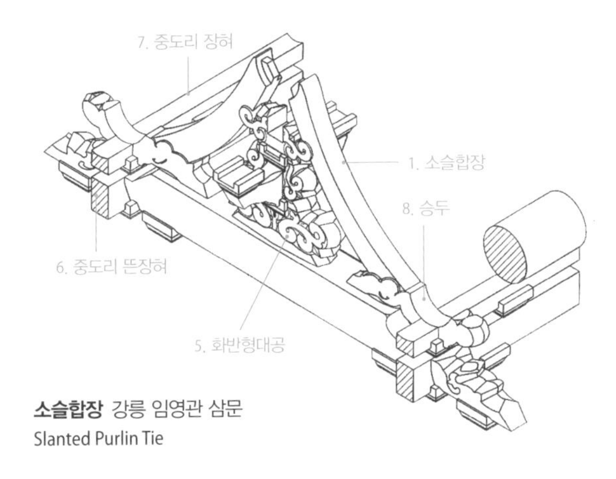

소슬합장 강릉 임영관 삼문
Slanted Purlin Tie

고분벽화에서도 흔히 볼 수 있다.

봉정사 극락전, 수덕사 대웅전, 은해사 거조암 영산전 등과 같은 주삼포 건물에서는 인(人)자대공과 모양은 거의 흡사하지만 대공은 따로 있고 대공 옆에 도리가 양쪽으로 구르는 것을 방지하기 위해 인(人)자형의 보조 부재를 대는 경우가 있다. 이를 **소슬합장***이라고 한다.

* 소슬합장(soseulhabjang) slanted purlin tie

jibung-gagu

지붕가구

Roof Frame

- cheoma
처마 Eaves
- chunyeo, salae
추녀와 사래 Diagonal Corner Rafter and Corner Rafter Extension
- seokkalae
서까래 Rafter
- jongsimmog, nuligae
종심목과 누리개 Ridge-purlin Stabilizer and Eaves Purlin
- pyeong-godae
평고대 Laths on Rafters
- chaggopan, danggol
착고판과 당골 Block Board between Additional Rafters and Gap between Rafters
- yeonham
연함 Pan Tile Supporting Laths
- gaepan, sanja
개판과 산자 Roof Board and Lattice Sticks Across Roof Rafters
- habgag, baggong
합각 및 박공 Triangle Element of Hip-and Gable Roof and Gable Wooden Plank
- pungpan
풍판 Gable Board
- oegi
외기 Projected Mid-purlin

영동 김참판댁 안채

지붕가구는 서까래 위쪽에서 지붕 형태를 결정하는 가구 부분을 가리킨다. 한국건축은 비례로 볼 때 지붕이 차지하는 비중이 매우 크다. 그래서 지붕 형태를 결정하는 지붕가구를 만드는데 구조적, 미적으로 세심하게 배려한다. 지붕가구를 구성하는 가장 기본적인 부재는 서까래이며 서까래는 도리 위에 올라간다. 서까래는 기와를 받는 구조적인 역할도 하지만 배수를 위한 기울기와 채광을 조절하기 위한 처마 내밀기도 중요하다. 이때 배수를 위한 기울기를 **지붕물매**라고 하며 서까래가 밖으로 빠져나온 부분을 **처마**라고 한다. 한국에서는 여름에 태양의 직사광선을 피하고 빗물에 의한 벽체와 목재의 부식을 방지하기 위해 처마를 깊게 한다. 하지만 처마를 너무 깊이 빼면 자칫 건물 안이 어두울 수 있기 때문에 처마부분에 거는 장연(긴 서까래)은 물매를 급하게 하지 않는다. 즉 장연은 1:0.4~0.5 정도의 물매를 갖지만 단연(짧은 서까래)은 1:1 정도로 급하게 한다. 따라서 지붕가구에는 아름다움 이외에 쾌적함을 위한 환경적 배려가 유기적으로 얽혀 있다.

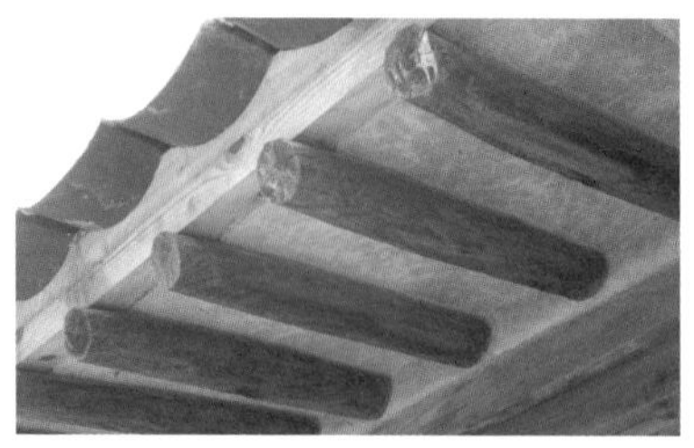

홑처마 양평 이범재 고가
Single Eave

겹처마 안동 하회마을 충효당
Overlapping Eave

중국의 중첨 난징 서하사(棲霞寺)
Double Eave of China

cheoma
처마
Eaves

처마(軒)는 서까래가 기둥 밖으로 빠져나온 부분을 통칭해 부르는 명칭이다. 처마 깊이는 건물 규모나 채광 환경에 따라 다르지만 한국에서는 대개 기둥 밑에서 처마 끝을 연결하는 내각이 28~33° 정도를 이루도록 하였다. 처마의 평균 내밀기는 살림집이 1.3m, 관아 및 궁궐과 불전이 2.3m 정도이므로 결코 작다고 할 수 없다. 처마를 깊이 빼는 이유는 여름을 시원하게 나기 위함이며 태양의 남중고도와 관련이 있다. 중부지방을 기준으로 하지 때 태양의 입사각은 76° 이고 동지에는 29° 이다. 이를 고려하여 처마내밀기를 결정하였다. 처마는 또 목조건축이 주류를 이루는 동양에서 목재와 벽체의 부식을 방지하는 것에도 목적이 있다.

조선시대 김홍도가 그린 풍속화 중에는 처마 끝에 소나무 가지로 덧달

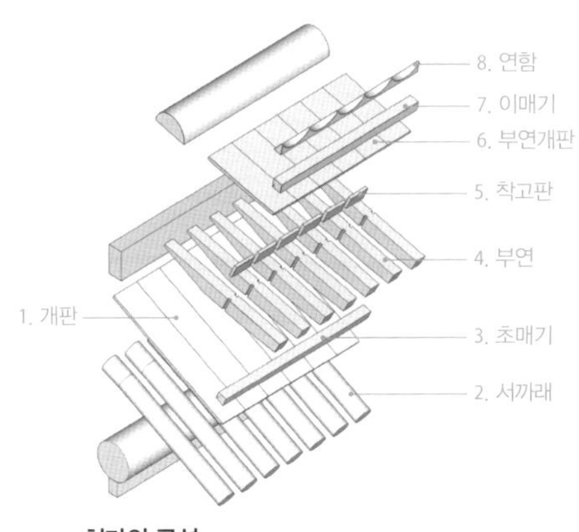

1. 개판 roof board
2. 서까래 rafter
3. 초매기 laths on typical rafter
4. 부연 additional rafter
5. 착고판 block board between additional rafters
6. 부연개판 roof board on additional rafters
7. 이매기 laths on extension rafter
8. 연함 pan tile supporting laths

처마의 구성
숭례문 하층(이우종 그림)
Eaves Detail

아 낸 **송첨**(松檐)*이라는 차양이 보인다. 송첨을 덧달아내면 시원하기도 하지만 집안 전체에 소나무의 청향이 퍼져 사람의 기분을 맑게 한다. 송첨은 고려시대에도 사용될 정도로 양반들이 좋아하던 것으로 처마를 깊이 빼려는 의도가 어느 정도였는지를 가늠케 한다. 서까래만 가지고는 처마를 깊이 빼는 데 한계가 있어서 서까래 끝에 방형 단면의 **부연**(婦椽, 浮椽)**이라는 짧은 서까래를 덧붙이기도 한다. 이처럼 부연이 있는 처마를 **겹처마**(重檐)***라 하고 부연 없이 서까래로만 구성된 처마를 **홑처마*****라고 한다. 부연은 처마를 깊이 빼는 이외에 장식 효과도 있어서 건물의 격을 높이고자 할 때도 사용하였다. 그래서 본채에는 부연이 있고 부속채에는 건물이 커도 부연을 달지 않는 경우가 많다. 또 경제적인 여유가 없을 때는 전면에만 부연을 달고 후면에는 달지 않는 경우도 있다. 한국에서는 부연의 유무에

* 송첨(songcheom) pine eave

** 부연(buyeon) additional rafter

*** 겹처마(gyeobcheoma) overlapping eave

**** 홑처마(hotcheoma) single eave

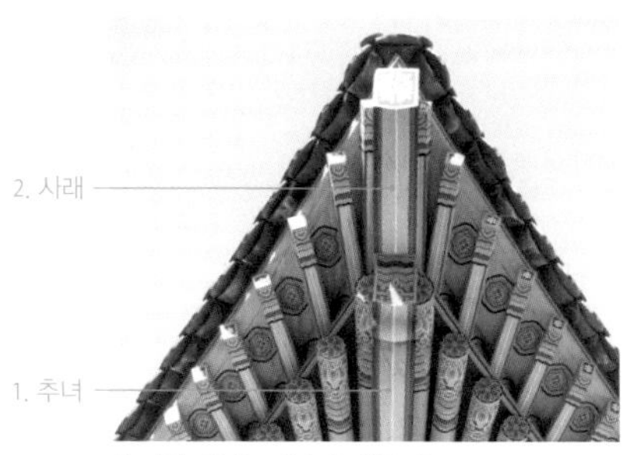

추녀와 사래 건봉사 대웅전
Diagonal Corner Rafter and
Corner Rafter Extension

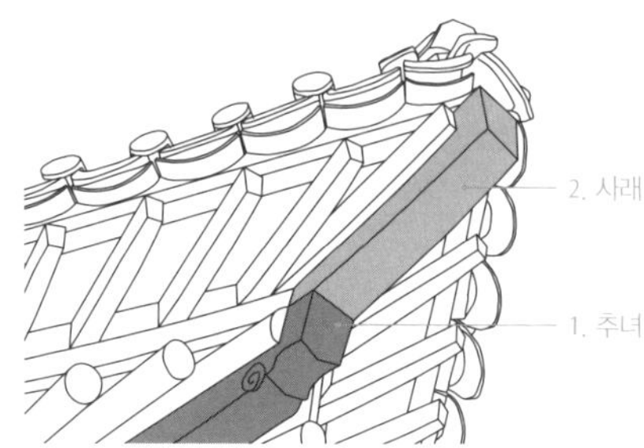

추녀와 사래 법주사 대웅전

1. 추녀 diagonal corner rafter
2. 사래 corner rafter extension
3. 게눈각 end sculpture element
4. 소매걷이 end–trimming

따라서 겹처마와 홑처마로 구분하고 있다. 그러나 중국의 중첨(重檐), 일본의 이헌(二軒)이라는 것은 지붕이 두 단으로 걸린 경우를 가리킨다. 한국과 개념 차이가 있는데 원래 한국의 겹처마(重檐)라는 개념도 중국이나 일본과 다르지 않았을 것으로 추정된다.

chunyeo, salae
추녀와 사래
Diagonal Corner Rafter and Corner Rafter Extension

추녀(春舌)*는 지붕 모서리에서 45° 방향으로 걸린 방형 단면 부재이다. 팔작지붕이나 우진각지붕에는 추녀가 있지만 맞배지붕에는 추녀가 없다. 지붕을 만들 때 가장 먼저 거는 것이 추녀이다. 네 모서리 추녀를 먼저 걸고 여기에 평고대를 건너지른 다음 평고대곡에 맞춰 서까래를 건다. 따라서 추녀는 평고대와 함께 처마곡을 결정하는 중요 부재이다. 기와지붕은

* 추녀(chunyeo) diagonal corner rafter

추녀의 소매걷이와 게눈각 덕수궁 석어당
End-trimming and End Sculpture Element

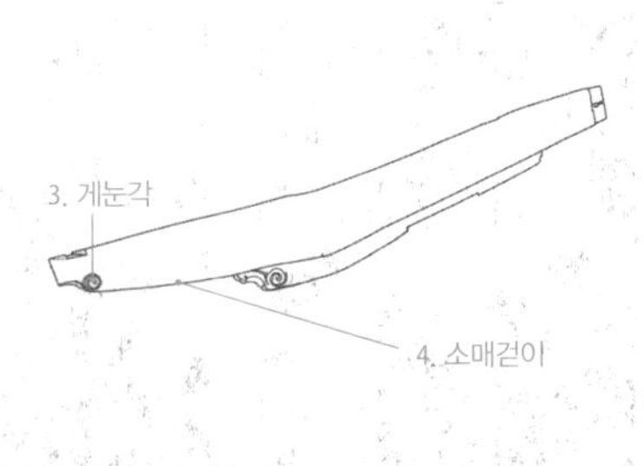

소매걷이와 게눈각

서까래의 소매걷이 장흥 존재고택
End-trimming of Rafters

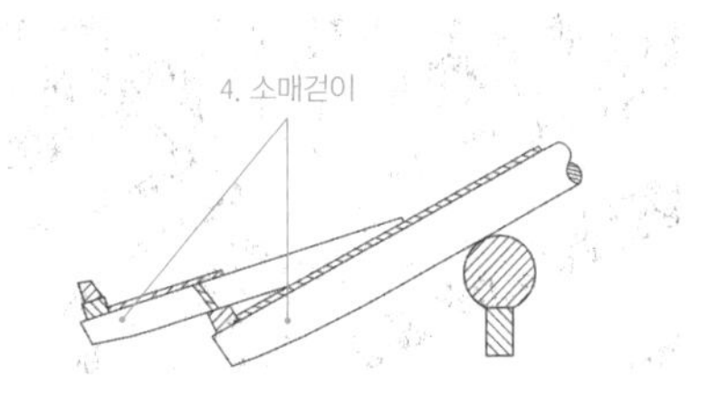

서까래와 부연의 소매걷이
End-trimming of Rafter and Additional Rafter

대개 **앙곡***과 **안허리곡****이 있기 때문에 추녀 길이가 처마 길이보다 보통 1~1.5자(30~45cm) 정도 더 길다.

추녀는 정확히 방형이라기보다는 폭보다 높이가 약간 더 높고 단면은 역사다리꼴로 다듬는다. 그리고 말구도 약간 빗자른다. 그래야 옆으로 퍼져 보이는 착시현상을 교정할 수 있다. 또 추녀는 끝으로 갈수록 밑면의 살을 걷어내 마치 한복 소매처럼 만드는데 이를 **소매걷이*****라고 하며 추녀가 경쾌하고 동적으로 보이게 하는 데 효과가 있다. 그리고 입면에서 보면 골뱅

* 앙곡(anggog) upward curving of corner eave
** 안허리곡(anheoligog) inward curving of middle eave
*** 소매걷이(somaegeod-i) end-trimming

회첨추녀 보은 우당고택
Converging Rafter

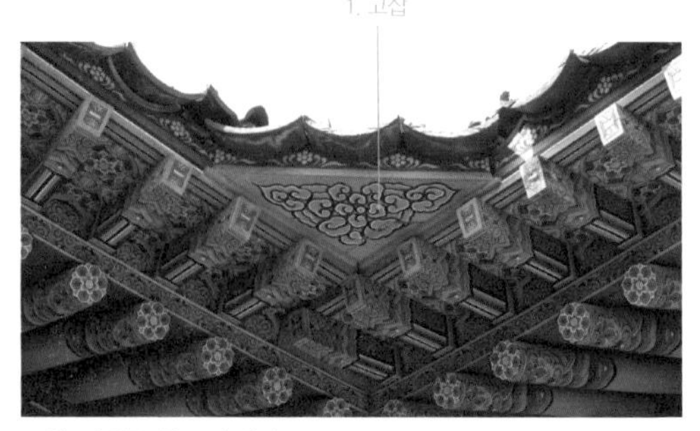

고삽 남양주 흥국사 대방
Triangle Board at the Converging Rafter

강다리 청룡사 대웅전
Rafter Sag Preventing Pole

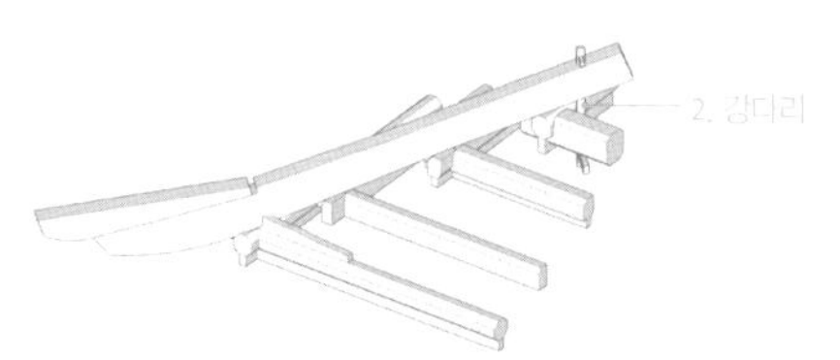

강다리 능가사 대웅전

1. 고삽 triangle board at the converging rafter
2. 강다리 rafter sag preventing pole

이 같은 조각장식을 하는데 이를 **게눈각***이라고 한다. 역시 추녀가 무겁지 않고 역동적으로 보이게 한다.

홑처마인 경우에는 추녀 하나면 되지만 부연이 있는 겹처마인 경우는 부연 길이 정도의 짧은 추녀가 하나 더 걸리는데 이를 **사래(蛇羅)****라고 한다. 사래는 추녀와 모양이 같으며 길이는 짧고 추녀 위에 올라간다. 또 드물지만 추녀 밑에 받침추녀를 하나 더 두는 경우가 있는데 이를 **알추녀**라고 부른다. 'ㄱ'자로 꺾인 건물에서는 처마가 서로 만나는 부분에 지붕골이 생기

* 게눈각(genungag) end sculpture element

** 사래(salae) corner rafter extension

게 되고 이것을 **회첨**이라 한다. 회첨에 걸린 추녀를 **회첨추녀***라고 한다. 회첨추녀 끝에는 회첨지붕을 받기 위해 평고대와 연함 및 개판을 삼각형 모양으로 별도 구성하는데 이를 **고삽****이라고 한다.

한국건축은 추녀 부분의 하중이 과중하여 추녀가 처지는 사례가 많다. 그래서 옛날에는 추녀 뒤초리를 무거운 돌로 눌러주거나 철띠를 감아 기둥에 고정시켰다. 또 하나의 방법은 추녀에 구멍을 뚫어 쐐기목을 아래까지 내린 다음 외기도리가 만나는 곳에서 촉으로 고정하는 방법을 사용하기도 했다. 이 고정 장치를 **강다리*****라고 한다.

지붕
가구

* 회첨추녀(hoecheomchunyeo) converging rafter

** 고삽(gosab) triangle board at the converging rafter

*** 강다리(gangdali) rafter sag preventing pole

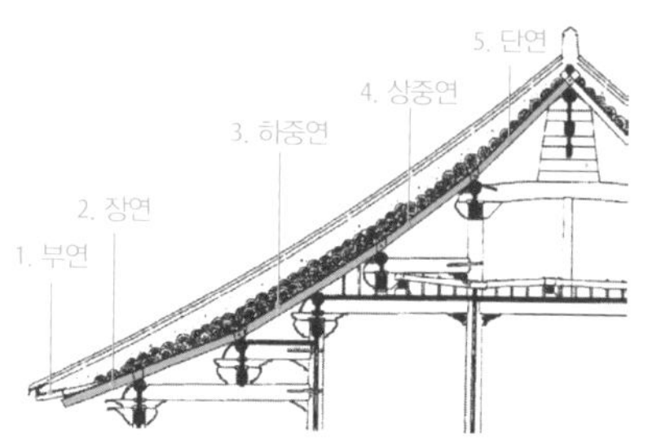

장연, 중연, 단연 경복궁 경회루
Long Rafter, Middle Rafter and Short Rafter

장연, 중연, 단연 창경궁 환경전

1. 부연 additional rafter
2. 장연 long rafter
3. 하중연 lower–middle rafter
4. 상중연 upper–middle rafter
5. 단연 short rafter
6. 중연 middle rafter
7. 새발부연 extra additional rafter

seokkalae

서까래
Rafter

서까래는 기와 하중을 받기 위해 도리 위에 일정 간격으로 건 긴 부재를 가리킨다. 서까래는 길이 및 위치, 사용처 및 모양에 따라서 부르는 명칭이 다양하다. 삼량가인 경우 서까래는 처마도리와 종도리에 한 단만 걸친다. 이 경우 서까래는 길이 및 위치 구분이 없으므로 **서까래***또는 **연목(椽木)**이라고 한다. 연(椽) 또는 연목(椽木)의 우리 말이 서까래이다. 그러나 오량가에서는 처마도리에서 중도리까지, 또 중도리에서 종도리까지 두 단으로 서까래를 건다. 이때 하단 서까래는 처마내밀기가 있어서 상단 서까래보다 길다. 그래서 하단 서까래를 **장연(長椽)****이라 하고 상단 서까래를 **단연(短椽)*****이라고 부른다. 단연은 용마루에서 깍지 끼듯이 걸고 서까래 좌우에 구멍을 뚫어 싸리나무 등으로 엮는데 이를 **연침(椽針)**이라고 한다. 연침에

* 서까래(seokkalae) rafter
** 장연(jangyeon) long rafter
*** 단연(danyeon) short rafter

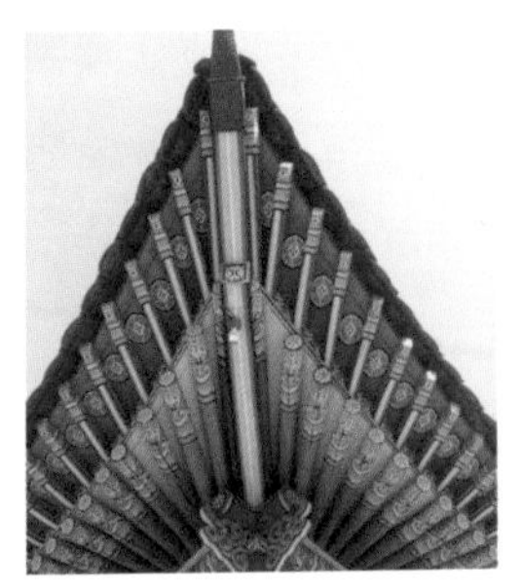

선자연 덕수궁 덕홍전
Fan-shaped Rafter

평연 일본
헤이조큐(平城宮) 정문
Plain Rafter

마족연 해남 윤철하 고택
Horse-shoe Shape Rafter

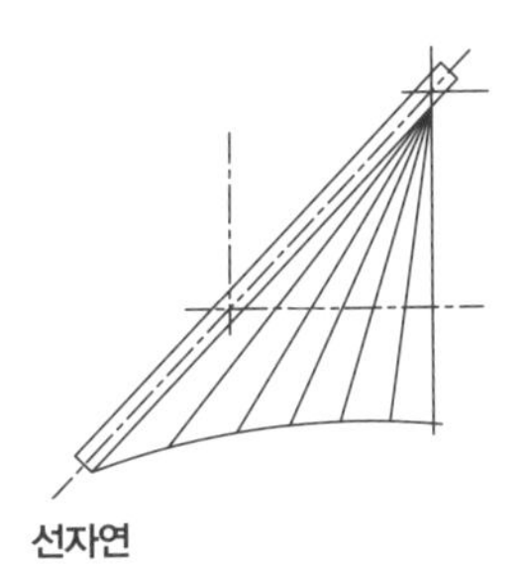

선자연

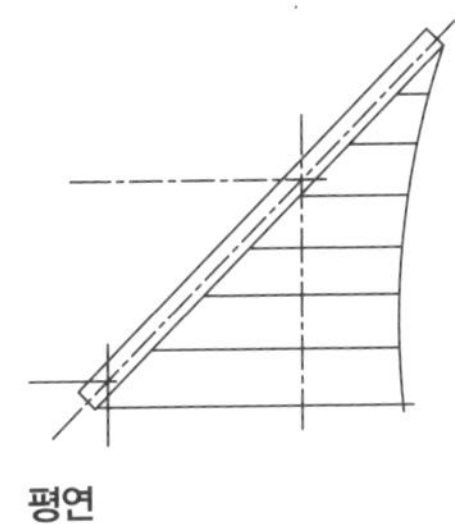

평연

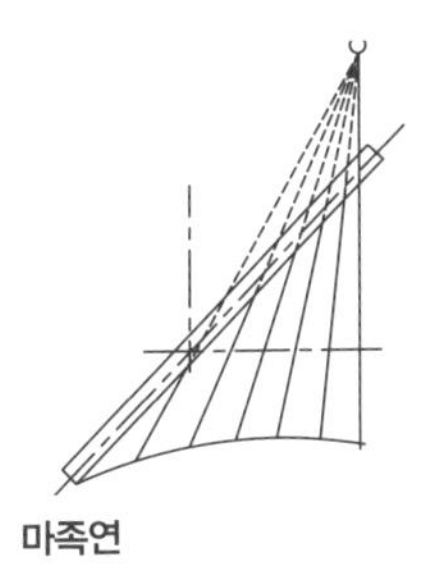

마족연

부연 상주 수암종택
Additional Rafter

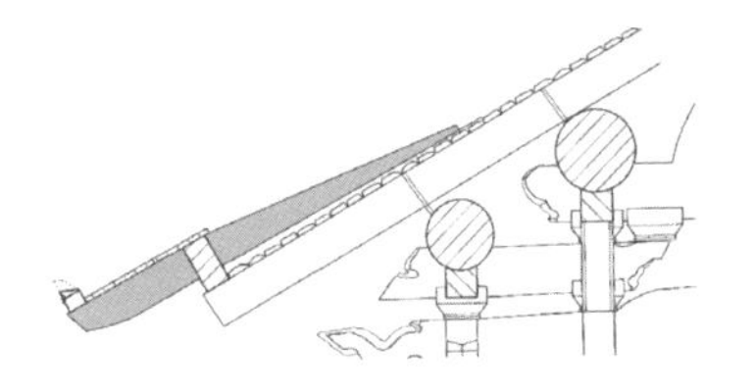

부연 수덕사 대웅전

새발부연 덕수궁 석어당
Extra Additional Rafter

방연 종친부
Rectangular Rafter

의해 단연은 서로 결속되어 연동하게 된다. 서까래를 도리에 고정할 때는 쇠못을 쓰는데 이것을 **연정**(椽釘)이라고 한다. 칠량 이상의 가구에서는 장연과 단연 사이에도 서까래가 걸리는데 이를 **중연**(中椽)*이라고 부른다. 중연과 장연을 엮을 때 연침을 사용하기도 한다.

지붕 중간에서는 서까래가 나란히 걸리지만 추녀 양쪽에서는 마치 부챗살과 같이 꼭짓점이 하나로 모이도록 서까래를 건다. 이를 부챗살과 같다고 하여 **선자서까래** 또는 **선자연**(扇子椽)**이라고 한다. 선자연은 추녀 쪽으로 갈수록 길이도 길어지고 위로 치켜 올라가는데 이는 지붕의 안허리곡과 앙곡 때문이다. 특히 평연 구간보다는 선자연 구간에서 앙곡이 현저한데 이를 위해 선자연 아래에는 추녀 쪽이 높은 삼각형의 받침목을 둔다. 이를 **갈모산방**(散防)이라고 한다. 선자연과 대비해서 평행하게 걸리는 건물 중앙 부분의 서까래를 **평연**(平椽)이라고도 한다. 일본에서는 선자연 기법이 사라지면서 추녀 양쪽의 선자연 구간에서도 평연을 거는 것이 일반화되었다. 또 중국 청나라의 선자연은 뒤초리가 하나의 꼭짓점에서 모이지 않고 추녀 옆에 엇비슷하게 붙는다. 이를 한국에서는 **마족연**(馬足椽)*** 또는 **말굽서까래**라고 한다. 한국에서는 선자연을 제대로 걸 수 없는 서민들의 살림집이나 추녀가 긴 우진각지붕에서 사용하였다. 서까래는 대부분 노출되어 있지만 팔작지붕의 합각부 부근에서는 합각을 구성하기 위해 숨은 서까래가 사용되는데 이를 **허가연**(虛家椽)****이라고 한다.

겹처마에서는 서까래 끝에 방형의 짧은 서까래를 하나 더 걸어주는데 이를 **부연**(婦椽, 浮椽)*****이라고 한다. 부연은 처마를 깊게 할 목적으로 사용하지만 장식적인 효과도 있다. 서까래의 끝부분(빠져나온 길이의 약 1/3 지점부

* 중연(jungyeon) middle rafter

** 선자연(sunjayeon) fan-shaped rafter

*** 마족연(majogyeon) horse-shoe shape rafter

**** 허가연(heogayeon) hidden rafter

***** 부연(buyeon) additional rafter

박공과 목기연 해평 동호재
Gable Wooden Plank and Short Rectangular Rafter

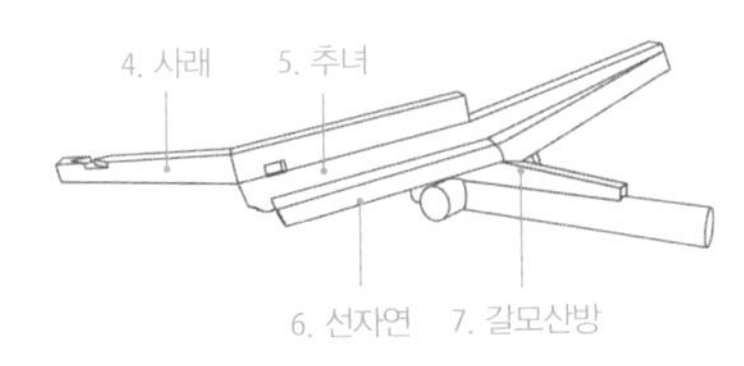

갈모산방
Fan–shaped Rafter Support

연침 남양주 동관댁
Short Rafter Tie

1. 목기연개판 roof board on short rectangular rafters
2. 목기연 short rectangular rafters
3. 박공 gable wooden plank
4. 사래 corner rafter extension
5. 추녀 diagonal corner rafter
6. 선자연 fan–shaped rafter
7. 갈모산방 fan–shaped rafter support
8. 연침 short rafter tie

터)을 한복 소매처럼 살을 걷어내는 **소매걷이***를 한다. 이렇게 하면 둔탁해 보이지 않고 역동적으로 보인다. 또 서까래나 부연의 말구는 직절하지 않고 사절하며 단면도 밑 부분이 좁고 위가 넓은 역사다리꼴로 만들어 밑에서 올려다봤을 때 시각적인 무게감과 위가 좁아 보이는 착시현상을 없애준다. 이러한 착시현상의 교정은 한국건축에서는 곳곳에 나타나는 고급 기법이다. 부연은 서까래 위에 열을 맞춰 걸기 때문에 서까래와 숫자가 같은 것이 일반적이다. 그러나 때에 따라서는 추녀 양쪽이 많이 벌어져 보이는 경우가 있어서 이 부분에서만 부연을 하나 더 넣어주는 경우가 있는데 이를 **새발부연**이라고 한다. 또 평연 구간과 선자연 구간을 구분하여 평연 구간의 부연을 **평부연** 또는 **벌부연**이라고 하고 선자연 구간의 부연을 **선자부연**

지붕
가구

* 소매걷이(somaegeod-i) trimming of rafter end

또는 **고대부연**으로 구분하여 부르기도 한다. 팔작지붕의 합각 부분이나 맞배지붕의 박공 위에는 부연보다 더 짧은 방형 서까래가 걸리는데 이를 **목기연**(木只)*이라고 한다. 목기연 위에는 **목기연개판**이 깔린다.

현재 한국에서는 서까래가 원형 단면인 경우가 대부분이지만 모두 원형인 것은 아니다. 조선 후기에는 점차 목재가 고갈되면서 원형 서까래의 사용이 늘어났다. 그래서 한국건축은 원형 서까래가 이미지로 굳어졌으나 고려 이전 건축에서는 방형 서까래도 상당한 비중을 차지했던 것으로 추정된다. 고려시대 승탑 중에서 방연이 표현된 것들이 많으며 목조건축에서는 상주 양진당, 안동 송소종택, 창덕궁 승화루와 취운정, 청의정, 종친부 행각, 육상궁의 냉천정, 도정궁 경원당 등에도 남아 있다. 일본은 대부분 방형 서까래를 사용하기 때문에 일본적이라고 느낄 수 있으나 결코 일본만의 정체성은 아니다. 방형 서까래를《의궤》에서는 **방연**(方椽)**으로 표기하였다.

* 목기연(moggiyeon) short rectangular rafter

** 방연(bangyeon) rectangular rafter

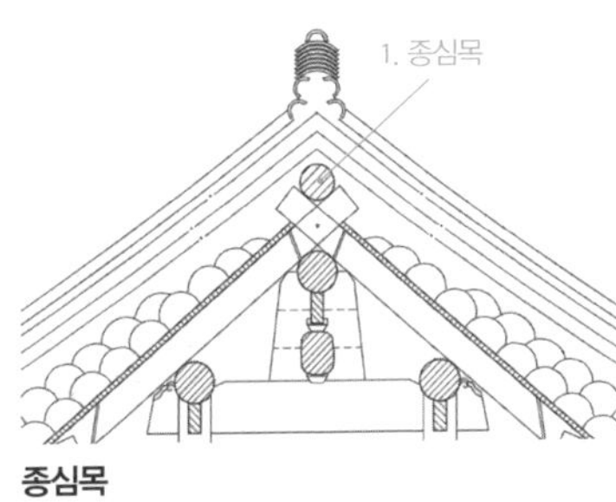

종심목
Ridge–purlin Stabilizer

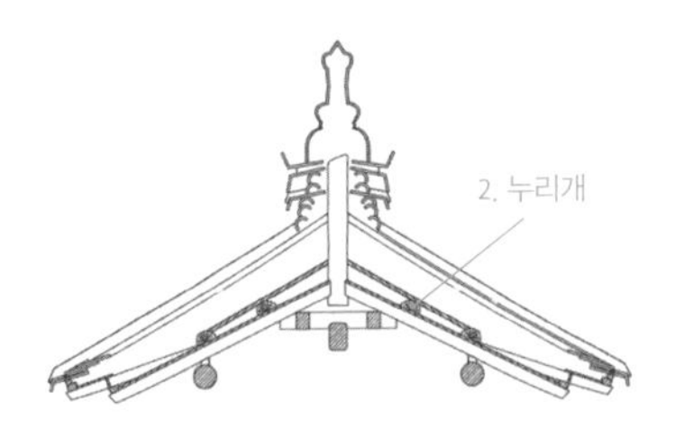

누리개
Eaves Purlin

종심목과 장연누리개 영사정
Ridge–purlin Stabilizer and Long Rafter Eaves Purlin

1. 종심목 ridge–purlin stabilizer
2. 누리개 eaves purlin
3. 장연누리개 long rafter eaves purlin

jongsimmog, nuligae

종심목과 누리개
Ridge-purlin Stabilizer and Eaves Purlin

종심목(宗心木)* 은 종도리 상부에 있는 것으로 용마루 부분에서 단연과 단연이 교차하는 상부에 도리방향으로 길게 올린 부재이다. 종심목은 단연이 개별로 움직이는 것을 방지해 주고 용마루를 안정되게 높여주는 누리개 역할을 한다. 즉 용마루 부분의 단연누름목 역할을 한다고 할 수 있다. 종심목은 추녀에도 사용되는데 이를 **추녀종심목** 또는 **추녀누리개**라고 한다. 장연과 선자연, 부연 등도 모두 뒤초리를 누름목으로 안정되게 고정하는데 이를 **누리개**(累里介)**라고 한다. 누리개는 쓰임에 따라 장연누리개, 선자연누리개, 부연누리개, 추녀누리개 등으로 다양하다.

* 종심목(jongsimmog) ridge–purlin stabilizer

** 누리개(nuligae) eaves purlin

지붕 가구

평고대 해평 동호재
Laths on Rafters

방구매기 예안이씨 충효당
Laths on Corner Rafter

처마곡 덕수궁 중화전
Eave Curve

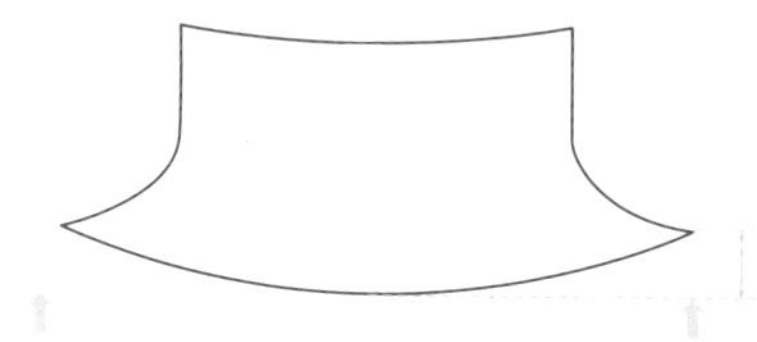

앙곡 개념도
Upward Curving of Corner Eave

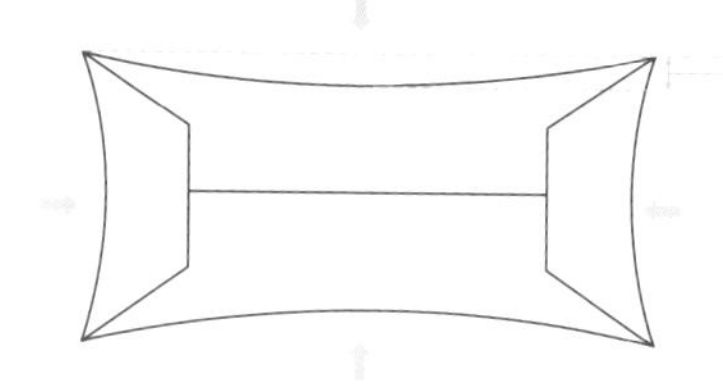

안허리곡 개념도
Inward Curving of Middle Eave

pyeong-godae
평고대
Laths on Rafters

평고대(平交臺)*는 추녀와 추녀 끝을 연결하는 가늘고 긴 곡선 부재이다. 평고대는 처마곡을 결정하는 중요한 부재로 양끝을 추녀에 걸고 곡을 만들기 위해 가운데에 무거운 돌을 걸어 처지게 한다. 그러면 만유인력에 의해 자

* 평고대(pyeonggodae) laths on rafters

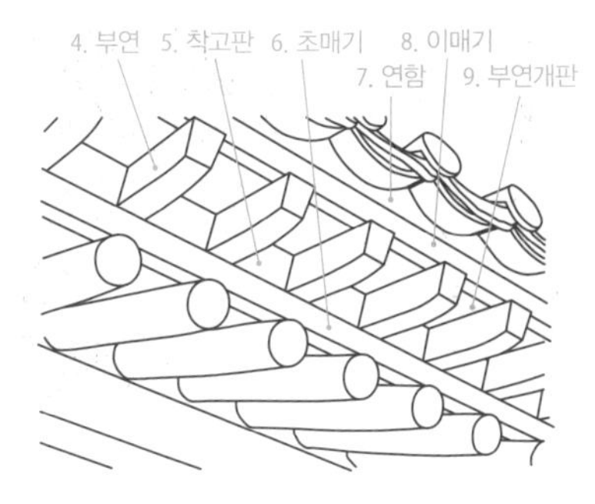

처마부 각부 명칭
Detail of Eaves

초매기와 이매기 영월암 대웅전
Laths on Typical Rafter and
Laths on Extension Rafter

1. 추녀 diagonal corner rafter
2. 평연 plain rafter
3. 평고대 laths on rafters
4. 부연 additional rafter
5. 착고판 block board between additional rafters
6. 초매기 laths on typical rafter
7. 연함 pan tile supporting laths
8. 이매기 laths on extension rafter
9. 부연개판 roof board on additional rafters

연스러운 현수곡선이 만들어진다. 이 곡선에 맞추어 서까래를 걸기 때문에 한국의 처마곡선은 자연스러운 곡을 이루게 된다. 한국의 **처마곡***은 위로 올라간 **앙곡****과 추녀 쪽으로 갈수록 밖으로 빠져나온 **안허리곡*****이 결합하여 만들어진 3차원 곡선이다. 이러한 앙곡과 안허리곡을 만드는 것이 바로 평고대이다. 한국건축은 처마곡만 있는 것이 아니라 지붕면에도 곡이 있는데 이를 **지붕곡******이라고 한다. 지붕면을 직선으로 하지 않고 곡선으로 하면 직선보다 거리는 길지만 오히려 빗물은 더 빨리 배수된다. 드물게 안허리곡이 반대로 가운데가 배가 부르고 추녀 쪽으로 갈수록 들어간 처마곡을

* 처마곡(cheomagog) eave curve

** 앙곡(anggog) upward curving of corner eave

*** 안허리곡(anheoligog) inward curving of middle eave

**** 지붕곡(jibunggog) roof curve

당골막이 예천 물체당 고택
Mud Seal between Rafters

착고판 해평 동호재
Block Board between Additional Rafters

만들기도 하는데 이를 **방구매기**라고 한다. 초가지붕은 대부분 방구매기로 하며 추녀가 짧아 지붕 모서리가 둥근 것이 일반적이다.

겹처마의 경우는 서까래 끝과 부연 끝에 각각 하나씩 두 개의 평고대가 사용된다. 이 경우 서까래 끝에 건 평고대를 **초매기***, 부연 끝에 건 평고대를 **이매기****로 구분하여 부른다. 또 곡이 있는 평고대를 **조로평고대**라고도 부른다.

chaggopan, danggol
착고판과 당골
Block Board between Additional Rafters and Gap between Rafters

서까래와 부연을 걸면 사이에 공백이 생기게 마련이다. 이 공백 부분을 **당골*****이라고 하는데 당골은 얇은 판재나 진흙으로 막는다. 서까래는 둥글기 때문에 대부분 진흙으로 막는데 이를 **당골막이******라고 한다. 고급집에서는 당골막이가 흘러내리지 않도록 쫄대목을 대기도 하는데 이를 **토소란**(土小

* 초매기(chomaegi) laths on typical rafter
** 이매기(imaegi) laths on extension rafter
*** 당골(danggol) gap between rafters
**** 당골막이(danggolmagi) mud seal between rafters

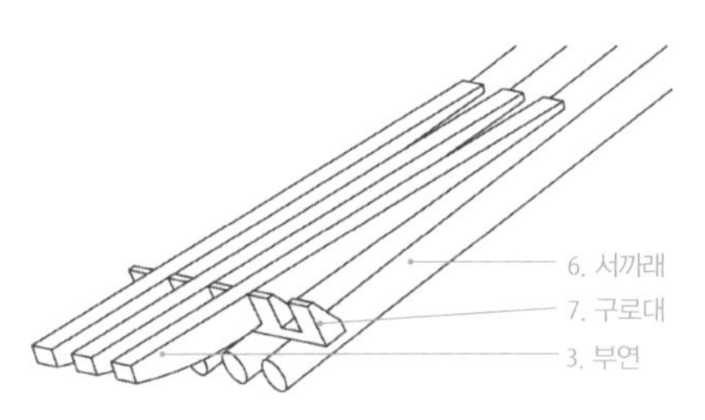

구로대
Sawtooth Shape Block Board

구로대 예천 야옹정

구로대 창경궁 명정문

토소란 문묘 대성전
Wood Sticks to Secure Mud Seal

1. 당골막이 mud seal between rafters
2. 치받이 mud finish
3. 부연 additional rafter
4. 착고판 block board between additional rafters
5. 이매기 laths on extension rafter
6. 서까래 rafter
7. 구로대 sawtooth shape block board
8. 토소란 wood sticks to secure mud seal

欄)*이라고 한다. 부연은 방형이기 때문에 부연 양쪽에 장부 홈을 파고 얇은 판재를 끼워 막는데 이를 **착고판****이라고 한다. 봉정사 극락전과 같은 고대 건축에서는 얇은 착고판을 사용하지 않고 평고대와 착고판을 한 부재로 만들어 상부를 '凹'형으로 따내 부연을 끼워 사용한 사례도 있다. **통평고대**라고 일반적으로 부르고 있는데 《의궤》에서는 이를 **구로대**(求露臺, 九累臺)***라고 기록하고 있다. 경주 동궁과 월지에서 출토된 부재 중에도 구로대가 있었다.

* 토소란(tosolan) wood sticks to secure mud seal
** 착고판(chaggopan) block board between additional rafters
*** 구로대(gulodae) sawtooth shape block board

연함 봉화 만산고택
Pan Tile Supporting Laths

연함 이승휴 유적 동안사

1. 연함 pan tile supporting laths
2. 평고대 laths on rafters
3. 개판 roof board
4. 서까래 rafter
5. 착고판 block board between additional rafters
6. 이매기 laths on extension rafter
7. 부연개판 roof board on additional rafters
8. 초매기 laths on typical rafter
9. 부연누리개 additional rafters eaves purlin

yeonham

연함
Pan Tile Supporting Laths

평고대 위에는 기왓골에 맞춰 파도 모양으로 깎은 기와 받침이 놓인다. 이를 **연함**(連含)* 이라고 한다. 연함의 단면은 삼각형이며 평고대까지는 목수의 일이지만 연함은 기와 일을 하는 와공이 자귀로 깎는다. **연함골**은 암키와의 크기와 모양에 따라 결정되며 같은 형태가 반복되므로 **연함자**를 만들어 연함골을 그린다. 연함골의 개수가 곧 기왓골의 개수를 결정하기 때문에 연함골 나누기는 중요한 공정이다. 평고대 양쪽 끝에서 추녀 위에 올라가는 보습장 폭을 제외하고 안쪽 구간을 기와 폭으로 나눠 소수점 이하는 버린 정수가 곧 기왓골의 개수이다.

* 연함(yeonham) pan tile supporting laths

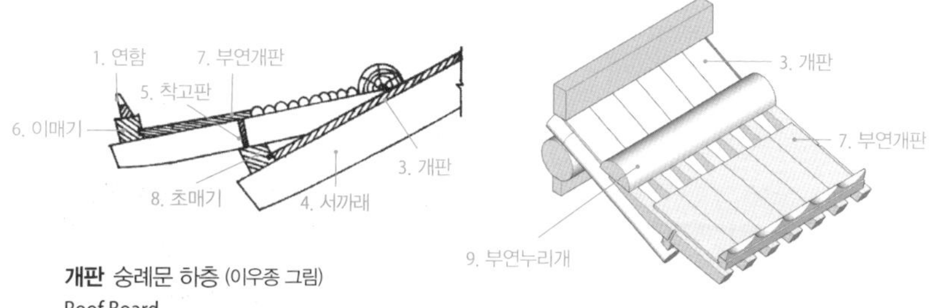

개판 숭례문 하층 (이우종 그림)
Roof Board

개판 깔기 해평 동호재
Roof Board

부연개판 창경궁 명정문
Roof Board on Additional Rafters

gaepan, sanja

개판과 산자

Roof Board and Lattice Sticks Across Roof Rafters

개판(蓋板)*은 서까래나 부연 위에 까는 판재로 **산자판(散子板)**이라고도 한다. 한국에서는 개판을 깔 때 서까래와 같이 길이 방향으로 깐다. 그래야 밑에서 보았을 때 깨끗하게 마감되기 때문이다. 중국 당나라 불광사(佛光寺) 대전을 포함한 많은 중국 건물에서는 개판을 서까래와 직각으로 옆으로 길게 깐 것을 볼 수 있다. 이렇게 하면 개판의 맞댄 선이 아래에서 보여 깔끔하지 못하다. 개판은 서까래에 못을 박아 고정하는데 못은 한쪽에만 박는다. 양쪽에 못을 박으면 건조에 따른 수축으로 갈라지기 때문이다. 개판은 평고대와 만나는 부분에서는 홈을 파 끼워 넣어 맞춤한다. 부연도 마찬가지 방법으로 개판을 까는데 서까래 위 개판과 구분하기 위해 부연 위에 있

* 개판(gaepan) roof board

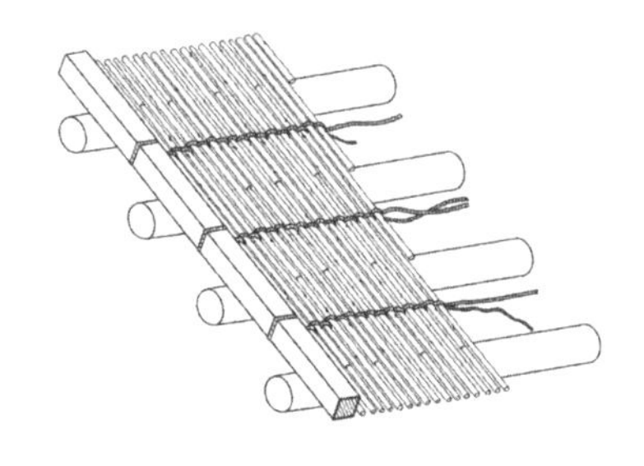

산자엮기
Lattice Sticks Weaving

장작 산자엮기 창경궁 함인정

대나무 산자 일산 밤가시초가
Bamboo Lattice Sticks Across Roof Rafters

알매흙 일산 밤가시초가
Mud Base for Tile Bonding

는 개판을 **부연개판**(婦椽蓋板)* 이라고 부른다. 선자연 위에 깐 것을 **선자연개판****, 목기연 위에 깐 것을 **목기연개판***** 으로 구분해 부르기도 한다.

개판은 물량도 많이 들어갈 뿐만 아니라 톱이 발달하지 않은 고대건축에서는 만들기도 어렵고 가격도 비쌌다. 따라서 궁궐이나 사찰, 부유한 양반집이 아니면 사용하기 어려웠다. 그래서 개판을 대신해서 싸리나무나 수수깡, 장작 등을 새끼로 엮어 깔았는데 이를 **산자**(散子)****라고 하고 산자를 멍석처럼 엮어 까는 것을 **산자엮기*******라고 한다. 산자엮기 위와 아래에

* 부연개판(buyeongaepan) roof board on additional rafters
** 선자연개판(seonjayeongaepan) roof board on fan-shaped rafters
*** 목기연개판(moggiyeongaepan) roof board on short rectangular rafters
**** 산자(sanja) lattice sticks across roof rafters
***** 산자엮기(sanjayeokkgi) lattice sticks weaving

합각 완주 송광사
Triangle Element of Hip–and Gable Roof

박공 예천 물체당 고택
Gable Wooden Plank

서는 진흙을 발라 마감하는데 윗것을 **알매흙**, 아랫것을 **치받이흙**이라고 한다. 알매흙과 치받이흙은 서로 잘 붙어있는 것이 중요하기 때문에 산자엮기는 너무 촘촘히 하지 않는 것이 좋다.

개판과 산자엮기 위에는 지붕곡을 만들기 위해 통나무와 흙을 올리는데 이를 **적심**(積心)*과 **보토**(補土)**라고 한다. 적심은 서까래와 수직으로 가로 깔기하여 서까래의 움직임도 방지하며 보토는 건토를 깔아 기와에서 누진 습기를 목재에 전달되지 않도록 하는 역할을 한다.

habgag, baggong
합각 및 박공
Triangle Element of Hip-and Gable Roof and Gable Wooden Plank

팔작지붕을 합각지붕이라고도 하는데 이는 합각이 있기 때문이다. **합각**(合閣)***은 팔작지붕의 양측에 생기는 삼각형 부분을 가리킨다. 합각부에서 도리뺄목을 지지하는 기둥을 **허가대공**(虛家臺工) 또는 **허가주**(虛家柱)****라고 하며 허가주를 받치고 있으면서 장연의 누름목 역할도 겸하고 있는 부재를

* 적심(jeogsim) wood on lattice weave
** 보토(boto) mud on lattice weave
*** 합각(habgag) triangle element of hip–and gable roof
**** 허가주(heogaju) gable purlin support

지붕
가구

방환 창경궁 명정문
Decorative Steel Cap

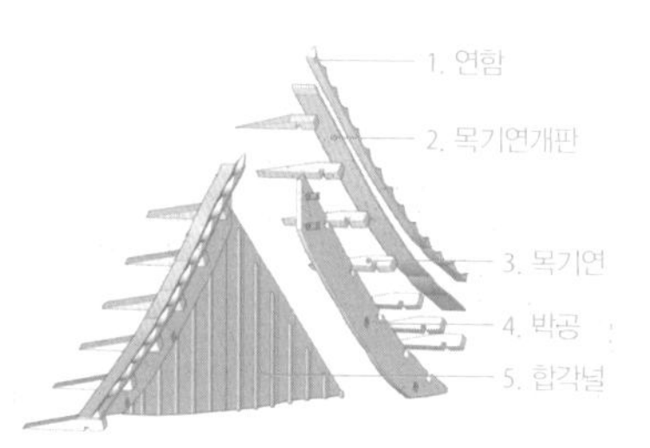

박공의 구성 (이우종 그림)
Composition of Gable Wooden Plank

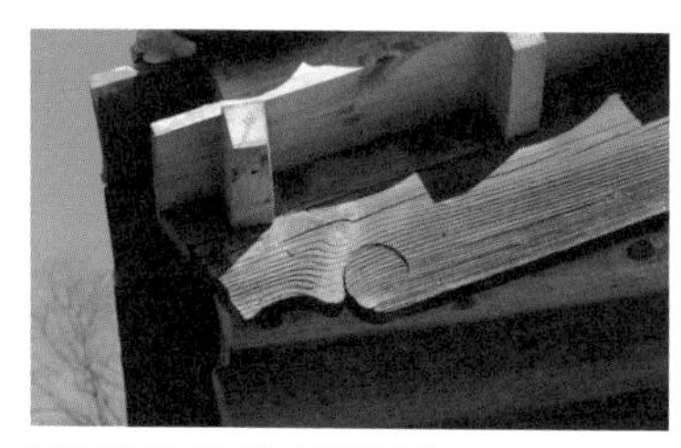

박공의 게눈각 영동 김참판댁
End Sculpture Element of Gable Wooden Plank

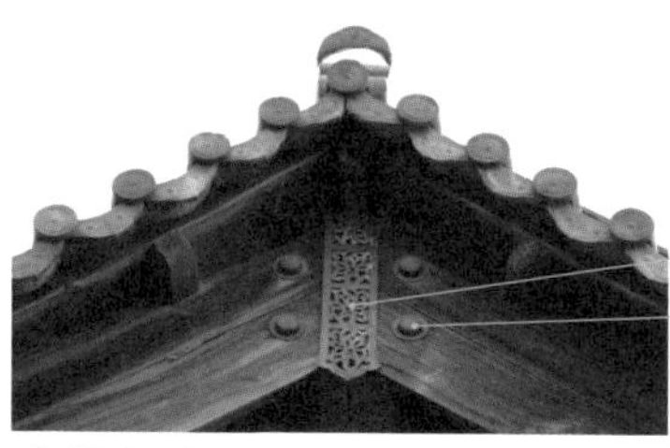

지네철과 방환 수덕사 대웅전
Decorative Ironwork and Decorative Steel Cap

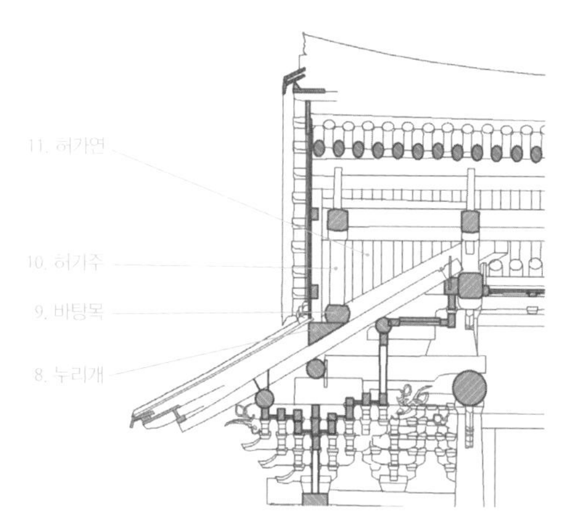

1. 연함 pan tile supporting laths
2. 목기연개판 roof board on short rectangular rafters
3. 목기연 short rectangular rafters
4. 박공 gable wooden plank
5. 합각널 triangle element of hip–and gable roof
6. 지네철 decorative ironwork
7. 방환 decorative steel cap
8. 누리개 eaves purlin
9. 바탕목 beam under gable purlin support
10. 허가주 gable purlin support
11. 허가연 gable rafter support

허가주와 바탕목
Gable Purlin Support and Beam under Gable Purlin Support

현어 중국 불광사(佛光寺) 문수전
Beam-end Cover

현어 일본 기요미즈데라(清水寺) 삼문

바탕목(所湯木)* 이라고 한다. 바탕목은 길고 굵은 것을 사용하며 때로는 추녀누름목의 역할을 겸하기도 한다. 그리고 도리 말구에는 두 개의 판재를 종도리를 기준으로 인(人)자 모양으로 거는데 이를 **박공**(朴工)** 이라고 한다. 박공은 도리에 못을 박아 고정하는데 못머리 장식으로 보통 **방환***** 이 사용되며 두 박공이 만나는 부분은 **꺾쇠****** 나 **지네철******* 장식으로 고정한다. 박공 아래 합각 부분은 판재, 벽돌, 기와, 회벽, 토벽 등 다양한 재료로 막으며 장식하고 환기를 위해 환기구를 내는 것이 일반적이다.

pungpan
풍판
Gable Board

맞배지붕은 측면에 박공을 걸어 마감한다. 박공은 도리뺄목에 고정하지만 도리 말구를 모두 가릴 수 없기 때문에 말구를 가리기 위한 작은 조각 판재

* 바탕목(batangmog) beam under gable purlin support
** 박공(baggong) gable wooden plank
*** 방환(banghwan) decorative steel cap
**** 꺾쇠(kkeokksoe) decorative iron clamp
***** 지네철(jinecheol) decorative ironwork

지붕 가구

집우새와 사목 이승휴 유적 동안사
Horizonal Beam for Gable Board and
Vertical Beam for Gable Board

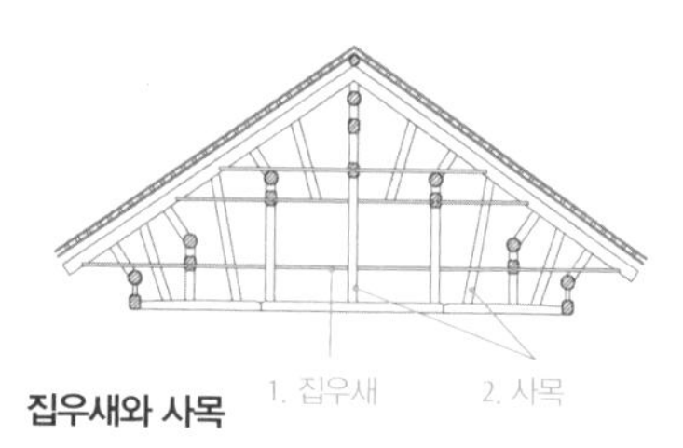

집우새와 사목

풍판 강릉향교 대성전
Gable Board

1. 집우새 horizontal beam for gable board
2. 사목 vertical beam for gable board
3. 외기 projected mid-purlin
4. 충량 transverse beam
5. 눈썹천장 eyebrow ceiling
(small ceiling to cover projected area)

를 붙이는데 이를 **현어**(懸魚)*라고 한다. 현어는 처음에는 물고기 모양이었는데 차츰 장식적으로 바뀌어 당초나 불로초, 석류 모양의 현어가 나타났다. 한국에서는 조선 중기까지 사용되었을 것으로 추정되는데 지금은 거의 남아 있지 않다. 근래에 새로 복원된 불국사 안양문과 경주 임해전지 건물에서 볼 수 있으며 고려시대 경천사지 10층 석탑과 조선시대 원각사지 10층 석탑에서도 나타난다. 일본은 아직까지 현어가 많이 남아있으며 중국 금대 건물인 불광사(佛光寺) 문수전에서도 당초를 화려하게 투각한 현어를 볼 수 있다. 현어 장식의 기원은 허황후가 살았다는 인도의 아유타국으로 알려져 있다. 고구려 후예족으로 알려진 중국 윈난성의 라후족 마을에서는 아직도 원초형의 물고기형 현어를 볼 수 있다. 《삼국사기》〈옥사조〉에는 진골 이하의 주택에서는 현어 장식을 하지 못하도록 제한한 기록도 남아 있다. 따라서 현어는 매우 고급스러운 장식 부재였음을 알 수 있다.

* 현어(hyeoneo) beam-end cover

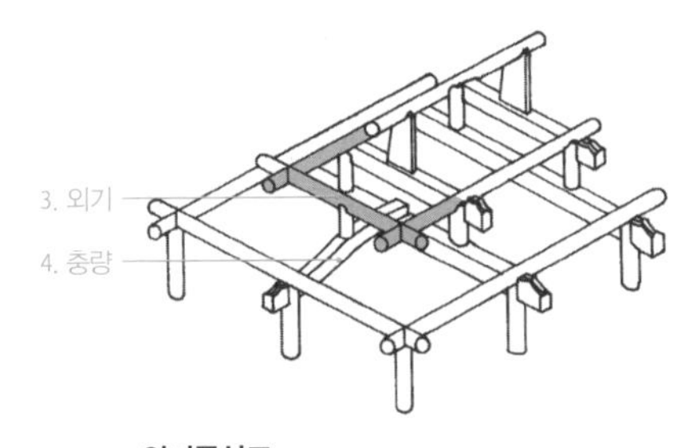

외기투상도
Projected Mid–purlin

외기와 눈썹천장 순창 귀래정
Projected Mid–purlin and Eyebrow Ceiling

맞배지붕의 박공 아래는 비바람을 막기 위해 판재로 막는데 이를 **풍판**(風板)* 이라고 한다. 풍판은 현존하는 고려시대 건물에서는 나타나지 않으며 조선시대 건물에 주로 사용되었다. 풍판은 조선시대에 측면 빼목이 짧아 측면 가구재를 보호할 목적으로 생긴 것으로 볼 수 있다. 풍판은 판재를 세로로 연이어 대 만드는데 외부 쪽 판재와 판재 사이에는 **쫄대목**(松竹)** 을 댄다. 그리고 풍판 뒤에서는 각재로 풍판을 고정할 틀을 짜는데 세로목은 도리와 서까래에 고정하고 여기에 다시 가로목을 고정한다. 이 틀에 풍판을 고정하는데 풍판을 고정하기 위한 가로목을 **집우새**(執扶舍)***, 세로목을 **사목**(斜木)**** 이라고 한다. 사목은 수직이 아닌 사선으로 걸기도 한다.

oegi
외기
Projected Mid-purlin

중도리가 양쪽 퇴칸으로 내민보 형식으로 빠져나와 틀을 구성한 부분을 **외기**(外機)라고 한다. 내민 중도리 끝에 보 방향으로 별도의 도리를 연귀맞춤

* 풍판(pungpan) gable board
** 쫄대목(jjoldaemog) strip of wood between planks
*** 집우새(jibusae) horizonal beam for gable board
**** 사목(samog) vertical beam for gable board

충량과 외기 달성 하목정
Transverse Beam and Projected Mid-purlin

외기의 헛기둥 예천 야옹정
Mid-air Corner Column for Eyebrow Ceiling

하여 'ㄷ'자 모양으로 틀을 짠다. 이때 외기의 보방향 도리에 측면 서까래가 걸리고 도리가 만나는 모서리에 추녀가 걸린다. 그래서 외기 안쪽은 추녀와 서까래 말구가 보이기 때문에 작은 천장을 만드는데 이를 **눈썹천장***이라고 한다. 외기는 충량에 의해 지지되는데 때로는 내민보 형식이기 때문에 별도로 받침 없이 허공에 떠있기도 한다. 이때 모서리 부분에 지지 없이 뜬기둥 모양으로 장식한 기둥이 사용되기도 하는데 이를 **헛기둥**(虛柱)**이라고 한다. 이 헛기둥은 닫집에서도 나타나는데 장식을 겸한 헛기둥을 **허주유음**(虛柱流音)이라고 불렀다.

충량과 외기가 발달하여 합각 위치를 최대한 퇴칸 쪽으로 빼서 용마루를 길게 할 수 있었는데 아예 외기라는 구조가 없는 중국 남선사(南善寺) 대전의 경우는 합각의 위치를 협칸 기둥열에 두어서 용마루가 매우 짧은 것을 볼 수 있다. 팔작지붕에서 합각의 위치와 용마루의 길이는 지붕의 이미지를 결정하는 중요한 요인인데 외기는 팔작지붕의 합각 위치를 자유롭게 설정할 수 있도록 하는 중요한 역할을 한다.

* 눈썹천장(nunsseobcheonjangjang) eyebrow ceiling (small ceiling to cover projected area)

** 헛기둥(heosgidung) mid-air corner column for eyebrow ceiling

선자연 치목 해평 동호재
Shaping of Fan–shaped Rafter

seonjayeon
선자연
Fan-shaped Rafter

선자연(扇子椽)은 한국건축에서 가장 섬세하고 세련된 기법이 살아있는 부분이다. 중국은 《영조법식》에서도 선자연 기법에 대하여 설명하고 있으나 한국과 같은 정선자라기보다는 마족연에 가깝다. 이후 청나라 때의 선자연은 더욱더 마족연과 유사하다. 일본은 한국건축 영향 아래 있던 나라시대 초기 건물에서 선자연이 보이고 이후에는 사라졌다. 그러나 한국은 아직도 전통적인 선자연 기법이 남아 있으며 대부분의 목수가 그 기법을 보유하고 있다. 목수가 선자연을 제대로 걸기까지는 오랜 수련이 필요할 정도로 쉽지 않은 목조기법이다. 목수는 선자연을 만들기 위해 현척도를 작성하고 현척도에 의해 산출된 수치에 따라 선자연표를 만들어 이 표에 의해 일반 목수들이 선자연을 치목한다. 선자연표에는 선자연 각부 치수가 기입되어 있다. 선자연은 걸리는 위치에 따라 추녀 쪽부터 번호를 붙이는데 추녀 옆에는 반쪽짜리가 붙으며 이를 초장이라고 한다. 다음부터는 연번을 붙여 2장, 3장, 4장… 막장이라고 한다. 선자연 개수는 건물 규모에 따라 다르며 보통 10~15장 정도가 걸린다. 선자연은 초장에서 막장에 이르기까지 각부 치수가 모두 다르다. 우선 선자연 전체 길이를 **총장**(總長) 내지 **전장**(全長)*이라고 부른다. 그리고 건물 바깥으로 빠져나간 부분과 안쪽으로 걸리

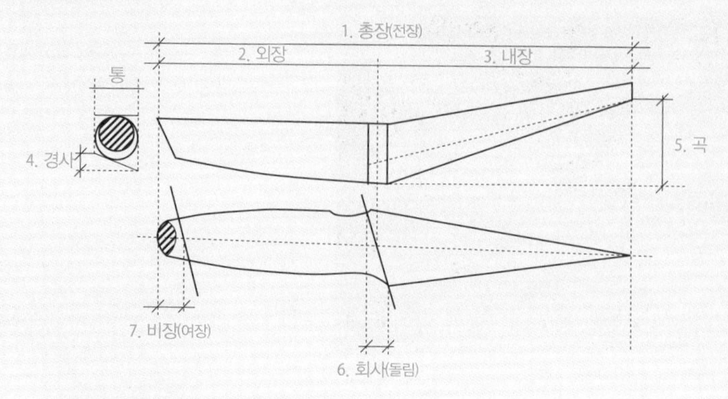

선자연 각부 명칭

Designation of Fan-shaped Rafter

1. 총장(전장) overall length
2. 외장 outer length
3. 내장 inner length
4. 경사 height difference
5. 곡 vertical length between back ridge and eave purlin
6. 회사(돌림) deviation in distance due to the angle
7. 비장(여장) portion of the fan-rib extending beyond gable- post

는 부분을 구분하여 **외장(外長)****과 **내장(內長)*****이라고 하는데 그 기준점은 선자연 중심선과 갈모산방의 교차점이다. 또 선자연 뒤초리 하단에서 말구 상단을 연결한 선에 대한 처마도리와의 수직 거리를 **곡(曲)******이라고 한다. 갈모산방 쪽에서 잰 선자연의 직경을 **통(通)*******이라고 하고 갈모산방에 의해 생기는 좌우 높이차를 **경사(傾斜)********라고 한다. 또 갈모산방과 선자연 중심선이 이루는 각도 편차에 의한 거리를 **회사(回斜)********* 또는 **돌림**이라고

* 전장(jeonjang) overall length

** 외장(oejang) outer length

*** 내장(naejang) inner length

**** 곡(gog) vetical length between back ridge and eave purlin

***** 통(tong) diameter

****** 경사(gyeongsa) height difference

******* 회사(hoesa) deviation in distance due to the angle

하며 선자연이 평고대보다 밖으로 빠져나온 길이를 **비장(鼻長)*** 또는 **여장(餘長)**이라고 한다.

선자연표(백덕재, 2004년, 이광복 도편수 작성)

순번	총장	외장	내장	통	곡	회사	경사	수량
초장	165	77	88	25	79	20	6	6
2장	152	68	84	55	76	40	9	12
3장	143	63	80	52	73	34	8	12
4장	136	59	77	52	69	32	7	12
5장	130	56	74	52	65	28	8	12
6장	125	53.5	71.5	52	63	23	7	12
7장	120	51	69	52	60	18	6	12
8장	118	50	68	54	57	15	6	12
9장	116	49	67	54	55	12	6	12
10장	114	48	66	50	53	7	5	12
막장	113	47	66	50	50	0	3	12
계								126

지붕
가구

* 비장(bijang) portion of the fan-rib extending beyond gable-post

jibung

지붕

Roof

jibung hyeongsig

지붕 형식 Roof Types

- majbaejibung
  맞배지붕 Gabled Roof
- ujingagjibung
  우진각지붕 Hipped Roof
- paljagjibung
  팔작지붕 Hipped-and-gabled Roof
- nunsseobjibung
  눈썹지붕 Eyebrow Roof (Small Roof)
- moimjibung
  모임지붕 Hip Roof without Ridge
- kkachigumeongjib
  까치구멍집 Small Gable Hybrid Roof
- jibungmalu
  지붕마루 Roof Ridge

giwaui jonglyu

기와의 종류 Roof Tile Type

- pyeongwa
  평와 Flat Roof Tile
- magsaegiwa
  막새기와 Antefix
- jangsiggiwa
  장식기와 Decorative Tile
- teugsugiwa
  특수기와 Unique Tile

jaelyo-e ttaleun jibung-ui jonglyu-wa guseong

재료에 따른 지붕의 종류와 구성

Roof Type Depending on Material

- giwajibung
  기와지붕 Tiled Roof
- chogajibung
  초가지붕 Thatched Roof
- neowajibung, gulpijibung
  너와 및 굴피지붕
  Slate Roof and Bark Shingled Roof

고성 왕곡마을의 돌너와지붕

지붕은 눈비를 막아주고 뜨거운 태양열을 차단하여 쾌적하게 생활할 수 있도록 보호막 역할을 한다. 한국건축의 지붕은 평지붕이 거의 없고 경사지붕이 대부분이며 처마가 빠져 있는 것이 특징이다. 이것은 목조건축이 습기에 취약해 빗물을 빨리 배수하고 벽체와 목재 등에 비가 들이치는 것을 방지하기 위함이다. 따라서 지붕은 크고 육중하며 전체 구성에서 차지하는 비중이 크다. 기와는 색이 검고 무겁다. 이러한 부피와 무게감을 덜어내고 경쾌하고 동적인 느낌을 주기 위해 지붕에는 곡을 준다. 바로 이것이 한국건축의 아름다움을 만들어내는 요소이다.

초가지붕은 뒷산의 모양을 닮아 조화를 이루고 기와지붕은 현수곡을 사용해 학이 막 날개를 접고 내려앉은 듯한 동적인 아름다움을 준다. 또 지붕면도 곡선으로 처리하는데 이것은 직선보다 거리는 멀지만 가속력에 의해 빗물이 더 빨리 배수되는 과학적인 원리가 있다. 한국건축의 지붕은 초가지붕과 기와지붕이 압도적으로 많다. 서민들의 살림집은 대부분 초가지붕이고 궁궐과 관아, 상류 민가는 기와지붕이 많다. 기와지붕보다는 초가지붕이 더 많았지만 초가지붕이 급속히 사라지면서 현존하는 것은 기와지붕이 많게 되었다. 강원도 산간에서는 주변에서 쉽게 구할 수 있는 나무를 판재로 켜 지붕에 올린 너와지붕과 굴피나무 껍질을 벗겨 올린 굴피지붕도 볼 수 있다.

jibung hyeongsig

지붕 형식

Roof Types

맞배지붕 경주향교 대성전
Gabled Roof

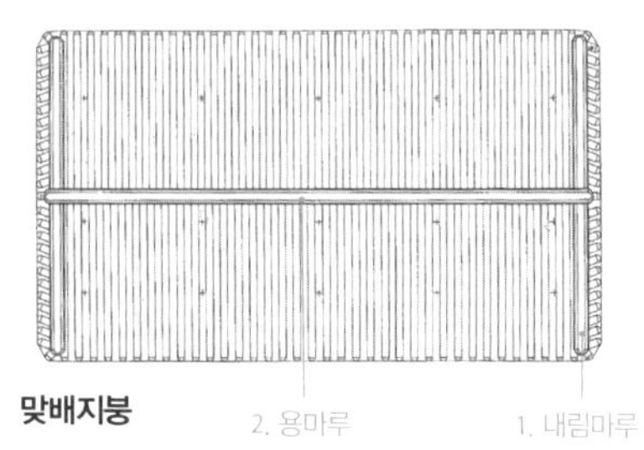

맞배지붕

1. 내림마루 sloping ridge
2. 용마루 top horizontal ridge
3. 추녀마루 eave ridge

majbaejibung

맞배지붕

Gabled Roof

건물 앞과 뒤에만 지붕면이 설치되고 추녀가 없으며 용마루와 내림마루만으로 구성된 지붕 형식이다. 마치 책을 엎어놓은 것과 같은 형태이다. 추녀, 선자연 등이 사용되지 않아서 부재 소요량도 많지 않으며 간단해서 지붕 중에서는 가장 먼저 출현하였다. 고려시대 주 불전으로 사용된 봉정사 극락전, 수덕사 대웅전, 강릉 임영관 삼문, 부석사 조사당, 은해사 거조암 영산전이 모두 맞배지붕이다. 따라서 맞배지붕이라고 해서 격이 낮은 것은 아니었다. 맞배지붕은 구성이 단순한 장점은 있지만 측면에 지붕면이 없으므로 비바람에 취약한 약점이 있다. 그래서 5포 이상의 포식 건축이 유행한 조선시대에는 측면에도 지붕이 있는 팔작지붕을 주로 사용했다. 그러나 행랑채나 회랑, 부속채 등 규모가 크지 않거나 길고 측면이 단칸인 건물에서는 여전히 맞배지붕을 즐겨 썼다. 사당은 규모와 포의 종류에 관계 없이 맞배지붕을 사용했다. 조선시대 맞배지붕이 고려시대와 다른 점은 측면에 풍판을 달아 비바람을 막을 수 있도록 했다는 점이다.

우진각지붕 영광 매간당 고택
Hipped Roof

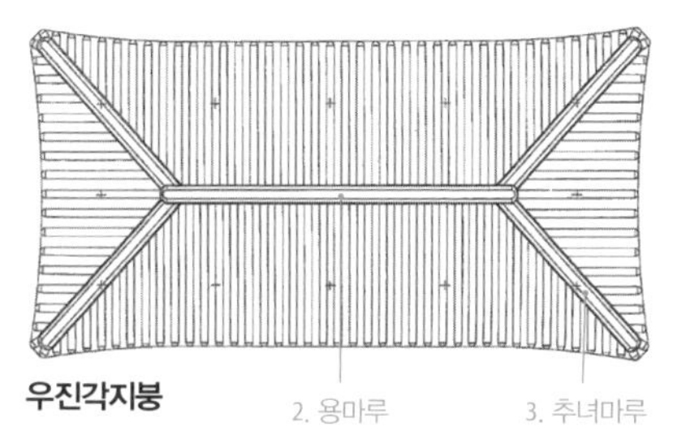

우진각지붕

ujingagjibung
우진각지붕
Hipped Roof

네 면에 모두 지붕면이 있고 용마루와 추녀마루로 구성된 지붕 형식이다. 전후 지붕면은 사다리꼴이고 양측 지붕면은 삼각형이다. 맞배지붕과 함께 원초적인 지붕 형태로 원시 움집에서부터 사용되었다. 초가집은 대부분 우진각이며 기와집 중에서도 살림집 안채는 우진각이 압도적으로 많다. 그러나 사찰이나 궁궐 등의 권위건축에서는 거의 사용하지 않았다. 다만 조선시대 숭례문과 흥인지문, 수원화성의 장안문과 팔달문 등 성곽의 문루나 해인사 장경판전 등과 같이 특수건물에서 볼 수 있다. 따라서 권위건축에서는 팔작지붕을 으뜸으로 사용하고 우진각지붕은 살림집이나 성곽 등 특수용도에 사용했음을 알 수 있다.

그러나 중국에서는 권위건축에서도 널리 사용되어 우리와 상황이 다르다. 주로 당·송·요·금 대에 건립된 산시성 우타이산의 불광사(佛光寺) 대전, 선화사(善化寺) 대웅보전, 화엄사(華嚴寺) 대웅보전, 광승사(廣勝寺) 비로전 등과 영락궁(永樂宮) 용호전 및 삼청전, 자금성(紫禁城) 등과 같이 사찰과 궁궐의 규모가 큰 주전은 주로 우진각지붕으로 했고 거꾸로 팔작지붕은 부속건물에서 사용했다. 따라서 중국에서는 우진각지붕이 위계가 높은 지붕 형태라는 것을 알 수 있으며 이것이 우리와 다른 점이다.

특수한 형태로 평면 모양에 따라 부채꼴 모양으로 만든 우진각지붕을 창덕궁 관람정에서 볼 수 있다.

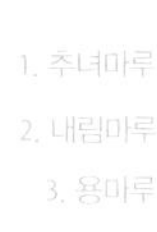

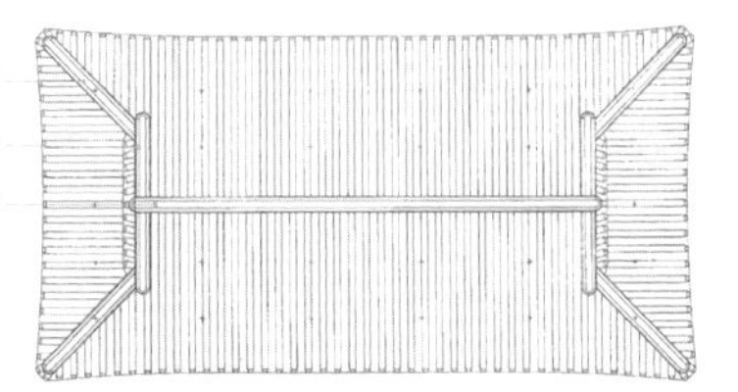

팔작지붕
Hipped–and–gabled Roof

팔작지붕 소수서원 강당

1. 추녀마루 eave ridge
2. 내림마루 sloping ridge
3. 용마루 top horizontal ridge
4. 가적지붕 dialect for eyebrow roof at Gyeongsang–do region
5. 눈썹지붕 eyebrow roof

paljagjibung

팔작지붕
Hipped-and-gabled Roof

우진각지붕 위에 맞배지붕을 올려놓은 것과 같은 모습의 지붕으로 용마루와 내림마루, 추녀마루로 구성된 지붕 형식이다. 시기적으로 가장 늦게 나타난 지붕이다. 팔작지붕 초기에는 맞배지붕 측면에 가적지붕을 달아 측면의 약점을 보완한 지붕이나 우진각에 맞배를 올려 지붕면이 두 단으로 분리된 형태가 과도기에 사용되었던 것으로 추정된다. 팔작지붕은 측면에 삼각형의 합각이 생긴다. 그래서 팔작지붕을 **합각지붕***이라고도 한다. 팔작지붕은 조선시대 권위건축에서 가장 많이 사용한 지붕 형태로 규모와 상관없이 주전은 팔작으로 하는 경우가 대부분이다. 그러나 맞배에 비하여 지붕가구에 사용되는 목재의 양이 30% 정도 많아 목재가 부족한 조선 후기 사찰건축에서는 하부가구는 그대로 두고 지붕만 팔작을 맞배로 고치는 경우가 종종 있었다. 합각부 아래에서는 측면 서까래 말구가 내부에서 노출되어 보이기 때문에 대개 우물천장을 설치했다.

* 합각지붕(habgagjibung) synonym for paljagjibung

가적지붕 경주 양동 무첨당
Dialect for Eyebrow Roof at Gyeongsang-do Region

가적지붕 영천 숭렬당

가적지붕 의성 소우당 고택

눈썹지붕 추사 김정희 선생 고택
Eyebrow Roof (Small Roof)

nunsseobjibung

눈썹지붕
Eyebrow Roof (Small Roof)

마치 눈썹과 같이 작게 덧달아 낸 지붕을 가리킨다. 건물의 일부분에 덧달아 낼 수도 있고 창덕궁 존덕정과 같이 사방에 모두 덧달아 낼 수도 있다. 영천의 숭렬당이나 의성 소우당 고택의 경우는 맞배지붕의 측면 박공 아래 퇴칸에 **눈썹지붕***을 덧달았다. 경상도 지역에서는 맞배지붕 측면에 아궁이를 설치하고 이를 보호하기 위해 기둥을 별도로 세워 눈썹지붕을 설치한 사례를 종종 볼 수 있다. 영천의 오회당이나 경주 양동 무첨당, 달성 태고정 등에서 볼 수 있으며 충남 예산의 추사 김정희 선생 고택에서도 볼 수 있다. 이러한 눈썹지붕을 경상도에서는 **가적지붕****이라고도 부른다.

* 눈썹지붕(nunsseobjibung) eyebrow roof (small roof)

** 가적지붕(gajeogjibung) dialect for eyebrow roof at Gyeongsang-do region

사모지붕 법주사 원통보전
Pyramid Hip Roof

육모지붕 창덕궁 존덕정
Hexagonal Hip Roof

팔모지붕 개태사 팔각당
Octagonal Hip Roof

moimjibung
모임지붕
Hip Roof without Ridge

모임지붕은 추녀마루로만 구성되고 용마루 없이 하나의 꼭짓점에서 지붕골이 만나는 지붕 형태이다. 평면이 방형인 경우에는 사각뿔 모양인데 이를 **사모지붕***이라 하고 육각뿔 형태를 **육모지붕****, 팔각뿔 형태를 **팔모지붕*****이라고 한다. 모임지붕은 비일상적 건물인 정자나 탑 등에서 주로 사용한다. 조선시대 목탑인 법주사 팔상전이나 쌍봉사 대웅전이 사모지붕이며 불전 중에서는 법주사 원통보전이나 불국사 관음전이 사모지붕이다. 육모지붕은 창덕궁 승화루에서 볼 수 있으며 창덕궁 존덕정은 사방이 이중처마로 구성된 육모지붕이다. 경복궁 향원정, 부여 낙화암의 백화정, 영

* 사모지붕(samojibung) pyramid hip roof
** 육모지붕(yukmojibung) hexgonal hip roof
*** 팔모지붕(palmojibung) octagonal hip roof

까치구멍집 삼척 신리 너와집
Small Gable Hybrid Roof

까치구멍집 봉화 설매리 3겹 까치구멍집

천 환벽정, 거창 입암정, 광산 가학정 등이 육모지붕이다. 팔모지붕은 의외로 드물며 개태사 팔각당에서 사례를 볼 수 있고 이외에 남한산성 내 영춘정, 용인 봉서정 정도에서 볼 수 있다. 한국 정자는 육각정과 팔각정은 매우 드물고 일반 민가와 같이 우진각, 팔작, 맞배지붕이 많다.

kkachigumeongjib

까치구멍집

Small Gable Hybrid Roof

까치구멍집은 강원도 산간의 너와집이나 울릉도 도투마리집에서 볼 수 있는 지붕유형이다. 팔작지붕과 같은데 단지 합각을 환기구멍 정도로 매우 작게 만든다는 것이 다르다. 강원도 산간의 너와집은 폭설과 맹수 때문에 외양간과 변소 등도 모두 처마 안에 두었다. 그리고 추위 때문에 측면을 깊게 하여 보온에 유리하도록 하였다. 따라서 평면은 정방형에 가까우며 정면 출입문을 들어서면 좌우에 외양간과 부엌이 배치되고 안쪽으로는 토방을 중심으로 좌우에 안방과 건넌방이 있는 것이 보통이다. 토방을 중심으로 각 실이 배치되는 모습이 거실을 중심으로 방들이 배치되는 요즘의 아파트 평면과 유사하다. 까치구멍은 원시가옥이나 초가에서 환기용으로 사용하는 경우도 있다.

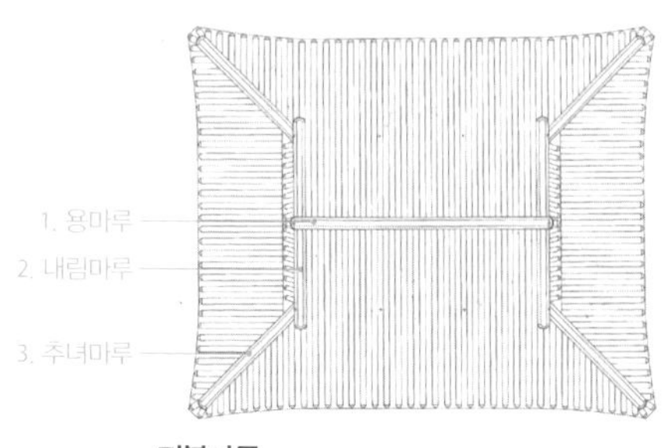

지붕마루
Roof Ridge

지붕마루 덕수궁 중화전

착고와 부고 추사 김정희 선생 고택
Triangular Pentagon Shape Tile and Ridge–end Tiles

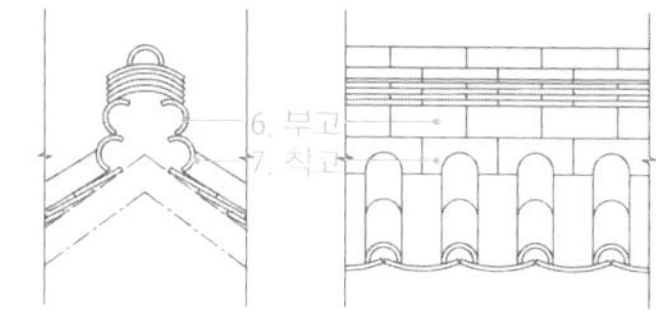

착고와 부고

jibungmalu

지붕마루
Roof Ridge

지붕면이 서로 만나는 부분에서는 지붕마루가 만들어진다. 지붕마루는 위치에 따라 세분되는데 가장 높은 종도리 위에 도리방향으로 길게 만들어진 것이 **용마루***이다. 그리고 팔작지붕에서 합각을 타고 내려오는 것이 **내림마루****이며 추녀 위 지붕마루는 **추녀마루*****라고 한다. 팔작지붕은 세 개의 지붕마루가 모두 만들어지지만 우진각은 내림마루가 없으며, 맞배는 추녀마루가 없고, 모임지붕은 용마루와 내림마루가 없다.

지붕마루를 만들 때 제일 아랫단에는 기왓골의 요철에 따라 삼각팬티 모

* 용마루(yongmalu) top horizontal ridge
** 내림마루(naelimmalu) sloping ridge
*** 추녀마루(chunyeomalu) eave ridge

머거불 장흥 죽헌고택
Two Convex Tiles under Ridge End

양상도회 문수산성 동문
Lime Plaster Coating for Entire Roof Ridge

1. 용마루 top horizontal ridge
2. 내림마루 sloping ridge
3. 추녀마루 eave ridge
4. 숫마루장 single layer of convex roof tile on top
5. 적새 multiple layers of inverted roof tile
6. 부고 ridge–end tiles
7. 착고 triangular pentagon shape tile
8. 망와 decorative roof–end tile at eaves end
9. 풍잠 lime plaster end finish
10. 머거불 two convex tiles under ridge end
11. 용두 dragon head shape decorative end tile at sloping ridge
12. 양상도회 lime plaster coating for entire roof ridge

양의 특수기와가 놓이는데 이를 **착고**(기와)*라고 한다. 용마루에서는 착고 위에 수키와를 옆으로 눕혀 한 단 더 올리는데 이를 **부고**(기와)**라고 한다. 부고 위에는 암키와를 뒤집어 여러 장 겹쳐 쌓는데 이를 **적새*****라고 한다. 적새 위에는 수키와를 한 단 놓는데 이를 **숫마루장******이라고 한다. 지붕마루 양쪽 끝 단면에서는 망와 아래에 수키와 두 장을 옆으로 눕혀 막아주는데 이를 **머거불**(기와)*****이라고 한다. 부고와 머거불은 형태 면에서는 차이가 없다. 조선시대 이전에는 망와 아래에 **귀면**(鬼面)******이라는 특수기와를 따로 제작해 사용했는데 지금은 수키와를 이용해 막기 때문에 마감이 깔끔하지 못하다. 귀면을 사용했던 고대건축에서는 망와 대신에 곡선형의 곱새기와를 올려 마감하는 것이 일반적이었다.

* 착고(기와)〔chaggo(giwa)〕 triangular pentagon shape tile

** 부고(bugo) ridge–end tiles

*** 적새(jeogsae) multiple layers of inverted roof tile

**** 숫마루장(susmalujang) single layer of convex roof tile on top

***** 머거불(기와)〔meogeobul(giwa)〕 two convex tiles under ridge end

****** 귀면(gwimyeon) decorated tile for ridge end

궁궐이나 바람이 센 남부 해안지역에서는 지붕마루 전체를 회로 감싸 바르는 경우가 있다. 이를 **양성**(바름)*이라고 하는데 문헌에는 **양상도회**(樑上塗灰)라고 기록되어 있다. 양상도회에 사용되는 주재료는 삼물(三物)이라고 하여 백토와 세사에 생석회를 섞은 것이다. 여기에 갈라짐을 방지하기 위해서 백휴지(白休紙)를 물에 풀어 섞었으며 교착성을 높이기 위해 쌀풀이나 느릅나무풀을 섞기도 했다. 표면에는 들기름을 발라 방수 역할을 하도록 했다.

* 양성(바름)〔yangseong(baleum)〕 white coating for entire roof ridge

jaelyo-e ttaleun jibung-ui jonglyu-wa guseong

재료에 따른 지붕의 종류와 구성

Roof Type Depending on Material

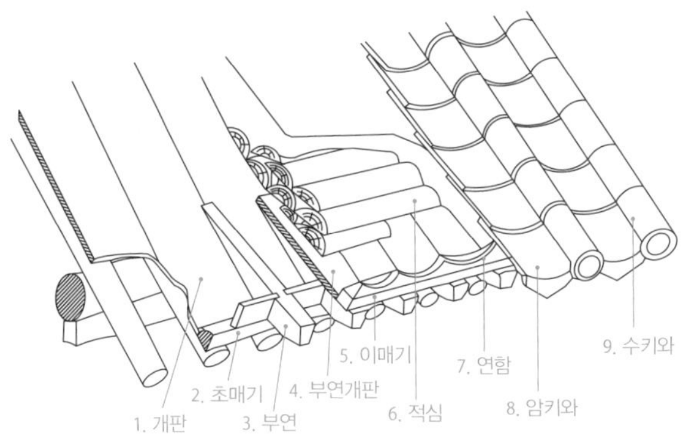

기와지붕의 구성

Tiled Roof Detail

1. 개판 roof board
2. 초매기 laths on typical rafter
3. 부연 additional rafter
4. 부연개판 roof board on additional rafters
5. 이매기 laths on extension rafter
6. 적심 wood on lattice weave
7. 연함 pan tile supporting laths
8. 암키와 channel tile
9. 수키와 convex tile

giwajibung

기와지붕

Tiled Roof

기와지붕은 토기와 같이 흙으로 빚어 불에 구운 기와로 이은 지붕을 말한다. 궁궐, 사찰 등 권위건축과 부유한 살림집 등에 사용되었다. 기와는 화재에 강하고 배수 능력이 뛰어나며 수명도 길지만 무거운 것이 단점이다. 기와는 고조선 지역에서도 발굴된 것으로 미루어 이미 기원전부터 사용되었던 지붕 재료임을 알 수 있다. 삼국시대에는 다양한 막새기와가 사용되기 시작했으며 시대 및 나라별로 막새 문양이 달라 시대 판별의 기준이 되기도 한다. 통일신라의 고급 집에서는 유약을 발라 구운 녹유기와와 청기와 등이 사용되기도 했다. 또 기록에 따르면 경주의 민가들은 화재 방지를 위해 기와의 사용을 권장하기도 했다. 조선시대 창덕궁 선정전에도 청기와 흔적이 남아 있으나 조선 후기로 옮겨 가면서 점차 녹유나 청기와를 굽는

적심 창경궁 명정문
Wood on Lattice Weave

보토 동호재
Earth on Top of Jeogsim

산자엮기 창경궁 명정문
Lattice Sticks Weaving

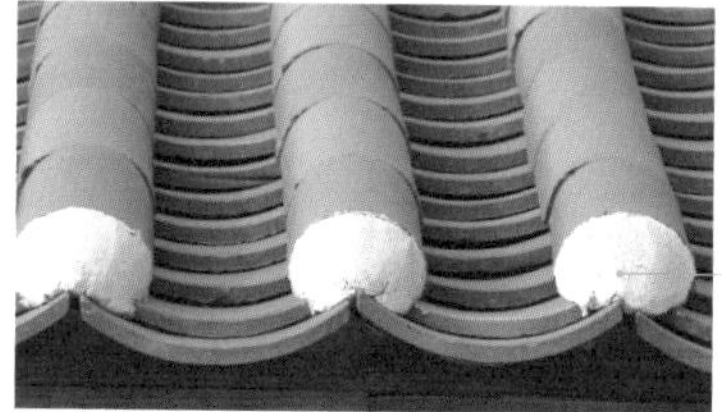

와구토 해남 공재고택
White Lime Clay to Cover End of Roof Tile

홍두깨흙 장곡사
Mud between Convex Tiles

1. 보토 earth on top of jeogsim
2. 와구토 white lime clay to cover end of roof tile
3. 홍두깨흙 mud between convex tiles

기술이 단절되었으며 장식기와도 사라졌다.

개판이나 산자로 마감된 지붕에는 기와를 얹기 위해 다시 여러 재료를 올린다. 먼저 서까래를 눌러주고 지붕 물매를 잡아주기 위해 중도리 부근에 통나무 또는 잡목을 채워주는데 이를 **적심***이라고 한다. 적심은 잡목이나 치목 후 남은 목재 또는 해체한 구 부재를 넣기도 한다. 적심 위에는 단열과 지붕곡을 고를 목적으로 일정 두께의 흙을 깔아준다. 이를 **보토****라고 하며 보토용 흙은 생토를 사용한다. 보토가 새지 않도록 기밀성을 높여주고 보온에도 유리하도록 산자 위에는 볏집, 대팻밥, 거적, 나뭇조각 등을 깔아주기도 하는데 이를 **발비**(서살목)라고 한다. 보토 위에 바로 기와를 얹을 수 있으나 최근에는 방수를 위해 백토에 생석회를 섞어 **강회다짐**을 하기도 한다. 그러나 강회다짐은 전통 방식이라고 볼 수 없으며 20세기 들어서 사용되기 시작했다. 보토 위에는 먼저 암키와를 잇는데 기와 밑에는 진흙을 차지게 이겨 깔아 바탕을 삼는다. 이처럼 암키와 아래 암키와의 접착을 위해 까는 진흙을 **알매흙***** 또는 **새우흙****** 이라고 한다. 암키와 위에는 수키와를 잇는데 수키와 아래에는 **홍두깨흙******* 을 채워 암키와와 접착시킨다. 막새를 쓰지 않는 처마 끝에서는 홍두깨흙이 보이기 때문에 마구리를 백토에 강회를 섞어 하얗게 발라주는데 이를 **와구토********라고 한다.

기와 제작과 지붕 잇기는 전문장인에 의해 이루어졌다. 기와 만드는 장인은 와장(瓦匠)이라 하였고 지붕에 기와를 잇는 장인은 개장(蓋匠)으로 구분하였다. 장식기와를 만드는 장인은 잡상장으로 통칭했다.

지붕

* 적심(jeogsim) wood on lattice weave
** 보토(boto) earth on top of jeogsim
*** 알매흙(almaeheulg) mud for tile bonding
**** 새우흙(saeuheulg) synonym for almaeheulg
***** 홍두깨흙(hongdukkaeheulg) mud between convex tiles
****** 와구토(waguto) white lime clay to cover end of roof tile

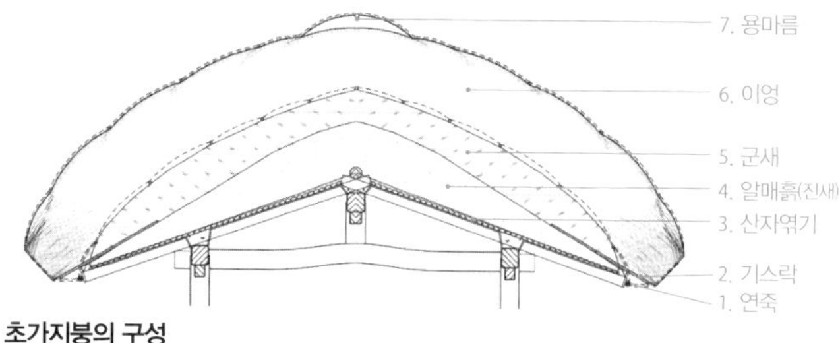

초가지붕의 구성
Thatched Roof Detail

1. 연죽 bamboo poles at end of rafter
2. 기스락 extra bamboo rafter
3. 산자엮기 lattice sticks weaving
4. 알매흙(진새) mud base
5. 군새 mixture of blue pine and old thatch
6. 이엉 woven thatch
7. 용마름 woven thatch for top horizontal ridge
8. 고사새끼 twine to secure thatch

chogajibung

초가지붕
Thatched Roof

초가지붕은 서민들의 살림집에서 흔하게 사용했으며 볏과 식물의 새(띠)로 엮어 잇는 모든 지붕을 가리킨다. 초가지붕은 대개 서까래 위에 산자엮기를 하여 깔고 이를 바탕 삼아 지붕을 올린다. 산자엮기 위에는 기와지붕에서 보토하듯이 진흙에 여물 등을 썰어 넣은 것을 잘 이긴 다음에 골고루 깔아준다. 이를 **알매흙***또는 **진새****라고 한다. 기와지붕의 암키와 밑에 까는 흙과 이름이 같다. 알매흙 위에는 탈곡하고 남은 짚이나 청솔가지 또는 낡은 이엉 등을 펴서 깔아 물매의 바탕이 되게 한다. 이를 **군새*****라고 한다. 군새 위에는 볏짚을 엮어 만든 **이엉******을 일정한 간격으로 겹쳐 깐다. 지붕 용마루 부분에는 별도로 **용마름*******을 엮어 올린다. 이엉을 다 잇고 나면 이엉

* 알매흙(almaeheulg) mud base
** 진새(jinsae) synonym for almaeheulg
*** 군새(gunsae) mixture of blue pine and old thatch
**** 이엉(ieong) woven thatch
***** 용마름(yongmaleum) woven thatch for top horizontal ridge

초가지붕 양동마을
Thatched Roof

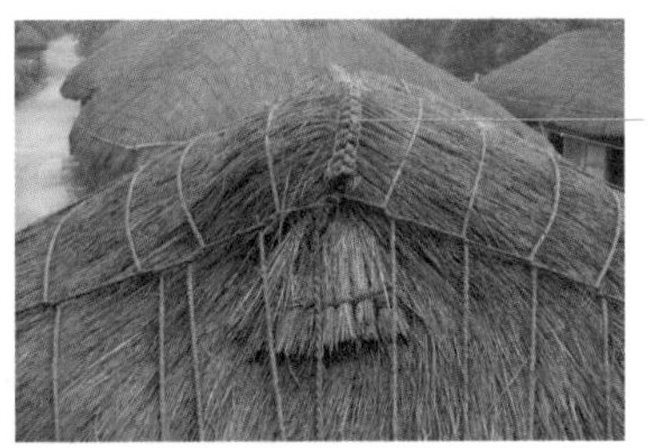

용마름 순천 낙안읍성 주막집
Woven Thatch for Top Horizontal Ridge

고사새끼 이중섭 거주지
Twine to Secure Thatch

연죽 제천 박용원 고택
Bamboo Poles at End of Rafter

기스락 보성 이준회 고택
Extra Bamboo Rafter

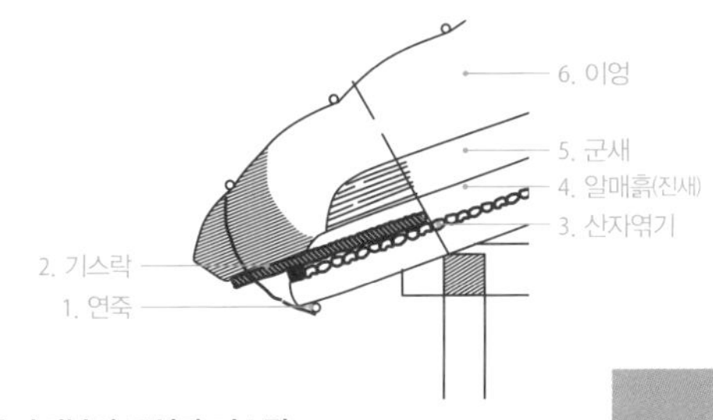

초가지붕의 구성과 기스락
Detail of Thatched Roof and
Extra Bamboo Rafter

이 바람에 날리지 않도록 새끼줄로 묶어 맨다. 이때 이엉을 묶어주는 새끼줄을 **고사새끼***라고 하며 고사새끼는 가로 엮기와 격자엮기, 마름모엮기

* 고사새끼(gosasaekki) twine to secure thatch

기스락자르기 보성 이용우 고택
Cutting Extra Bamboo Rafter

등이 많이 쓰인다. 고사새끼는 서까래 끝에 고정시켜 놓은 **연죽***에 잡아맨다. 연죽은 긴 나무나 대나무 등으로 만들며 서까래 끝에 가로로 길게 고정시킨 것을 말한다. 초가지붕에서는 서까래 바깥으로 지붕을 좀 더 내밀기 위해 **기스락****을 설치한다. 기스락은 처마 마름대 끝에서 보통 5치 정도 내밀어 대나무와 나뭇가지 등으로 만든다. 기스락은 서까래 내밀기보다 처마를 길게 빼 서까래가 부식되는 것을 방지해 준다. 지붕잇기가 끝나면 처마 끝의 이엉을 가지런하게 잘라내 마무리하는데 이를 **기스락자르기**라고 한다. 초가지붕 재료로 사용하는 초본류에는 볏집외에도 새(억새, 기름새, 물억새, 오리새), 갈대, 삼대 등이 있다. 그래서 지붕 재료에 따라 초가집도 세분하면 볏집, 억새집, 갈댓집, 겨릅집 등으로 구분할 수 있다.

벼농사를 주업으로 했던 한국의 초가집은 볏집이 대부분이었고 강원도 정선과 같은 산간에서는 겨릅집이 지어졌으며 억새집은 부안 김상만 고택, 갈대집은 김해 영강사에서 볼 수 있다.

* 연죽(yeonjug) bamboo poles at end of rafter

** 기스락(giseulag) extra bamboo rafter

너와지붕 삼척 신리 너와집
Wooden Slate Roof

너와지붕 울릉 나리 너와 투막집
Slate Roof

돌너와지붕 고성 왕곡마을
Stone Slate Roof

1. 누름대 wooden log roof ballast
2. 누름돌 stone roof ballast

neowajibung, gulpijibung

너와 및 굴피지붕
Slate Roof and Bark Shingled Roof

너와 및 굴피지붕의 구성은 동일하며 간단하다. 서까래 위에 가로목을 걸쳐대고 그 위에 너와나 굴피를 깐다. 기와지붕이나 초가지붕처럼 보토나 알매흙 등은 사용하지 않는다. 너와나 굴피가 바람에 날리지 않도록 누름대나 누름돌을 사용하는데 누름대는 칡넝쿨 등으로 서까래에 묶어준다. 너와나 굴피지붕은 강원도 산간의 까치구멍집에서 많이 쓰였다. 너와는 사방 한 자 정도의 송판으로 두께는 한 치 정도이다. 너와는 도끼로 켜서 판재로 만든 것을 사용해야 섬유골이 생겨서 배수가 원활하고 잘 썩지 않아 오래 간다. **나무너와***는 수명이 5년 정도라고 한다. 지역에 따라서는 점판암을 얇게 떠서 지붕에 올리는 경우가 있는데 이를 **돌너와****라고 한다.

* 나무너와(namuneowa) wooden slate
** 돌너와(dolneowa) stone slate

굴피지붕 삼척 대이리 굴피집
Bark Shingled Roof

굴피 채취
Peeling Tree Bark

굴피지붕*은 굴피나무(굴참나무)껍질을 벗겨 너와처럼 이은 것이다. 굴피나무는 껍질이 크게 잘 벗겨지기 때문에 때로 벽체에 붙이기도 한다. 나무너와와 굴피집은 강원도 신리와 대이리에서 볼 수 있다.

너와나 굴피지붕은 서까래 위에 일정 간격으로 너와나 굴피를 걸기 위한 걸목을 설치하는데 이를 **너시래****라고 한다. 얇은 자연목을 사용하는 것이 일반적이다. 보토나 알매흙, 군새 등이 없는 것이 특징이며 지붕 위에는 너와 날림을 방지하기 위해 **누름목*****이나 **누름돌******을 사용하는데 누름돌을 **붓돌*******이라고 부르기도 한다. 굴피집에서는 누름목(누름대) 밑에 아(Y)자형의 **갈퀴목**을 찔러 넣어 누름목이 구르지 않게 했다.

* 굴피지붕(gulpijibung) bark shingled roof
** 너시래(neosilae) under-log to place bark or wooden slate over
*** 누름목(nuleummog) wooden roof ballast
**** 누름돌(nuleumdol) stone roof ballast
***** 붓돌(busdol) synonym for nuleumdol

giwaui jonglyu

기와의 종류

Roof Tile Type

전통기와의 종류

대분류	상세분류	비고
평와 (平瓦, 常瓦)	암키와(女瓦) 수키와(夫瓦) - 미구기와, 토수기와	토수기와는 고려 이전에 많이 사용했으며 사다리꼴로 생겼다.
막새기와 (防草)	암막새(女防草) 수막새(夫防草) 초가리기와(연목초가리, 부연초가리, 추녀초가리, 사래초가리) 토수(吐首)	초가리기와는 목재 말구 면을 막아 빗물 침투로 인한 부식을 막는데 효과 가 있다.
장식기와	치미(鴟尾) 취두(鷲頭) 용두(龍頭) 망와(望瓦) 바래기기와(곱새기와) 잡상(雜像) - 대당사부(선인), 손행자(손행자매), 저팔계(준견), 사화상(준구), 이귀박(줄개), 이구룡(악구), 마화상(마룡), 삼살보살(산화승), 천산갑, 나토두 귀면(鬼面) 머거불기와	《의궤》에는 잡상 명칭 중 손행자(孫行者), 준구(蹲狗), 악구(惡口), 마룡(瑪龍), 줄개(乼介) 등만 나오고 다른 명칭은 보이지 않는다. 바래기기와는 통일신라 쌍봉사 철감선사 부도에서 흔적을 볼 수 있다. 머거불기와는 현재 수키와를 사용하지만 이전에는 귀면이나 머거불 전용 특수기와가 사용되었다.
특수기와	왕찌기와(보습장) 착고 부고 적새 무량갓(曲瓦, 曲蓋女瓦) 당골막이 너새기와(날개기와, 唐瓦) 청기와(靑瓦) 황기와(黃瓦) 연가(煙家) 절병통	《의궤》에서는 곡와와 곡개여와를 드물게 부궁와(夫弓瓦), 여궁와(女弓瓦)라고도 표기하였다. 당골막이는 현재의 착고를 가리키는 말로 추정된다. 너새기와는 특수기와라기보다는 쓰임 위치에 따른 분류라고 볼 수 있는데 맞배나 합각부분에서 목기연 위에 놓이는 기와를 말한다.

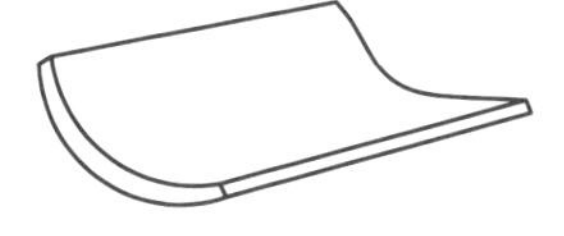

암키와
Channel Tile

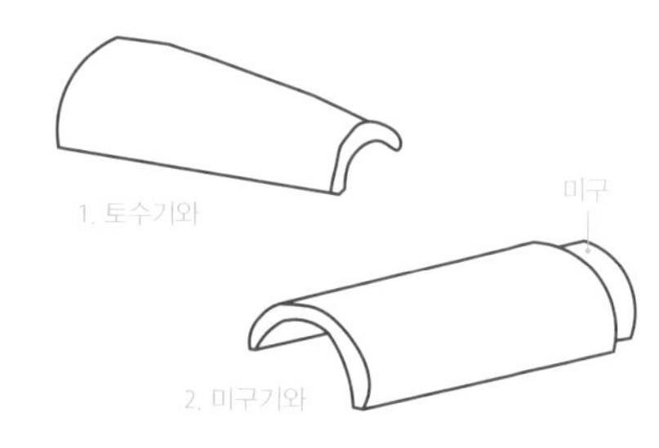

수키와
Convex Tile

1. 토수기와 overlapping convex tile
2. 미구기와 interlocking convex tile

암키와 해남 공재고택
Channel Tile

미구기와 해남 공재고택
Interlocking Convex Tile

토수기와 경주 황룡사지 출토
Overlapping Convex Tile

pyeongwa

평와

Flat Roof Tile

평와(平瓦)*는 **상와**(常瓦)라고도 하며 가장 기본이 되는 기와이다. 평와는 다시 **암키와**(女瓦)**와 **수키와**(夫瓦)***로 나뉜다. 암키와는 통상 **바닥기와**라고도 하고 지붕 바닥 면에 제일 먼저 까는 기와이다. 기와의 크기는 건물 규모에 따라 다양하지만 지금 생산되는 기와는 대·중·소 세 단계로 구분되어 있다. 수키와는 암키와 위에 올라가는 반원형 기와로 두 종류가 있다. 현재 사용하고 있는 수키와는 기와 뒤쪽에 **미구**라는 턱이 있어서 기와가 서로 연결될 수 있게 되어 있다. 이를 **미구기와**라고 하며 미구에는 배수 홈이 파여 있다. 지금은 사용되지 않지만 앞쪽은 넓고 뒤쪽은 좁게 하여 사다리꼴 형태로 만들어진 수키와가 있다. 이 기와는 미구없이 좁은 쪽을 넓은 쪽이 물고가도록 이어나간다. 이 기와를 **토수기와**라고 한다. 토수기와는 고려 이전에 많이 쓰였으며 일본에서는 이를 **교키**(行基)**기와**라고 한다. 교키스님****이 즐겨 사용했기 때문에 붙은 이름이다.

지붕

* 평와(pyeongwa) flat roof tile

** 암키와(amkiwa) channel tile

*** 수키와(sukiwa) convex tile

**** 교키(行基)스님은 나라시대에 활동했던 스님으로 우리나라에서 건너간 오경박사의 후손이다. 대승통까지 오른 스님으로 일본 불교의 효시이며 많은 사찰을 지었다. 현재도 일본 최초 사찰인 아스카데라(飛鳥寺)를 옮겨 지은 나라의 간고우지(元興寺)에 토수기와를 이은 건물이 남아 있다.

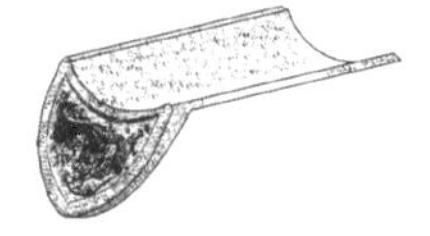

암막새
Antefix for Channel Tile

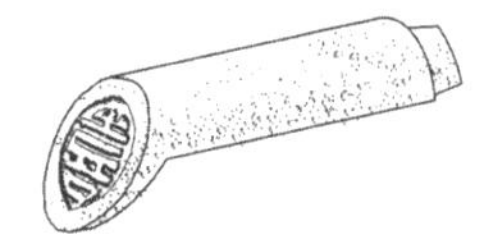

수막새
Antefix for Convex Tile

1. 수막새 antefix for convex tile
2. 암막새 antefix for channel tile

암막새와 수막새 예천 야옹정
Antefix for Channel Tile and Antefix for Convex Tile

수막새 공주 주미사지, 백제
Antefix for Convex Tile

수막새 익산 왕궁리유적, 백제

연목 초가리기와
(부여박물관 소장)
Lotus Flower Shape End Tile to Protect Wooden Eave or Rafter

연목 초가리기와 미륵사지

연목 초가리기와
(동아대박물관 소장)

magsaegiwa

막새기와

Antefix

처마 쪽에 거는 기와는 기와 끝에 드림새를 붙여서 마감이 깔끔하게 하는데 이를 **막새기와**(防草)*라고 한다. 막새도 암수를 구분하여 **암막새**(女防草)**, **수막새**(夫防草)***로 나눈다. 막새가 처음 만들어질 당시에는 기와 끝을 조금 짓이겨 처져 내려오도록 하는 정도였으나 차츰 **드림새**를 따로 덧대어 각종 문양을 새기는 것으로 발전하였다. 드림새 문양은 고구려, 백제, 신라가 달랐으며 시대마다 특색이 있어서 기와 연대 판별의 중요한 단서를 제공하기도 한다. 삼국시대 암막새의 드림새는 옆으로 긴 것이 특징이었는데 조선시대에는 끝이 뾰족하게 처져 내려오도록 하여 빗물이 한 점에 모여 떨어지도록 했다. 수막새에는 연화나 당초, 보상화문, 금수문 등을 장식했으며 고려시대에는 범문자 기와도 많이 나타난다. 같은 연화문이라도 지역에 따라 다른데 고구려는 대부분 적갈색을 띠며 꽃잎 수가 4~10개까지 다양하다. 꽃잎 너비도 좁고 그 끝이 날카로우며 볼륨이 매우 강하다. 전체적으로 강한 느낌을 주는 것이 특징이다. 백제는 연회색을 띠고 연꽃무늬가 양감이 적은 소판 위주로 끝이 부드럽고 전체적으로 매우 섬세한 분위기이다. 신라는 정제되지 않은 투박함을 보여주며 통일신라는 동물, 용, 비천, 구름 등으로 문양이 다양하다.

막새 중에서 목부재의 마구리 면을 보호하기 위해 사용되는 기와가 **초가리기와******이다. 서까래나 추녀 끝에 주로 이용되었는데 부재 명칭에 따라 연목초가리, 부연초가리, 추녀초가리, 사래초가리라고 불렀다. 초가리기와는 목재에 부착하기 위해 보통 중앙에 못 구멍을 뚫었다. 추녀와 사래초가리기와는 구분하기 어렵고 귀면 모양의 것이 일반적으로 많다. 조선시대에는 추

* 막새기와(magsaegiwa) Antefix

** 암막새(ammagsae) Antefix for channel tile

*** 수막새(sumagsae) Antefix for convex tile

**** 초가리기와(chogaligiwa) end tile to protect wooden eave or rafter

용두 창경궁 명정문
Dragon Head Shape Decorative End Tile at Sloping Ridge

용두 《화성성역의궤》

녀나 사래에 신발을 신기듯이 **토수**(吐首)* 라는 장식기와를 사용해 빗물을 막았다. 토수는 이무기 모양이다.

jangsiggiwa
장식기와
Decorative Tile

장식기와는 주로 지붕마루나 기와가 서로 만나는 부분에서 마감을 깔끔하게 하거나 상징성을 표현하기 위해 사용되었다. 먼저 용마루 양쪽에는 새꼬리 모양의 장식기와가 올라가는데 이를 **치미**(鴟尾)** 라고 한다. 고려 후기 이후로는 치미 대신에 용마루 양쪽을 물고 있는 용머리 모양의 장식이 올라갔는데 이를 **취두**(鷲頭)*** 라고 한다. 취두는 작을 때는 한 조각으로 만들지만 클 때는 두세 조각으로 만든다. 취두 아래에 북수(北首)를 따로 두기도 하며 취두 등에는 뿔 모양의 운각(云角) 또는 규각(圭角)으로 장식하기도 한다.

고구려 고분벽화 등에도 지붕 위에 새가 앉아 있는 장식이 많은데 이는 지붕 자체를 새의 날개로 생각했던 고대인들의 생각에서 비롯되었다. 치미

* 토수(tosu) tile sleeve for eave or corner rafter

** 치미(chimi) birdtail shape decorative tile at ridge end

*** 취두(chwidu) dragon head shape decorative tile at ridge end

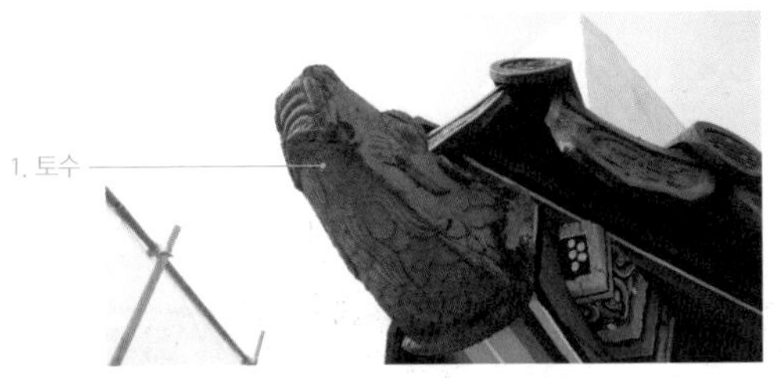

토수 창경궁 홍화문
Tile Sleeve for Eave or corner Rafter

토수 《화성성역의궤》

지붕마루 장식기와 남한산성 행궁
Roof Ridge Decorative Tile

치미 공주 주미사지(공주대박물관 소장)
Birdtail Shape Decorative Tile
at Ridge End

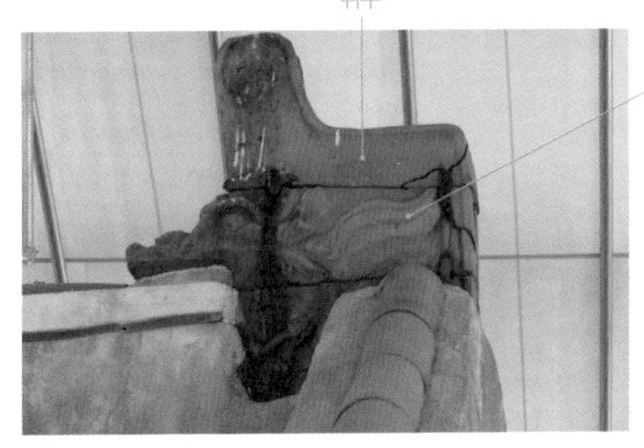

취두 창경궁 명정문
Dragon Head Shape Decorative Tile at Ridge End

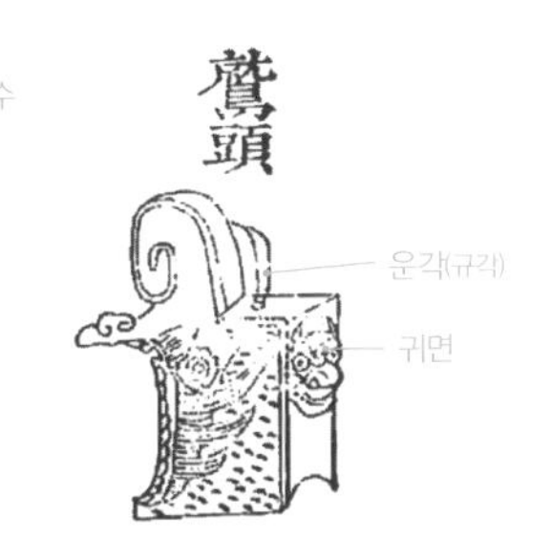

취두 《화성성역의궤》

1. 토수 tile sleeve for eave or corner rafter
2. 잡상 decorative figures at eave ridge
3. 용두 dragon head shape decorative end tile at sloping ridge
4. 취두 dragon head shape decorative tile at ridge end

지붕

잡상 창경궁
Decorative Figures at Eave Ridge

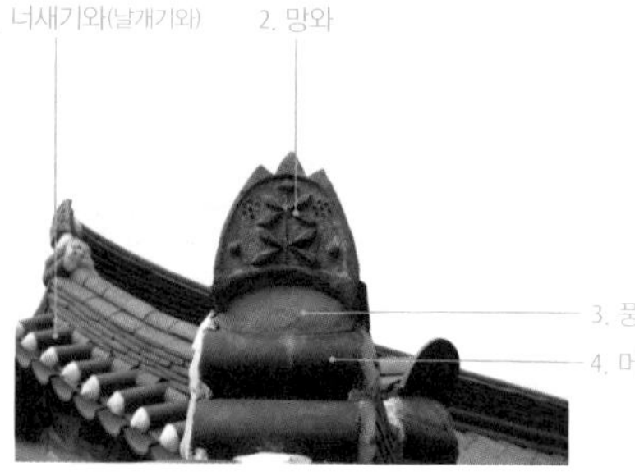

망와 영동 소석고택
Decorative Roof–end Tile at Eaves End

귀면 (동아대박물관 소장)
the Mask of a Devil Antefix

귀면 공주 주미사지

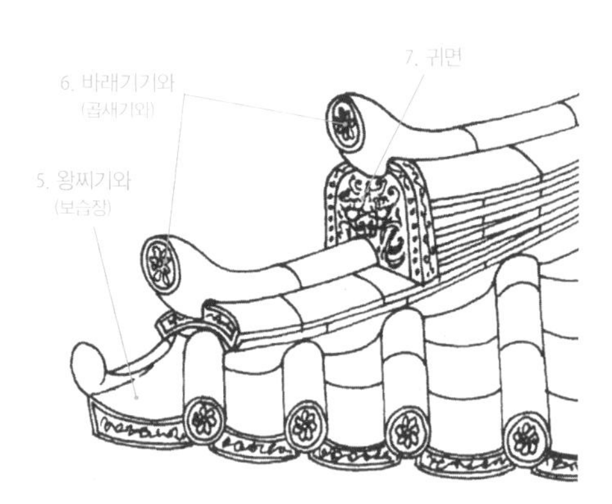

1. 너새기와(날개기와) roof tile for short rectangular rafter
2. 망와 decorative roof–end tile at eaves end
3. 풍잠 lime plaster end finish
4. 머거불 two convex tiles under ridge end
5. 왕찌기와(보습장) wide front and pointed back roof tile
6. 바래기기와(곱새기와) carved round tile at sloping ridge end
7. 귀면 the mask of a devil antefix

바래기기와 귀면
Carved Round Tile at Sloping Ridge End and the Mask of a Devil Antefix

가 용머리 모양의 취두로 바뀐 것은 풍수사상의 영향으로 추정된다. 용두, 현어와 더불어 화마(火魔)를 막아보려는 일종의 비보용으로 사용한 장식기와이다. 보통 내림마루에는 용머리 모양의 장식기와를 올리는데 이를 **용두**(龍頭)* 라고 한다. 그리고 추녀마루에는 여러 동물상이 동시에 올라가는데 이를 **잡상**(雜像)** 이라고 한다. 살림집에서는 사용하지 않으며 주로 궁궐건축에 쓰였다. 잡상의 숫자는 건물 규모에 따라 다르지만 3개, 5개, 7개, 9개 등 홀수로 사용하는 것이 보통이다. 잡상은 길상과 화마를 제압한다는 벽사의 의미를 갖는다. 내림마루 끝에는 **적새**, **귀면**, **머거불**과 같은 여러 장식기와를 사용했다. 또 머거불 위에는 암막새를 엎어 놓은 것과 같은 드림새가 있는 장식기와를 사용했는데 이를 **망와**(望瓦)*** 라고 한다. 망와는 일반 암막새에 비해 드림새가 높다. 통일신라 유적인 화순 쌍봉사 철감선사 부도에는 지붕기와가 세밀하게 조각되어 있는데 내림마루 끝, 귀면 앞에 원통형의 **곱새기와******가 놓였다. 이를 **바래기기와*******라고도 하며 이러한 기와들은 마감을 깔끔하게 하거나 기와 장식으로 사용한 것들이다.

teugsugiwa
특수기와
Unique Tile

특별한 쓰임을 목적으로 만들어진 기와이다. 먼저 창덕궁 대조전이나 창경궁 통명전, 경복궁 교태전 등과 같이 용마루가 없는 지붕에서는 용마루 부분에 양쪽을 넘어가는 특수한 모양의 기와가 사용되었는데 이를 **곡와**(曲瓦)****** 라고 하며 드물게 **궁와**(弓瓦)라고도 한다. 암키와는 말안장처럼 생

지붕

* 용두(yongdu) dragon head shape decorative end tile at sloping ridge
** 잡상(jabsang) decorative figures at eave ridge
*** 망와(mangwa) decorative roof-end tile at eaves end
**** 곱새기와(gobsaegiwa) carved round tile at sloping ridge end
***** 바래기기와(balaegigiwa) synonym for gobsaegiwa
****** 곡와(gogwa) curved tile for roof ridge

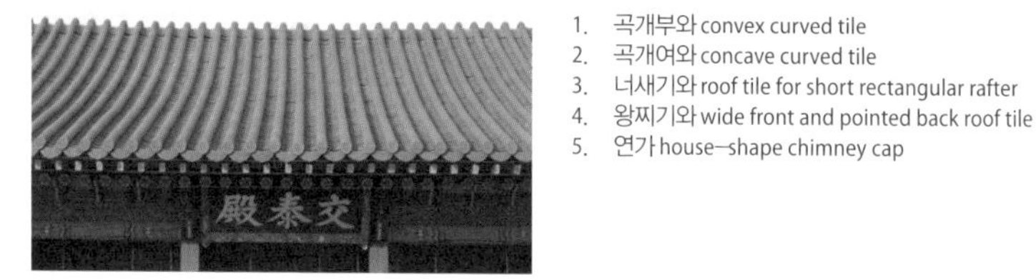

1. 곡개부와 convex curved tile
2. 곡개여와 concave curved tile
3. 너새기와 roof tile for short rectangular rafter
4. 왕찌기와 wide front and pointed back roof tile
5. 연가 house-shape chimney cap

곡와 경복궁 교태전 용마루
Curved Tile for Roof Ridge

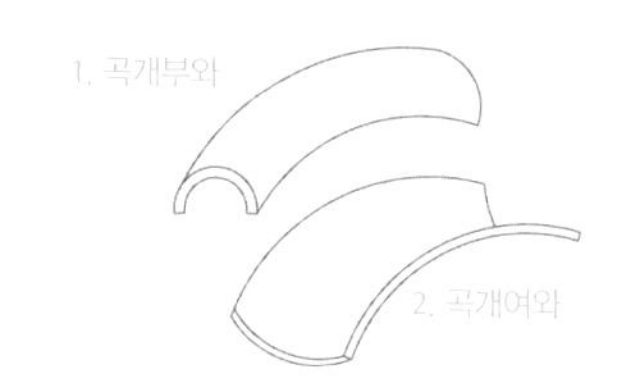

곡와(궁와)

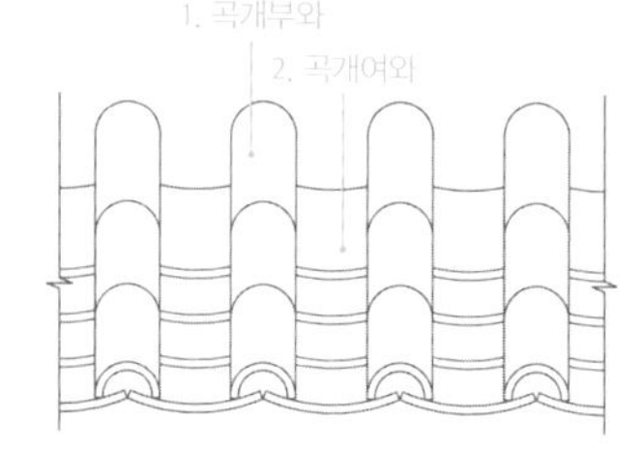

곡와(궁와)

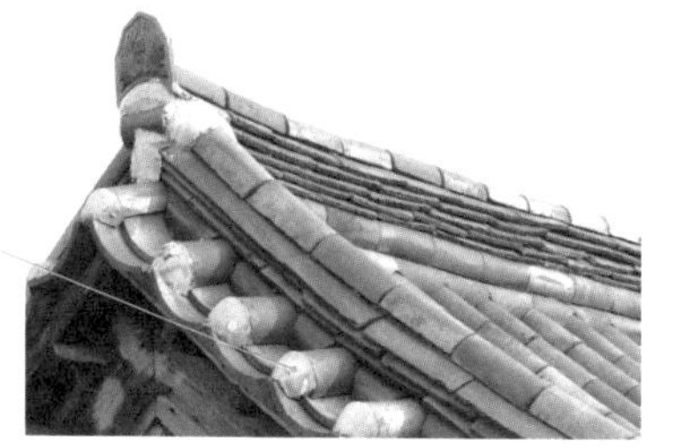

너새기와 추사 김정희 선생 고택 안채
Roof Tile for Short Rectangular Rafter

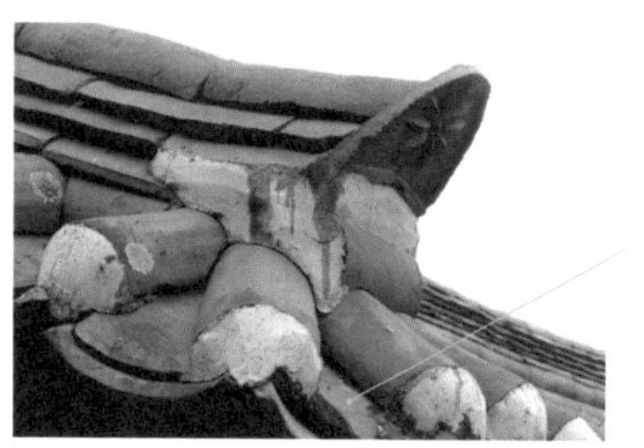

왕찌기와 보성 이정래 고택
Wide Front and Pointed Back Roof Tile

절병통 불국사 원통전
Top Point Tile of Hip Roof

절병통 《화성성역의궤》

연가 창덕궁 낙선재
House-shape Chimney Cap

겼으며 수키와는 소의 목에 거는 멍에처럼 생겼다. 암키와를 **곡개여와**(曲蓋女瓦) 또는 **여궁와**(女弓瓦)라고도 하며 수키와를 **곡개부와**(曲蓋夫瓦) 또는 **부궁와**(夫弓瓦)라고도 부른다. 특수기와는 아닌데 맞배지붕이나 합각지붕에서 지붕 양쪽 끝, 목기연 위에 올라가는 짧은 처마의 기와를 **너새기와***또는 **날개기와**라고 하며 한문으로 쓸 때는 **당와**(唐瓦)라고 한다. 너새기와는 일반 암키와와 수키와를 사용한다.

추녀 위 모서리에서는 앞은 넓고 뒤는 삼각형으로 생긴 암키와가 필요하다. 일반 암키와를 삼각형으로 잘라 쓴다고 해도 폭이 작아 꺾인 부분의 좌우를 감당하기는 어렵다. 그래서 앞쪽 폭이 넓고 뒤는 뾰족한 특수기와를 제작해 사용하는데 이를 **왕찌기와**** 또는 **보습장**이라고 한다. 모임지붕에서는 지붕 꼭짓점에 마디가 여러 개인 항아리처럼 생긴 특수기와를 올리는데 이를 **절병통**(節瓶桶)***이라고 한다. 수원화성의 방화수류정, 창덕궁 상량정 등을 포함한 모임지붕에서 흔하게 볼 수 있다. 절병통은 숫자에 따라 3절병통, 4절병통 등으로 부른다.

또 굴뚝 위에는 빗물은 막아주고 연기는 빠져나가도록 만든 집 모양 토기가 올라가는 경우가 있는데 이를 **연가**(煙家)****라고 한다. 연가는 궁궐건축 정도에서나 쓰는 고급스러운 장식기와로 경복궁 자경전 뒤쪽의 십장생 굴뚝이 대표적이다.

한국에서 기와는 모두 구워서 사용하지만 티벳처럼 건조한 사막지역에서는 굽지 않고 햇볕에 말려서 만들어 사용하기도 하는데 이를 **날기와*****라고 한다.

지붕

* 너새기와(neosaegiwa) roof tile for short rectangular rafter

** 왕찌기와(wangjjigiwa) wide front and pointed back roof tile

*** 절병통(jeolbyeongtong) top point tile of hip roof

**** 연가(yeonga) house-shape chimney cap

***** 날기와(nalgiwa) adobe

잡상 〈상와도〉
Decorative Figures at Eave Ridge

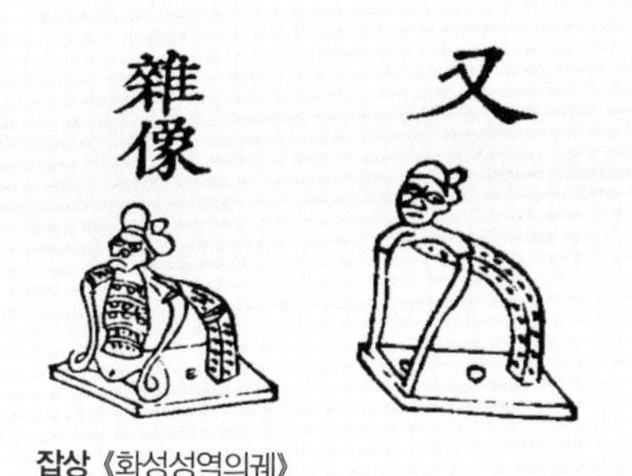

잡상 《화성성역의궤》

jabsang
잡상
Decorative Figures at Eave Ridge

1622년경에 쓰여진 《어우야담(於于野譚)》에는 **잡상***을 십신(十神)이라고 하여 이름이 순서별로 구체적으로 나와 있다. 1920년에 그려진 것으로 추정되는 〈상와도(像瓦圖)〉에도 잡상 그림과 명칭이 나오는데 종류는 같으나 순서만 다르다. 조선시대 건축준공 보고서인 《창덕궁수리도감의궤》(1647)

* 잡상(jabsang) decorative figures at eave ridge

에서는 잡상 명칭으로 손행자(孫行者), 손행자매(孫行者妹), 준견(蹲犬), 준구(蹲狗), 마룡(瑪龍), 산화승(山化僧), 악구(惡口) 등 《어우야담》이나 〈상와도〉와는 다른 이름이 보인다. 잡상에서 《서유기》에 등장하는 삼장법사와 손오공, 저팔계, 사오정 등의 이름이 등장하는 것은 후대의 일로 추정된다. 그 의미도 처음에는 길상과 수양의 의미였다가 차츰 화마를 제압한다는 벽사의 의미로 바뀌어 갔다고 할 수 있다.

〈상와도〉나 《어우야담》의 잡상 순서는 건물에 올라가는 순서이기도 하지만 항상 일치하는 것은 아니다. 열 개의 잡상은 각기 특성이 있어서 역할이 달랐을 것이지만 개개의 역할을 아직 다 규명하지 못하고 있다. 다만 각각의 잡상이 함께 화마로부터 건물을 보호하는 역할을 했을 것으로 추정하고 있다.

	《어우야담》	〈상와도〉	《의궤》	중국
1	대당사부(大唐師傅)	대당사부(大唐師父)	손행자(孫行者)	선인(仙人)
2	손행자(孫行者)	손행자(孫行者)	손행자매(孫行者妹)	용(龍)
3	저팔계(猪八戒)	저팔계(猪八戒)	준견(蹲犬)	봉(鳳)
4	사화상(獅畵像)	사화상(獅畵像)	준구(蹲狗)	사자(獅子)
5	마화상(麻和尙)	이귀박(二鬼朴)	마룡(瑪龍)	해마(海馬)
6	삼살보살(三殺菩薩)	이구룡(二口龍)	산화승(山化僧)	천마(天馬)
7	이구룡(二口龍)	마화상(馬畵像)	악구(惡口)	압어(押魚)
8	천산갑(穿山甲)	삼살보살(三殺菩薩)		산예(狻猊)
9	이귀박(二鬼朴)	천산갑(穿山甲)		해치(獬豸)
10	나토두(羅土頭)	나토두(羅土頭)		두우(斗牛)
11				행십(行什)
12				수수(垂獸)

지붕

byeog, inbang

벽과 인방

Wall and Lintel

- byeogseon
  벽선 Wall Stud
- inbang
  인방 Lintel
- tobyeog
  토벽 Earthen Wall
- panbyeog
  판벽 Wooden Panel Wall
- simbyeog
  심벽 Compacted Earth Wall
- jeonchugbyeog
  전축벽 Brick Wall
- habgagbyeog
  합각벽 Gable Wall
- hwabangbyeog
  화방벽 Fire-proof Wall
- jangjibyeog
  장지벽 Wooden-rib Paper Finish Wall (for Insulation)
- pobyeog
  포벽 Board between Bracket-set
- gojusangbyeog
  고주상벽 Board between Purlin and Purlin Support

익산 김병순 고택

가구식구조의 벽은 비내력벽으로 힘을 받지 않는 칸막이 역할을 한다. 따라서 위치와 구성이 비교적 자유롭다. 다만 외벽은 쾌적한 실내 환경을 위해 단열과 기밀 성능이 중요하다. 한국의 전통 벽은 주재료가 흙인데 구조체인 기둥이나 보 등 목재와의 접합 부분에서 건조수축에 의한 틈이 생길 수 있다. 그래서 기밀성 확보와 이질 재료의 완충을 위해 필요한 것이 **벽선**과 **인방**이다. 즉 중요 구조부재인 기둥이나 보 등이 벽과 직접 만나지 않게 하기 위한 수직부재로 벽선을 이용하고 수평부재로 인방을 사용한다.

벽선은 기둥과 흙벽 사이에 놓여서 흙벽을 지지하는 구조재 역할을 하면서 기밀성을 높이는 역할도 한다. 또 수평 방향으로는 인방이 벽선과 같은 역할을 하는데 흙벽은 구조상 한 층을 통으로 만들 수 없기 때문에 대개는 위와 아래 및 가운데에 인방을 두고 그 사이에 흙벽을 친다. 따라서 벽선과 인방은 흙벽의 액자 틀 역할을 하면서 가구가 변형되는 것을 막아주는 구조적인 역할도 겸한다.

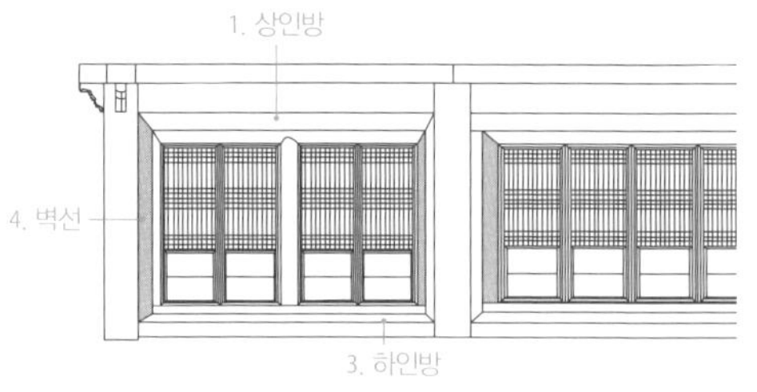

1. 상인방 top lintel
2. 중인방 middle lintel
3. 하인방 lower lintel
4. 벽선 wall stud
5. 화인방 pattern decoration at lintel

벽선 봉정사 대웅전
Wall Stud

벽선 마곡사 해탈문

인방 영광 매간당 고택
Lintel

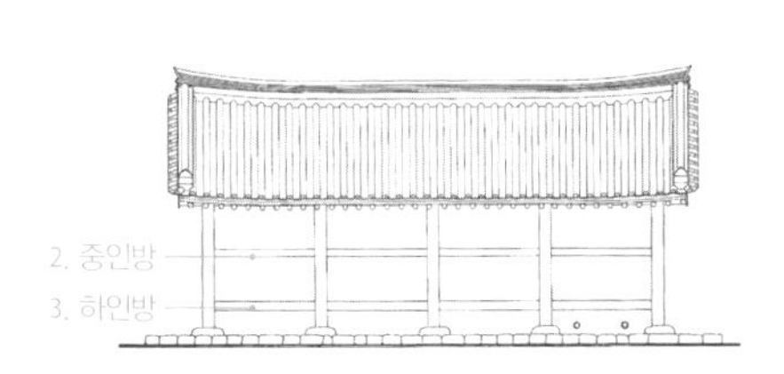

인방 나주향교

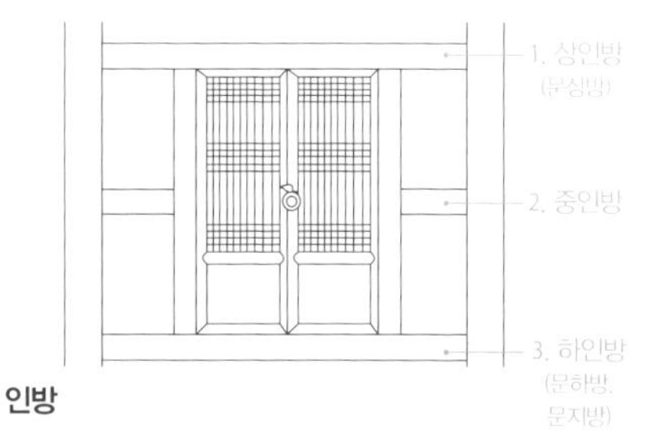

인방

문지방 예천권씨 초간종택
Wooden Door Sill

화인방 파주 공릉 정자각
Pattern Decoration at Lintel

byeogseon

벽선

Wall Stud

벽선(壁楦)*은 기둥과 벽체 사이에 세워 대는 부재를 말한다. 인방과 서로 결구되는 것으로 중인방이 있을 경우에는 벽선은 상하로 나뉘지기도 한다. 인방과는 연귀맞춤이나 장부맞춤으로 결구되며 창호가 달릴 때는 벽선과 인방이 문얼굴을 겸하기도 한다. 기둥과 벽선은 기밀하게 결구하기 위해 기둥에 홈을 파고 약간 물리도록 하며 배흘림기둥인 경우에는 흘림에 맞춰 벽선에 그렝이를 뜬다. 그러나 규모가 작고 격식이 낮은 건물의 경우는 벽선을 두지 않고 기둥에 벽을 바로 붙이는 경우도 있다. 벽선은 벽과 기둥 사이의 완충을 위한 부재이지만 기둥과 한몸이 되어 구조를 보완하는 역학적 특징도 있다. 벽선과 토벽이 만나는 부분에서는 벽선에 홈을 파고 토벽이 물려 들어가게 하여 토벽의 건조수축에 의한 틈이 생기지 않도록 한다.

inbang

인방

Lintel

인방(引防)**은 기둥과 기둥 사이에 건너지르는 가로재를 말한다. 즉 기둥을 상·중·하에서 잡아주는 역할을 하는 것으로 여러 기둥을 일체화시켜 횡력을 견디게 하는 구조적인 역할도 겸하고 있다. 인방은 보통 상·중·하 세 단으로 걸리며 위치에 따라 **상인방**(上引防)***, **중인방**(中引防)****, **하인방**(下引防)*****으로 구분하여 부른다. 기둥과 인방의 맞춤으로 조선시대에는 쌍장부맞춤이 많이 사용되었으며 벽선과 인방은 기와까지 얹고 난 다음 구조가

* 벽선(byeogseon) wall stud

** 인방(inbang) lintel

*** 상인방(sang-inbang) top lintel

**** 중인방(jung-inbang) middle lintel

***** 하인방(ha-inbang) lower lintel

고맥이석 고달사지
Perimeter Stone

잠점석 수원화성 동장대
Lower Lintel Base Stone

1. 고맥이석 perimeter stone
2. 고맥이초석 perimeter stone column base
3. 잠점석 lower lintel base stone

안정된 후에 설치한다. 구조부재는 위에서 아래로 끼워 조립하지만 인방재는 옆에서 끼운다. 민도리집에서는 대부분 장혀가 상인방을 대신한다. 창호가 달리는 경우에는 인방재가 설치되는 높이가 조절된다. 이 경우 상인방은 **문상방**이 되고 하인방은 **문지방**(門地防)이 되는 것이 일반적이며 중방은 문설주를 잡아주는 역할을 한다. 문이 아닌 창인 경우는 문지방을 높여 **머름**으로 만들기도 한다. 또 문간의 하인방은 문지방 역할을 하며 출입의 편의를 위해 가운데가 낮고 양쪽이 높은 반달 모양으로 만들기도 한다.

드물기는 하지만 누각 형태의 복도각이나 누마루 밑에는 구름이나 당초 등을 새긴 하인방이 걸리는 경우도 있는데 이를 **화인방**(畵引防)이라고 한다. 화인방은 왕릉 정자각의 대들보 아래에 쓰이기도 한다. 마루가 놓이기 이전의 집에서는 하방을 기둥 밑선과 일치하도록 낮게 설치하였으나 마루가 놓이면서 하방이 높아졌다. 하방이 기둥 밑선에 설치될 때는 하방을 받치는 별도의 받침석이 사용되었는데 이를 **고맥이석**(고막석)이라고 한다. 고려 이전 건축유적인 고달사지, 부석사 무량수전 등에서 흔하게 볼 수 있다. 조선시대에는 협문이나 중문 등과 같은 문지방 아래에도 받침석을 두었다. 이를 **잠점석**(蠶点石)이라고 표기하는데 읽는 방법은 아직 모른다.

심벽구조의 토벽 익산 김병순 고택
Compacted Earthen Wall

토석벽 낙안읍성
Earth–bond Stone Wall

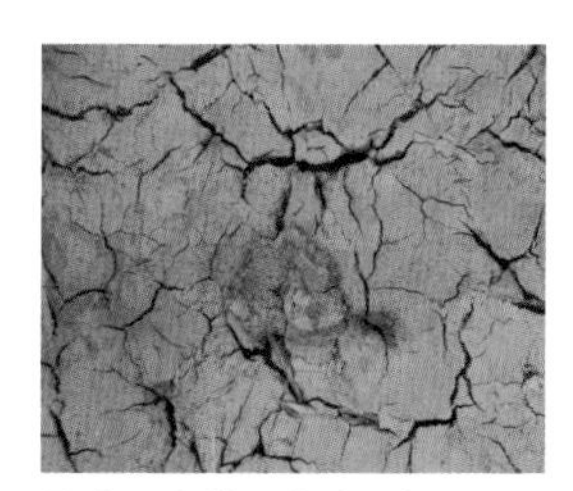

초벌 토벽 청도 운강고택
Earthen Wall

재벌 토벽 이승재 고택
Earthen Wall with Second Earth Application

tobyeog
토벽
Earthen Wall

주재료가 흙인 벽을 말하며 흙으로 벽을 만드는 방법에는 몇 가지가 있다. 민가에서 가장 흔하게 사용한 것은 간단한 **심벽(心壁)**[*]의 형태로 중깃에 눌외 정도만 엮어서 흙을 바른 벽이다. 헛간 등에서는 중깃을 엮지 않고 흙과 돌을 적절히 섞어 토벽을 만들기도 하는데 이를 **토축벽**[**]이라고 한다. 때로는 흙벽돌을 만들어 쌓기도 하는데 이를 **흙벽돌벽**이라고 한다. 단단한 토벽을 필요로하는 담장이나 토성에서는 양쪽에 판재를 대고 흙을 넣어 층층

* 심벽(simbyeok) compacted earthen wall
** 토축벽(tochugbyeog) earthen wall

이 다져 쌓는 **판축벽*** 또는 **판축토벽**이 사용되기도 하였다. 그러나 한국은 습도가 높아 건축물에서는 토벽만으로 구조체를 만들면 약하기 때문에 목재로 골조를 한 다음 그 안을 토벽으로 채우는 경우가 많았다.

panbyeog

판벽

Wooden Panel Wall

헛간이나 창고, 문간 등 난방이 필요치 않은 곳에 주로 쓰인다. 중방을 기준으로 하부는 **판벽(板壁)**** 으로 하고 상부는 심벽으로 하는 경우도 많다. 한국의 판벽은 널을 세워 대는 것이 일반적이다. 벽선 없이 기둥 사이의 중방과 하방에 홈을 파고 판재를 끼워 넣는다. 판재 중간에는 **띠장목***** 을 두 줄로 길게 대고 띠장목에는 머리가 큰 **광두정******을 박아 판재와 고정시킨다. 판재는 궁궐과 사대부집에서는 대패질해 정연하게 다듬지만 서민들의 살림집에서는 도끼나 자귀로 거칠게 다듬은 것도 흔하게 볼 수 있다. 띠장목은 기둥 사이에 길게 건너지르며 기둥과 통맞춤으로 결구시킨다. 드물게 연귀맞춤으로 하는 경우도 있다. 경주 양동 향단의 행랑채는 전체를 판벽으로 구성하였다. 안동 학암고택에서는 판재를 자귀로 거칠게 다듬고 띠장목도 굽은 자연목을 반 잘라 그대로 사용함으로써 자연스럽고 투박한 맛을 내고 있다.

* 판축벽(panchugbyeog) earth sandwiched between wood plank

** 판벽(panbyeog) wooden panel wall

*** 띠장목(ttijangmog) horizontal wooden strip

**** 광두정(gwangdujeong) wooden peg

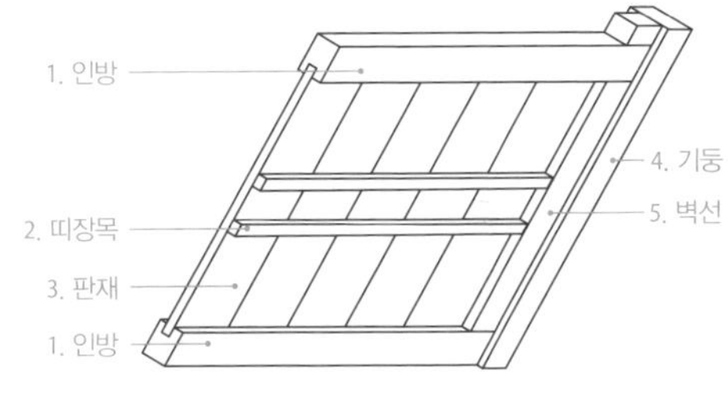

판벽
Wooden Panel Wall

판벽 안동 학암고택

판벽 덕수궁 중화문

판벽 향단

1. 인방 lintel
2. 띠장목 horizontal wooden strip
3. 판재 wooden panel
4. 기둥 column
5. 벽선 wall stud

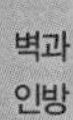

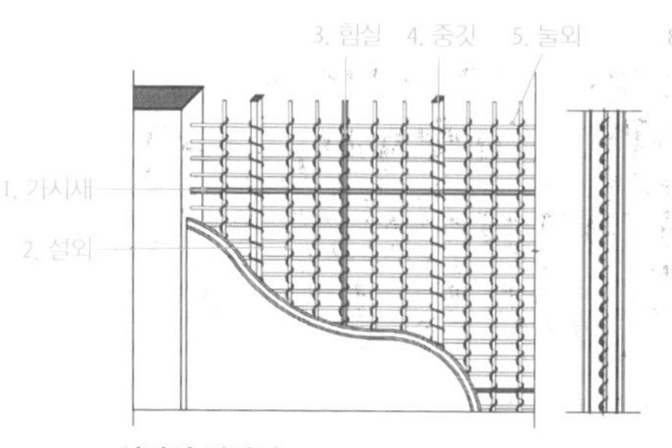

심벽의 외엮기
Exposed Rib System of Compacted Earth Wall

심벽(회벽) 안양 이천교댁
Compacted Earth Wall

외엮기 수원 광주이씨 고택
Weaving Technique of
Vertical and Horizontal Ribs

외엮기 부여 군수리 고택

simbyeog

심벽

Compacted Earth Wall

심벽(心壁)*은 벽체 구성 방법에 따른 명칭이다. 우리나라 건축에서 가장 많은 벽이다. 벽을 고정하기 위해 먼저 상하 인방 사이에 **중깃****이라는 버팀대를 세워 댄다. 중깃은 1~1.5치 정도의 자연목을 사용하며 끝부분은 자귀로 뾰족하게 하여 인방에 통맞춤한다. 중깃 간격이 넓을 경우에는 중깃

* 심벽(simbyeog) compacted earth wall

** 중깃(junggis) vertical post

6. 초벌

7. 재벌

회사벽 익산 김병순 고택
Plaster, Mud and White Clay Wall

회벽 영동 김참판댁
Plaster Wall

1. 가시새 vertical brace
2. 설외 vertical wooden rib
3. 힘살 horizontal brace
4. 중깃 vertical post
5. 눌외 horizontal wooden rib
6. 초벌(토벽) primer (earth)
7. 재벌(사벽) base coat (mud and white clay)
8. 정벌(회벽) top coat (plaster)
9. 인방 lintel

보다 굵기가 약간 가는 자연목으로 중깃 사이에 다시 한번 세로대를 보내 주는데 이를 **힘살***이라고 한다. 그리고 힘살과 직교하는 가로대를 보내 주는 경우도 있는데 이를 **가시새**라고 한다. 힘살과 가시새는 흔하게 사용되지 않으며 특히 가로대인 가시새는 거의 쓰이지 않았다. 대개는 중깃을 뼈대 삼아 싸리나무, 수수깡 등으로 가로로 길게 가로살을 보내주는데 이를 **눌외****라고 한다. 그리고 눌외와 직교하여 세로살을 보내주는데 이를 **설외*****라고 한다. 눌외와 설외는 누워있는 외, 서 있는 외라는 뜻으로 눌외와 설외를 엮어 벽체의 틀을 만든 것을 **외엮기******라고 한다.

즉 심벽은 중깃과 눌외 및 설외에 의한 외엮기가 벽체의 뼈대(심)를 구성한다는 의미이다. 근래에는 설외를 잘 사용하지 않는 경우도 많으며 싸리나무 대신 쫄대목이나 대나무를 사용하는 경우도 많은데 대나무는 미끄럽기 때문에 미장벽이 잘 떨어지는 단점이 있다. 눌외나 설외는 새끼줄로 엮

벽과 인방

* 힘살(himsal) horizontal brace

** 눌외(nuloe) horizontal wooden rib

*** 설외(seoloe) vertical wooden rib

**** 외엮기(oeyeokkgi) weaving technique of vertical and horizontal ribs

는데 외엮기에 사용하는 새끼줄은 가늘어야하기 때문에 별도로 만들어 사용한다. 그리고 외엮기는 너무 촘촘하면 양쪽에서 바른 흙이 서로 물고 있지 못하고 분리되어 오히려 좋지 않다. 외엮기가 끝나면 양쪽에서 흙을 바른다. 건조를 위해 실내에서부터 바르며 **초벌**은 외엮기 사이로 흙이 물려들어가도록 힘 있게 바르고 재벌을 위해 거칠게 바른다. 이때 진흙에는 여물 등을 썰어 넣어 갈라지는 것을 방지한다. **재벌**은 초벌 위에 얇게 바르는데 진흙에 여물이나 겨 외에도 백토를 섞어 갈라지지 않게 한다. 재벌 위에는 마감을 위한 **정벌**을 한다. 정벌은 재료가 다양하다. 양반집에서는 풍화와 방수에 뛰어난 회를 발라 흰벽을 만들었는데 이를 **회벽**(灰壁)*이라고 한다. 때로는 진흙에 백토만을 섞어 바르기도 하는데 이를 **사벽**(砂壁)**이라고 한다. 진흙에 백토와 회를 동시에 섞어 바르는 경우는 **회사벽**(灰砂壁)***이라고 한다. 따라서 심벽은 마감 재료에 따라 다양하게 불리며, 또 외엮기 양쪽에서 벽을 친다고 하여 **맞벽**이라고도 한다. 서민들은 세벌바름을 다 하지 못하고 초벌바름한 위에 진흙 앙금을 풀과 섞어 발라 마감하는데 이를 **맥질**이라고 한다. 맥질은 그리 수명이 길지 않아서 일 년에 한 번 정도는 주기적으로 해주어야 한다. 맥질은 손 문양이 벽에 남아있어서 투박한 아름다움을 준다. 양반집에서는 심벽의 풍화를 방지하기 위해 기름먹인 종이를 발라주기도 했다.

* 회벽(hoebyeog) plaster wall

** 사벽(sabyeog) mud and white clay wall

*** 회사벽(hoesabyeog) plaster, mud and white clay wall

전축벽 수원화성 방화수류정
Brick Wall

jeonchugbyeog
전축벽
Brick Wall

벽돌을 사용해 쌓은 벽을 가리킨다. 벽 전체를 벽돌로 쌓는 경우는 한국에서는 흔하지 않으며 일부를 치장하기 위한 벽이 많다. 수원화성은 전축성으로 유명한데 조각처럼 아름다운 방화수류정은 누 하부에 전축벽을 쌓았는데 막히고 트임의 조화가 아름답다. 이처럼 화장벽과 담을 쌓을 때는 벽돌을 많이 이용했다.

널 합각벽 안동 하회마을
Wooden Panel Gable Wall

전축 합각벽 경복궁 교태전
Brick Gable Wall

사고석 합각벽 신륵사 극락보전
Rectangular Stone Gable Wall

와편 합각벽 영덕 괴시마을
Roof–tile Gable Wall

habgagbyeog
합각벽
Gable Wall

팔작지붕 측면에 생기는 삼각형의 벽을 가리킨다. 꾸밈이 가장 다양하고 아름다운 부분 중 하나이다. 풍판을 만들 듯이 판재를 세워 대고 쫄대목으로 이은 판벽으로 하는 경우가 많다. 그러나 이 부분은 비바람이 들이치기 쉽기 때문에 궁궐에서는 화장벽돌을 이용해 마치 꽃담을 쌓듯이 전축벽으로 한 경우도 볼 수 있다. 또 살림집에서는 와편 담장을 쌓듯이 기와를 이용해 다양한 문양과 무늬를 연출하여 만드는 경우도 많다. **합각벽**(合閣壁)*에 사용되는 문양은 수복강녕을 나타내는 문자무늬에서부터 불로장생을 의미하는 식물과 동물무늬 및 기하학적인 추상문양 등으로 다양하다. 또 합각벽에는 지붕 속 환기를 위해 수키와 두 개를 포개 환기구를 내기도 한다. 때로는 외엮기하여 심벽으로 하고 회를 발라 마감하기도 한다.

* 합각벽(habgagbyeog) gable wall

화방벽과 용지판 창덕궁 낙선재
Fire-proof Wall and Vertical Board between Fire-proof Wall and Column

화방벽 홍성 사운고택
Fire-proof Wall

전축화방벽 종묘 정전
Brick Fire-proof Wall

횡용지판 건원릉 정자각
Horizontal Board between Fire-proof Wall and Column

1. 화방벽 fire-proof wall
2. 용지판 vertical board between fire-proof wall and column
3. 횡용지판 horizontal board between fire-proof wall and column

hwabangbyeog

화방벽
Fire-proof Wall

중방 이하에 설치하는 두꺼운 덧벽을 말한다. 도로에 면한 외행랑채나 사당 건물에 많다. 외기에 면한 행랑채는 방범과 개인 생활 보호를 위해 창을 중방 이상으로 높이 단다. 그리고 중방 이하로는 기둥보다 튀어나오도록 두껍게 벽을 쌓아 방화나 빗물로부터 보호하는데 이를 **화방벽**(火防壁)*

* 화방벽(hwabangbyeog) fire-proof wall

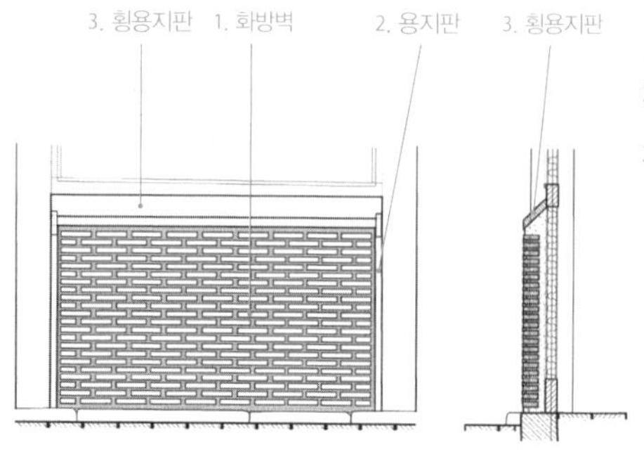

화방벽과 용지판
Fire–proof Wall and Vertical Board between Fire–proof Wall and Column

이라고 한다. 창덕궁 낙선재 외행랑 화방벽은 잘 가공된 장대석을 세 단 놓고 중간에는 사괴석(四塊石)을 쌓았으며 맨 위는 벽돌로 마감했다. 벽돌도 위로 갈수록 작은 것을 사용해 시각적인 안정감을 준 잘 만들어진 화방벽이다. 일반 민가에서는 자연석을 흙과 섞어 쌓거나 와편 등으로 쌓기도 한다. 또 화방벽은 꽃담만큼 다양한 상징적 문양으로 장식하기도 한다. 사당 건물에서는 화방벽을 처마 밑까지 높게 설치하는 경우도 많다. 화방벽은 기둥보다 튀어나오기 때문에 기둥과 화방벽이 만나는 부분에는 판재를 대 화방벽과 기둥이 직접 닿지 않도록 하는데 이를 **용지판(龍枝板)***이라고 한다. 용지판은 화방벽의 습기가 기둥에 영향을 주지 않도록 하는 역할을 한다. 때로는 기둥이 화방벽 속에 묻히기도 하는데 이때는 하단에 구멍을 뚫어 통풍이 되게 해야 한다. 왕릉의 정자각과 같은 격이 높은 의례용 건물에서는 화방벽 위를 덮는 용지판이 사용되기도 하는데 이를 **횡용지판****이라고 한다.

* 용지판(yongjipan) vertical board between fire–proof wall and column

** 횡용지판(hoengyongjipan) horizontal board between fire–proof wall and column

장지벽 경복궁 함화당
Wooden-rib Paper Finish Wall (for Insulation)

jangjibyeog
장지벽
Wooden-rib Paper Finish Wall (for Insulation)

외벽 안쪽과 상하머름 안쪽에는 단열을 위해 각목으로 격자틀을 짜고 벽지를 발라 마감한다. 이를 **장지벽***이라고 하며 벽과 장지벽 사이는 약간 떠있어서 공기층이 형성되어 단열에 매우 효과적이다. 지금은 많이 사라졌지만 경복궁 건청궁에서는 장지벽을 사용한 이중벽을 볼 수 있다.

궁궐 정전의 어좌 뒤쪽에는 고주 사이를 건너지르는 장지벽을 설치하였다. 폭이 한 칸에 이른다고 하여 '한칸거리장지'라고 명명하였다.

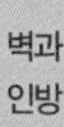

* 장지벽(jangjibyeog) wooden-rib paper finish wall (for insulation)

포벽 법주사 팔상전
Board between Bracket-set

포벽 선암사 대웅전

pobyeog
포벽
Board between Bracket-set

공포와 공포 사이에 생기는 작은 벽체이다. 조선시대 다포식의 불전에서는 포 사이에 삼각형 모양의 **포벽**(包壁)*이 만들어지면 외를 엮어 맞벽을 치고 여기에 회를 바른 다음 벽화를 그렸다. 모양이 삼각형이기 때문에 결가부좌를 한 화불을 그리는 것이 일반적이었다.

파주 보광사 대웅보전이나 중악단에서는 포벽을 토벽으로 하지 않고 통첨차를 사용하여 판벽으로 했는데 이를 **주장첨차**라고 한다.

* 포벽(pobyeog) board between bracket-set

고주상벽 청룡사 대웅전
Board between Purlin and Purlin Support

고주상벽 경희궁 숭정전

gojusangbyeog
고주상벽
Board between Purlin and Purlin Support

다포식 공포에서 내목도리와 뜬장혀 사이에 형성된 벽을 일컫는다. 이 부분은 신륵사 대웅보전이나 파주 보광사 대웅보전과 같이 때로는 빗천장으로 처리하기도 한다. 고주와는 크게 상관이 없기 때문에 **내목상벽**이라고도 하는데 통상은 **고주상벽***으로 부른다. 도리와 뜬장혀 사이는 화반으로 받치고 화반 사이를 회벽으로 처리하여 불화를 그리는 것이 일반적이다.

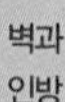

* 고주상벽(gojusangbyeog) board between purlin and purlin support

mun, changho

문과 창호 Openings

gaepye bangsig

개폐 방식 Type of Operation

mun-ui jonglyu

문의 종류 Door Type

- daemun
  대문 Front Gate
- jungmun, hyeobmun
  중문과 협문 Middle Gate and Postern Gate
- numun
  누문 Gate under Pavilion
- iljumun
  일주문 One Pillar Gate
- hongsalmun
  홍살문 Red Colored Gate with Arrow Shape Decoration
- jeonglyeomun, hyojamun
  정려 및 효자문 Monument Gate and Monument Gate to the Filial Piety

changho-ui jonglyu

창호의 종류 Door and Window Types

- salchangho
  살창호 Lattice Door and Window
- changsal
  창살 Lattice Patterns of Openings
- panchangho
  판창호 Board Doors

mun-gwa changho jangsig

문과 창호 장식 Decorations of Door and Windows

- meoleum
  머름 High Window Sill
- panmunjangsig
  판문장식 Door Fixtures
- salchangjangsig
  살창장식 Window Fixtures

경복궁 함화당

창문(窓門)이라는 용어는 창(窓)과 문(門)이 결합된 것으로 창은 채광이나 환기를 위한 개구부, 문은 출입을 위한 개구부로 정의된다. 문은 또 외부공간을 연결해 주는 독립된 문과 건물에 달린 출입문으로 나눌 수 있는데《영건의궤》에 따르면 건물에 달린 문을 17세기까지는 '문'이라고 하지 않고 '호(戶)'라고 불렀다. '호'는 처음에는 건물에 다는 외짝여닫이문을 지칭하는 협의의 뜻으로 쓰이다가 점차 건물에 다는 문 전체를 지칭하는 의미로 바뀌었다. 17세기 이후부터는 문으로 통칭해 부르기 시작했다. 따라서 창문이나 창호는 같은 의미로 건물에 다는 창과 문을 통칭하는 용어라고 할 수 있다. 특히 한국의 창과 호는 모양과 크기가 비슷해 형태로 구분하는 것은 큰 의미가 없다. 다만 마당과 마당을 연결하는 독립된 문은 건물에 달린 문과 확연히 구분된다.

창호는 건물의 얼굴이며 마음으로, 집에 달린 창호의 표정은 곧 집주인의 표정을 나타낸다. 사람도 문으로 출입하지만 귀신도 문으로 출입한다. 그래서 잡귀를 물리치기 위해 창살에 문양을 새기고 장식을 했다. 처용 얼굴을 문에 붙여 놓으면 잡귀가 들어오지 못한다는 것은 널리 알려진 이야기다. 이외에도 가시가 많은 엄나무 가지를 몇 가닥 묶어 문 위에 걸어두면 잡귀가 겁이 나서 달아난다고 생각했다. 지방에 따라서 범과 쑥다발 등을 걸어두기도 한다. 이러한 것은 비단 한국뿐만 아니라 중국이나 인도 등 다른 나라도 마찬가지다. 중국은 문 위에 빨간 부적을 많이 붙인다. 그리고 인도 타르사막의 아주 보잘것없는 원시 움집과 같은 흙집에서도 하얀 가루로 대문이나 건물 출입문에 신령스러운 문양을 그려서 잡귀를 막고 출입문 지붕 위에는 나무로 틀을 짜올려 안녕을 기원했다. 지금도 아침·저녁으로 주부가 대문 앞 바닥에 '코알람'이라는 그림을 그려 가족의 안녕과 평안을 기원하고 있다. 창호는 이렇듯 그 집에 사는 사람들의 안녕과 행복을 기원하는 시작이며 집의 표정이고 얼굴이다.

문과 창호의 종류

<table>
<tr><th colspan="2">분류</th><th>종류</th></tr>
<tr><td colspan="2">개폐 방식에 따른 문과 창호의 종류</td><td>여닫이, 미닫이, 미서기, 들어걸개, 벼락닫이, 접이문, 붙박이, 반지닫이, 안고지기</td></tr>
<tr><td colspan="2">쓰임에 따른 문의 종류</td><td>대문, 중문, 협문, 쪽문, 일각문, 삼문, 사주문, 일주문, 누문, 홍살문, 신문, 정려문, 효자문, 성문, 암문, 수문, 이문(里門), 홍예문</td></tr>
<tr><td colspan="2">쓰임에 따른 창호의 종류</td><td>분합, 쌍창, 독창, 영창, 흑창, 갑창, 광창, 바라지창, 장지, 연창(불발기창), 들창(걸창), 봉창, 사창, 눈꼽째기창, 살대, 거적문</td></tr>
<tr><td rowspan="2">살대의 유무에 따른 문과 창호의 종류</td><td>살창호</td><td>세살, 만살, 아자살, 완자살, 숫대살, 용자살, 꽃살, 빗살, 도듬문, 쇄창(鎖窓)</td></tr>
<tr><td>판창호</td><td>통판문, 널판문, 우리판문, 빈지널문</td></tr>
</table>

gaepye bangsig

개폐 방식

Type of Operation

여닫이 홍성 노은리 고택
Hinge Type

미닫이 홍성 노은리 고택
Pocket Door Type

미서기
안동 하회마을 염행당 고택
Sliding Type

개폐 방식은 창호와 문의 위치 및 쓰임에 따라서 달라진다. 외부공간을 연결하는 독립된 문과 건물 외벽에 다는 창호는 원을 그리며 앞뒤로 여닫는 **여닫이***를 주로 사용했다. 건물 내부의 장지(障子)와 영창 및 흑창 등은 공간 효율을 위해 좌우로 밀어 개폐되는 **미닫이****나 **미서기*****를 주로 사용했다. 두 짝 창호에서 문지방에 홈을 하나만 두고 양쪽으로 열어 두껍닫이(갑창) 속에 쏙 들어가도록 하는 방식을 두껍닫이가 있는 창호라고 하여 **미닫이**라고 한다. 같은 두 짝 창호라고 해도 두껍닫이 없이 문홈을 두 줄로 하여 창호가 서로 엇갈려 여닫을 수 있도록 한 것을 **미서기**라고 한다. 따라서 미닫이는 두 짝 창호를 열면 두 짝 창호 폭만큼 모두 열리지만 미서기는 한

* 여닫이(yeodad-i) hinge type

** 미닫이(midad-i) pocket door type

*** 미서기(miseogi) sliding type

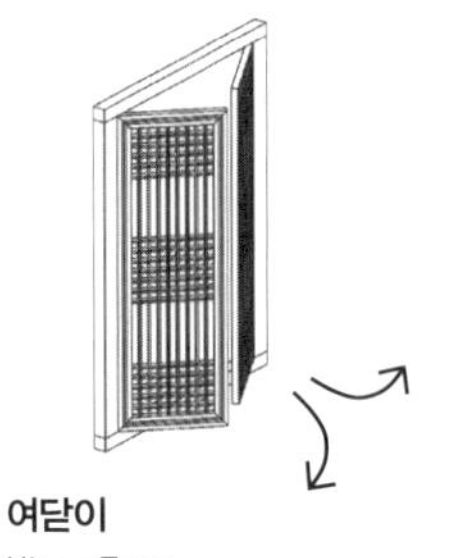

여닫이
Hinge Type

미닫이
Pocket Door Type

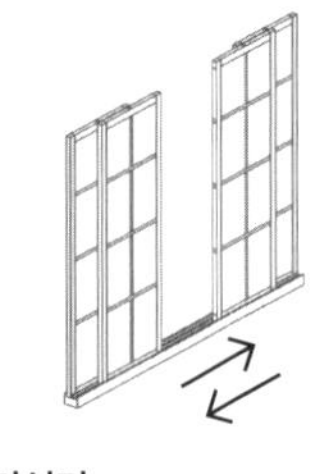

미서기
Sliding Type

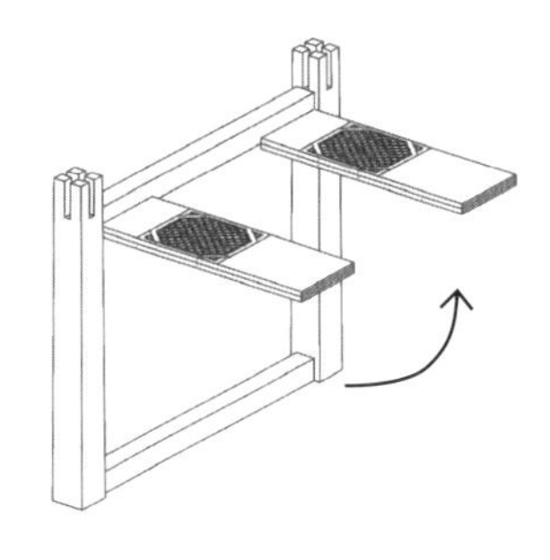

들어걸개
Hanging Type

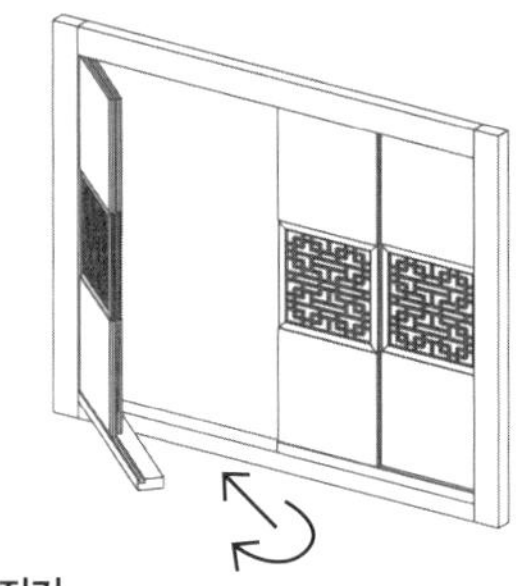

안고지기
Hinge and Sliding Hybrid

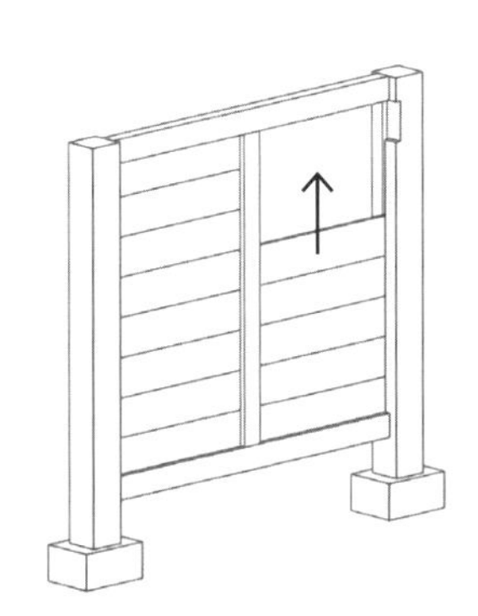

빈지닫이
Board Inserting Type

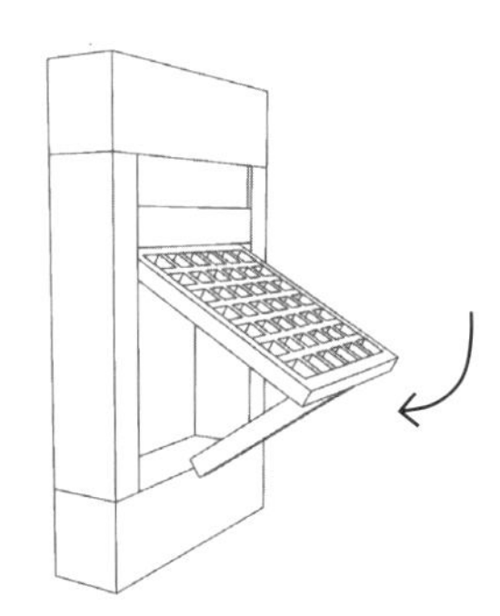

벼락닫이
Lift and Prop up Type

짝 폭만큼 열리게 된다. 현대식 창호 대부분이 미서기 방식이다. 한옥에서는 외벽에 다는 영창이나 흑창을 두껍닫이가 있는 미닫이로 하는 경우가 많다. 그러나 방과 방을 연결하는 장지는 두껍닫이 없이 두 짝 또는 네 짝 미서기로 하는 것이 일반적이다.

들어걸개*는 문짝 전체를 들어 걸쇠에 걸어 공간을 넓게 이용할 필요가 있을 때 사용한다. 대개 대청 앞문이나 대청과 방 사이에 다는 문을 들어걸개로 많이 한다. 여러 짝일 경우에는 옆으로 접어 전체를 한 번에 들어 올린다. 여름에 문을 모두 들어 걸면 대청과 방이 하나로 연결되어 시원한 공간을 만들 수 있다. 이처럼 여러 짝의 창호를 문짝끼리 포개어 들어 여는 것을 **분합(分閤)****이라고 하며 창호의 숫자에 따라 삼분합, 사분합, 육분합, 팔분합 등으로 세분하여 부른다.

벼락닫이***는 외행랑 중방 위에 높이 달린 걸창(乬窓)에 주로 사용된다. 돌쩌귀가 위에 달려 있어서 밑에서 밀어 연 다음 지겟목을 받쳐 놓는다. 지겟목을 빼면 벼락같이 닫힌다고 하여 벼락닫이라고 한다. 개폐 방식은 들어열개와 같은데 문이 아닌 창일 경우에 부르는 명칭이며 벼락닫이 방식의 창을 **들창**이라고도 한다.

접이문****은 주로 네 짝 우리판문을 주름문처럼 접어 여는 문을 말한다. 덕수궁 중화전 우측 담장에는 벽돌로 쌓은 유현문이 있는데 양쪽으로 두 짝의 우리판문이 접혀 벽으로 들어가게 하였다. 창덕궁 대조전 행각이나 휘군문(輝軍門)에서도 네 짝 우리판문이 양쪽으로 두 짝씩 접어 열리도록 되어 있는 것을 볼 수 있다.

붙박이*****는 열리지 않는 고정 창호를 가리킨다. 출입이나 환기보다는

* 들어걸개(deuleogeolgae) hanging type
** 분합(bunhab) multiple leaf opening
*** 벼락닫이(byeolagdad-i) lift and prop up type
**** 접이문(jeobimun) folding type
***** 붙박이(butbag-i) fixed type

문과 창호

접이문 덕수궁 유현문
Folding Type

접이문 창덕궁 휘군문

붙박이 보성 이진래 고택
Fixed Type

붙박이(사롱창) 용흥궁

들어걸개 보우당 고택
Hanging Type

벼락닫이 괴산 김항묵 고택
Lift and Prop up Type

안고지기문 논산 명재고택
Hinge and Sliding Hybrid

통풍이 목적이거나 일반 창호를 보호하기 위한 목적으로 쓰인다. 대표적인 것이 영창과 흑창을 보호하기 위한 갑창(두껍닫이)이다. 또 칸막이로 이용되는 장지도 붙박이에 해당하며 부엌 등에서 환기를 목적으로 벽에 구멍만 뚫어놓은 봉창도 붙박이의 일종이다. 붙박이 중에 홍살문과 같이 세로살을 일정 간격으로 설치한 창을 사롱창(斜籠窓)이라고 한다.

안고지기*는 미닫이와 여닫이를 결합하여 들어 걸지 않아도 여러 짝의 창호를 모두 열 수 있는 개폐 방식이다. 사례가 많지 않으며 논산 명재고택의 사랑채에서 볼 수 있다.

빈지닫이**는 곡식 창고에 주로 이용되는 방식으로 문설주에 문 홈이 있고 상하로 이동하는 빈지널을 끼워 여닫는 방식을 가리킨다.

* 안고지기(angojigi) hinge and sliding hybrid
** 빈지닫이(banjidad-i) board inserting type

mun-ui jonglyu

문의 종류

Door Type

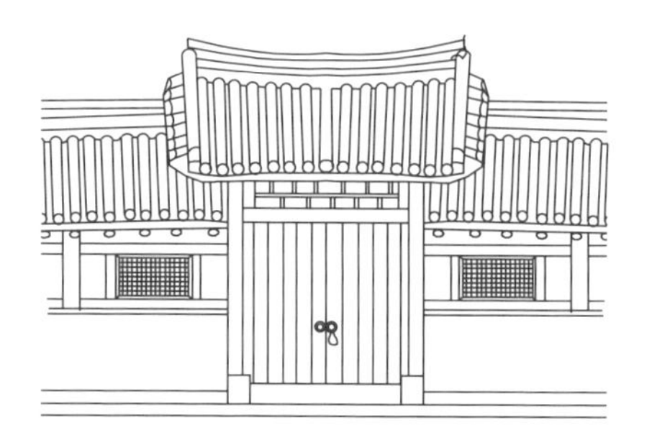

솟을대문
Tall Gate

솟을대문 창덕궁 연경당

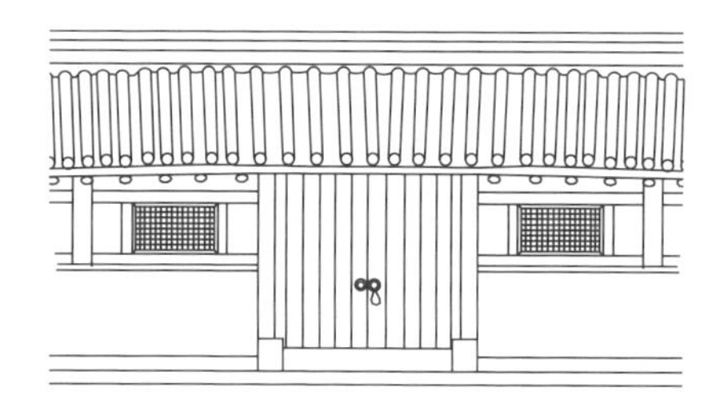

평대문
Wall–height Gate

평대문 창덕궁 연경당

평대문 논산 명재고택

평대문 논산 명재고택

사주문 서산 경주김씨 고택
Four Column Gate

사주문 영동 소석고택

daemun
대문
Front Gate

집에 들어가는 주 출입문을 가리키며 대문은 그 집의 얼굴이며 표정이다. 대문은 놓이는 위치가 중요하며 집의 격식에 따라 다양한 종류가 있다. 보통 조선시대 양반집에서는 바깥 행랑채에 대문간을 두었는데 초헌을 타고 출입해도 지장이 없도록 대문간을 높게 만들었다. 이를 **솟을대문**** 이라고 한다. 솟을대문은 외바퀴가 달린 초헌을 타고 출입하기 위해 지붕을 높이고 바퀴가 지나갈 수 있도록 문지방 중간을 끊어 놓았다. 초헌을 타고 출입하지 않는 경우에는 행랑과 같은 높이로 대문간을 만들었는데 이를 **평대문***** 이라고 한다. 조선시대에는 솟을대문이 마치 양반의 상징처럼 되어 초헌을 타지 않는 평민들도 앞다투어 솟을대문을 만들면서 널리 보급되었다.

솟을대문 다음으로 많이 사용된 것이 **사주문**(四柱門)**** 이다. 사주문은 행랑이 아닌 담장에 대문을 설치할 때 주로 이용되던 것으로 기둥을 네 개 세

* 논산 명재고택은 대문 앞에 칸막이를 설치해 동선을 굴절시켜 집안을 향한 시선이 차단되도록 했다.

** 솟을대문(sos-euldaemun) tall gate

*** 평대문(pyeongdaemun) wall-height gate

**** 사주문(sajumun) four column gate

사립문 청주 고은리 고택
Twigs Gate

정문 경복궁 광화문
Palace Gate

솟을삼문 임천향교
Monitor Roofed Three Door Gate

평삼문 옥산서원
One Roof Three Section Gate

정낭 제주 성읍민속마을 (김형남 제공)
Stone Pillar with Wooden Pole Gate

워 단칸으로 만들었기 때문에 붙은 이름이다. 대개는 맞배지붕이며 문을 열어도 지붕이 있어서 빗물로부터 보호된다. 대문 이외에 중문이나 협문을 사주문 형식으로 만드는 경우도 많으며 해인사 장경판전 출입문과 같이 살림집 이외의 건물에서도 사용하였다. 서민들은 양반집과 같이 격식 있게 대문을 만들지 못하고 주변에서 쉽게 구할 수 있는 재료로 대문을 만들었다. 가장 일반적인 것이 싸리나무로 엮어 만든 **사립문***이다. 싸리로 엮어 만들었기 때문에 사립문이라고 불렀는데 차츰 민가 대문을 일컫는 명칭으로 통용되기에 이르렀다. 그래서 싸리가 아닌 나뭇가지, 수숫대, 대나무 등으로 만든 대문도 사립문이라고 한다. 사립문은 담장에 외기둥 문설주를 세우고 문얼굴 없이 엮어 달기 때문에 똑바로 서지 못하고 비스듬하여 이를 지게 작대기로 받쳐 놓는 경우가 많다. 여기서 유래하여 사립문을 **지게문**이라고도 한다.

궁궐 대문은 **정문**(正門)** 또는 남쪽에 위치한다고 하여 **오문**(午門)***이라고도 한다. 경복궁 광화문, 창덕궁 돈화문, 창경궁 홍화문, 덕수궁 대한문, 경희궁 흥화문 등이 궁궐 대문에 해당한다. 궁궐 대문은 특별히 세 칸으로 만들고 중층으로 하여 높은 격식과 권위를 강조하였다. 문을 세 칸으로 만드는 것은 권위와 위계성의 표현이다. 궁궐 정문이 세 칸인 것은 가운데 문은 특별 의례 때나 왕만 출입하는 것이고 양쪽 작은 문은 평상시 신하들이 드나드는 용도로 사용했다. 역시 위계성의 표현이며, 이를 **삼문******이라고 한다. 삼문 형식은 궁궐이나 성곽 정문을 비롯하여 서원이나 향교, 사당 정문에 사용되었다. 삼문 중에서 가운데 칸을 특별히 높여 보다 격식을 갖춘 문을 **솟을삼문*******이라고 하며 사당 정문인 신문 등에 많이 사용되었다. 반면 세 칸의 높이가 같은 삼문을 **평삼문********이라고 부른다.

제주도 대문은 특이하게 양쪽에 돌기둥을 세우고 구멍을 세 개 뚫어 장대를 건너지른 모습이다. 평상시에는 장대를 내려두지만 외출시에는 장대를 건다. 하나를 걸었을 때는 잠깐 외출, 세 개를 걸면 멀리 외출이다. 이런 대문 형식은 서인도 사막의 흙집에서도 볼 수 있다. 제주도에서는 이를 **정낭*********이라고 한다.

* 사립문(salibmun) twigs gate
** 정문(jeongmun) palace gate
*** 오문(omun) synonym for jeongmun
**** 삼문(sammun) roofed three section gate
***** 솟을삼문(sos-eulsammun) monitor roofed three door gate
****** 평삼문(pyeongsammun) one roof three section gate
******* 정낭(jeongnang) stone pillar with wooden pole gate

문과 창호

궁궐 중문 경복궁 흥례문
Palace Middle Gate

사찰 중문 마곡사 해탈문
Temple Middle Gate

jungmun, hyeobmun
중문과 협문
Middle Gate and Postern Gate

한국건축은 기능에 따라 채를 분리하고 공간을 나눈다. 공간과 공간 사이에는 담장이 있고 담장에는 각종 크기와 형태의 문이 달린다. 대개 중심축선에 주요 건물이 오고 양옆으로 부속건물들이 배치된다. 대문을 제외하고 중심축선에 놓인 문을 **중문**(中門)* 또는 **중문**(重門)이라고 한다. 경복궁을 예로 든다면 광화문과 근정전 사이에 있는 근정문이나 근정전과 편전인 사정전 사이에 있는 사정문 등이 중문에 해당한다. 고려 이후 삼중문 제도가 도입된 사찰을 예로 든다면 일주문이 정문에 해당하고 사천왕문이나 인왕문, 해탈문이 중문에 해당한다. 양반집에서도 규모가 있는 집에서는 중심축선에 여러 공간이 중첩되기 때문에 중문이 설치된다. 조선 후기 표준형 양반집으로 대표되는 창덕궁 연경당의 경우에는 외행랑의 대문을 통과하여 들어가면 남녀 동선을 분리해 내행랑에 두 개의 문을 또 설치하였는데 이것이 중문에 해당한다.

협문(夾門)**은 중심축선이 아닌 측면으로 이동할 수 있게 샛담에 달린 문을 가리킨다. 창덕궁 연경당과 같이 안채와 사랑채가 나란히 있고 그 사이에 샛담을 두는 경우 여기에 설치된 문을 협문이라고 할 수 있다. 또 종묘

* 중문(jungmun) middle gate
** 협문(hyeobmun) postern gate

협문 안동 후조당 종택
Posternate Gate

일각문 낙양 종묘 어숙실
Two Column Gate

쪽문 창덕궁 연경당
Wicket Gate

쪽문 창덕궁 낙선재

에서 정전과 영녕전 사이에 연결된 문도 협문이라고 할 수 있다. 즉 건물 측면 담장에 설치된 문을 협문이라고 한다. 협문은 사주문 형식인 경우도 있지만 대개는 기둥이 두 개인 **일각문(一脚門)*** 으로 하는 경우가 많다. 일각문은 담장에 의지해 두 개의 기둥만을 세워 일주문처럼 지붕을 올리고 그 사이에 외짝 또는 두 짝 판문을 다는 것이 보통이다. 이때 기둥보다 담장이 두껍기 때문에 마치 용지판을 대듯이 기둥 양쪽으로 조각 판재를 대 담장 마

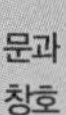
문과 창호

* 일각문(ilgagmun) two column gate

누문 봉정사 만세루
Gate under Pavilion

누문 부석사 안양루

구리를 막아준다. 이를 **여모판(廉隅板)**이라고 한다. 창덕궁 주합루에 올라가는 어수문 여모판의 당초 문양은 매우 빼어나다. 일각문은 매우 작다는 의미로 **쪽문***이라고도 하는데 대개 쪽문은 외짝의 극히 좁은 문을 가리키는 협의의 의미로 사용한다. 원래 의미는 사랑채와 안채를 연결하는 툇마루나 쪽마루에 설치된 주인만 이용하는 아주 작은 샛문을 가리켰던 것으로 추정된다. 연경당에서 그 사례를 볼 수 있으며 양반주택에서 흔히 보인다.

numun
누문
Gate under Pavilion

중층 누각 아래 설치한 출입문이다. 경복궁의 중문인 근정문, 창경궁의 홍화문, 창덕궁의 돈화문 등이 **누문(樓門)****이다. 서원에서는 정문인 삼문 대신에 유식(遊息)공간의 중심 건물인 누각 아래에 정문을 설치하는 경우가 있다. 사찰에서는 대웅전 앞에 누각을 두는 것이 보통이고 누각 아래를 통과하여 출입하도록 하였다. 봉정사 극락전 앞의 만세루나 부석사 무량수전 앞의 안양루 등이 대표적인 누문이다.

* 쪽문(jjogmun) wicket gate
** 누문(numun) gate under pavilion

일주문 완주 송광사
One Pillar Gate

일주문 하동 쌍계사

iljumun
일주문
One Pillar Gate

사찰 정문으로 기둥이 일렬로 서있는 문이다. **일주문**(一柱門)* 이 사용되기 시작한 것은 불교건축에서 삼중문(三重門) 제도가 도입된 고려 중기 이후라고 추정된다. 삼중문 제도는 불전에 이르기 전 일주문과 중문인 **사천왕문****, **해탈문*****을 길게 늘어놓은 것을 가리킨다. 삼중문은 천천히 통과하면서 마음의 준비를 할 수 있는 시간적 여유도 주고 공간의 리듬감과 함께 종교적 신비감을 주기 위한 방법이다. 일주문에는 문짝이 없는데 이는 물리적인 통제의 문이 아니라 마음의 문이라는 의미이다. 일주문은 사찰의 상징처럼 되어 이제는 모든 사찰에서 일주문을 볼 수 있다. 일주문은 보통 두 개의 기둥으로 만드는 단칸 일주문이 보편적이며 지붕은 맞배와 팔작 등으로 다양하고 대개는 다포를 올려 화려하게 꾸민다. 범어사 조계문(일주문)은 3칸으로 보기 드문 형식이며 하부의 거친 돌기둥과 일주문 가구의 육중함이 조화를 이뤄 거칠면서도 정제된 장중한 아름다움을 준다.

문과 창호

* 일주문(iljumun) one pillar gate

** 사천왕문(sacheonwangmun) gate with four guardians

*** 해탈문(haetalmun) gate symbolizing nirvana

홍살문 사직단
Red Colored Gate with
Arrow Shape Decoration

홍살문 김포 장릉

hongsalmun
홍살문
Red Colored Gate with Arrow Shape Decoration

두 개의 기둥으로 만들어지며 문짝을 달지 않는 상징적인 문이다. 일주문과 다른 점은 지붕이 없다는 점이다. 또 기둥이 얇아서 일주문처럼 자력으로 서 있지 못하고 기둥 하부에 지주석을 세워 쐐기를 박아 고정시킨다. 기둥 상부에는 가로대를 길게 건너지르고 그 위에는 세로살대를 촘촘히 세운다. 세로살대 중간은 태극 문양 등으로 장식하기도 하는데 이를 **태궁**이라고 한다. 태궁 위에는 **삼지창**으로 장식하는 것이 일반적이다. 그리고 세로살대인 **세살**(홍살)을 포함해 기둥 등 모든 부재는 붉은색 주칠(朱漆)을 한다. 그래서 **홍살문**(紅箭門)*이라는 이름을 갖게 되었다. 붉은색은 벽사(辟邪)의 의미가 있다. 우리 풍속에 동짓날 붉은 팥죽을 쑤어 먹거나 대문에 뿌리는 행위 등은 붉은색은 귀신이 꺼리는 색이라 하여 악귀를 물리치고 집안의 안녕과 무병을 기원하는 의미가 있다. 홍살문의 붉은색도 이와 같은 의미로 쓰인 것으로 추정할 수 있다. 홍살문은 서원이나 향교를 비롯해 능 앞에 설치된다. 그리고 홍살문 앞에는 대개 **하마비**(下馬碑)를 세운다. 아무리 지체 높은 사람도 홍살문 앞에서부터는 말에서 내려 걸어 들어가란 뜻이며 홍살문부터는 청정하고 성스러운 공간이라는 의미이다.

* 홍살문(hongsalmun) red colored gate with arrow shape decoration

효자문 영광 매간당 고택 삼효문
Monument Gate to the Filial Piety

효자각 서산 유계리 김유경 정려
Monument Pavilion to the Filial Piety

충신각 김홍익 정려
Monument Pavilion to the Loyalist

효자기 김유경
Commemorative Panel to the Filial Piety

jeonglyeomun, hyojamun

정려 및 효자문
Monument Gate and Monument Gate to the Filial Piety

정려문(旌閭門)*과 **효자문**(孝子門)**은 충신, 효자, 효부, 열녀 등을 기리기 위해 왕이 내린 현판을 건 문을 말한다. 때로는 문이 아닌 건물을 세워 그 안에 정려비나 정려기 현판을 거는 경우도 있는데 이를 **정려각**(旌閭閣)*** 또는 **효자각**(孝子閣)****이라고 부른다. 정려각이나 효자각은 규모가 작은

* 정려문(jeonglyeomun) monument gate
** 효자문(hyojamun) monument gate to the filial piety
*** 정려각(jeonglyeogag) monument pavilion
**** 효자각(hyojagag) monument pavilion to the filial piety

단칸 건물에 맞배지붕으로 하고 공포는 익공 정도로 간단하며 벽은 홍살로 마감하는 경우가 많다. 정면만 홍살로 하고 나머지 삼면은 화방벽으로 하기도 한다. 정려각이나 효자문은 대개 마을 어귀에 세워 귀감이 되도록 했으며 따로 담장을 둘러 쪽문을 설치하는 경우가 보통이다. 정려기나 효자기를 대문칸 홍살에 거는 경우도 있는데 함양 일두고택이 대표적인 예이다. 영광 매간당 고택은 대문 중앙 한 칸을 2층으로 올려 효자기를 건 독특한 효자문의 사례로 이로 인해 문 이름도 삼효문(三孝門)이라고 하였다.

changho-ui jonglyu

창호의 종류

Door and Window Types

salchangho

살창호

Lattice Door and Window

창호(窓戶)는 건물에 달린 창과 문을 통칭하는 용어이다. 창호는 크기와 형태가 비슷해 굳이 창과 문을 구분하지 않는 경우가 많다. 창호는 기능과 형태에 따라 부르는 명칭은 다양하다. 먼저 짝수에 따라 외짝을 **독창**(獨窓)*, 두 짝을 **쌍창**(雙窓)**이라고 한다. 쌍창 중에서 가운데 문설주가 설치되는 경우가 있는데 이를 **영쌍창**(靈雙窓)***이라고 한다.

위치에 따라서는 외벽과 대청 앞, 대청과 방 사이에 설치되는 들어열개문을 **분합**(分閤)****이라고 하였다. 외벽에 설치되는 분합은 두 짝이 일반적이며 대청 앞에 설치되는 분합문은 네 짝 또는 여섯 짝이 보통이다. 대청과 방 사이 분합은 가운데 광창을 달고 위아래는 벽지를 발라 빛을 차단하도록 한 독특한 분합이 사용되는데 이 광창을 **연창**(煙窓, 連窓)이라 쓰고 **불발기창**이라고 읽는다. 따라서 연창이 있는 분합문이라고 하여 **연창분합**(煙窓分閤)이라고 쓰고 통상 **불발기분합문*******이라고 부른다. 또 장지에 불발기창이 달려있는 경우는 **연창장지**(煙窓障子)라고 쓴다.

외벽에 다는 창은 보온을 위해 조선 후기 고급 집에서는 세 겹으로 달았다. 밖에서부터 쌍창, 영창, 흑창, 갑창의 순서다. **쌍창**은 덧문으로 두 짝 여닫이 분합이 일반적이었으며 **영창**(影窓)******은 두 짝 미닫이로 살림집에서

* 독창(dogchang) single opening

** 쌍창(ssangchang) double opening

*** 영쌍창(yeongssangchang) double opening with a post in between

**** 분합(bunhab) multiple leaf opening

***** 불발기분합문(bulbalgibunhabmun) multiple hang-type opening

****** 영창(yeongchang) double opening with a post in between

독창 논산 명재고택
Single Opening

쌍창 논산 명재고택
Double Opening

영쌍창 추사 김정희 선생 고택
Double Opening with a Post in between

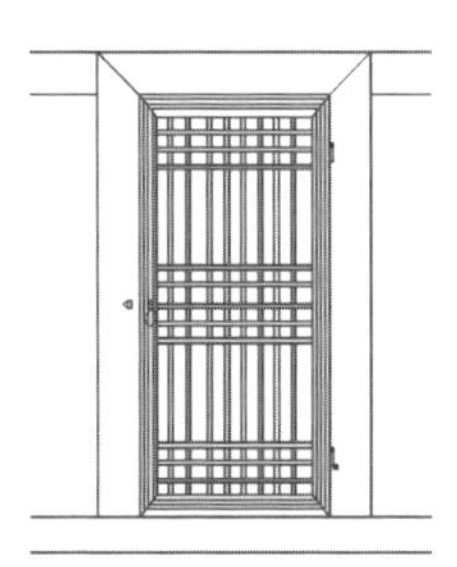

독창

쌍창

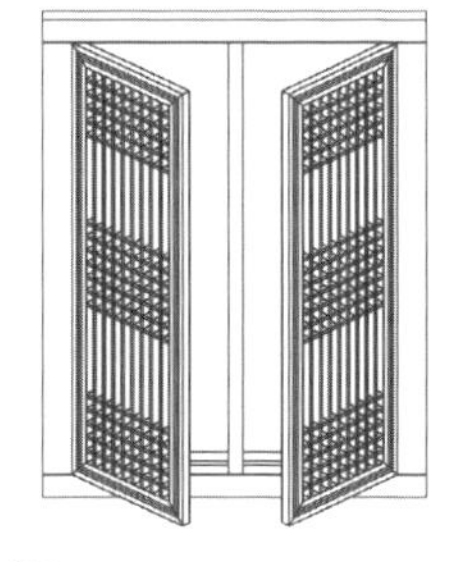

영쌍창

분합 보은 우당고택
Multiple Leaf Opening

불발기분합문 안동 하회마을 염행당 고택
Multiple Hang-type Opening

1. 불발기창 lattice door with central frame
2. 갑창 frame-covered opaque paper fixed door
3. 영창 double opening with a post in between
4. 흑창 blackout opening
5. 쌍창 double opening

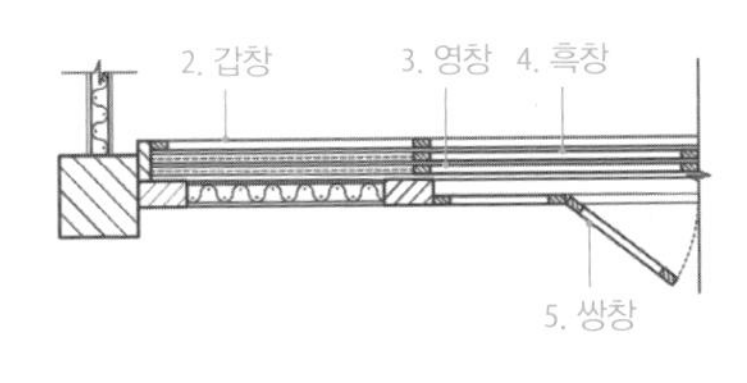

겹창호 상세
Double Layered Opening Detail

창의 구조 운현궁 이로당

맹장지 논산 명재고택
Frame–revealed Opaque Paper Sliding Screen

명장지 안동 하회마을 염행당 고택
Translucent Paper Sliding Screen

는 보통 용자살을 사용하였다. 영창 안쪽에는 다시 두 짝 미닫이창을 다는데 이를 **흑창**(黑窓)*이라고 한다. 흑창은 보통 양쪽에 종이를 두껍게 바른 **맹장지** 또는 **도듬문**으로 한다. 맹장지는 문울거미까지 종이를 바르지만 도듬문은 문울거미에는 종이를 바르지 않고 도드라지게 하는 것이 다른 점이다. 맹장지와 도듬문은 흑창 외에도 온돌방 사이의 장지문, 벽장이나 다락문 등에도 사용된다. 두꺼운 종이를 바르기 때문에 보온에 뛰어난 효과가 있으며 빛을 차단하거나 소리를 막아주는 역할도 한다. 그래서 흑창을 닫으면 실내가 컴컴해 낮에도 잠을 청할 수 있으며 밤에는 보온 효과가 있다.

* 흑창(heugchang) blackout opening

사창 안동 하회마을 심원정사
Silk Insect Screen

갑창 경복궁 강녕전
Frame-covered Opaque Paper Fixed Door

1. 갑창(도듬문) frame-covered opaque paper fixed door
2. 흑창 blackout opening
3. 영창 double opening with a post in between
4. 쌍창 double opening
5. 눈꼽째기창 porthole window

이와 같은 삼중 창호는 궁궐에서 보이고 보통 살림집에서는 흑창 없이 쌍창과 영창 두 겹으로 만드는 것이 보통이다. 여름에는 영창이나 흑창을 빼고 올이 성근 비단으로 만든 창을 끼워 방충창으로 사용하는데 창호지 대신 비단을 바른 창이라고 하여 **사창**(絲窓)*이라고 부른다. 방 안에서 보면 영창이나 흑창이 양쪽으로 열려 들어갈 수 있는 두꺼비집을 만들어 주는데 이를 **두껍닫이**** 또는 **갑창**(甲窓)이라고 부른다. 두껍닫이는 창이라는 이름이 붙어 있지만 실상은 고정되어 있는 가벽이라고 볼 수 있다. 나무로 격자형 틀을 만들어 벽지 등 두꺼운 종이를 발라 마감하는 맹장지라고 할 수 있으며 갑창에는 서화 등을 붙여 장식하기도 한다.

장지(障子)***는 주로 방과 방 사이에 다는 두 짝 혹은 네 짝의 미서기문을 가리킨다. 특별히 궁궐 편전에서 어좌 뒷기둥 사이에는 붙박이 장지로 가벽을 설치하기도 하는데 기둥 전체를 건너지르면 **한 칸 장지**, 그 반이면 **반**

* 사창(sachang) silk insect screen

** 두껍닫이〔dukkeobdad-i (gabchang)〕 frame-covered opaque paper fixed door

*** 장지(jangji) one or two pairs of sliding doors

광창 여주 보통리 고택
Transom Window

봉창 봉화 설매리 3겹 까치구멍집
Window Grill for Ventilation

걸창(벼락닫이창) 세종 홍판서댁 안채
Lift and Prop up Type

눈꼽째기창 나주 홍기창 가옥
Porthole Window

칸 장지 등으로 불렀다. 또 영창이나 흑창 등의 문틀은 두께 때문에 방안으로 튀어나오기 마련인데 문 상방 위와 문 하방 아래를 문틀과 면이 맞도록 붙박이 장지를 설치하기도 한다.

고주칸에 분합을 다는 경우에는 상부 높이가 낮고 폭이 넓은 창을 달기도 하는데 이를 **광창**(廣窓)*이라고 한다. 광창은 필요에 따라 채광만을 위해 열리지 않는 붙박이로 만들어지기도 하고 열 수 있는 벼락닫이나 여러 짝의 미서기로 하기도 한다. 광창은 또 **바라지창**이라고도 하며 **사창**(斜窓), **교창**(交窓) 등으로 쓰기도 한다. 바라지창과 비슷하지만 주로 외행랑채의 바깥쪽 중방 위에 높게 달리는 창으로 위에 돌쩌귀가 있어서 밑에서 밀어

* 광창(gwangchang) transom window

열 수 있도록 한 고창은 **걸창**(擧乙窓, 㔎窓)* 또는 **들창**, **벼락닫이창**이라고 한다. 특수한 목적으로 쓰이는 창 중에는 부엌의 연기를 배출하기 위해 벽에 구멍을 뚫고 날짐승이 들어오지 못하게 살대를 엮고 창호지를 바르지도 않고 열리지도 않는 환기창이 있다. 이를 **봉창**(封窓)**이라고 한다. 또 한국인의 해학과 기지를 볼 수 있는 앙증맞은 창에는 **눈꼽째기창*****이 있다. 그야말로 눈곱만하다고 하여 붙여진 이름이다. 겨울에는 창호 전체를 열면 열손실이 많다. 그래서 창이나 문짝 안에 다시 작은 창을 내거나 아니면 창호 옆 벽면에 별도로 작은 창을 내는데 이를 눈꼽째기창이라고 한다. 눈꼽째기창은 채광이나 통풍보다는 밖의 동태를 살필 목적으로 설치한다. 그래서 그 높이가 실내에 앉았을 때 눈높이 정도이다.

changsal
창살
Lattice Patterns of Openings

살창(箭窓)은 울거미 안에 얇은 살대를 채워 넣은 창호를 말한다. 건물에 다는 창호는 대개 살창인데 살창의 개발은 창호 경량화에 크게 기여하였다. 고대건축 초기에는 목공 연장이 발달하지 않아 정밀한 가공이 요구되는 살창은 사용하지 못했다. 고구려 고분벽화에서는 살창이 거의 보이지 않으며 일본 고대 그림책에서도 창호보다는 장막 등을 치고 생활하는 모습을 볼 수 있다. 살창은 살의 모양에 따라 명칭이 세분된다. 가장 원시적인 모양으로 고정된 문얼굴에 세로로 살대를 보내고 창호지를 바르지 않은 **세로살창******을 들 수 있다. 현존하는 가장 오래된 건물인 봉정사 극락전에서 볼 수 있으며 중국에서도 가장 오래된 남선사(南禪寺) 대전에서 볼 수 있다.

* 걸창(geolchang) lift and prop up type
** 봉창(bongchang) window grill for ventilation
*** 눈꼽째기창(nunkkobjjaegichang) porthole window
**** 세로살창(selosalchang) vertical grill opening

창살의 종류
Types of Lattice Patterns of Openings

1. 세살청판분합 slender lattice door with lower wooden panel
2. 만살청판분합 full slender lattice door with lower wooden panel
3. 불발기분합 multiple leaf lattice door with central frame
4. 도듬문 frame-revealed opaque paper fixed door
5. 통판문 single panel wooden door
6. 널판문 multiple panel wooden door
7. 우리판문 panel woven wooden door
8. 세살 slender lattice window with three horizontal sections
9. 만살 full slender lattice opening
10. 아자살 亞 pattern lattice
11. 용자살 用 pattern (one vertical and two horizontal ribs) lattice
12. 숫대살 stacked lattice pattern
13. 빗살 angled lattice pattern
14. 솟을살 diamond lattice pattern
15. 꽃살 flower pattern lattice

세로살창(사롱창) 김두한 가옥
Vertical Grill Opening

세로살창(사롱창) 부석사 조사당

살림집에서는 조선시대에도 부엌 등에 많이 사용했는데 이는 연기를 내보내기 위한 환기창이었다. 세로살창은 붙박이 사롱창이라고 할 수 있다.

조선시대에 살창으로 가장 많이 사용된 유형은 문울거미 안에 세로살

세살분합 덕수궁 석어당
Multiple Leaf Slender Lattice Opening

세살청판분합 덕수궁 석어당
Slender Lattice Door with Lower Wooden Panel

만살분합 덕수궁 함녕전
Multiple Leaf Full Slender Lattice Opening

만살청판분합 덕수궁 즉조당
Full Slender Lattice Door with Lower Wooden Panel

은 꽉 채우고 가로살은 위아래와 중간에 3~4가닥 보낸 **세살창**(細箭窓)*이다. 세살창 아래 청판을 붙여 문으로 사용하는 경우는 **세살문**(細箭門)이라고 한다. 세살창호가 외벽에 분합 형태로 사용될 경우는 **세살분합**(細箭分

* 세살창(sesalchang) slender lattice window with three horizontal sections

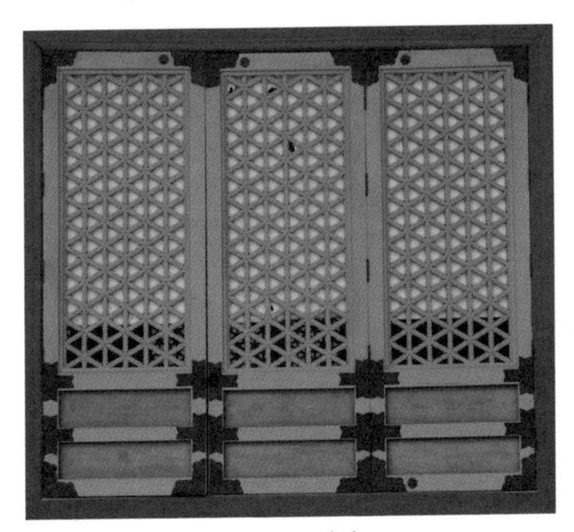

포도문이중청판분합 덕수궁 중화전
Multiple Leaf Diamond Pattern Door with
Lower Double Wooden Panel

閤) 또는 **세살청판분합**(細箭廳板分閤)이라고 부른다. 세살은 속칭 **띠살**이라고도 한다. 다음으로 많이 사용된 것이 세로살과 함께 가로살까지 꽉 채운 **만살창***이다. 분합으로 사용할 경우는 **만살분합**(滿箭分閤)과 **만살청판분합**(滿箭廳板分閤)이다. 만살은 속칭 **정자살**이라고도 한다. 만살창호는 채광보다는 방범이 우선이었던 궁궐건축에서 많이 사용하였다. 분합은 세살과 만살이 가장 많이 쓰이지만 장지(章子)는 화려하게 꾸며 **아자살**(亞字箭)**이나 **완자살**(完字箭)***, **숫대살**을 사용하기도 한다. 가끔 누마루 창호는 외부 분합이면서도 화려하게 꾸미기 위해 이러한 장식적인 창호를 사용하기도 한다. 쌍창 안쪽에 다는 미닫이 영창은 소박하게 만들어 **용자살**(用字箭)****로 하는 경우가 많다. 용자살은 살대를 최소화 한 것으로 최대한의 채광을 위한 것이다. 영창 안쪽 흑창은 올이 성근 정자살로 하고 두껍게 창호지를

문과
창호

* 만살창(mansalchang) full slender lattice opening (for security)
** 아자살(ajasal) 亞 pattern lattice
*** 완자살(wanjasal) svastika pattern lattice
**** 용자살(yongjasal) 用 pattern (one vertical and two horizontal ribs) lattice

아자살영창 서천 이하복 고택
亞 Pattern Lattice Double Opening with a Post in between

아자살분합 창덕궁
亞 Pattern Lattice Multiple Leaf Opening

숫대살 논산 명재고택
Stacked Lattice Pattern

완자살 경복궁 강녕전
Svastika Pattern Lattice

여러 겹 바르거나 벽지를 발라 빛이 들어오지 못하도록 하여 살대가 보이지 않도록 하는 것이 일반적이다. 광창 등은 살대를 45° 만살로 거는 경우가 많은데 이를 **빗살**이라고 한다. 빗살은 교살이라고도 하는데 모양에 따라 종류가 다양하다. 빗살을 30° 또는 150° 로 걸고 교차점에 세로살을 보낸 것을 **소슬빗살**이라고 하며 정자살과 빗살을 결합한 **격자빗살**, 소슬빗살의 세로살을 교차점에 일치시키지 않아 여백 부분이 육각형으로 만들어진 **육모소슬살**, 이외에도 **삼각소슬살** 등이 있다.

사찰에서는 살대를 더욱 화려하게 꾸미기 위해 살대에 꽃을 조각한 **꽃살***

* 꽃살(kkochsal) flower pattern lattice

용자살영창 논산 명재고택
用 Pattern Lattice Double Opening with a Post in between

꽃살 송림사 대웅전
Flower Pattern Lattice

빗살 덕수궁
Angled Lattice Pattern

쇠살문 《화성성역의궤》
Steel Lattice Door

로 만드는 경우도 있다. 꽃살은 인도 힌두교 및 불교사원에서 많이 나타나는 것으로 종교적인 충만함을 상징한다. 정수사 법당과 같이 통판에 꽃을 조각하여 만든 특수한 꽃살문도 있지만 대개는 가로살과 세로살이 교차되는 부분에 국화, 매화, 연꽃 등을 조각한 기하학적인 것이 많다.

살창의 문얼굴과 살대는 대부분 목재로 만들지만 성곽의 수문 등에서는 부식과 방범을 위해 철을 사용하는 경우가 있는데 이를 **쇠살문(鐵箭門)**이라고 한다. 수원화성의 화홍문 아래에도 쇠살문이 있었다. 쇠살문은 문 위 누각에서 개폐를 조작했다.

널판문 여주 보통리 고택
Multiple Panel Wooden Door

우리판문 논산 명재고택
Panel Woven Wooden Door

panchangho
판창호
Board Doors

정밀한 가공이 가능한 연장이 등장하기 이전의 고대 건축에서는 살창보다는 판재로 만든 **판문**(板門, 널문)* 또는 **판장문**이 주류를 이루었다. 판문 중에서 문짝을 하나의 판재로 만든 것을 **통판문****이라고 한다. 통판문은 강원도 등 목재가 풍부하고 맹수가 자주 출현하는 곳에서 덧문으로 사용되는 경우가 많았다. 통판문은 튼튼하지만 무겁다는 단점이 있다. 건축 연장이 발달하면서부터는 판을 얇게 만들어 여러 쪽을 띠장목으로 연결해 만든 **널판문*****이 많이 사용되었다. 널판문은 보온을 필요로 하지 않는 대문이나 중문 및 부엌문 등에 많이 사용했다.

판문도 세공이 발달하면서 마치 살창호를 만들듯이 정교하게 문울거미를 짜고 살대 대신에 얇은 청판을 끼워 만든 **우리판문******이 탄생하였다. 우리판문은 울거미가 있는 판문이란 뜻으로 **골판문** 또는 **당판문**(唐板門)으

* 판문〔panmun, 널문(neolmun)〕 wooden panel door
** 통판문(tongpanmun) single panel wooden door
*** 널판문(neolpanmun) multiple panel wooden door
**** 우리판문(ulipanmun) panel woven wooden door

빈지널문 보성 이용우 고택
Board Inserting Type

살판문 종묘 외삼문
Wooden Door with Half Grill and Half Panel

로 부르기도 하지만 당판문이라는 명칭은 유일하게 《화성성역의궤》에서만 나타나기 때문에 우리판문이 일반적인 명칭이라고 할 수 있다. 우리판문은 대청 뒷문 등에 많이 사용한다. 논산 명재고택 대청의 우리판문은 두 짝의 청판을 한 나무를 갈라 만들었기 때문에 문양이 대칭을 이루는 뛰어난 예술성을 보여준다.

판문 중에서는 마치 뒤주처럼 생긴 곡식 창고에서 위로 판재 하나씩 올려 빼내는 분해 조립식 판문이 있는데 이를 **빈지널문*** 또는 **빈지닫이**라고 한다. 빈지널문은 마치 우물마루처럼 구성된 것으로 곡식량에 따라 빼내는 빈지널의 수를 조절할 수 있는 판문이다. 이때 빈지널은 순서가 중요하므로 번호를 붙이거나 선으로 표식을 하기도 한다. 종묘 외삼문이나 수원화성의 동북각루, 화홍문, 낙남헌 등에는 문울거미 안에 상부는 세로살을 설치하고 하부는 판재를 끼운 창호가 있는데 이를 **살판문(箭板門)****이라고 한다. 살판문은 건물보다는 담장 등에 설치하였다.

* 빈지널문(binjineolmun) board inserting type

** 살판문(salpanmun) wooden door with half grill and half panel

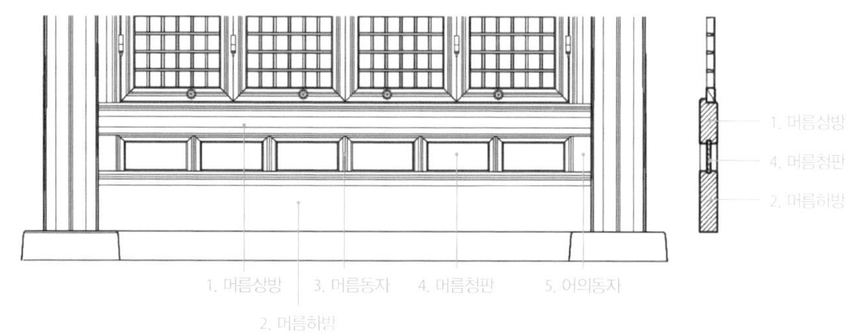

머름 각부 명칭
High Window Sill Detail

1. 머름상방 upper part of high window sill
2. 머름하방 lower part of high window sill
3. 머름동자 short vertical posts of high window sill
4. 머름청판 wooden panels of high window sill
5. 어의동자 end vertical posts of high window sill

meoleum
머름
High Window Sill

머름(遠音)*은 창 아래 설치된 높은 문지방을 말한다. 높이는 30~45cm 정도로 사람이 팔을 걸쳤을 때 가장 편안한 높이이다. 머름은 신체적인 편안함과 아울러 심리적인 안정감을 주며 사생활 보호 역할도 한다. 일반적으로 머름은 가구식기단을 만들듯 짜맞추는데 기둥 사이에 인방재를 위아래로 보내고 그 사이에 짧은 기둥을 일정한 간격으로 세운 다음 기둥 사이는 얇은 판재를 끼워 만든다. 이때 아래 인방재를 **머름하방****이라고 하며 위 인방재를 **머름상방***** 또는 **머름대**(遠音竹)라고 한다. 머름상방은 문짝이 달리

* 머름(meoleum) high window sill
** 머름하방(meoleumhabang) lower part of high window sill
*** 머름상방(meoleumsangbang) upper part of high window sill

자진머름 영동 김참판댁
High Window Sill with Wooden Panels

통머름 서천 이하복 고택
Single Log High Window Sill

는 문지방의 역할도 한다. 머름하방과 상방 사이에는 짧은 기둥을 일정 간격으로 세우는데 이를 **머름동자**(遠音童子)*라고 한다. 머름동자 중에 양쪽 끝은 약간 폭이 넓은 것을 쓰는데 이를 **어의동자****라고 부른다. 그리고 머름동자 사이에는 얇은 판재를 끼우는데 이를 **머름청판*****이라고 한다. 청판을 머름동자의 장부에 끼우지 않고 머름소란으로 고정하는 방법도 있다. 머름동자는 머름상방에 제비초리맞춤으로 결구하며 어의동자는 연귀맞춤으로 한다. 결구와 치목이 정밀하고 고급스러운 부분이다.

때로는 가구식으로 만들지 않고 통나무를 건너질러 머름을 대신할 때도 있는데 이를 **통머름******이라고 한다. 통머름과 대비하여 가구식 머름을 **자진머름**이라고 부르기도 한다. 통머름은 머름하방과 상방만 설치하고 그 사이의 동자주와 청판을 생략하고 토벽으로 만들기도 한다.

* 머름동자(meoleumdongja) short vertical posts of high window sill

** 어의동자(eouidongja) end vertical posts of high window sill

*** 머름청판(meoleumcheongpan) wooden panels of high window sill

**** 통머름(tongmeoleum) single log high window sill

문짝을 달기 위한 방형 문틀을 **문얼굴***이라고 하며 문얼굴은 양쪽에 세워 대는 **문설주****와 문설주를 위아래에서 가로로 연결하는 **문상방***** 및 **문하방******으로 구성된다. 기둥을 초석이 받치듯 문설주에도 받침목을 두는데 이를 **신방목(信防木)*******이라고 한다. 성곽 문의 경우는 외부 공격에 대하여 문짝이 물러나는 일이 없도록 나무 대신에 돌을 사용하는데 이를 **신방석(信防石)********이라고 한다. 때로는 문지방 밑에 장대석으로 돌을 받치기도 하는데 이를 **잠점석(蠶點石)**이라고 한다. 신방목이나 신방석은 외부 쪽은 장식을 하는 것이 일반적인데 종묘나 서원 및 향교 등의 삼문에는 둥글게 만들어 태극 문양 등을 새기기도 한다. 종묘 외삼문에는 삼태극을 새겼다. 중국에서는 신방석에 사자나 구름을 입체적으로 새기기도 한다. 한국에서는 포항의 보경사 사천왕문이 사자상을 조각한 특수한 사례에 속한다. 신방목 안쪽에는 대개 문짝을 다는 홈이 파여 있다. 때로 성곽에서는 문짝뿐만 아니라 문설주도 신방석에 홈을 파고 깊이 박는 경우가 많다. 문짝을 다는 신방목이나 신방석 홈에는 마모를 방지하기 위해 접시 모양의 철물을 끼우는데 이를 **확쇠(確金)*********라고 한다. 반대로 문짝에는 아래에 촉을 만들고 촉에 신발을 신기듯 철물을 감싸주는데 이를 **신쇠(靴金)**********라고 한다. 신쇠는 문짝 아래의 감잡이쇠와 일체식으로 만드는 경우가 많다. 확쇠와 신쇠는 암수가 되어 문짝이 마모되지 않고 잘 여닫히도록 하는 장식철물이다. 문짝 위쪽

* 문얼굴(mun-eolgul) door and window frame
** 문설주(munseolju) wooden door jamb
*** 문상방(munsangbang) wooden door head jamb
**** 문하방(munhabang) wooden door sill
***** 신방목(sinbangmog) wooden door jamb base
****** 신방석(sinbangseog) stone door jamb base
******* 확쇠(hwagsoe) metal fitting on doorjamb base
******** 신쇠(sinsoe) metal pivot hinge

문지방 안동 학암고택
Wooden Door Sill

문지방과 잠점석 창경궁
Wooden Door Sill and Lower Lintel Base Stone

문설주와 신방목 종묘 정전 삼문
Wooden Door Jamb and Stone Door Jamb Base

확쇠와 감잡이쇠 여주 보통리 고택
Metal Fitting On Door jamb Base and
Metal Corner Brace

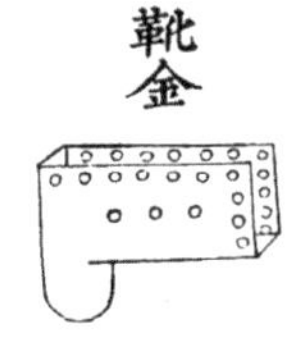

확쇠(確金)와 신쇠(靴金) 《화성성역의궤》
Metal Fitting on Door jamb Base and
Metal Pivot Hinge

1. 문지방 wooden door sill
2. 잠점석 lower lintel base stone
3. 문설주 wooden door jamb
4. 신방목 wooden door jamb base
5. 감잡이쇠 metal corner brace
6. 확쇠 metal fitting on door jamb base

도 문짝을 고정하기 위한 촉과 촉구멍이 있는데 촉구멍은 문상방에 **문둔테**(門屯太)*라는 덧댄목을 사용한다. 부엌 널판문의 경우에는 신방목을 사용하지 않기 때문에 문지방에도 문둔테를 박아 문짝을 고정하는 것이 일반적

* 문둔테(mundunte) upper wooden hinge

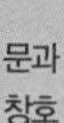

문둔테 나주 계은고택
Upper Wooden Hinge

문둔테 운조루

선둔테 옥연정사
One-piece Wooden Door Jamb and Base

방환 창경궁 홍화문
Round Nail Cap

인방둔테 송죽헌
One-piece Wooden Sill and Hinge

1. 선둔테 one-piece wooden door jamb and base
2. 빗장둔테 wooden latch holder
3. 빗장 wooden latch
4. 동곳 wooden latch lock
5. 문상방 wooden door head jamb
6. 문설주 wooden door jamb
7. 장군목 thick wooden bolt
8. 신방목 wooden door jamb base

이다. 때로는 문지방과 문둔테를 한 부재로 깎아 만들기도 한다. 이러한 둔테를 **인방둔테**라고 한다.

또 신방목을 사용하지 않는 대문의 경우에는 문지방이 아닌 문설주에 덧살을 남겨두고 여기에 촉구멍을 뚫어 문짝을 다는 경우도 있다. 이때 덧살과 문설주는 통부재이기 때문에 상당히 큰 목재를 깎아 문설주를 만들게 된다. 이러한 둔테를 **선둔테**라고 한다. 대문 및 부엌문과 같은 널판문은 여러 쪽의 판재를 배면의 가로 띠장목에 못을 박아 고정시킨다. 이때 못은 머리가 큰 장식 못을 사용하는데 머리모양에 따라 **광두정**(廣頭釘), **방환**(方環) 등으로 불린다. 판문의 잠금장치는 양쪽 문짝에 **빗장둔테***를 세워 대고

* 빗장둔테(bisjangdunte) wooden latch holder

빗장과 빗장둔테 보성 이진래 고택
Wooden Latch and Wooden Latch Holder

장군목 종묘 정전
Thick Wooden Bolt

원산 안동 의성김씨 종택
Door Stopper

원산 화성 화서문

그 사이를 **빗장***이라는 가로목을 건너질러 잠근다. 빗장둔테는 거북 모양으로 만드는 경우가 많다. 이때 한쪽 거북의 머리는 위아래로 오르내릴 수 있도록 하고 빗장에는 턱을 만들어 빗장이 좌우로 이동하지 못하도록 잠금장치를 하기도 하는데 이를 **동곳**이라고 한다. 성문의 경우에는 빗장으로만 잠그기에는 약하기 때문에 굵은 나무를 양쪽 문설주에 건너질러 고정시키는데 이를 **장군목**(將軍木)** 또는 **횡경목**(橫扃木)이라고 한다. 문지방이 없는 여닫이문의 경우 문짝이 안쪽으로 밀려 들어갈 수 있기 때문에 이를 방지하기 위한 턱을 만들어 주는데 이를 **원산**(遠山)***이라고 한다. 성문의 원

* 빗장(bisjang) wooden latch
** 장군목(janggunmog) thick wooden bolt
*** 원산(wonsan) door stopper

산은 돌로 만드는 경우가 많지만 일반적으로는 철편으로 만들어 문지방에 박는다.

salchangjangsig
살창장식
Window Fixtures

살창은 가벼워서 판문처럼 신방목이나 둔테 등이 없고 철물에 의해 고정된다. 문설주에 문짝을 고정하는 철물을 **돌쩌귀***라고 한다. 돌쩌귀는 암수가 있는데 암톨쩌귀는 문설주에 박고 수톨쩌귀는 문짝에 박아 끼워 연결한다. 암톨쩌귀는 철판을 둥글게 감아 구멍을 만들고 수톨쩌귀는 암톨쩌귀와 똑같이 만들지만 구멍에 철촉을 박아 암톨쩌귀 구멍에 꽂힐 수 있게 한다. 불발기분합문과 같은 들어걸개문은 위쪽에 돌쩌귀를 박는데 모양이 조금 달라 **비녀장****이라고 한다. 창호 중앙에는 문을 여닫을 수 있도록 고리를 다는데 이를 **문고리*****라고 한다. 문고리는 문얼굴에 **배목(排目)******이라는 철물에 의해 고정한다. 반대편 문짝에도 배목을 박고 문고리를 걸고 배목에 비녀장을 건너지르면 잠금이 된다. 배목을 박을 때는 국화꽃 모양의 장식 철물을 바탕으로 하는데 이를 **국화정(菊花釘)*******이라고 한다. 국화정은 못을 박는 곳에 사용하는 장식 철물로 난간대를 비롯하여 널리 쓰였다. 불발기분합문이나 대청이나 누마루 외벽의 분합문은 대개 들어걸개문으로 하는데 이때 문짝을 위로 들어 거는 철물이 사용된다. 이를 **걸쇠******** 또는 **등자쇠(鐙子金)**라고 하며 걸쇠는 보통 서까래에 고정시킨다. 걸쇠는 끝이 말발굽처럼 생긴 고리가 달려 있어 분합문을 올려놓을 수 있도록 되어 있는 것

* 돌쩌귀(doljjeogwi) window metal hinge
** 비녀장(binyeojang) movable metal cotter
*** 문고리(mungoli) door fastener
**** 배목(baemog) protruding metal to secure fastener
***** 국화정(gughwajeong) flower-shape decorative piece covering nail head
****** 걸쇠(geolseo) latch for securing lifted door

돌쩌귀 덕수궁 석어당
Window Metal Hinge

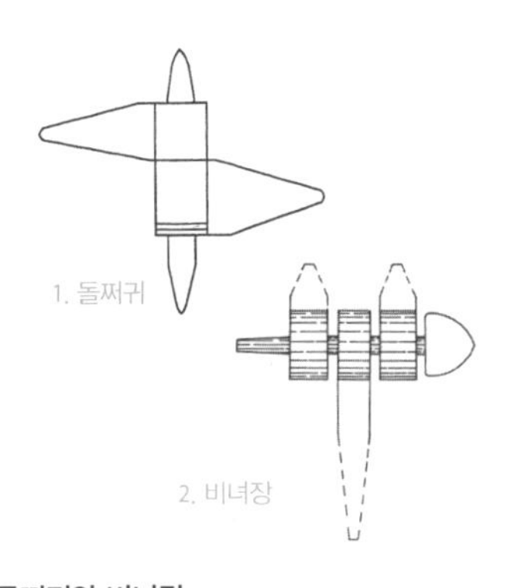

돌쩌귀와 비녀장
Window Metal Hinge and Movable Metal Cotter

비녀장 영광 매간당 고택
Movable Metal Cotter

문고리와 배목 여주 보통리 고택
Door Fastener and Protruding Metal to Secure Fastener

국화정 덕수궁 석어당
Flower–shape Decorative Piece Covering Nail Head

1. 돌쩌귀 window metal hinge
2. 비녀장 movable metal cotter
3. 문고리 door fastener
4. 배목 protruding metal to secure fastener

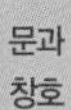

걸쇠와 걸목 여주 보통리 고택
Latch and Wood-piece for Securing Lifted Door

걸쇠 익산 김병순 고택
Latch for Securing Lifted Door

거므쇠 덕수궁
Metal Bracket

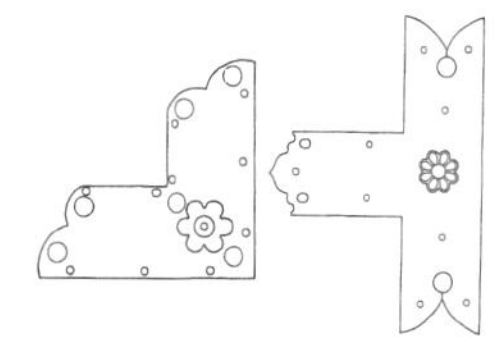

거므쇠

과 네모난 고리가 달려 있어 각목을 건너질러 고정시키는 두 가지가 가장 많다.

문짝의 변형을 방지하기 위한 각종 철물도 사용되는데 넓은 철판을 모양대로 만들어 못으로 고정하는 **거므쇠***가 있는데 거므쇠는 정(丁)자형과 ㄱ자형이 가장 많다. 거므쇠 중에는 철판이 아닌 두툼하고 폭이 좁으며 그 끝은 국화 모양으로 장식하여 못을 박도록 한 철물이 있는데 이를 **세발장식****이라고 한다. 세발장식은 창호뿐만 아니라 난간, 가구 등의 장식 철물로도 널리 사용되었으며 형태에 따라 **정자쇠**(丁字釗), **십자쇠**(十字釗) 등으로

* 거므쇠(geomeusoe) metal bracket

** 세발장식(sebaljangsig) three-legged metal ornament

세발장식 경복궁
Three–legged Metal Ornament

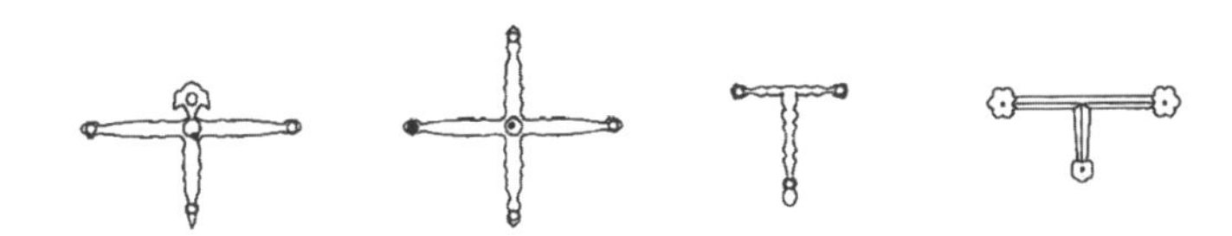

세발장식

도 불린다. 문짝이나 문얼굴에 틈이 생기지 않도록 쫄대목을 대거나 쪽매를 두기도 하는데 이를 **풍소란(風小欄)**이라고 한다. 바람막이 소란이라는 의미이다.

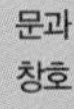

mun-eolgul, saldae

문얼굴과 살대

Sectional Shape of Door Frame and Lattice Sectional Shape

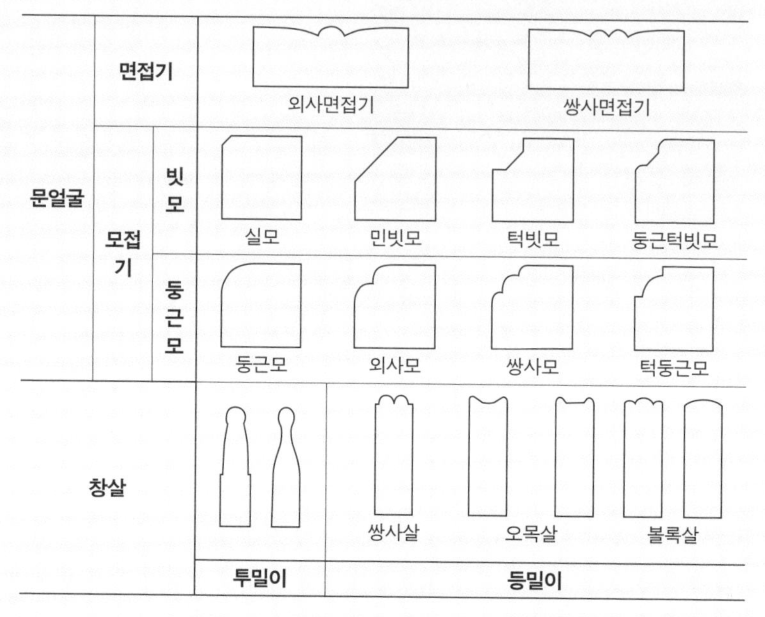

문얼굴은 기둥과 같이 면이나 모를 접어 장식한다. 면접기나 모접기를 하면 부재가 가지런해 보이고 정돈되어 보이는 의장적 특성이 있다. **면접기***나 **모접기****를 할 때는 대팻날이 특수한 변탕대패를 사용한다. 가장 많이 이용되는 면접기는 쌍사면과 외사면이다. **쌍사면**은 기둥이나 문얼굴 중간에 두 줄로 볼록줄눈을 넣은 것이며 **외사면**은 한 줄을 넣은 것이다.

모서리도 날 선 부분을 부드럽게 하기 위해 모를 접어주는데 가장 쉽고 오래된 것이 **민빗모접기**이다. 일본건축에서는 오래된 건물일수록 모접기 폭이 크다. 모접기를 많이 하면 팔각기둥으로 보이기도 한다. **빗모접기**는 문얼굴보다는 기둥에서 많이 사용한다. 빗모접기는 정도에 따라 여러 가지로 세분하는데 하나는 예리한 모서리만 살짝 접은 **실모**이고, 두 번째는 어

* 면접기(myeonjeobgi) line insert on surface

** 모접기(mojeobgi) chamfering

투밀이 세종 홍판서댁

느 정도 폭을 넓게 모접기한 **민빗모**이다. 또 모서리에 약간 턱을 두고 들여 빗모를 친 것을 **턱빗모**라고 한다. 이때 턱을 둥글게 처리하면 **둥근턱빗모**가 되며 둥근턱빗모가 기둥이나 문얼굴에 가장 널리 사용되었다.

둥근모는 모서리를 곡으로 접은 것을 말한다. 일반 둥근모는 한국건축에서는 잘 나타나지 않는다. 둥근모가 두 번 접힌 모양의 모접기를 **외사모**라고 한다. 그리고 둥근모 양쪽에 직각 턱이 있는 것을 **턱둥근모**라고 하며 턱둥근모의 턱을 둥그렇게 하면 **쌍사모**가 된다. 외사모와 쌍사모, 턱둥근모가 문얼굴과 기둥 모접기로 많이 사용되었다. 인도 힌두건축에서는 둥근 기둥에 다각으로 오목모를 사용하기도 하지만 한국건축에서는 잘 나타나지 않는다.

창살도 외부에 노출되는 등이나 면은 일반적으로 모접기를 해준다. 살대 옆면인 넓은 쪽은 그대로 두고 좁은 쪽, 등만을 가공한 것을 **등밀이**라고 한다. 또 살대의 옆면을 가공한 것을 **배밀이**라고 하며 등과 옆을 동시에 가공한 것을 **투밀이**라고 한다. 보통 고대의 창살은 투밀이를 많이 하고 근래로 내려올수록 등밀이를 많이 한다. 살대 양옆은 곡선으로 얇게 접어 오다가 끝에서 원으로 만드는 것을 **투밀이살**이라고 하고 세살창호에 많이 사용한다. **등밀이살**은 장지문의 아자살이나 완자살 등에 많이 사용하며 등밀이는 모양에 따라 세분된다. 가장 많이 사용한 것은 두 줄의 볼록 줄눈이 있는 **쌍사살**이다. 또 살 전체를 볼록하게 만든 **볼록살**이 있는데 잘 사용하지 않는다. 볼록살은 가운데 큰 볼록살을 두고 양쪽 모서리 쪽에 작은 볼록살을 두는 경우도 있다. 볼록살과 반대로 **오목살**이 있다. 오목살도 곡선으로 잡은 것과 직선으로 잡은 두 종류가 있다. 볼록살에 비해서는 많이 사용하였다.

maru

마루

Wooden Floor

- umulmaru
  우물마루 Well-pattern Maru
- jangmaru
  장마루 Strip Wooden Floor
- daecheong
  대청 Roofed Main Hall Maru
- toesmaru
  툇마루 Half Bay Maru
- jjogmaru
  쪽마루 Added Maru
- numaru
  누마루 Elevated Maru
- deulmaru
  들마루 Portable Maru
- marubang, golmaru
  마루방과 골마루 Wooden Floor Room and Partial Wooden Floor Room
- gosabmaru
  고삽마루 Triangle Corner Maru

세종 홍판서댁

maru-ui jonglyu

마루의 종류

Types of Maru, the Wooden Floor

분류	종류
구조 형식 및 모양	우물마루 장마루
위치 및 쓰임	대청 툇마루 쪽마루 누마루 들마루 고상마루

마루는 한자로 **청**(廳)이라고 쓰며 한글을 한자로 차음하여 **마루**(抹樓)라고도 표기한다. 건축에서 마루는 습기가 많고 더운 지방에서 발달한 남방적 요소이며 북방적 요소인 온돌과 함께 같은 평면에 구성된다는 것이 한옥의 특징이기도 하다. 함경도는 워낙 추운지방이기 때문에 살림집에서 마루를 쓰지 않았다. 그러나 차츰 남쪽으로 내려오면서 마루의 사용이 늘어났다. 마루 재료는 한국에서는 송판이 일반적이지만 일본이나 동남아, 중국 윈난성 등지의 남방에서는 대나무를 사용하는 경우도 많다. 마루의 기원은 원시 소거(巢居)부터 기원을 찾을 수 있겠지만 현재와 같은 **우물마루**의 사용은 중세 이후부터라고 추정할 수 있다. **장마루**는 우물마루에 앞서 고대의 누각이나 탑 등 중층건물에서 먼저 사용되었다. 마루의 종류는 구조 형식과 모양에 따라 **우물마루**와 **장마루**로 크게 나눌 수 있다. 그리고 규모와 위치 및 쓰임에 따라서 **대청**, **툇마루**, **누마루**, **쪽마루**, **들마루**, **고상마루** 등으로 다양하다.

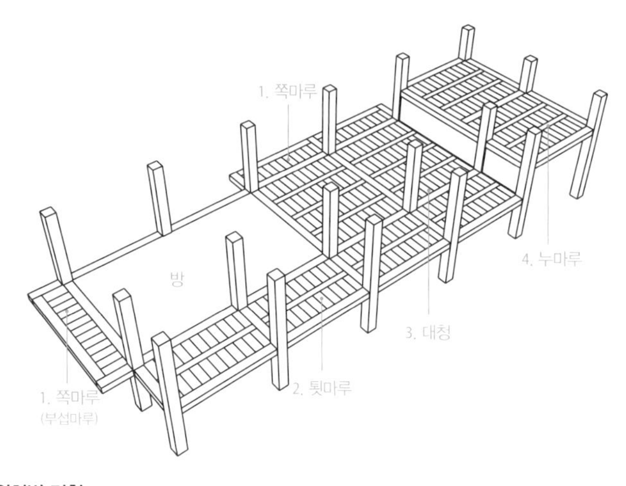

마루 위치별 명칭
Names of Wooden Floor Part

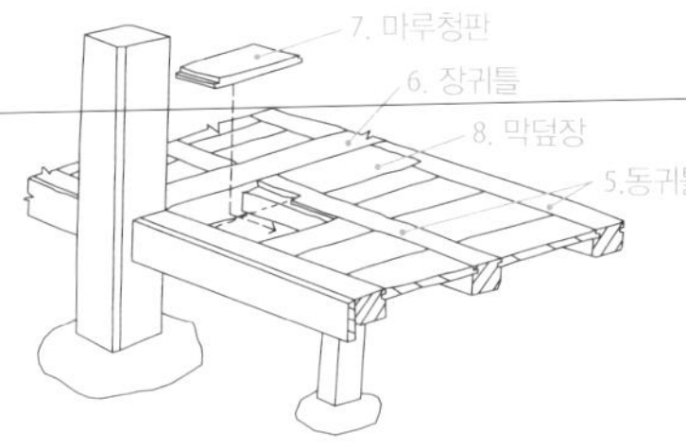

1. 쪽마루 added maru
2. 툇마루 half bay maru
3. 대청 roofed main hall maru
4. 누마루 elevated maru
5. 동귀틀 exposed intermediate wooden frame
6. 장귀틀 exposed long wooden frame
7. 마루청판 wooden floor plank
8. 막덤장 last floor plank with visible top notch

우물마루 맞춤 (강성원 그림)
Well–pattern Maru Detail

umulmaru
우물마루
Well-pattern Maru

한옥에서만 나타나는 고유한 마루 깔기 형식으로 모양이 마치 우물 정(井)자와 같다고 하여 붙은 이름이다. 우물마루를 만들기 위해서는 먼저 기둥과 기둥 사이에 긴 장선(長山)을 건너지르는데 이를 **장귀틀(長耳機)***이라고 한다. 그리고 장귀틀 사이에는 다시 일정한 간격으로 장귀틀과 모양은 같

* 장귀틀(janggwiteul) exposed long wooden frame

우물마루 부분 명칭 화성 정시영 고택
Names of Well-pattern Maru

장귀틀과 동귀틀 해평 동호재
Exposed Long Wooden Frame and
Exposed Intermediate Wooden Frame

지만 짧은 장선을 보낸다. 이를 **동귀틀(童耳機)***이라고 한다. 동귀틀 옆면에는 장부를 길게 파고 여기에 **마루청판(抹樓廳板)****을 끼워 마감한다. 청판을 끼우기 위해 동귀틀 한쪽은 턱을 따낸다. 그래서 마지막 마룻장은 길이가 다르다. 위에 턱이 있는 경우를 **막덮장**이라 하고 아래에 턱이 있어서 보이지 않는 경우를 **은혈덮장**이라고 한다. 마루청판은 목재의 변재부분을 이용하여 윗면만 대패로 다듬고 아랫면은 피죽이 붙은 채로 사용하면 변형이 적고 튼튼하다. 나무는 수축 이완 등의 변형이 적은 널안쪽을 위로 사용하는 것이 유리한다. 우물마루는 사계절이 뚜렷하여 건조수축이 심한 우리나라 기후에 적합한 마루 형식이다. 나무가 말라 마루청판 사이가 벌어지면 마루를 다 뜯지 않아도 한 장 한 장 촘촘히 밀어 넣고 한 장 더 보강해 넣으면 되는 효율적인 마루이다. 물론 한국도 고대에는 장마루가 보편적이었을 것이나 차츰 기후조건에 맞는 우물마루로 발전해 갔을 것으로 추정된다.

* 동귀틀(donggwiteul) exposed intermediate wooden frame

** 마루청판(marucheongpan) wooden floor plank

장마루 태인향교 대성전
Strip Wooden Floor

장마루 중국 불궁사 석가탑

장마루 일본 사쿠라이 무가주택

jangmaru
장마루
Strip Wooden Floor

장마루(長抹樓)는 동귀틀 위에 **장선**(長山)* 을 일정한 간격으로 걸고 그 위에 폭이 좁고 긴 마루널을 깔아 만든 마루를 말한다. 한국의 현존 유적에서는 거의 찾아볼 수 없는 마루 형식이다. 홍성 노은리 고택의 사랑채 툇마루나 무위사 천불전 등에서 극히 부분적으로 볼 수 있으나 그나마도 후대에 변형된 것이 많다. 쪽마루는 폭이 작은 마룻장을 일일이 이어대기 번거로워 장마루로 하는 경우도 많다. 일제 강점기의 학교 건물이나 강화도 성공회 성당 등 근대기 양풍건축에서는 많이 볼 수 있다. 중국이나 일본에서는 아직도 장마루가 보편적이다.

우물마루는 오랫동안 사용하지 않으면 귀틀과 이음 부분이 먼저 상해 마룻장이 내려앉는 단점이 있다. 우물마루의 이러한 단점 때문에 한국에서도 고대의 고층 탑이나 누각에는 중국 불궁사(佛宮寺) 석가탑과 같이 장마루를 깔았을 가능성이 높다. 장마루는 깔기는 쉬우나 건조수축에 의해 변형이 일어나면 마루 전체를 뜯어고쳐야 하는 번거로움이 있다. 장마루를 깔

* 장선(jangseon) long wooden beam

대청 남양주 동관댁
Roofed Main Hall Maru

대청 구례 운조루 고택

기 위해서는 폭이 넓고 긴 마룻장이 필요하며 이를 위해 곧고 긴 목재가 있어야 한다. 따라서 짧은 토막나무로 만들 수 있는 우물마루보다는 목재가 풍부한 곳에서 가능했던 마루 형식이다. 조선 후기에는 임진왜란으로 산림이 황폐화되고 목재가 고갈되어 장마루보다는 우물마루가 적합했을 것이다.

daecheong
대청
Roofed Main Hall Maru

마루는 모양이 같아도 규모와 쓰임 및 위치에 따라 명칭이 달라진다. **대청**(大廳)* 은 마루 중에서 넓은 마루라는 의미이다. '대청마루'라고 명명하기도 하지만 대청이라는 명칭 속에 마루라는 의미가 포함되어 있으므로 대청마루라고 부르는 것은 옳지 못하다. '서울역전앞'과 같은 맥락이다. 대청은 건물의 중심인 안방과 건넌방 사이에 놓인다. 대청을 크게 만드는 이유는 여기서 제사를 지냈기 때문이다. 양반가일수록 대청이 넓다. 보통은 4칸 대청

* 대청(daecheong) roofed main hall maru

툇마루 논산 명재고택
Half Bay Maru

툇마루 청송 송소고택

이지만 대갓집에서는 6칸 대청을 둔 사례도 흔히 볼 수 있다. 대청은 평상시에 거실로 사용되며 안방과 건넌방 등을 출입하는 통로 역할도 한다. 한옥은 대청 쪽에 출입문이 있으며 대청을 통해 방으로 들어가는 것이 일반적이다. 대청은 보통 우물마루로 하고 전면은 트여있으며 뒷벽에는 우리판문을 단다. 우리판문을 열면 여름에는 시원한 뒷산의 바람이 대청 앞으로 건너온다. 또 사이에는 분합문을 달아 여름에 전체를 들어 걸어 방과 대청을 넓게 하나의 공간으로 쓰기도 한다. 한옥은 보통 외부에서 바로 방으로 들어가지 않고 난방이 없는 대청을 거쳐 방으로 들어간다. 이는 잠시라도 외부와 내부의 온도차를 적응하면서 출입하도록 하려는 건강에 대한 배려이다.

toesmaru
툇마루
Half Bay Maru

고주와 평주 사이 퇴칸에 놓인 마루를 가리킨다. 한옥은 여름과 겨울을 모두 지내야 해서 내외부 공간 사이에 완충공간이 있는 것이 특징이다. 이 완충공간이 바로 퇴이고 퇴에 깐 마루가 툇마루이다. 툇마루는 외부에 개방되어 있으면서 안방과 건넌방, 부엌 등의 동선을 연결하는 역할을 하며 밖

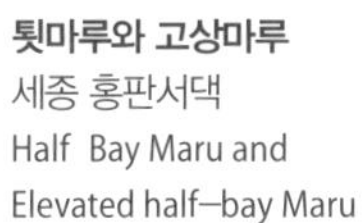

툇마루와 고상마루
세종 홍판서댁
Half Bay Maru and
Elevated half–bay Maru

고상마루 세종 홍판서댁
Elevated Half–bay Maru

1. 고상마루 elevated half–bay maru
2. 툇마루 half bay maru

에서 안으로 들어갈 때 잠시 걸터앉아 옷도 털고 신발도 정리할 수 있는 생활의 완충공간이기도 하다. 또 추운 겨울 밖에서 방으로 들어갈 때 느끼게 되는 갑작스러운 온도변화에 적응할 수 있도록 하는 신체적, 환경적 완충공간의 역할도 한다. 그러므로 툇마루는 쓰임이 별로 없는 버려진 공간처럼 보이지만 한옥에서는 매우 중요한 공간이다. 툇마루 중에서 아래에 아궁이를 설치하기 위해 마루를 높여 설치하는 경우가 있는데 이를 **고상마루**(高床抹樓)*라고 한다.

* 고상마루(gosangmaru) elevated half–bay maru

쪽마루 논산 명재고택
Added Maru

쪽마루 영광 매간당 고택

jjogmaru
쪽마루
Added Maru

툇마루와 혼동하는 경우가 많으나 차이가 있다. 툇마루는 평주 안쪽에 만들어지지만 쪽마루는 평주 바깥쪽에 만들어진다. 퇴칸이 없는 부분에서 툇마루 역할을 할 수 있도록 평주 밖으로 덧달아낸 마루를 뜻한다. 보통은 툇마루에 비해 폭이 좁으며 우물마루가 아닌 장마루로 만드는 경우도 많다. 쪽마루는 보통 건물 측면이나 뒷면에 창호가 있는 곳에 부분적으로 설치하는 것이 일반적이며 동바리기둥을 사용해 지지한다. 한자로는 **편마루**(片抹樓)로 표기한다.

방 앞에 쪽마루보다 폭과 길이가 작은 마루를 들이기도 하는데 이를 **부섭마루**라고도 한다. 쪽마루와 구분하기는 어렵다.

누마루 창덕궁 낙선재
Elevated Maru

누마루 안동 수곡고택

누마루 병산서원 만대루

누마루 용흥궁

numaru

누마루

Elevated Maru

지면으로부터 높이 띄워 지면의 습기를 피하고 통풍이 잘되도록 한 원두막 형식의 마루를 말한다. 남원의 광한루, 삼척 죽서루, 진주 촉석루 등과 같이 중층건물에 누마루를 깔아 여름에 여흥을 즐겼던 누마루만으로 구성된 건물도 있으며 봉정사 만세루나 부석사 안양루와 같이 대웅전 앞에 놓여 다

양한 용도로 쓰였던 누마루도 있다. 조선시대 전기에는 많은 유학자가 경치 좋은 곳에 원두막처럼 누각이나 정자를 지어 놓고 시서화를 즐기거나 공부하는 곳으로도 사용했다. 조선 후기에는 이러한 누각이 사랑채에 붙기 시작했는데 양반가에서는 보통 사랑채 전면 한 칸을 튀어나오게 하여 누마루를 깔아 그 역할을 하도록 했다. 창덕궁 낙선재의 누마루는 비교적 높게 설치되었는데 머름하방 밑에는 구름 조각을 새긴 낙양이 설치되었다. 이것은 신선들이 산다는 운상각(雲上閣)을 상징한 것으로 실용성 외에 상징성을 강하게 내포하고 있다. 누마루는 습기를 차단하고 통풍과 환기가 원활해 여름에 유용한 공간이다.

deulmaru

들마루

Portable Maru

들마루는 들고 다니는 이동이 가능한 마루를 뜻한다. 흔하게 볼 수 있는 것은 아니지만 삼척 신리 너와집과 같은 까치구멍집에서 볼 수 있다. 까치구멍집은 보통 측면이 2칸이고 정면이 3칸인 양통집인데 정면 중앙의 대문을 들어서면 흙바닥으로 된 봉당이 있고 그 양쪽에 외양간과 부엌을 배치했다. 봉당 안쪽에 마루가 놓였으며 마루 양쪽으로 안방과 건넌방이 놓인다. 그런데 이 마루는 여름에는 밖으로 나갔다가 겨울에는 안으로 들여놓는 이동식인 들마루로 만든다. 이 지역은 특히 겨울이면 눈과 맹수가 많아서 야외생활은 여름 한철 짧은 기간에 가능하다. 눈이 오면 처마 밑까지 쌓여 나갈 수 없어서 모든 일이 실내에서 이루어진다. 그래서 외양간도 처마 안쪽으로 모두 들어와 있다. 이러한 특수한 사정으로 마루는 융통성 있는 들마루가 사용되었다. 드물게는 쪽마루를 들마루 형식으로 만드는 경우도 있다.

마루방 송죽헌
Wooden Floor Room

고삽마루 안동 하회마을 겸암정사
Triangle Corner Maru

marubang, golmaru
마루방과 골마루
Wooden Floor Room and Partial Wooden Floor Room

온돌방과 같이 사방에 벽을 들여 실로 꾸미고 바닥을 마루로 마감한 것을 **마루방***이라고 하고 한자로 청방(廳房)으로 쓴다. 쌀독 등 살림살이를 보관하는 고방(庫房)이 대개 마루방이다. 또 안방이나 건넌방 등 온돌방에 부설하여 반 칸 정도의 폭으로 **골마루****를 들여 의류 및 살림살이를 수납하기도 한다. 온돌방에 인접한 툇마루에 벽을 들여 골마루방으로 쓰기도 한다.

gosanmaru
고삽마루
Triangle Corner Maru

마루가 'ㄱ'자로 꺾이는 모서리 부분에 만들어지는 삼각형 모양의 마루를 지칭한다. 대부분 대청과 툇마루가 연결되는 모서리에 생기는데 이동할 때 여유롭게 하는 역할을 한다. 똑같은 명칭이 지붕부위에도 있는데 회첨추녀 끝에 회첨지붕을 받기 위해 평고대와 연함 및 개판을 삼각형 모양으로 구성한 것 또한 고삽이라고 한다.

* 마루방(marubang) wooden floor room
** 골마루(golmaru) partial wooden floor room

ondol

온돌

Floor Heating System

- agung-i, buttumag
  아궁이와 부뚜막 Firewood Intake Opening and Cooking Furnace
- gudeul
  구들 Floor Heating System
- yeondo, gulttug
  연도와 굴뚝 Horizontal Smoke Channel and Chimney

충주 윤양계 고택

원시시대에는 움집 가운데 노(爐)를 두어 난방과 취사 및 조명으로 사용했다. 청동기시대에는 난방을 위한 노와 취사를 위한 부뚜막이 따로 설치되었고 초기 철기시대가 되면 지금과 같은 온돌의 원초형이라고 할 수 있는 고래식 부뚜막이 나타났다. 평북 영변의 세죽리 유적과 노남리 유적에서는 'ㄱ'자 고래 구들이 발굴되었다. 역사시대에 들어서도 방 전체에 구들을 들이지는 못했고 벽을 따라 'ㅡ'자나 'ㄱ'자로 부분적으로 구들을 들였는데 이를 **쪽구들**이라고 한다. 쪽구들은 초기에는 외줄고래였다가 시대가 내려올수록 차츰 줄 수가 늘어 쌍줄고래, 세줄고래로 변화했다. 고려 중기 이후에는 방 전체에 구들을 들이는 것으로 발전하여 현재에 이르렀다. 이를 **온구들**이라고 하는데 서민 건축에서부터 시작되어 차츰 양반주택으로 보급되었다. 조선 초 유적인 회암사지에서 온구들 유적이 다량 발굴된 것으로 미루어 조선 초부터는 온구들이 양반가에서도 보편화되었음을 짐작할 수 있다.

중국 《신당서》 〈고려조〉에서는 "고구려 사람들은 **장갱(長坑)**을 만들어 난방한다"고 하였다. 고려시대 《고려도경》 28권 〈와탑(臥榻)조〉에서는 "서민들은 구멍이 있는 흙 침대를 만들어 **화갱(火坑)** 위에 눕는다"고 하였다. 여기서 갱(坑)은 중국의 침대식 난방인 '캉'을 의미하는 것으로, 한쪽에 화구(火口)가 있는 쪽구들을 가리킨다. 화갱은 구들을 뜻하는 것으로 둘 다 중국식 표현이다. 쪽구들은 북방의 한민족으로부터 개발되어 중국의 장갱으로 보급되었다. 최자의 《보한집》(1254)에서는 갱을 돌(堗)로 표기하였고 화구를 돌구(堗口)로 썼다. 《고려사》나 《조선왕조실록》 등에서는 구들을 들인 방을 **욱실(燠室)**, 마루 칸을 **양청(涼廳)**이라고 하였다. 이러한 기록으로 미루어 고래와 구들장으로 만들어진 난방방식은 고려 중기이후부터 일반화되었고 그 이름을 한자로 표기하면서 온돌이라고 부르지 않았을까 추측된다.

온돌은 아궁이에 불을 때서 구들장을 데워 난방하는 방식이기 때문에 피부에 접촉하는 느낌이 좋고 돌과 진흙에서 나오는 원적외선은 건강에 좋다. 또 아랫목과 윗목이 있어 방안에서도 온도 차이에 따른 대류 현상의 유도로 쾌적한 거주 조건을 만들어 주는 유용한 난방방식이다.

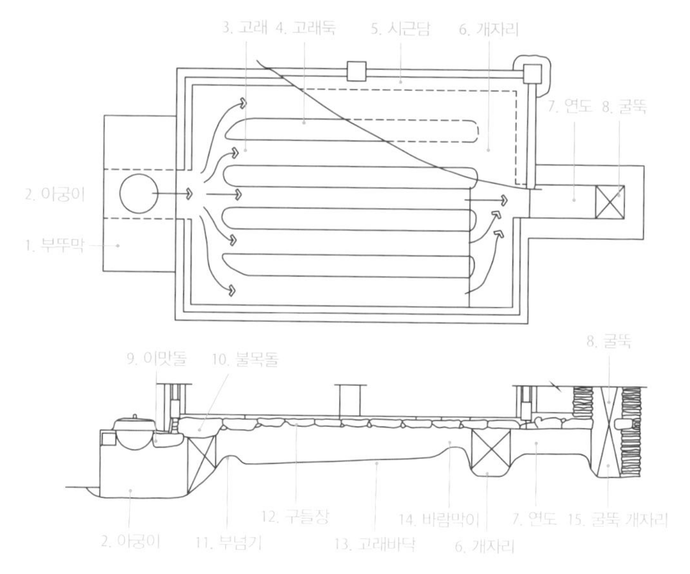

구들의 구조 (강성원 그림)
Floor Heating System

아궁이와 부뚜막 추사 김정희 선생 고택
Firewood Intake Opening and Cooking Furnace

1. 부뚜막 cooking furnace
2. 아궁이 firewood intake opening
3. 고래 heat channel
4. 고래둑 side walls of heat channel
5. 시근담 peripheral wall of heat channel
6. 개자리 deep heat channel
7. 연도 horizontal smoke channel
8. 굴뚝 chimney
9. 이맛돌 stone slab around firewood intake
10. 불목돌 large stone slab over intake opening
11. 부넘기 furnace throat ridge
12. 구들장 stone slab floor over heat channel
13. 고래바닥 floor structure of heat channel
14. 바람막이 wind-block ridge
15. 굴뚝 개자리 chimney pit

아궁이와 부뚜막 예천권씨 초간종택

함실아궁이 청송 송소고택
Intake Opening without Furnace

함실아궁이 창덕궁

agung-i, buttumag

아궁이와 부뚜막
Firewood Intake Opening and Cooking Furnace

아궁이*는 고래에 불을 넣는 구멍으로 **화구**(火口) 또는 **돌구**(堗口)라고 한다. 난방을 위한 노(爐)와 취사를 위한 부뚜막이 분리된 것은 청동기시대 움집에서부터이다. 그러나 철기시대에 이르러서는 긴 고래구들이 보급되면서 한쪽에 아궁이를 두어 불을 지피고 그곳에 솥을 걸어 취사를 겸하게 했다. 차츰 취사가 확대되고 공간이 분화하면서 아궁이와 **부뚜막****이 있는 곳에 부엌이 만들어져 지금에 이르렀다. 부뚜막은 더 넓어지고 길어지면서 부엌에는 없어서는 안 될 조리공간이 되었다. 함경도와 같은 추운지방에서는 부뚜막이 더욱 커지면서 하나의 실이 되었는데 이를 **정지**라고 한다. 정지와 부엌은 벽 없이 하나로 트여있으며 추운지방에서는 유용한 다용도실 기능을 한다. 따라서 정지는 부엌을 대신하는 대명사로 널리 쓰이게 되었다. 아궁이는 불을 때고 남은 재를 계속 긁어 내주어야 한다. 겨울에는 불씨가 남은 재를 모아 화로에 담아 방안에서 난방용으로 사용하였다. 다 사용한 재는 잿간에 모아두었다가 인분 등과 섞어 거름으로 사용하였다. 따라서 잿간과 측간은 같이 만들어지는 경우가 많았으며 재의 탈취 성능으로 측간 냄새가 나지 않는다. 조리용 부엌이 필요 없는 사랑채나 건넌방, 행랑

* 아궁이(agung-i) firewood intake opening

** 부뚜막(buttumag) cooking furnace

등에서는 부뚜막이 없이 아궁이만 만들었다. 이를 함실에 바로 불을 지핀다는 의미로 **함실아궁이***라고 한다. 함실은 고래가 시작되는 부넘기 앞에 만들어지는 불을 지피는 공간을 말한다. 함실아궁이는 사랑채나 비일상용 정자, 살림이 필요 없는 서원 및 향교 등에서 많이 볼 수 있다.

제주에서는 난방과 취사가 분리되어 있는데 방 외벽에 불을 때기 위한 작은 함실아궁이를 **굴묵**이라고 한다. 제주도의 향토 용어라고 할 수 있다.

gudeul
구들
Floor Heating System

구들의 종류는 방 일부에만 구들을 들이는 **쪽구들****과 방 전체에 구들을 들이는 **온구들*****로 크게 나눌 수 있다. 그리고 구들은 고래와 고래둑, 구들장 등으로 구성되는데 쪽구들은 고래의 숫자와 형상에 따라 **외줄고래**, **두줄고래**, **세줄고래**, **일자고래**, **ㄱ자고래**, **ㄷ자고래** 등으로 세분한다. 온구들은 고래의 모양과 연도의 위치에 따라 분류할 수 있는데 가장 흔한 것은 고래가 직선으로 평행하게 나란히 놓인 **줄고래******이다. 줄고래는 아궁이와 굴뚝이 서로 반대편에 있는 것이 일반적이다. 그런데 아궁이와 굴뚝이 같은 쪽에 있는 특수한 경우도 있는데 이를 **되돈고래*******라고 한다. 되돈고래는 굴뚝을 아궁이 반대편에 설치할 수 없는 경우와 개자리를 길게 하여 열효율을 높일 목적으로 사용한다. 때로는 고래를 부챗살처럼 방사선으로 놓는 경우도 있는데 이를 **부채고래********라고 한다. 아궁이와 굴뚝을 모서리에 설치하고 대각선과 전후좌우 대칭으로 마치 나뭇잎과 같이 놓인 고래를 **맞선**

* 함실아궁이(hamsilagung-i) intake opening without furnace
** 쪽구들(jjoggudeul) partially heated floor
*** 온구들(ongudeul) overall heated floor
**** 줄고래(julgorae) parallel line heat channel
***** 되돈고래(doedongolae) returning path heat channel
****** 부채고래(buchaegolae) fan-shape heat channel

허튼고래 영동 김참판댁 문간채
Open Heat Passage

줄고래 회암사지
Parallel Line Heat Channel

구들장 화순 양참사댁
Stone Slab Floor over Heat Channel

구들 회암사지
Floor Heating System

1. 줄고래 parallel line heat channel
2. 허튼고래 open heat passage
3. 되돈고래 returning path heat channel
4. 부채고래 fan–shape heat channel
5. 맞선고래 diagonal heat channel
6. 굽은고래 bent heat channel

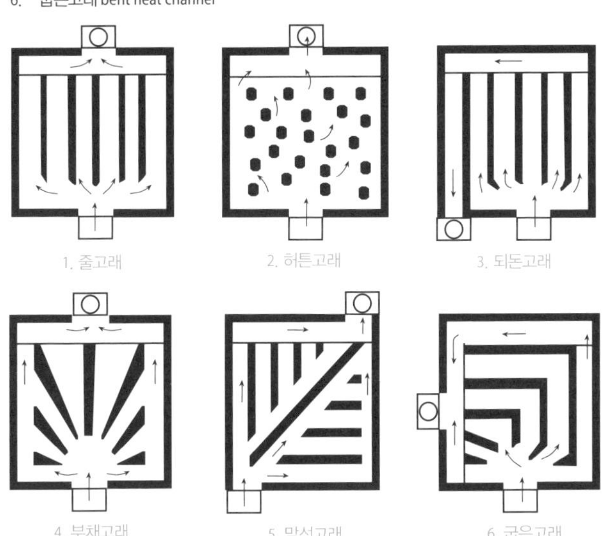

온구들의 종류
Types of Floor Heating System

고래[*]라고 한다. 굴뚝이 측면에 오는 경우는 고래가 'ㄱ'자로 꺾여 설치되는데 이를 **굽은고래**[**]라고 한다. 열효율을 위해 구들을 위아래 이층으로 설치하는 경우도 있는데 이를 **이중구들**(온돌)[***]이라고 한다. 이중구들은 종친부 건물인 경근당과 남한산성 침괘정에 있었던 것으로 알려져 있다. 또 하동의 칠불암에는 한 번 불을 때면 그 온기가 100일이 간다고 하는 아자방이 있다. 여러 가지 면에서 구들은 한국이 종주국이며 가장 다양하며 한국건축의 고유성이라고 볼 수 있다.

고래[****]는 아궁이(함실)에서 지핀 불길을 굴뚝까지 유도하는 통로이다. 고래는 **고래바닥**과 **고래둑**, **구들장**으로 구성된다. **고래바닥**[*****]은 고래를 만드는 바닥으로 아궁이에서 윗목 쪽으로 갈수록 조금씩 높여 경사지게 하여 불길이 잘 들어가도록 한다. 아궁이에서 고래가 시작되는 경계 부분은 둑처럼 약간 높여주는데 이를 **불목** 또는 **부넘기**[******]라고 한다. 불목은 고래에서 개자리로 넘어가는 곳에도 설치한다. 이 부넘기는 **바람막이**라고도 하며 바람이 역류하여 불이 나는 것을 막아주는 역할을 한다. 불목은 고래마다 크기를 달리하여 불이 균등하게 들어가도록 하는 것이 기술이다. 고래 양쪽으로 벽처럼 길게 둑을 쌓은 것을 **고래둑**[*******]이라고 한다. 고래둑은 고래 양쪽의 벽이 되는 것으로 보통 잔돌을 흙과 이겨 빈틈없이 쌓아주는데 드물게는 불길이 고래를 서로 넘나들 수 있도록 터놓기도 한다. 이를 **허튼고래**[********]라고 한다.

* 맞선고래(majseongolae) diagonal heat channel
** 굽은고래(gubeungolae) bent heat channel
*** 이중구들(온돌)〔ijung-gudeul(ondol)〕 double-layered heating system
**** 고래(golae) heat channel
***** 고래바닥(golaebadag) floor structure of heat channel
****** 부넘기(buneomgi) furnace throat ridge
******* 고래둑(golaedug) side walls of heat channel
******** 허튼고래(heoteungolae) open heat passage

고래둑 위에 걸쳐 까는 판석을 **구들장***이라고 한다. 구들장 위에는 연기가 새어 나오지 못하도록 진흙을 물에 개어 빈틈없이 바르고 그 위에 장판지를 바르며 장판지를 콩댐 등으로 마감하면 방바닥이 된다. 구들은 구들장을 데워서 돌의 잠열을 이용하는 난방방식으로 구들장의 선택은 중요하다. 불을 먹어도 잘 깨지지 않고 얇게 잘 떠지는 검은색의 점판암을 주로 사용했다. 그리고 아궁이 쪽 함실은 불이 직접 닿는 곳으로 매우 뜨겁다. 그래서 이곳에는 특별히 두껍고 함실을 한 장으로 덮을 수 있는 큰 구들장을 사용하는데 이를 **불목돌****이라고 한다. 그리고 아궁이 입구 위쪽에 건너지른 돌을 **이맛돌**이라고 하는데 이맛돌이나 불목돌을 받치는 괴임돌을 **붓돌**이라고 한다. 고래가 모아지는 윗목이나 방 측면에는 고래보다 깊은 줄 웅덩이를 만들어 주는데 이를 **개자리*****라고 한다. 개자리는 뜨거운 공기가 고래를 통과하면서 식어 공기 중에 섞여 있던 그을음이나 찌꺼기들을 떨어뜨리는 곳이다. 그래서 구들을 오래 사용하면 정기적으로 뜯어 개자리의 찌꺼기를 제거해 주어야 한다. 그리고 구들장을 걸치기 위해 방 측벽에 쌓는 고래둑을 **시근담******이라고 한다.

* 구들장(gudeuljang) stone slab floor over heat channel

** 불목돌(bulmogdol) large stone slab over intake opening

*** 개자리(gaejali) deep heat channel

**** 시근담(sigeundam) peripheral wall of heat channel

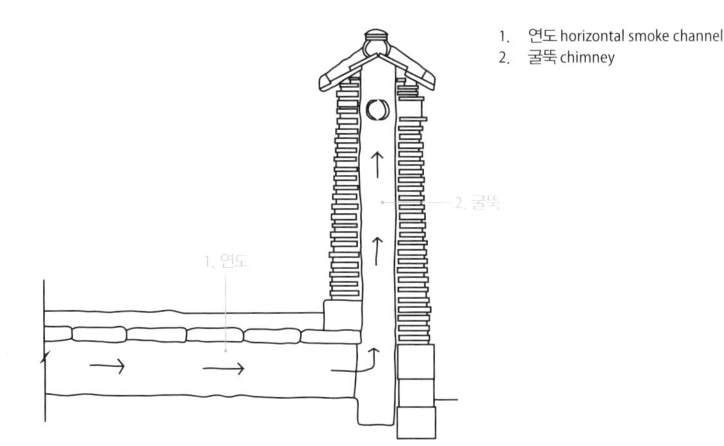

연도와 굴뚝 (강성원 그림)
Horizontal Smoke Channel and Chimney

yeondo, gulttug
연도와 굴뚝
Horizontal Smoke Channel and Chimney

고래와 개자리를 빠져나온 연기는 굴뚝을 통해 배출된다. 이때 개자리와 굴뚝을 연결하는 통로를 **연도(煙道)***라고 한다. 연도의 길이는 자유롭게 정할 수 있기 때문에 굴뚝의 위치 또한 자유롭다. 궁궐에서는 굴뚝이 침전과 꽤 먼 거리에 떨어져 있는 것을 볼 수 있다. 경복궁 침전에서는 침전 뒤 아미산에 굴뚝을 세우고 연도를 길게 연결했다. 연도는 땅속에 묻히기 때문에 물이 스며들어 막히는 일이 없도록 조심해야 한다. 이처럼 굴뚝은 후원의 조경 요소로서도 중요한 역할을 한다.

굴뚝은 아궁이에서 발생한 연기를 최종적으로 배출하는 곳이면서 아궁이의 불을 빨아들이는 역할을 하는 것으로 빈틈없이 잘 만들어야 불이 잘 든다. 구들이 설치된 곳에는 반드시 굴뚝이 있어야 한다. 그래서 온돌이 발달한 한국이 굴뚝도 가장 발달하였고 다양하다. 굴뚝은 대체로 추운 북쪽 지방이 높고 남쪽으로 갈수록 낮아지다가 제주도에 이르면 사라지기도 한

* 연도(yeondo) horizontal smoke channel

자연석굴뚝 불갑사
Natural Form Stone Chimney

토축굴뚝 대전 회덕 동춘당
Earthen Chimney

와편굴뚝 칠장사
Roof–tile Chimney

기단굴뚝(가래굴)
구례 운조루 고택
Stub Chimney at Stylobate

오지굴뚝
서산 경주김씨 고택
Chimney made of Pottery

통나무굴뚝 무송헌 고택
Hollowed Log Chimney

다. 추운 지방에서는 불을 강하게 빨아들여야 해서 굴뚝을 높게 설치한다. 남쪽 지방에서는 기단에 구멍을 뚫어 놓는 정도로 굴뚝을 설치한 사례도 볼 수 있다. 아산 외암마을 참판댁에서는 전면 기단에 굴뚝을 두어 여름에는 이를 개방하여 모기를 쫓는 용도로도 사용하였다.

굴뚝은 사용 재료와 모양에 따라 매우 다양하며 지역적 특성이 있다. 궁궐에서는 벽돌로 정성스레 쌓고 여기에 각종 장식을 베풀며 기와지붕까지 덮어 고급스럽게 치장하는 경우가 많다. 치장굴뚝은 보통 벽돌로 만든 전

전축굴뚝 경복궁 아미산
Brick Chimney

축굴뚝*이 일반적이다. 가장 화려한 굴뚝은 경복궁 자경전 뒤 국보로 지정된 십장생굴뚝과 아미산의 육각형 전축굴뚝을 들 수 있다. 반면 서민들은 흙과 돌을 섞어 쌓은 **토축굴뚝****을 주로 사용했고 간혹 와편을 이용해 문양을 베풀면서 쌓은 **와편굴뚝*****도 볼 수 있다. 초가에서는 원통 모양의 오지로 만든 **오지굴뚝******을 지붕 위에 올려세우는 경우도 많고 통나무 속을 비워 원통형으로 만들거나 판재를 이어 댄 **통나무굴뚝*******도 있다. 궁궐굴뚝과 같이 장식적인 굴뚝은 굴뚝 위에 집 모양으로 빚어 만든 **연가**(煙家)****** 를 올려 빗물은 막고 연기는 배출시키는 역할을 하기도 했다. 궁궐건축에서는 숯을 연료로 사용하여 그을음이 많지 않기 때문에 화방벽에 구멍을

* 전축굴뚝(jeonchuggulttug) brick chimney
** 토축굴뚝(tochuggulttug) earthen chimney
*** 와편굴뚝(wapyeongulttug) roof-tile chimney
**** 오지굴뚝(ojigulttug) chimney made of pottery
***** 통나무굴뚝(tongnamugulttug) hollowed log chimney
****** 연가(yeonga) house-shape chimney cap

연가 창덕궁 낙선재
House-shape Chimney Cap

벽붙이굴뚝 경복궁 집경당
Wall-hidden Chimney

뚫어 굴뚝을 만들기도 하는데 이를 **벽붙이굴뚝***이라고 한다. 눈에 잘 띄지 않는 고급스러운 굴뚝이라고 할 수 있다.

기단이나 고맥이에 구멍을 뚫어 굴뚝 없이 연기를 배출하기도 하는데 이를 가래굴이라고도 한다. **가래굴**은 모깃불 역할을 하기도 한다.

* 벽붙이굴뚝(byeogbut-igulttug) wall-hidden chimney

cheonjang

천장 Ceiling

- umulcheonjang
  우물천장 Coffered Ceiling
- yeondeungcheonjang
  연등천장 Exposed Ceiling
- sungagbanja
  순각반자 Ceiling between Bracket Set
- nunsseobcheonjang
  눈썹천장 Eyebrow Ceiling
- bischeonjang
  빗천장 Slanted Ceiling
- jong-ibanja
  종이반자 Paper Finish Ceiling
- sogyeongbanja
  소경반자 Exposed Ceiling with Paper-finish
- gomibanja
  고미반자 Earth Insulated Ceiling on Wooden Structure
- bogaecheonjang
  보개천장 Coffered Ceiling for Holiness
- gwijeob-icheonjang
  귀접이천장 Triangular Recess Ceiling

안동 하회마을 겸암정사

천장(天障)은 **반자**(斑子)라고도 하며 지붕틀을 가리는 상부 마감이라고 할 수 있다. 외부의 열, 빛, 소리를 어느 정도 차단 및 흡수하는 역할을 하며 장식 효과도 있다. 천장을 **천정**(天井)으로 쓰기도 하는데 이것은 우물 정(井)자 형태의 특정한 천장을 가리키는 것이므로 보편적인 명칭은 아니다.

한옥에서 방에는 대개 천장을 설치하고 대청에는 설치하지 않는다. 방은 적절한 높이의 천장이 있어야 아늑하고 대청은 입식 생활공간이므로 천장 없이 높아야 쾌적하다. 천장 높이는 기의 순환과 관련 있다. 쾌적한 집은 사는 사람의 기가 원활히 소통되었을 때 달성할 수 있다. 안산과 조산이 시선의 기순환과 관계가 있는 것처럼 천장 높이는 정수리에서 발산된 기순환에 밀접하게 영향을 미친다. 그래서 동서고금을 막론하고 건축에서 천장 높이는 중요하다. 궁궐 침전 등에서는 보온을 위해 이중천장을 하기도 한다.

우물천장 봉정사 대웅전
Coffered Ceiling

우물천장 영천 선원마을

1. 반자소란 wooden strip to hold ceiling board
2. 장다란 exposed long wooden beam for coffered ceiling
3. 동다란 exposed intermediate beams for coffered ceiling
4. 반자청판 wooden ceiling board

umulcheonjang
우물천장
Coffered Ceiling

반자의 모양이 우물 정(井)자를 닮았다고 하여 붙은 이름으로 천정(天井)이라고도 한다. 살림집에서는 거의 찾아볼 수 없고 궁궐이나 사찰 등에서 주로 사용하였다. 특히 조선시대 5포 이상의 다포식 건물에서 많이 쓰였다. 《영건의궤》에서는 우물천장을 순각반자(純角斑子)라고 표기하고 있다.

우물천장은 우물마루처럼 **장다란(長多欄)***과 **동다란(童多欄)****을 격자로 짜고 가운데 **반자청판(斑子廳板)*****을 끼운 것이다. 반자청판은 다란 사방에 돌린 쫄대목에 의해 지지되는데 이를 **반자소란(斑子小欄)******이라고 한다. 우물천장의 반자청판은 귀틀 사이 소란에 걸쳐 위에서 올려놓은 것이기 때문에 위로 밀면 열린다. 다란을 **현란(懸欄)**이라고도 하며 반자청판을 반자판, 반자소란을 간단히 소란으로 부르기도 한다.

우물천장이 궁궐이나 사찰건축에서 선호된 것은 단순히 천장의 기능 외

* 장다란(jangdalan) exposed long wooden beam for coffered ceiling
** 동다란(dongdalan) exposed intermediate beam for coffered ceiling
*** 반자청판(banjacheongpan) wooden ceiling board
**** 반자소란(banjasolan) wooden strip to hold ceiling board

연등천장 부여 여흥민씨 고택
Exposed Ceiling

연등천장 봉정사 극락전

에 장엄 효과도 있었기 때문이다. 반자청판과 다란에는 각종 문양의 단청을 화려하게 베풀어 장식 효과를 극대화하기도 한다. 우물천장은 섬세한 가공이 필요하고 품이 많이 드는 일이기 때문에 부유층이 아니면 설치할 수 없었던 것으로 추정된다. 또한 천장을 하려면 층고가 높아야 하는데 열효율을 위해 층고를 낮춘 살림집에서는 천장을 설치할 수 없었다.

yeondeungcheonjang

연등천장
Exposed Ceiling

천장을 만들지 않아 서까래가 그대로 노출되어 보이는 천장을 말한다. **연등천장***은 가구부재들이 아름다워 천장으로 가리지 않아도 충분한 고려시대 주삼포 건물에서 많이 볼 수 있다. 살림집에서는 보통 대청의 천장을 연등천장으로 한다. 대청은 입식 생활공간이기 때문에 천장을 높이 만들려는 목적도 있으며 늘 상주하는 공간이 아니기 때문에 천장을 가설할 필요가 없지 않았을까 추측된다. 현존하는 고려시대 건물인 봉정사 극락전, 수덕사 대웅전, 부석사 조사당 등은 모두 맞배지붕이며 연등천장인데, 팔작지붕인 부석사 무량수전도 연등천장이다. 따라서 맞배지붕에서만 연등천장을 하는 것이 아님을 알 수 있다.

* 연등천장(yeondeungcheonjang) exposed ceiling

순각반자 정수사 법당
Ceiling between Bracket Set

순각반자 완주 송광사 일주문

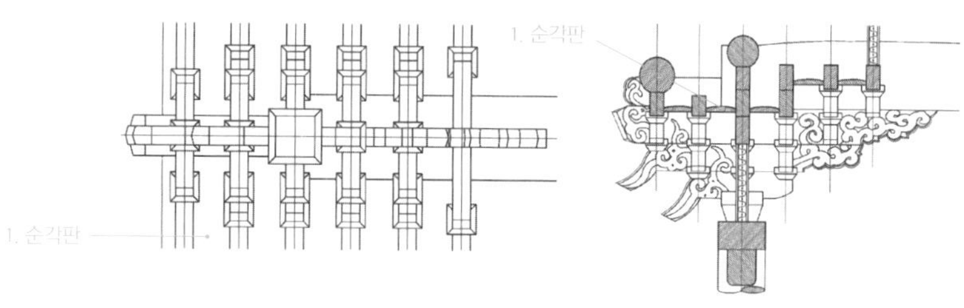

순각반자

1. 순각판 ceiling board for bracket ceiling
2. 순각소란 wooden strip to hold bracket ceiling board
3. 외기도리 a member of projected mid–purlin
4. 충량 transverse beam
5. 외기 projected mid–purlin
6. 눈썹천장 eyebrow ceiling

sungagbanja

순각반자
Ceiling between Bracket Set

순각반자(巡閣斑子)는 공포의 출목과 출목 사이를 좁고 긴 판재로 막아대는 특수한 반자를 가리킨다. 《영건의궤》에서는 우물천장을 순각반자(純角斑子)라고 표기했는데 발음은 같으나 한자가 다르다. 순각반자(巡閣斑子)는 통상 **포반자(包斑子)**라고도 한다. 긴 반자청판은 소란에 의해 고정되며 조선시대 5포 이상의 다포식에서 주로 사용되었다. 순각반자의 반자판을 **순각판***, 순각판을 고정하는 쫄대목을 **순각소란****이라고 부른다.

* 순각판(sungagpan) ceiling board for bracket ceiling

** 순각소란(sungagsolan) wooden strip to hold bracket ceiling board

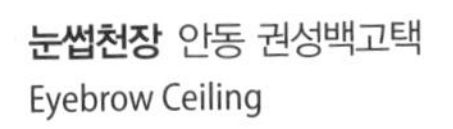
눈썹천장 안동 권성백고택
Eyebrow Ceiling

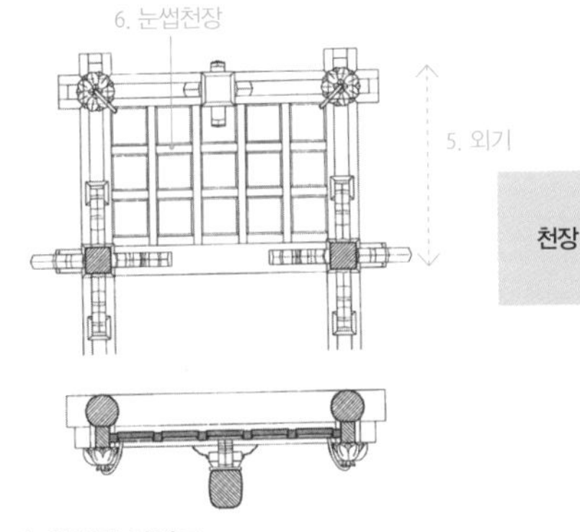

눈썹천장 상세도
Eyebrow Ceiling Detail

nunsseobcheonjang
눈썹천장
Eyebrow Ceiling (Small Ceiling to Cover Projected Roof Area)

팔작지붕 건물에서 양쪽 측면 칸의 외기에 구성되는 작은 천장을 **눈썹천장*** 이라고 한다. 조선시대에는 팔작지붕이 대부분이었는데 눈썹천장을 하지 않으면 측면 외기에 걸린 서까래 말구가 안쪽에서 보인다. 이를 가리기 위하여 외기 부분에 천장을 설치하였는데 크기가 작기 때문에 눈썹천장이라고 하였다. 외기는 대개 충량에 의해 지지되며 보방향과 도리방향의 외기도리가 교차되는 모서리에는 추녀가 걸린다. 따라서 눈썹천장이 없다면 추녀 뒤초리와 측면 서까래 말구가 외기에서 노출되기 때문에 마감이 깔끔하지 못하다. 눈썹천장은 충량이 걸리는 측면 2칸 이상의 팔작지붕 건물에서 나타나며 보통 우물천장으로 했다.

* 눈썹천장(nunsseobcheonjang) eyebrow ceiling (small ceiling to cover projected roof area)

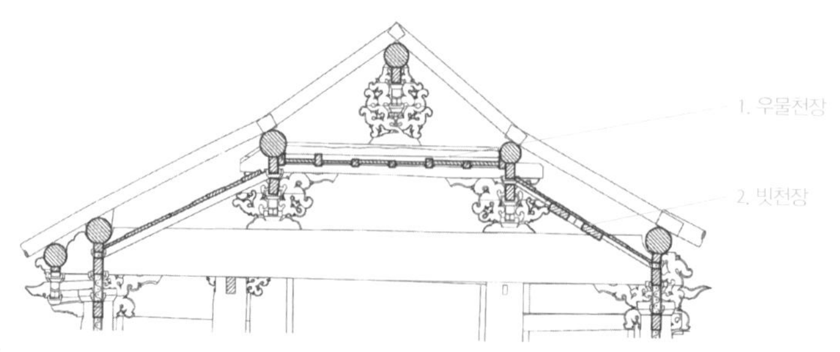

빗천장 단면도 정수사 법당
Slanted Ceiling

빗천장 정수사 법당

빗천장 봉선사

1. 우물천장 coffered ceiling
2. 빗천장 slanted ceiling

bischeonjang
빗천장
Slanted Ceiling

수평이 아닌 서까래 방향을 따라 비스듬하게 설치된 천장을 말한다. 대개 우물천장은 대들보에 설치된다. 그러나 천장을 높여 내부 공간을 시원하게 하고자 할 때는 대들보 상부 종보 정도에 천장을 설치하는 경우가 있다. 이때 평주에서 고주 사이가 천장 없이 노출되기 때문에 그 높이차를 이용하여 경사지게 천장을 만드는데 이를 **빗천장***이라고 한다. 빗천장은 장선을 넓게 설치하고 긴 널을 건너질러 널천장으로 하는 경우가 많다. 경기도 운수암 비로전은 매우 소박한 건물인데 빗천장을 설치했으며 빗천장에는 목

* 빗천장(bischeonjang) slanted ceiling

널천장 태인향교 만화루
Wood Plank Ceiling

단, 연화 등의 그림이 가득하다. 또 빗천장의 대표적인 건물로 정수사 법당이 있다. 장선을 사선으로도 걸었으며 장선에는 연꽃을 입체적으로 조각해 붙였고 천장널에는 봉황을 가득 채워 그렸다. 장선은 추녀 아래에 놓인 화병에서 출발한 꽃줄기이며 장선에서 화려하게 꽃을 피웠다. 매우 화려한 빗천장의 모습을 볼 수 있다. 빗천장이 양쪽으로 삿갓처럼 경사질 경우 **삿갓천장**이라고도 한다.

태안향교 말화루와 같이 널판지를 이용하여 만든 천장을 **널천장***이라고 하는데 한국에서는 그 사례가 많지 않다.

* 널천장(neolcheonjang) wood plank ceiling

종이반자 장흥 죽헌고택
Paper Finish Ceiling

온돌방과 종이반자 안국동 윤보선가
Room of Floor Heating System and
Paper Finish Ceiling

jong-ibanja
종이반자
Paper Finish Ceiling

대청은 대개 서까래를 노출한 연등천장으로 하는 것이 일반적이지만 방에는 대부분 천장을 설치한다. 서까래에 **달대**(懸木)*를 걸어 늘어뜨리고 여기에 우물정(井)자 모양으로 수평재를 보내 천장 틀을 짜고 이 틀에 천장지를 붙여 반자를 한다. 이를 방에 설치한 반자라고 하여 **방반자**라고 하며 방반자는 대부분 종이로 마감하기 때문에 **종이반자****로 부른다. 무늬 없는 한지를 사용하는 것이 일반적이었으나 양반이나 궁궐 침전 등에서는 색과 무늬가 있는 능화지(菱花紙)를 많이 이용했다. 종이반자는 사람이 항시 머무는 살림집 방에 주로 사용하였다. 한옥에서는 방안의 기둥이나 보 등을 노출하지 않고 모두 종이를 발라 마감하였다. 일본은 목재 부분을 노출하는데 이것이 우리와 다른 부분이다. 목재가 노출되면 예리하고 강직한 맛이 있지만 종이를 바르면 분위기가 따뜻하고 안정적인 느낌을 준다. 한국 사람은 이러한 안정감을 중시했던 것으로 볼 수 있다.

* 달대(daldae) wooden ceiling hanger

** 종이반자(jong-ibanja) paper finish ceiling

소경반자 순천 낙안읍성 향리댁
Exposed Ceiling with Paper–finish

소경반자 안양 이재락 가옥

sogyeongbanja
소경반자
Exposed Ceiling with Paper-finish

경제적으로 어려운 서민들은 난방 효율과 재료 절감을 위해 작고 낮은 기둥을 사용했고 천장도 매우 낮다. 이러한 집에서 달대를 달아 천장을 가설하면 천장이 너무 낮아지기 때문에 반자틀 없이 연등천장에 바로 천장지를 발랐다. 이를 **소경반자***라고 한다. 방을 마루처럼 서까래를 그대로 노출시킨다면 심적으로 안정되지 않기 때문에 최소한의 방편으로 종이를 발라 마감했던 것이다. 기둥이나 인방재들도 모두 벽지로 싸 발라 노출시키지 않았는데 이 또한 한옥의 특징이라고 할 수 있다. 최근에 짓는 목조주택과 한옥에서는 목재를 그대로 노출하는 경우가 있는데 이는 전통적인 방식이 아니다.

* 소경반자(sogyeongbanja) exposed ceiling with paper-finish

고미반자 안동권씨 소등재사
Earth Insulated Ceiling on Wooden Structure

고미반자 안동 도암종택

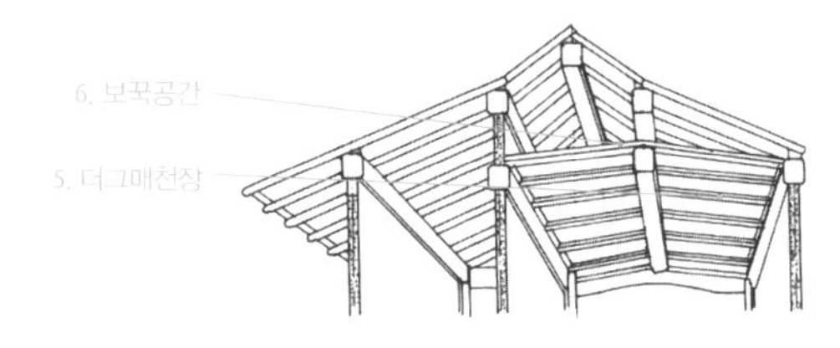

고미반자

1. 고미가래 intermediate beam between ceiling beam
2. 고미받이 ceiling beam
3. 치받이 mud finish
4. 산자엮기 lattice sticks weaving
5. 더그매천장 ceiling with attic
6. 보꾹공간 attic space

gomibanja

고미반자
Earth Insulated Ceiling on Wooden Structure

보와 보 사이에 도리방향으로 **고미받이***를 건너지르고 고미받이와 양쪽 도리에는 일정 간격으로 마치 서까래 걸듯이 **고미가래****를 걸어 그 위에 산자를 엮어 흙을 깔아 마감한 천장을 **고미반자*****라고 한다. 고미가래는 보통 2치 정도의 각재를 쓰며 약간 경사지게 건다. 칸이 넓을 때는 고미받이를 두 줄로 보내는 경우도 있다. 고미가래 위에는 산자를 엮고 흙을 깔며 아래에서는 앙토를 해 마감한다. 산자엮기한 지붕 마감과 같다. 위아래에서 흙을 바르기 때문에 **토반자**라고도 한다. 때로는 부엌이나 헛간 상부에 고미받이 없이 고미가래만 수평으로 걸어 고미반자를 만들어 다락이나 수장공

* 고미받이(gomibad-i) ceiling beam
** 고미가래(gomigalae) intermediate beam between ceiling beam
*** 고미반자(gomibanja) earth insulated ceiling on wooden structure

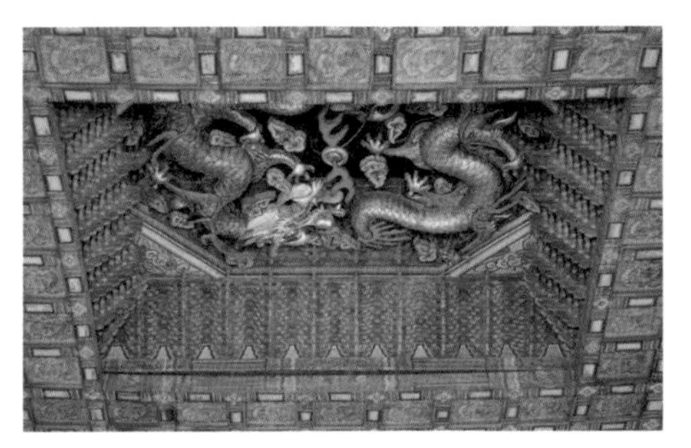

보개천장 덕수궁 중화전
Coffered Ceiling for Holiness

산개 고구려 수산리고분 벽화
Sacred Parasol

간으로 사용하기도 한다. 이때 고미가래는 잘 다듬은 각재보다는 자연목을 사용하는 경우가 많다. 고미반자는 지붕 아래 다시 한번 흙을 깐 두터운 천장을 설치하는 것으로 이중지붕 효과가 있어서 보온에 유리하다. 고미반자는 **더그매천장***이라고도 하며 강원도와 같이 추운 지방의 천장으로 많이 사용되었다. 다른 지역에서는 무거운 짐을 올리는 다락이 설치되는 부분의 천장에서 볼 수 있다. 지붕밑과 천장 사이의 삼각형 빈 공간을 **보꾹** 또는 **더그매**라고 하는데 더그매천장은 보꾹공간을 다락으로 사용하고자 할 때 주로 만든다.

bogaecheonjang
보개천장
Coffered Ceiling for Holiness

궁궐 정전에서 임금이 앉는 어좌 위나 불전에서 부처님 머리 위 정도에만 설치되는 작고 화려한 장식의 특별한 천장이다. 일반적으로 우물천장 일부를 감실을 만드는 것처럼 높이고 여기에 모형을 만들듯 작은 첨차를 화려하게 짜올려 장식한 다음 가운데는 용이나 봉황을 그리거나 조각해 장식한

* 더그매천장(deogeumaecheonjang) ceiling with attic

다. 조선시대 사찰에서는 차츰 **닫집**(唐家)* 이 생겨 **보개(寶蓋)천장**** 을 대신했으나 조선 초 무위사 극락전이나 봉정사 대웅전에는 보개천장의 원형이 잘 남아있다. 보개천장의 기원은 신이나 성인의 머리 위에 씌웠던 양산인 **산개**(傘蓋)*** 에서부터라고 추정된다. 즉 보개천장은 산개가 건축화한 것으로 볼 수 있다.

gwijeob-icheonjang
귀접이천장
Triangular Recess Ceiling

말각조정(抹角藻井)**** 이라고도 한다. 현존하는 건물에서는 거의 찾아볼 수 없는 천장 형식이다. 모서리를 점차 줄여나가면서 만든 천장으로 주로 고구려 건축에서 사용했던 것으로 알려져 있다. 사례는 고구려 고분의 천장과 벽화에서 볼 수 있다. 고구려 후기 토총은 대개 석재로 방형 묘실을 꾸몄는데 넓은 묘실 천장을 한번에 덮을 수 없었기 때문에 삼각형 돌을 모서리에 건너지르고 작아진 방형의 모서리에 다시 건너질러 점차 크기를 줄여나가다가 마지막으로 중앙에 뚜껑돌을 덮는 방식의 귀접이천장을 사용했다. 이처럼 귀를 접어나가면서 구성한 천장이라고 하여 **귀접이천장***** 이라고 한다. 고구려 동대자 유적이나 최근 발굴된 국내성 안의 살림집은 거의 평면이 정방형이고 한 변이 10m 정도에 이른다. 벽은 목골조에 흙이나 돌 및 벽돌로 마감했을 것으로 추정하고 있다. 정방형의 큰 평면에 지붕을 구성하기 위해서는 벽화에서처럼 귀접이천장을 사용할 수밖에 없었을 것이다. 귀접이천장은 인도의 석조로 만든 힌두교나 자이나교 사원에서도 흔하게

* 닫집(dadjib) roof-shape interior canopy (baldachin)
** 보개천장(bogaecheonjang) coffered ceiling for holiness
*** 산개(sangae) sacred parasol
**** 말각조정 synonym for gwijeob-icheonjang
***** 귀접이천장(gwijeob-icheonjang) triangular recess ceiling

귀접이천장 인도 쿠투브 미나르(Qutb Minar)
Triangular Recess Ceiling

귀접이천장 보탑사 목탑

귀접이천장 고구려 안악2호분

조정 창덕궁 존덕정

볼 수 있는 것으로 만들기에 따라서는 장식이 매우 화려해 궁궐 정전의 보개천장이나 닫집과 같은 느낌을 준다.

《삼국사기》〈옥사조〉 기록에 의하면 4두품 이하의 신분에서는 조정(藻井)을 만들지 못하도록 한 것으로 미루어 말각조정인 귀접이천장도 매우 장식성이 강한 천장이었으며 우리나라를 포함한 북방민족과 인도를 잇는 광범위한 문화대에서 사용했던 것으로 추정된다.

nangan

난간

Balustrade

- gyejanangan
  계자난간 Protruding Balustrade
- pyeongnangan
  평난간 Flat Balustrade
- dolnangan
  돌난간 Stone Balustrade

창덕궁 옥천교 난간

난간(欄干)은 목탑, 정자, 누마루, 툇마루, 월대, 돌다리 등에 설치하는 낙하 방지시설이다. 난간은 재료에 따라 **나무난간**과 **돌난간**으로 나눌 수 있는데 건축물에는 주로 나무난간이 쓰였고 석교와 우물, 월대 등 석조물에는 돌난간이 사용되었다. 형태와 모양에 따라서는 **계자난간**, **평난간**, 높은 곳에 설치한 **고란**(高欄)과 꺾임 난간인 **곡란**(曲欄) 등이 있다.

난간은 선사시대 고상식 건축에서부터 쓰였을 것으로 추정되며 역사시대 이후 다양해지고 장식화하였다. 목조난간이 유물로 출토된 것은 경주 동궁과 월지의 임해전지에서 발굴된 통일신라 **파만자**(破卍字)**난간** 사례가 있다. 파만자난간은 실상사 백장암 3층 석탑에도 새겨져 있으며 비슷한 시기 일본 호류지, 중국 윈강석굴 등에서도 볼 수 있다. 한국 돌난간의 오래된 사례는 불국사에서 볼 수 있는데 조선시대에 비해 장식 없이 부재 숫자가 적으며 단순한 것이 특징이다. 기원 전후의 돌난간 유형은 인도의 산치대탑과 아잔타 및 엘로라 석굴 등에서도 볼 수 있는데 비슷한 시기에 주변국에서도 사용되고 있음을 볼 때 그 영향 관계를 짐작할 수 있다.

보좌나 불단 둘레에 특별히 화려하게 만든 장식난간을 **보란**(寶欄)이라고 한다.

계자난간 영천 모고헌
Protruding Balustrade

계자각 《화성성역의궤》
Protruding Wood Baluster

계자다리 안동 임청각 군자정
Protruding Wood Baluster

하엽 《화성성역의궤》
Lotus Leaf Shape Wooden Rail Bracket

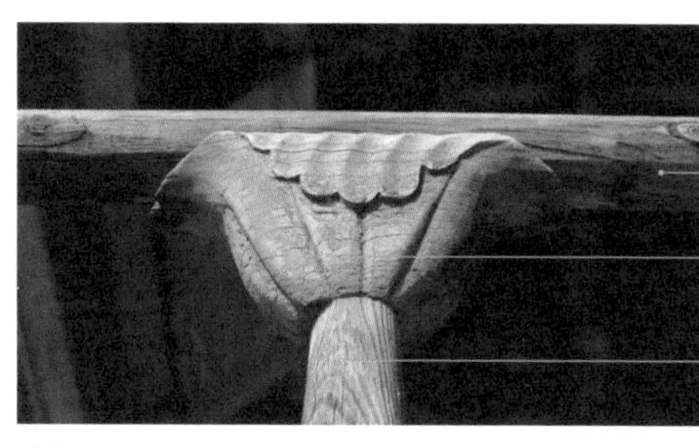

하엽 완주 송광사 종각

1. 치마널 bottom rail panel
2. 난간하방 base rail
3. 난간상방 mid rail
4. 난간청판 balustrade board
5. 계자다리 protruding wood baluster
6. 풍혈 ventilation hole
7. 하엽 lotus leaf shape wooden rail bracket
8. 난간대 handrail
9. 귀틀 rail beam

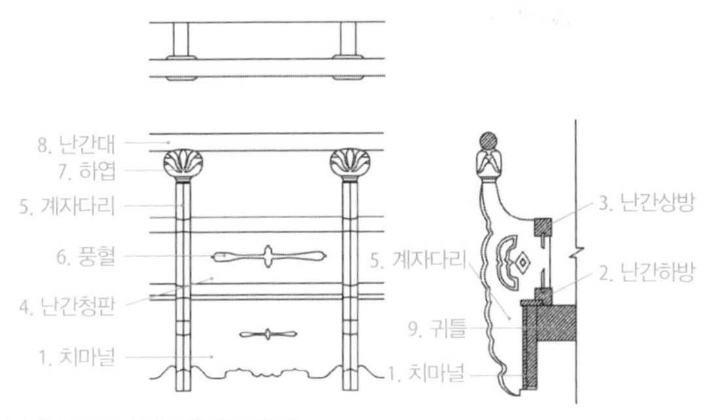

난간 상세도 경주 양동 무첨당
Balustrade Detail

gyejanangan

계자난간
Protruding Balustrade

조선시대에 널리 쓰이던 난간으로 **계자다리**(鷄子多里)*가 **난간대**(欄干竹)** 를 지지하는 난간을 말한다. 계자다리는 측면에서 보면 선반 까치발처럼 생겼으며 보통은 당초문양이 새겨져 있다. 계자다리는 까치발과 같아 난간대가 밖으로 튀어나오도록 하여 건물 안쪽에서 여유가 있는 난간으로 교란의 단점을 보완한 것이 특징이다.

난간은 마치 머름을 만들듯이 먼저 마루귀틀 위에 **난간하방**을 걸고 일정 간격으로 **난간동자**를 세운 다음 난간동자 사이에 **난간청판**(欄干廳板)을 끼운다. 그리고 난간동자 위에 **난간상방**을 건다. 계자난간에서는 난간동자 역할을 계자다리가 대신한다. 즉 난간동자가 서는 위치에 하방과 상방에 의지해 계자다리를 세우고 계자다리 위에 **난간대**를 보낸 것이다. 난간대와 계자다리가 만나는 부분에는 기둥 위에 주두를 얹듯 연잎 모양의 조각 부재를 끼우는데 이를 **하엽**(荷葉)이라고 부른다. 난간청판에는 연화두형의 바람구멍을 뚫는데 이를 **풍혈**(風穴) 또는 **허혈**(虛穴)이라고 한다. 풍혈

* 계자다리(gyejadali) protruding wood baluster

** 난간대(nangandae) handrail

머름형 평난간 안동 의성김씨 서지재사
Flat Balustrade with Wooden Panel

교란 안동 하회마을 염행당 고택
Wooden Balustrade with Slat Pattern

아자교란형 평난간 경복궁
Flat Balustrade with 亞 Pattern Slat

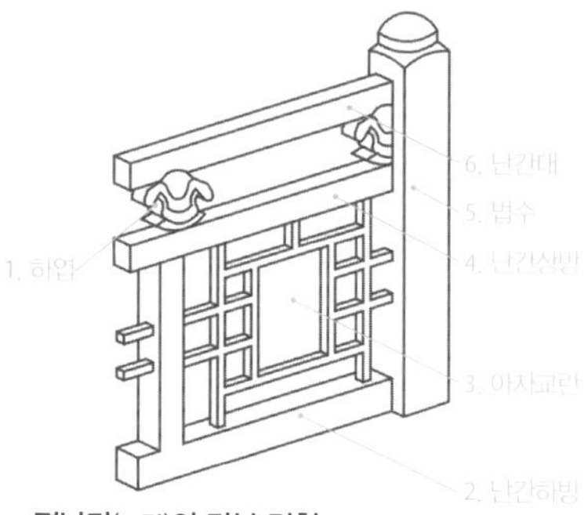

평난간(교란)의 각부 명칭
Flat Balustrade Detail

파만자난간 실상사 백장암 3층석탑
Rail with Svastika Pattern

파만자난간 중국 원강석굴

파만자난간 일본 호류지(法隆寺) 금당

1. 하엽 lotus leaf shape wooden rail bracket
2. 난간하방 base rail
3. 아자교란 亞 pattern slat
4. 난간상방 mid rail
5. 법수 newel post
6. 난간대 handrail

의 작은 구멍을 통과하는 바람은 풍속이 빨라지기 때문에 난간에 기대앉은 사람에게 시원한 바람을 제공하는 선풍기 효과가 있다. 머름하방 하부에는 마루귀틀을 가리기 위해 판재를 붙이기도 하는데 이를 **치마널** 또는 **여모판**(廉隅板)이라고 한다. 넓은 치마널은 난간하방을 두껍게 보이게 하여 난간이 안정되어 보이는 효과도 있다.

pyeongnangan

평난간

Flat Balustrade

계자다리가 없는 난간으로 난간상방 위에 바로 하엽을 올리고 난간대를 건 난간이다. 안동 의성김씨 종택이나 안동 의성김씨 서지재사 난간은 계자다리와 하엽, 난간대가 없는 머름형으로 매우 독특하다. 다만 풍혈청판이 있다는 것이 머름과 다른 점이다. 상주 양진당은 난간청판에 풍혈이 없으며 난간동자가 난간상방 위로 올라와 하엽 없이 난간대를 직접 받치고 있다.

이렇게 계자다리 없이 구성된 난간을 **평난간**(平欄干)* 이라고 하며 평난간 중에 난간동자 사이를 청판 대신에 살창처럼 살대로 엮은 난간을 **교란**(交欄)** 이라고 한다. 교란은 살대의 모양에 따라 창호를 분류하듯이 **아자교란**, **완자교란**, **빗살교란**, **파만자교란** 등으로 나눈다. 그러나 교란 중에는 안동 하회마을 염행당 고택처럼 'X'모양의 교란도 있으며 창덕궁 승화루에서는 'X'교란의 교차점에 원형 살대를 넣어 복잡하게 장식한 것도 있다. 이러한 교란은 이름을 붙이기 어려운 것들이다. 또 **파만자교란**(破卍字交欄)은 마치 만(卍)자를 흩어 놓은 것과 같다고 하여 붙은 명칭인데 중국 윈강석굴과 일본에서 가장 오래되었다는 호키지와 호류지에서도 나타난다. 한국에서는 임해전지에서 발굴한 목부재 중 파만자난간이 있으며 통일신라 유적인 실상사 백장암 석탑에도 조각으로 남아있다. 이로 미루어 파

* 평난간(pyeongnangan) flat balustrade

** 교란(gyolan) wooden balustrade with slat pattern

만자난간은 상당히 오랜 기간 북방문화권 건축에서 널리 사용되었던 것임을 알 수 있다. 계단 및 통로와 연결되는 부분에서는 난간이 끊어져 있고 그 양쪽에 난간동자보다 굵은 기둥을 세워 대는데 이를 **법수**(法首)라고 한다. 법수는 돌장승을 뜻하는 벅수에서 유래한 명칭이다. 그리고 난간 모서리나 끝에 세우는 난간동자는 굵고 높은 것을 사용하는데 이를 **엄지기둥**이라고 한다.

dolnangan

돌난간

Stone Balustrade

궁궐 월대나 격식을 갖춘 돌다리(石橋)에는 **돌난간**(石欄干)*을 설치한다. 돌난간은 지대석을 놓고 일정 간격으로 **동자주석**(童子柱石)을 세우며 동자기둥 사이에는 **하엽석**(荷葉石)을 놓고 하엽석 위에는 동자기둥 사이를 건너지르는 **난간석**(欄干石)을 올린다. 난간석은 대개 팔각으로 만들어지며 이를 **돌란대**라고도 부른다. 그리고 다리가 시작되는 양쪽에는 동자석보다 굵고 높은 기둥석을 세우고 서수상을 올리기도 하는데 이를 **법수석**(法首石)이라고 한다. 동자기둥 위에는 연봉을 조각하는 것이 보통이다.

돌난간도 모양이 다양해서 경복궁 근정전 돌난간은 동자주석이 없고 하엽석을 일정 간격으로 놓고 길게 돌란대를 걸었다. 창경궁 옥천교 난간의 경우는 하엽석 사이를 풍혈이 있는 청판석으로 막았는데 청판석과 난간대, 난간 상하방, 하엽석을 통돌로 만들었다. 그리고 불국사 석축 위 돌난간은 하엽석 대신에 동자석을 사용한 것을 볼 수 있다.

* 돌난간(dolnangan) stone balustrade

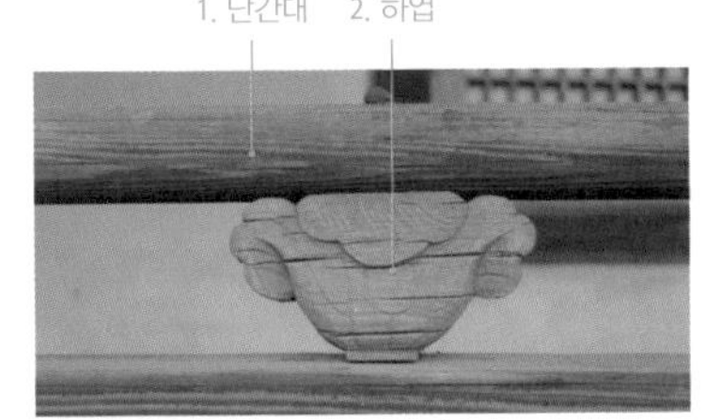

교란의 하엽 창덕궁 취운정
Lotus Leaf Shape Wooden Rail Bracket

교란의 법수 창덕궁 취운정
Newel Post of Wooden Balustrade with Slat Pattern

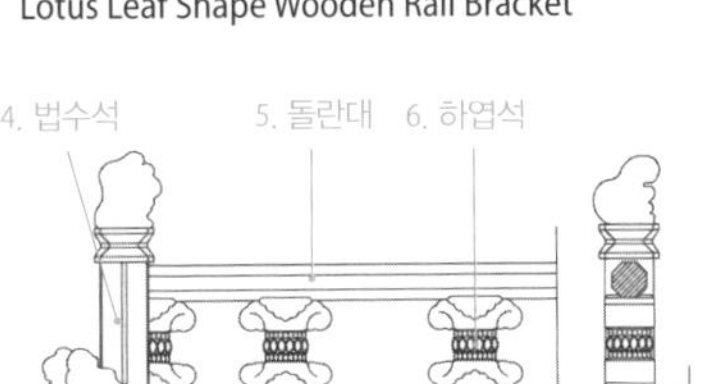

돌난간 근정전
Stone Balustrade

돌난간 창경궁 옥천교

돌난간 경복궁 경회루 연지

돌난간 수표교

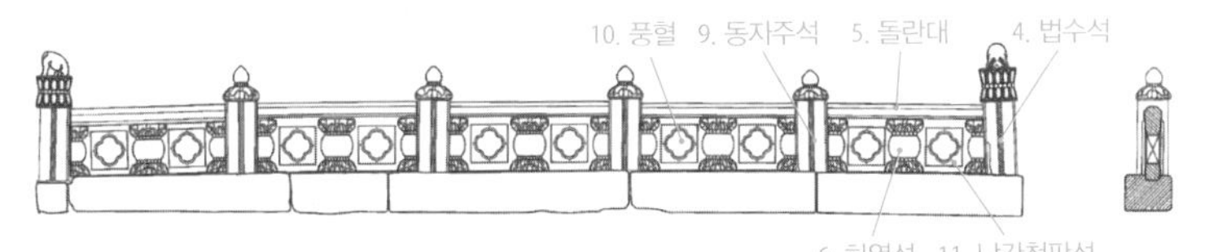

돌난간 옥천교

하엽석과 돌란대 경복궁 근정전 월대
Lotus Leaf Shape Stone Post and Stone Rail

1. 난간대 handrail
2. 하엽 lotus leaf shape wooden rail bracket
3. 법수 newel post
4. 법수석 stone newel post
5. 돌란대 stone rail
6. 하엽석 lotus leaf shape stone spindle
7. 귀틀석 lintel stone
8. 청판석 slab stone
9. 동자주석 queen post stone
10. 풍혈 ventilation hole
11. 난간청판석 balustrade board

dancheong

단청

Decorative Polychrome

dancheong-ui jonglyu

단청의 종류 Types of Polychrome

gachildancheong
- 가칠단청 Monochrome

geusgidancheong
- 긋기단청 Line Polychrome

molodancheong
- 모로단청 Polychrome with Patterns at the End of Member

geumdancheong
- 금단청 Full Pattern Polychrome

munui-ui guseong

무늬의 구성 Composition of Patterns

meolicho
- 머리초 Flower Decoration at the End of Member

geummun
- 금문 Pattern Decoration at the Middle of Member

byeolhwa
- 별화 Independent Pattern

bulicho
- 부리초 Pattern at the Tip of Member

gungchangcho
- 궁창초 Pattern at the Lower Part of Door

banjacho
- 반자초 Pattern at Coffered Ceiling

dancheong sigong

단청 시공 Process of Polychrome

choando
- 초안도 Preliminary Drawing

chulcho
- 출초 Drawing onto Thick Paper

cheoncho
- 천초 Puncturing of the Paper with Needle for Transfer

jochae
- 조채 Pigment Preparation

agyoposu
- 아교포수 Glue and Alum Application

gachil
- 가칠 Base Pigment Application

tabun
- 타분 Transfer of Drawing to Member

dochae
- 도채 Pigment Application

meoggihwa
- 먹기화 Highlighting Outline

deulgileumchil
- 들기름칠 Perilla Oil Coating

위봉사 사천왕문

단청(丹靑)은 **단확**(丹雘)이라고도 하며 목재 표면에 바르는 칠공사의 일종으로 비바람에 의한 풍화나 병충해로부터 건축물을 보호하는 역할을 한다. 단청은 건물의 격과 쓰임에 따라 내용을 달리했으며 단청에 사용되는 각종 문양은 벽사의 의미가 있다. 단청은 오행사상에 따라 적(赤), 청(靑), 황(黃), 흑(黑), 백(白)을 기본색으로 한다. 안료는 조선시대까지는 천연안료를 사용했으나 요즘에는 화학안료를 쓴다. 천연안료에 비해 화학안료는 색이 밝고 현란하며 방염도료와 화학반응을 일으켜 퇴색이 빠르고 습기를 만나면 박리되는 현상을 보이기도 한다.

천연안료는 모두 자연에서 채취했다. 단청에서 가장 많이 사용하는 옥색 안료인 뇌록(磊綠)은 경상도 장기현(지금의 포항 근처)에서 나는 옥색 돌을 곱게 가루내어 물에 넣고 저어 앙금을 만들어 이를 말려서 아교에 개서 썼다. 물에 넣고 저어 앙금을 만드는 방법을 수비(水飛)한다고 한다. 백색 안료인 정분(丁粉)은 조개껍질에서 얻는다. 검은색인 먹(墨)은 소나무 송진을 태운 그을음을 사용했다. 붉은색인 주토(朱土)는 흙에서 채취했다. 그러나 한국에서는 청(靑)은 얻기가 어려워 대부분 수입에 의존했다. 단청안료는 가격이 천차만별인데 청이 제일 비쌌다. 단청안료를 개거나 바탕 면에 사용하는 접착제를 교착제라고 하는데 주로 아교(阿膠)가 사용되었으며 물고기에서 얻은 어교(魚膠)도 쓰였다.

단청은 건물에 따라 **가칠단청, 긋기단청, 모로단청, 금단청** 등으로 구분해 사용했는데 조선시대 일반 살림집에는 단청을 하지 않았다. 이를 **백골집**이라고 한다. 그러나 백골집이라고 해도 색이 들어간 단청을 하지 않았을 뿐 목재 보호를 위해 들기름이나 콩기름을 발랐다. 하지만 조선시대 이전 살림집에서는 금은오채(金銀五彩) 장식이나 옻칠 등으로 궁궐 못지않게 단청이 화려했음을《고려사》,《삼국유사》 등의 기록을 통해 알 수 있다. 단청을 담당하는 관공서를 처음 둔 시기는 신라 진덕여왕 5년(651)으로, 채전(彩典)을 두었고 고려시대에는 도화원(圖畵院)과 화국(畵局)이 있었다. 조선시대에는 도화서(圖畵署)에서 단청업무를 맡아 보았는데 선공감에 속한 도채공(塗彩工)들은 궁궐을 비롯한 관아와 객사, 사묘 등의 단청을 맡아 했다. 사찰에서는 화승(畵僧)이 있어서 단청뿐만 아니라 불화와 공예조각 등의 제작도 겸했다.

dancheong-ui jonglyu

단청의 종류

Types of Polychrome

가칠단청

Monochrome

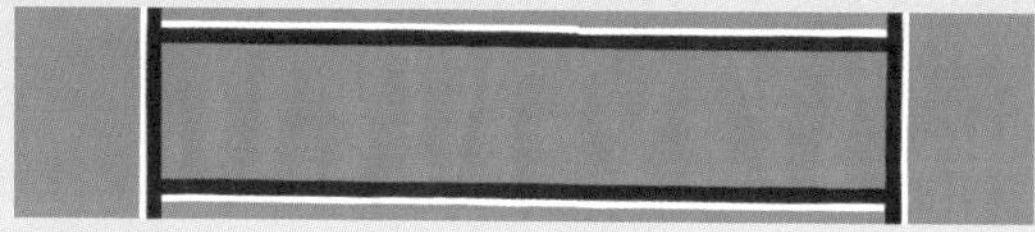

긋기단청

Line Polychrome

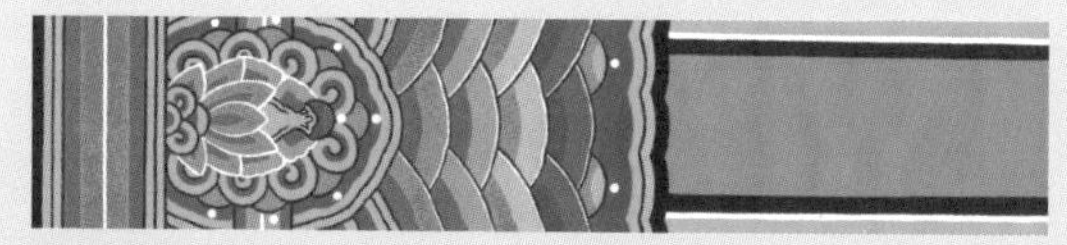

모로단청

Polychrome with Patterns at the End of Member

금단청

Full Pattern Polychrome

gachildancheong

가칠단청
Monochrome

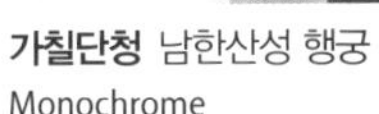

가칠단청 남한산성 행궁
Monochrome

가칠단청 종묘

무늬 없이 단색으로 칠한 단청을 말한다. 주로 수직부재인 기둥이나 동자주 등은 붉은색으로 칠하고 나머지 창방이나 보, 서까래, 문짝 등은 옥색인 뇌록으로 칠한다. 무늬가 들어가는 모로단청이나 금단청을 할 때도 뇌록을 바탕에 가칠하는 것이 일반적이다. 가칠은 단청 중에서 가장 간단한 것으로 종묘 등에서 볼 수 있다. 가칠단청은 화려한 의장성보다는 목재를 보호하는 방부 본래 목적에 충실한 단청이라고 할 수 있다.

긋기단청 종친부
Line Polychrome

긋기단청 경주향교 명륜당

geusgidancheong
긋기단청
Line Polychrome

가칠단청 위에 선만 그어 마무리한 단청이다. 이때 선은 검은색인 먹과 흰색인 분을 복선으로 긋는 것이 일반적이다. 이를 **먹분긋기**라고 한다. 그러나 때로는 검은색과 흰색 대신에 색선을 긋는 경우도 있는데 이를 **색긋기**라고 한다. 선만 넣어줘도 훨씬 정리된 느낌이 나며 비록 흰 부재라 할지라도 곧게 보이는 의장성을 갖는다. 백골집에서의 면접기나 모접기와 같은 효과이다. 긋기는 기둥이나 동자주 등 석간주 가칠 부재에는 하지 않고 수평부재인 창방이나 보, 도리, 서까래 등 뇌록가칠 부재에 한다. 긋기단청은 가칠단청과 함께 매우 검소한 단청으로 주로 사당이나 부속건물 등에 사용되었다.

모로단청 수원화성 동장대
Polychrome with Patterns at the End of Member

모로단청 종친부

molodancheong
모로단청
Polychrome with Patterns at the End of Member

부재 끝부분에만 문양을 넣고 가운데는 긋기로 마무리한 단청을 말한다. 이때 모로(毛老)는 모서리, 끝이라는 의미가 있으며 부재 끝에 들어가는 화려한 문양 부분을 머리초라고 한다. **머리초**는 부재 전체의 1/3 정도의 면적을 차지하며 **연화**(蓮花) 또는 **주화**(朱花) 등을 중심으로 양쪽에 수직선 모양의 **휘**(輝)를 넣어 장식하는 것이 일반적이다. 머리초와 머리초 사이의 긋기로 마감되는 가운데 부분을 **계풍**(界風)이라고 한다. 모로단청은 방부 목적 이외에 방화 및 벽사의 상징적 의미와 함께 건물을 화려하게 해주는 장엄 효과도 있다. 모로단청은 궁궐이나 관아건축에서 주로 사용되었다.

금단청 성남 봉국사
Full Pattern Polychrome

금단청 경복궁 교태전

geumdancheong
금단청
Full Pattern Polychrome

모로단청의 중간 긋기 부분인 **계풍**에 **금문**(錦紋)이나 **별화**(別畵)로 장식한 단청을 말한다. 금단청의 금(錦)을 쇠금(金)으로 착각하여 금(金)으로 바른 단청으로 오해하는 경우가 많으나 비단의 기하학적인 문양을 부재에 가득 채운 단청이란 의미이다. 금단청(錦丹靑)은 모로단청에 비해 전체적으로 격식이 높은 것으로 머리초도 **병머리초**, **장구머리초**, **겹장구머리초** 등으로 복잡한 것을 사용하며 휘도 **늘휘**, **인휘**, **바자휘** 등을 사용한다. 가운데 계풍 부분에는 금문을 채우는 것이 일반적이지만 별화를 넣기도 하며 사찰 대들보에서는 웅장한 용문으로 장식하기도 한다.

금단청은 가장 고급스러운 단청으로 주로 사찰 불전에서 사용되었다. 궁궐도 보편적으로 모로단청에 머물렀던 것을 생각해본다면 신의 집인 금당이 가장 격식이 높았던 것을 알 수 있다. 금단청을 더욱 화려하게 하려고 **금분**(金粉)을 바르기도 했으며 문양을 세밀하고 조밀하게 하여 화려하게 하는 것 이외에 문양이 입체적으로 도드라져 보이게 하는 **고분법**(高粉法) 등이 사용되기도 했다. 고분단청은 현재 한국에서는 거의 사라졌지만 일본 닛코(日光)의 도쇼큐(東照宮) 등에 잘 남아있다. 또 한국에서는 고려 이전에 사용했을 것으로 추정되는 금은오채장식과 옻칠단청 등의 사례는 일본 주손지(中尊寺) 금색당(金色堂)이나 교토에 있는 고다이지(高台寺) 금당 등에서 볼 수 있다.

munui-ui guseong
무늬의 구성
Composition of Patterns

머리초의 세부 명칭
Flower Decoration at the End of Member Detail

meolicho
머리초
Flower Decoration at the End of Member

모로단청과 금단청에서 부재 양쪽 끝에 들어가는 꽃문양과 앞뒤 장식 부분을 지칭한다. 다만 머리초의 종류는 주 문양인 꽃의 종류와 구성 형태에 따라 분류한다. 꽃의 종류에 따라서는 **연화**, **주화**, **파련화** 등으로 구분하고 무늬의 구성 형태에 따라 **일반머리초**와 **관자머리초**, **병머리초**, **장구머리초**, **겹장구머리초** 등으로 나눈다. 배치 형태에 따라서는 **온머리초**, **반머리초** 등으로 구분한다. 머리초 주 문양 뒤에는 끝에서부터 **먹당기**, **실**, **직휘**가 오고 주 문양 앞으로는 **휘**와 **쇠첩**, **실**, **먹당기** 순으로 배치된다. 먹당기는 검은색 먹선을 그었다는 의미인데, 실은 색선을 그린 것으로 녹실과 황실이 주로 많이 쓰인다. 직휘는 폭이 넓은 수직선을 그린 것인데 색이나 문

창방머리초
Flower Decoration at the End of Column Connecting Beam

도리장혀머리초
Flower Decoration at the End of Purlin Support

주의초
Flower Decoration at the End of Column

양에 따라 **먹직휘**, **색직휘**, **금직휘**로 분류한다. 머리초 휘는 직선이 아닌 패턴을 갖는 것으로 패턴 형식에 따라 **늘휘**, **인휘**, **바자휘** 등으로 나눈다. 그리고 휘가 겹치는 부분에는 휘골장식을 그려주는데 그 모양에 따라 **쇠코**, **항아리**, **주화**, **녹화**, **연화**, **파련화** 등으로 부른다. 휘와 실 및 먹당기 사이를 **쇠첩**이라고 한다. 머리초는 또 건축에 따라 **창방머리초**, **평방머리초**, **보머리초**, **연목머리초**, **부연머리초** 등으로 세분되며 기둥머리에 그려진 머리초는 특별히 **주의초**(柱衣草)라고 한다. 주의초나 머리초는 건축 부재에 비단으로 감싸 장엄하던 풍습이 부재에 직접 문양을 그리는 것으로 정착한 것이라고 할 수 있다. 지금도 티베트 밀교사원에서는 천으로 부재를 감싸 장엄한 모습을 볼 수 있다.

금문 위봉사
Pattern Decoration at the Middle of Member

계풍별화 건봉사
Independent Pattern in the Middle of a Member

포벽별화 쌍봉사 대웅전
Independent Pattern in a Plane or a Wall

geummun
금문
Pattern Decoration at the Middle of Member

양쪽 머리초 사이 계풍 안에 그려진 기하학적 문양을 말한다. 계풍(界風)은 위아래 먹긋기 사이를 말하는 것으로 그 사이를 금문(錦紋)으로 가득 채우면 금단청이 되고 문양이 없으면 모로단청이 된다. 금단청은 사찰 불전에서 주로 사용하며 금문의 기원은 고구려 고분벽화에서 찾을 수 있다.

byeolhwa
별화
Independent Pattern

인물, 산수, 동식물 등을 회화적 수법으로 그린 단독문양을 말한다. 주로 계풍과 포벽 등에 그려진다. 계풍의 별화(別畵)는 풍혈이나 안상 형태의 테두리를 그리고 그 안에 그리는데 용이나 봉황, 칠보 등이 많고 사령, 맹수, 길조, 사군자, 화초 등 다양하다. 포벽에 그려지는 별화는 사찰 불전의 경우 화불이나 만다라 등이 많다. 별화는 사찰단청에서 주로 나타난다.

부연부리초 남한산성 행궁
Pattern at the Tip of Additional Eave

연목부리초 남한산성 행궁
Pattern at the Tip of Rafter

연목부연부리초 강화 성공회성당
Pattern at the Tip of Additional Eave and Rafter

궁창초 석남사
Pattern at the Lower Part of Door

bulicho
부리초
Pattern at the Tip of Member

부재의 마구리 면에 그려진 단청 문양을 말한다. 평방과 도리, 추녀부리초는 모로단청에서는 태평화가 주로 그려지고 금단청에서는 보통 금문이 그려진다. 부연이나 첨차부리초는 모로단청에서는 매화점, 금단청에서는 역시 금문이 사용되었다. 연목은 연화와 주화가 주로 쓰인다. 특수하게도 근대기에 지어진 강화 성공회성당은 연목부리초에서는 기독교의 상징인 십자가를 그린 사례를 볼 수 있다.

gungchangcho
궁창초
Pattern at the Lower Part of Door

문짝 하부 청판에 그려진 단독무늬 단청을 말한다. 주로 연화, 당초문, 귀면 등이 그려진다. 독립된 문양으로 그려지기도 하고 안상 안에 그려지기도 한다. 화려하게 할 때는 궁창 네 모서리에 연화 및 주화가 그려지기도 한다.

반자초
Pattern at Coffered Ceiling

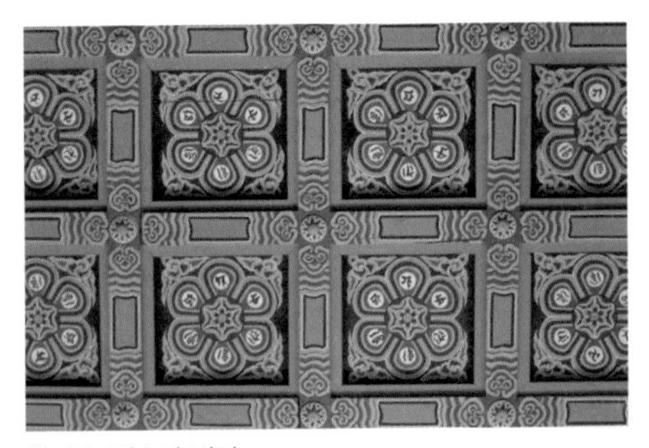

반자초 정수사 법당

banjacho
반자초
Pattern at Coffered Ceiling

우물반자에 그려진 문양을 말한다. 대개 반자청판에 그려진 것을 지칭하며 반자틀인 장다란과 동다란에 그려진 것을 특별히 **종다라니초**라고 한다. 반자초는 연화가 가장 많으며 궁궐에서는 용과 봉황 및 길상문이 그려지기도 하고 사찰에서는 만다라가 그려지기도 한다. 종다라니초는 다란이 만나는 교차지점에 연화나 주화를 그리는 경우가 많다.

초안도
Preliminary Drawing

출초
Drawing onto Thick Paper

choando
초안도
Preliminary Drawing

단청할 부재의 크기에 맞춰 그린 밑그림을 말한다. **초상**(草像)이라고도 한다. 초안도(草案圖)를 그리는 행위를 **초내기** 또는 **초도 그리기**라고 한다. 초안도는 대개 대칭이기 때문에 1/2이나 1/4 정도만 그리는 경우가 많다.

chulcho
출초
Drawing onto Thick Paper

초내기한 바탕 그림에 먹지를 대고 빳빳한 초지(草紙)에 옮겨 그리는 것을 말한다. 초안도를 그린 백지는 약하기 때문에 현장에서 사용하기는 어렵다. 따라서 현장에서 사용할 수 있도록 두껍고 질긴 종이로 옮겨 그리는 작업을 **출초**(出草)라고 하며 두꺼운 장판지를 사용하는 경우가 많다.

천초
Puncturing of the Paper with Needle for Transfer

cheoncho
천초
Puncturing of the Paper with Needle for Transfer

방석이나 담요를 깔고 출초된 문양 외곽선을 따라 **춧바늘**(草針)로 일정 간격으로 작은 구멍을 내는 작업을 말한다. 이렇게 초뚫기한 것을 **초지본**(草紙本)이라고 한다. 천초(穿草)는 건축 부재에 단청문양을 복사하기 위한 작업이다.

jochae
조채
Pigment Preparation

조채(彫彩)는 사용할 안료를 교착제인 아교에 개서 쓸 수 있도록 준비하는 것을 말한다.

agyoposu
아교포수
Glue and Alum Application

단청할 부재 면을 면 닦기한 후에 아교를 먼저 발라 단청 안료가 잘 먹도록 하는 것을 말한다. 화학안료를 쓰는 요즘에는 아교포수를 잘 하지 않는다.

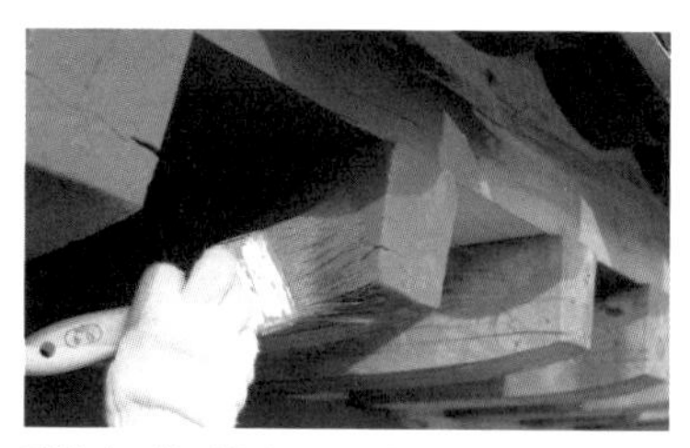

가칠 (고건축 단청연구소 제공)
Base Pigment Application

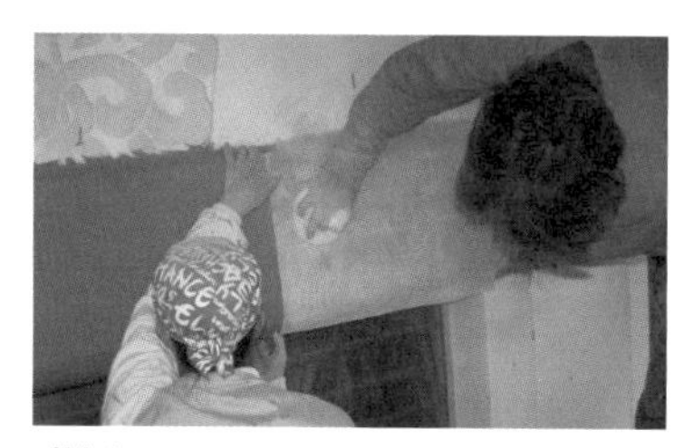

타분 (고건축 단청연구소 제공)
Transfer of Drawing to Member

타분 남한산성 행궁

gachil

가칠

Base Pigment Application

단청할 면에 도채를 위해 바탕칠하는 것을 말하며 가칠단청에서는 바탕칠로 마감된다.

tabun

타분

Transfer of Drawing to Member

타분(打粉)은 **타초(打草)**라고도 하며 초지본을 단청할 부재 면에 대고 호분 가루가 든 분 주머니로 천초한 선을 따라 두드려 흰 선으로 문양이 나타나도록 하는 작업을 말한다.

도채 (고건축 단청연구소 제공)
Pigment Application

먹기화
(고건축 단청연구소 제공)
Highlighting Outline

들기름칠 (고건축 단청연구소 제공)
Perilla Oil Coating

dochae
도채
Pigment Application

시채(施彩)라고도 하며 타초에 의해 나타난 흰 선을 따라 색을 입히는 작업을 말한다. 도채(塗彩) 작업은 여러 명이 각각 한 색씩을 맡아 돌아가면서 칠하는 방식으로 이루어진다.

meoggihwa
먹기화
Highlighting Outline

채색된 윤곽을 따라 검은색인 먹과 흰색인 분으로 외곽선을 그려서 색조가 또렷이 강조되도록 하는 마무리 작업이다. **먹기화**(墨起畵)는 세련된 마무리 선을 그리는 작업으로 경험이 많은 숙련된 단청장이 한다.

deulgileumchil
들기름칠
Perilla Oil Coating

단청이 완료된 후에 단청 면을 보호하기 위하여 생들기름을 입히는 작업을 한다. 색이 선명해지고 기름 성분이 수분 침투를 막아 단청이 오래가도록 한다.

jang-eom jangsig

장엄장식
Decorations and Ornaments

- dadjib 닫집 Roof-shape Interior Canopy(Baldachin)
- eotab 어탑 Elevated Platform for Throne
- saja 사자 Lion Sculpture
- yong 용 Dragon
- haetae, sasin 해태와 사신 Mythical Unicorn Lion and Four Guardians
- deumu 드무 Symbolic Firewater Bowl
- pung-gyeong 풍경 Wind Chime
- julyeon 주련 Pillar Tablet
- pyeon-aeg 편액 Framed Plaque
- manja 만(卍)자 Svastika
- gwimyeon 귀면 the Mask of a Devil
- taegeug 태극 Yin-yang Symbol
- sib-ijisinsang 십이지신상 Twelve Zodiac Animals
- samul 사물 Buddhist Objects

창덕궁의 해태

장엄장식은 치장하고 장식하는 것으로 건축의 의미와 상징성을 높여준다. 사람마다 이름이 있듯이 한국건축은 건물마다 이름이 있다. 이름에는 집 전체를 부르는 **택호**(宅號)가 있고 건물별로 **당호**(堂號)가 있다. 택호는 집 주인의 성향을 반영하며 당호는 건물의 쓰임을 나타낸다. 건물마다 이름을 부여하면 무생물체가 살아 있는 생물체로 변하게 된다.

또 한국건축은 많은 상징적 조각과 장식을 통해 당시 추구하려 했던 장수, 행복, 번영, 윤택을 기원하고 집안으로 들어오는 좋지 않은 기운과 액을 막고자 했다. 그 장식들은 기하학적이고 추상적인 문양을 비롯해 동물 문양, 식물 문양, 문자 문양 등으로 다양하다. 이러한 문양들은 어린이들의 심성 도야와 천리를 깨우치게 하는 데도 역할을 했다. 이와 같이 건축물에 사용된 장엄장식은 건축물의 내용을 보다 풍부하고 윤택하게 하는 윤활유와 같은 역할을 하였다.

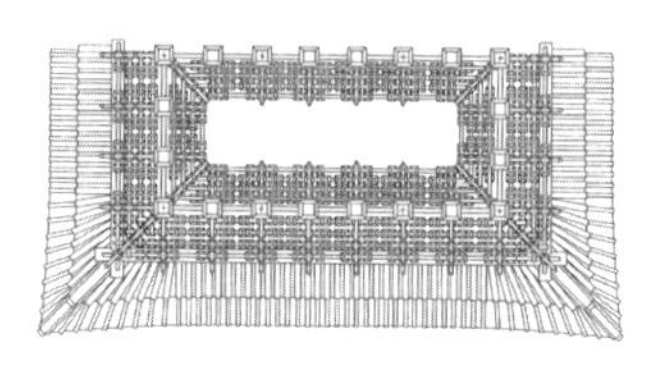

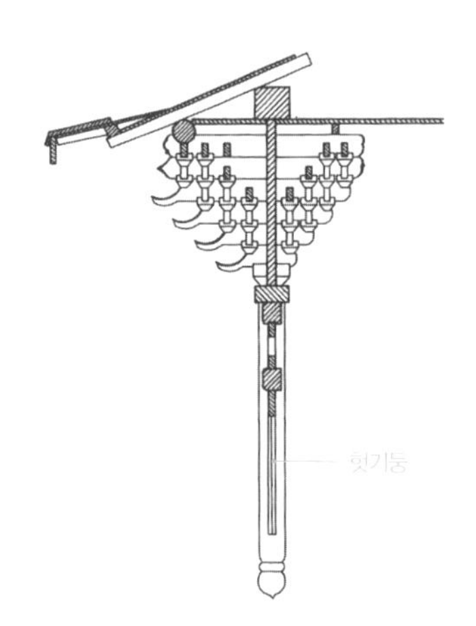

보궁형 닫집
Roof–shape Interior Canopy with Bracket Sets

보궁형 닫집 용주사 대장전

보궁형 닫집 창경궁 명정전

운궁형 닫집 봉선사
Roof–shape Interior Canopy with Decorations

보개천장 무위사 극락전
Coffered Ceiling for Holiness

dadjib
닫집
Roof-shape Interior Canopy (Baldachin)

불전의 불단이나 궁궐 정전의 어좌 위에 있는 작은 집 모형을 **닫집***이라고 부른다. 한자로는 **당가**(唐家)라고 쓴다. '닫'은 '따로'라는 옛말이므로 '따로 지어놓은 집'이란 의미로 해석된다. 부처님을 중앙에 모셨던 고대 불전에서는 금당이 부처님 집이었으므로 닫집이 필요 없었다. 그러나 예불 공간이 차츰 불전 안으로 들어가고 불단이 뒤로 밀리면서 송구스러운 마음에 별도로 부처님 집을 만들기 시작한 것이 닫집이라고 추정된다.

닫집은 불국정토의 궁전을 가리키는 적멸궁(석가), 칠보궁(아미타), 만월궁(약사) 등을 상징한다. 닫집은 모양에 따라 **보궁형**(寶宮形), **운궁형**(雲宮形), **보개형**(寶蓋形)이 있다. 보궁형은 공포를 짜올려 건물처럼 만든 화려한 닫집으로 가장 많다. 공포 아래에는 짧은 기둥이 달려 있는데 이를 **헛기둥**(虛柱)이라고 한다.

운궁형은 앞쪽에 장식판재인 **여모판**(廉遇板) 또는 **초엽**(草葉)이나 **적첩판**(赤貼板)만 건너지르고 안쪽에 구름, 용, 봉, 비천 등으로 장식한 천장을 말한다. 대표적으로 개심사 대웅전, 봉선사 금당에서 볼 수 있다. 보개형은 천장 일부를 감실처럼 속으로 밀어 넣은 형태인데 고대 불전에서 많이 보인다. 대표적으로 무위사 극락전과 봉정사 대웅전에서 볼 수 있다. 보개형은 닫집이라기보다는 **보개천장**으로 부르고 천장의 한 종류로 분류하는 경우가 많다.

* 닫집(dadjib) roof-shape interior canopy (baldachin)

어탑 창경궁 명정전
Elevated Platform for Throne

어탑 창덕궁 인정전

1. 닫집 roof-shape interior canopy
2. 오봉산병풍 five-peak mountain folding screen
3. 곡병 curved wooden backrest
4. 어좌 bench for throne
5. 어탑 elevated platform for throne

eotab

어탑
Elevated Platform for Throne

불전에 불단이 있는 것처럼 궁궐 정전에는 임금이 앉는 자리에 단을 만드는데 이를 **어탑**(御榻)이라고 한다. 보통 사람 키 높이 정도이고 앞쪽과 좌우에 계단이 있다. 나무로 만들며 수미좌 형식으로 조각이 화려하고 난간이 설치되어 있다. 어탑 위에는 닫집이 설치되며 불단에서 부처 뒤에 후불탱화가 있는 것처럼 어탑 뒤에는 등받이 모양으로 만든 **곡병**(曲屛)* 이 있고 곡병 뒤로는 다섯 산봉우리와 해와 달이 함께 그려진 **오봉산병풍**(五峰山屛風)** 이 있다. 오봉은 오행사상에서 기인한 오악사상의 표현이며 천지를 뜻한다. 하늘로부터 왕권을 부여받았다는 왕권의 권위를 표현한 것이며 간략하게 **오봉병**(五峰屛)*** 이라고도 부른다. 오봉산병풍에는 해와 달이 동시에 그려지기 때문에 일월오악병이라는 명칭으로 부르기도 하지만 문헌에는 오봉산병풍, 오봉병 등으로 기록되어 있다.

* 곡병(gogbyeong) curved wooden backrest

** 오봉산병풍(obongsanbyeongpung) five-peak mountain folding screen

*** 오봉병(obongbyeong) synonym for obongsanbyeongpung

사자 괘릉
Lion Sculpture

사자 분황사 모전석탑

사자 영암사 쌍사자석등

사자 화엄사 사사자석탑

사자 송광사 일주문

saja
사자
Lion Sculpture

사자는 인도에서 불교와 함께 전해졌다. 인도에서는 기원전 석주 위에 네 마리의 사자가 올라가 있는 아쇼카(Ashoka) 석주에서 볼 수 있으며 힌두교 및 불교 신전의 주전 출입문 양쪽에 주로 놓인다.

사자는 부처 및 왕권의 권위와 위엄을 상징한다. 부처의 설법을 **사자후**(獅子吼)로 비유하는 것도 부처님이 설법할 때 보살은 정진하고, 도를 벗어난 악귀들은 도망간다는 의미를 담고 있다. 또 **사자심**(獅子心)이란 사자가 백수 가운데 가장 강하고 겁이 없는 것처럼 불심도 모든 것 중에서 가장 뛰어남을 의미한다. 한국에서는 분황사 모전석탑, 불국사 다보탑처럼 기단 모서리에 네 마리의 사자를 배치하는 유형과 석탑을 네 마리의 사자가 받치고 있는 사사자석탑, 석등을 두 마리의 사자가 받치고 있는 쌍사자석등과 같은 유적을 볼 수 있다.

승주 송광사 일주문 양옆에는 턱을 괴고 앉아 있는 생각하는 사자상도 볼 수 있다. 이는 미물인 사자도 사유하고 있는데 뭇 중생들이 생각 없이 오가는 것을 질타하는 경고의 메시지를 담고 있다. 불교와 관계는 없지만 경주 괘릉에는 능 앞을 지키는 사자상이 문·무인석과 함께 놓여있다. 하지만 대개의 사자는 부처의 화신으로서 그 권위와 위엄을 믿지 않는 악마와 악행을 징벌하는 역할을 한다.

yong
용
Dragon

상상의 동물로 인도의 뱀(힌두교의 킹코브라) 신앙으로부터 발생하여 불교와 함께 중원으로 전파되어 용(龍) 신앙으로 바뀐 것이다. 인도에서는 힌두교 비슈누 신이 코브라 광배를 하고 코브라 침대에 누워 잠을 잔다. 이것이 불교와 결합하여 용 신앙으로 바뀌면서 불법을 수호하는 호법신으로 받아들여졌다. 대웅전에는 조각과 단청, 벽화 등으로 수없이 많은 용이 표현되어 있다. 추녀 받침으로 용머리와 용꼬리를 건물 앞뒤에 조각하여 마치 용이 꿈틀대고 대웅전을 관통하는 것처럼 하기도 하고 안초공을 용으로 만들기도 하며 실내에서는 충량 말구에 용을 그리거나 조각하기도 한다. 또 벽에는 용이 이끄는 배를 그려 피안의 극락정토로 중생들을 인도하는 벽화가 종종 등장하는데 이를 **반야용선(般若龍船)**이라고 한다. 이는 **반야바라밀다**(般若波羅密多)를 의미하는 것으로 "진리를 깨달은 지혜로 피안의 세계로 간다"는 의미를 담고 있다. 즉 대웅전은 그 자체가 피안의 극락정토로 가는 반야용선인 것이다.

사찰이 아닌 궁궐 등에도 용 조각과 그림이 많이 나오는데 이때의 용은

안초공의 용 무위사 천왕문
Dragon of Bracket–set Base Wing

이수의 용 고달사지 부도비
Dragon on Top of Stele

반야용선 파주 보광사 대웅전
The Dragon Ship of Wisdom

반야용선 청룡사 대웅전

지기(地氣)와 호법신을 상징한다. 풍수지리에서 기(氣)는 보이지 않지만 형상으로 표현하면 용이 된다.

해태 창덕궁
Mythical Unicorn Lion

해태 경복궁 근정전 월대

해태 경복궁 광화문 앞

천록 경복궁 금천
Heavenly Deer

haetae, sasin

해태와 사신
Mythical Unicorn Lion and Four Guardians

해태(獬豸)*는 상상의 동물로 사자와 비슷하게 생겼는데 정수리에 뿔이 하나 있다. 경복궁 광화문 앞에 두 마리의 해태상이 놓인 것을 볼 수 있다. 한양의 조산은 관악산인데 돌이 많은 화산(火山)이어서 한양의 화재를 막기

* 해태(haetae) mythical unicorn lion

남 주작
the Vermilion Bird of the South

북 현무
the Black Tortoise of the North

좌 청룡
the Azure Dragon of the East

우 백호
the White Tiger of the West

사신 경복궁 월대
Sculptures of Four Guardians

위해 물을 상징하는 해태상을 세웠다. 근정전 월대 네 모서리에도 해태상을 배치하여 화재를 막고자 하였다. 여기는 음양의 이치에 따라 암수와 새끼를 동시에 조각하였다. 새끼를 동시에 조각한 것은 부모가 죽으면 성장

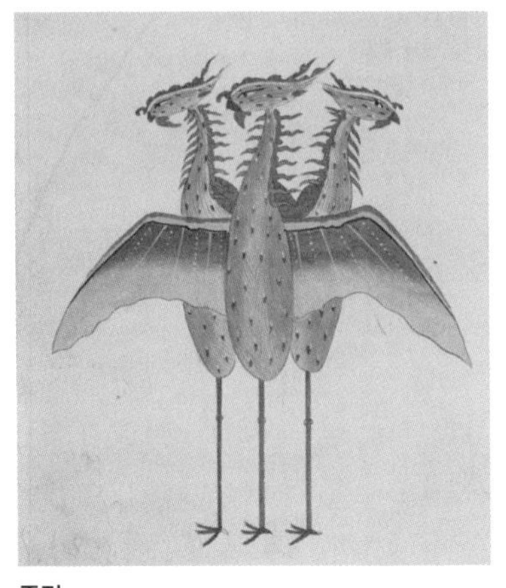

주작
the Vermilion Bird of the South

현무
the Black Tortoise of the North

청룡
the Azure Dragon of the East

백호
the White Tiger of the West

사신도 《장경왕후휘릉산릉도감의궤》
Drawing of Four Guardians

해 그 역할을 대신한다는 의미로 영원성을 상징한다. 이처럼 한국의 조각과 그림은 대부분 음양과 영원성을 근간으로 하였다. 해태는 또 충직하며 사람이 싸우는 것을 보다가 바르지 못한 사람을 보면 뿔로 받는다고 한다.

드무
Symbolic Firewater Bowl

드무 창덕궁

그래서 해태상 앞에서는 거짓말을 해선 안 된다는 의미로 정치의 근간인 궁궐에 설치하였다.

사신(四神)*은 오행사상을 기반으로 만들어진 네 방향을 지키는 상상의 동물이다. 고구려 후기 토총에서는 풍속화가 사라지고 네 방향을 지키는 사신을 대신 그렸다. 동쪽은 **청룡**(靑龍), 서쪽은 **백호**(白虎), 북쪽은 **현무**(玄武)이고 남쪽은 **주작**(朱雀)이다. 현무는 거북이처럼 생겼으며 대개 뱀과 머리를 맞대고 있는 긴장된 구도로 배치된다. 주작은 봉황처럼 생겼다. 조선시대 경복궁 근정전 동서남북 계단 법수석에도 사신을 조각해 올렸다. 이처럼 사신은 오랜 역사를 갖고 한국문화를 형성해왔다.

deumu
드무
Symbolic Firewater Bowl

궁궐 정전과 같이 중요한 건물 주변에 방화수를 담아 놓는 그릇을 가리킨다. 드무는 청동이나 돌로 만드는데 모양은 원형과 방형이 있고 솥 모양으로 만든 것도 있다. 실제 방화수로 담았다기보다는 화마를 물리친다는 상징적 의미가 있다. 화마는 너무 험상궂게 생겨서 불내러 왔다가 드무에 담긴 물에 비친 자신의 모습을 보고 놀라 도망간다는 이야기가 있다.

* 사신(sasin) four guardians

풍경 관촉사 미륵석불

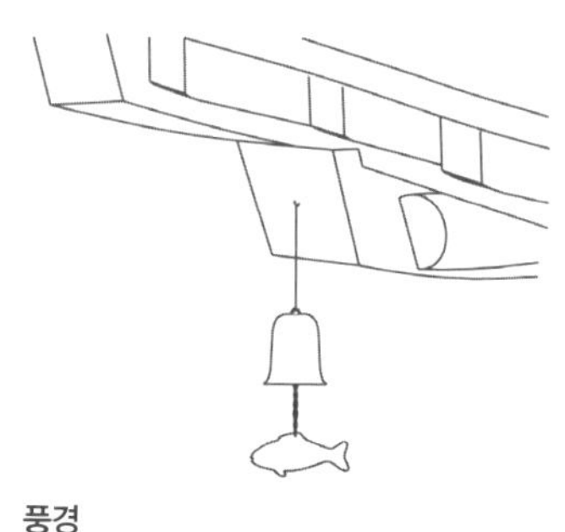

풍경 석남사 영산전
Wind Chime

풍경

pung-gyeong
풍경
Wind Chime

풍탁(風鐸)이라고도 하며 추녀 끝에 달린 **경쇠**로 대개 종 모양으로 생겼으며 가운데 물고기 모양의 추를 달아 바람이 불면 종이 울리도록 만든 장식물이다. 대부분 사찰 불전에 사용되며 예전에는 석탑 추녀에도 풍경(風磬)이 달려 있었다. 가끔 물고기에는 투각을 해 강한 바람에만 종이 울리도록 하기도 한다. 풍경은 부처님과 중생들에게 소리를 공양한다는 의미를 담고 있다.

주련 법주사 원통전
Pillar Tablet

주련 신륵사 극락보전

주련 창덕궁 한정당

julyeon
주련
Pillar Tablet

기둥에 세로로 건 현판을 말한다. 사대부가에서는 교훈이나 격언, 아름다운 시구 등을 **주련**(柱聯)에 새겨 걸어 어린이들의 정서 함양과 교육에 도움이 되도록 하였다. 사찰에서는 불경의 일부 구절을 새겨 절을 찾는 중생들이 깨달음을 얻을 수 있도록 하기도 하였다.

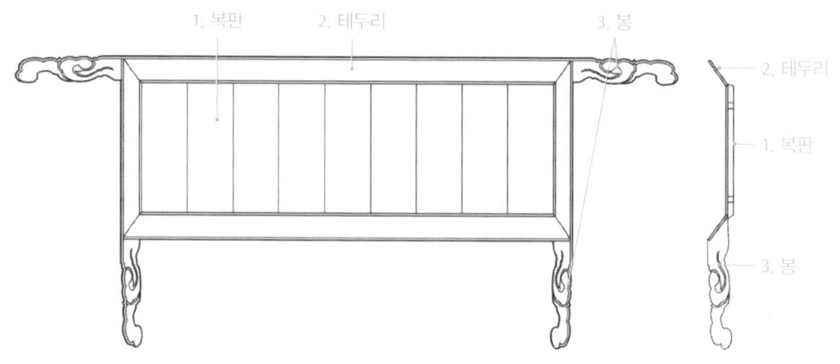

편액 세부 명칭
Framed Plaque Detail

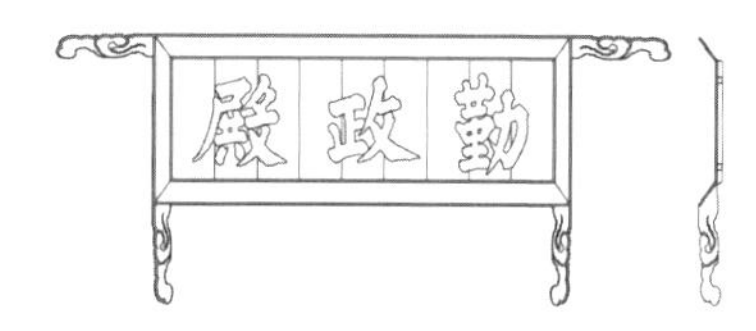

사변형 편액
Framed Plaque with Decorative Protrusion

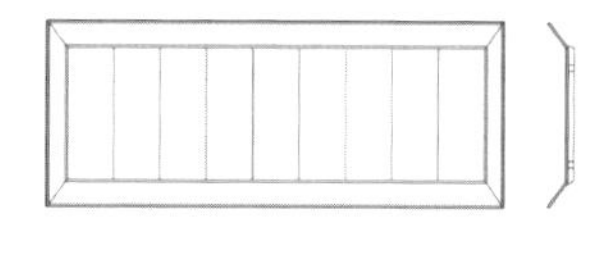

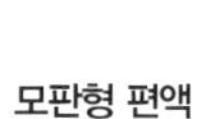

모판형 편액
Framed Plaque

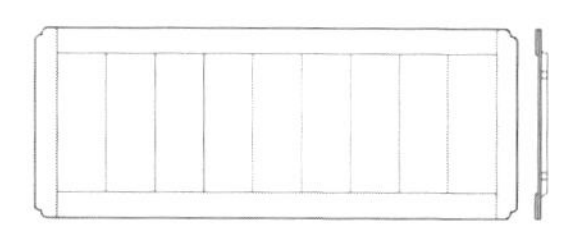

궁양형 편액
Framed Plaque with Lotus Shape Corner

편형 편액
Frameless Plaque

1. 복판 central panel
2. 테두리 decorative border
3. 봉 decorative protrusion

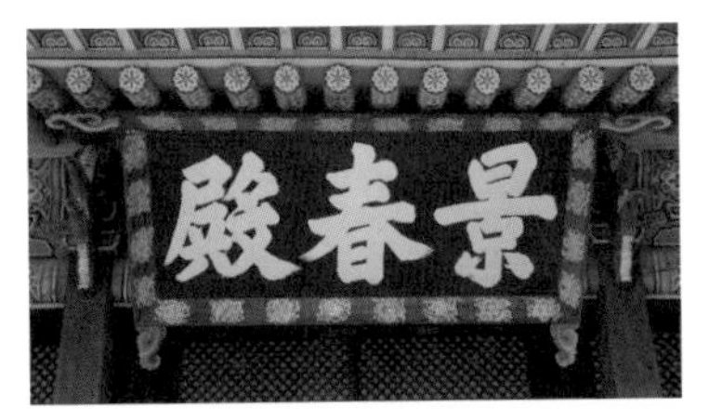

사변형 편액 창경궁 경춘전
Framed Plaque with Decorative Protrusion

모판형 편액 선암사 일주문
Framed Plaque

모판형 편액 하목정

궁양형 편액 창덕궁 취규정
Framed Plaque with Lotus Shape Corner

편형 편액 창덕궁 기오헌
Frameless Plaque

편형 편액 청간정

pyeon-aeg
편액
Framed Plaque

편액(扁額)은 택호나 당호, 기문 등을 판재에 새겨 건 것을 가리키는 것으로 한국에서는 **현판**(懸板)이라고도 부른다. 편액의 구성은 글자를 새긴 판재 부분과 외곽 테두리 장식 부분으로 나눌 수 있다. 가운데 판재 부분을 **복판**(腹板)*이라고 부르며 속칭 **알판**이라고도 한다. 외곽 테두리의 여모판은 고유

* 복판(bogpan) central panel

명칭 없이 테두리라는 뜻의 변아(邊兒), 변자(邊子), 변국(邊局), 변우(邊隅), 변판(邊板), 화변(花邊), 국양(局樣), 국량(局量) 등으로 다양하게 표기하였다. 따라서 **테두리*** 정도로 명명하는 것이 타당하다고 판단된다.

현판은 테두리의 모양에 따라 **사변형**, **모판형**, **궁양형**, **편형**으로 세분할 수 있다. 사변형은 가장 화려한 현판으로 테두리를 경사지게 설치하고 **봉****이라는 장식 빼목이 있는 것을 가리킨다. 봉이 없을 경우는 모판형이 된다. 궁양형은 테두리가 경사가 없으며 폭이 좁고 모서리가 연화두형으로 생긴 현판을 가리킨다. 테두리 없이 알판만으로 구성된 것을 편형이라고 한다. 편형 현판은 글이 많이 들어가는 창건기, 중건기 등에 주로 사용하였다. 현판을 만드는 목재 수종은 조선시대에는 피나무가 가장 많아 쓰였으며 고급 수종으로는 잣나무(柏子板)가 사용되었다. 소나무는 변형이 심하여 극히 드물게 사용했다.

* 테두리(teduli) decorative border

** 봉(bong) decorative protrusion

만자 경복궁 강녕전
Svastika

만자 꽃담

만자 창호

만자 이란 이맘광장 알리카푸 궁전(Ali Qapu Palace)

만자 인도 파테푸르 시크리(Fatepur Sikri)

manja
만(卍)자
Svastika

만자 문양은 종교와 상관없이 동양 어느 지역에서나 볼 수 있는 가장 널리 사용된 문양이다. 만(卍)자의 기원은 태양을 상징하는 십(十)자이다. '十'자가 운항을 시작하면 꼬리가 달려 '卍'자가 된다. 따라서 '卍'자는 태양을 중심으로 한 우주의 핵이면서 우주를 그린 만다라이기도 하다. 아시아 대부분의 민족은 태양신을 숭배하며 태양을 좇아 이동했던 종족이기 때문에 만자 문양을 널리 사용했다. 따라서 만자 문양은 불교를 상징하는 불교만의 문양이라고 볼 수 없으며 보통 길상만덕(吉祥萬德)을 상징하는 상서로운 의미이다. 그리고 불교에서는 석가모니가 출가하기 전 사문유관(四門遊觀)* 한 행위와 같이 지구상에 창조된 소우주를 편람했다는 의미를 갖고 있다.

* 사문유관(四門遊觀): 카파라성 네 문밖에 나가 인생의 네 가지 고통을 직접 보고 출가를 결심한 일

귀면 각연사 대웅전
the Mask of a Devil

귀면 정수사 법당

귀면 고달사지 부도비

키르티무카 인도 탄자부르(Thanjavur) 브리하디스와라(Brihadisvara) 사원
Kirtimukha

취두의 귀면
Mask of a Devil on a Stone Pole

귀면 창경궁 옥천교

귀면 경복궁 굴뚝

또 만자의 가로 선은 삼세(三世)이고 세로 선은 시방(十方)을 가리키는 것으로 일심의 덕이 삼세시방을 관통해서 종횡무진한다는 의미가 있다.

gwimyeon
귀면
the Mask of a Devil

귀면(鬼面)은 물고기나 연꽃 등을 입에 문 형태로, 화반이나 문 청판, 보머리, 닫집 등의 조각 장식으로 나타난다. 인도 힌두교 및 불교 신전에 조각된 '영광의 얼굴'이란 뜻의 키르티무카(Kirtimukha)*에 기원을 두고 있다. 인도 신전에 조각된 키르티무카는 우리의 귀면과 얼굴은 똑같은데 단지 입에서 구슬이나 구름 모양의 서기가 뿜어져 나와 양쪽으로 당초처럼 휘감아 올라가고 그 안에 화불이 탄생하는 모습으로 표현되었다는 점이 다르다. 한국의 귀면은 기와 막새 문양에도 많이 나타나는데 건축에 사용하는 귀면은 귀신이 아니라 용 얼굴이 대부분이다.

귀면은 부릅뜬 눈으로 사방을 주시하여 언제 어느 곳에서 들어올지 모르는 사악한 무리들을 막는다는 벽사의 의미가 있다.

* 키르티무카(Kirtimukha): 시바신에 대항하기 위해 만들어진 라후라는 괴물이 오히려 시바신의 자비 품속으로 뛰어들어 시바신의 다른 모습으로 표현된 것을 말한다.

이태극 감은사지
Yin-yang Symbol

삼태극 종묘 정전의 신방목

태극 유형
Various Ying-yang Symbols

taegeug
태극
Yin-yang Symbol

성리학에 뿌리를 두고 있으며 불교에도 영향을 미쳤다. 계단 소맷돌, 사당 신문 및 대문의 신방목, 서까래 말구 등에 널리 쓰였다. 인도나 티베트 밀교건축의 문지방이나 계단석 등에서도 볼 수 있다. 사찰 건물에 사용된 가장 오래된 사례로 경주 감은사지 석재에 새겨진 태극 문양이 있다. 사찰에 장식된 태극은 그 형식으로 볼 때 이태극과 삼태극이 혼재되어 있다. 삼태극은 천지인 삼재(三才)를 상징하는 것으로 홍색, 청색, 황색으로 표현된다. 삼황과 삼신을 나타내기도 하고 성리학에서는 우주만상의 근원이며 인간 생명의 원천으로서 진리를 상징한다. 불교에서는 불성(佛性)을 나타내는 것으로 불생불멸하는 만물의 실체를 말한다. 골뱅이 모양으로도 표현되는데 그 실례는 인도 산치대탑의 표문 인방 조각에서 볼 수 있다.

십이지(말) 경복궁 근정전
Horse, One of Twelve Zodiac Animals

십이지(말) 괘릉 호석

십이지(뱀) 경복궁 근정전
Snake, One of Twelve Zodiac Animals

sib-ijisinsang
십이지신상
Twelve Zodiac Animals

십이지는 12마리의 서수상을 방위별로 배치하여 잡귀의 침입을 막는 벽사의 의미로 민간신앙과 불교 및 도교에서 공통으로 사용되었다. 고대 바빌로니아에서는 우주와 천계의 운행을 나타내는 **천계십이수환**(天界十二獸環)이라는 도상에서 볼 수 있는데 이러한 천문역법의 도상이 기원전 10세기 알렉산더 대왕의 동정으로 중원에 전래되어 도교의 방위신앙으로 받아들여지면서 그 지역의 친숙한 동물로 바뀌었다. 이 중에서 바빌로니아 천계십이수환과 겹치는 것은 소와 양뿐이다. 도교의 십이지는 또 불교에 수용되어 십이수(十二獸)로 바뀌었는데 모두 같고 호랑이가 사자로 바뀐 것만 다르다. 불교의 십이지는 약사여래의 각 서원에 응하여 수호와 교화의 역할을 하는 신장상이다. 이러한 수호신의 역할로 탑 기단부에 조각되거나 통일신라에서는 무덤의 호석으로 많이 이용되었다.

분야	종류
바빌로니아: 천계십이수환 (天界十二獸環)	보병(寶甁), 쌍어(雙魚), 백양(白羊), 금우(金牛), 쌍녀(雙女), 게(蟹), 사자(獅子), 처녀(室女), 천칭(天秤), 천갈(天蝎), 인마(人馬), 마갈(摩羯)
도교: 십이지(十二支)	쥐(子), 소(丑), 호랑이(寅), 토끼(卯), 용(辰), 뱀(巳), 말(午), 양(未), 원숭이(申), 닭(酉), 개(戌), 돼지(亥)
불교: 십이수(十二獸)	쥐(子), 소(丑), 사자(獅子), 토끼(卯), 용(辰), 뱀(巳), 말(午), 양(未), 원숭이(申), 닭(酉), 개(戌), 돼지(亥)

목어 영원사
Wooden Fish–shaped Percussion Instrument

운판 석림사 범종각
Cloud–shaped Percussion Instrument

법고 영원사
Dharma Drum

범종 갑사
Temple Bell

samul
사물
Buddhist Objects

사찰 누각이나 범종루 등에 거는 **목어**(木魚)*, **운판**(雲版)**, **법고**(法鼓)***, **범종**(梵鍾)****을 가리키는 것으로 중생을 제도하는 법성(法性)의 소리를 의미한다.

목어는 나무를 깎아 물고기 모양을 만들고 속을 비게 파내어 안에서 두드려 소리 나게 한 것이다. 물고기는 언제나 눈을 뜨고 깨어있으므로 그 모

* 목어(mog-eo) wooden fish-shaped percussion instrument
** 운판(unpan) cloud-shaped percussion instrument
*** 법고(beobgo) Dharma drum
**** 범종(beomjong) temple bell

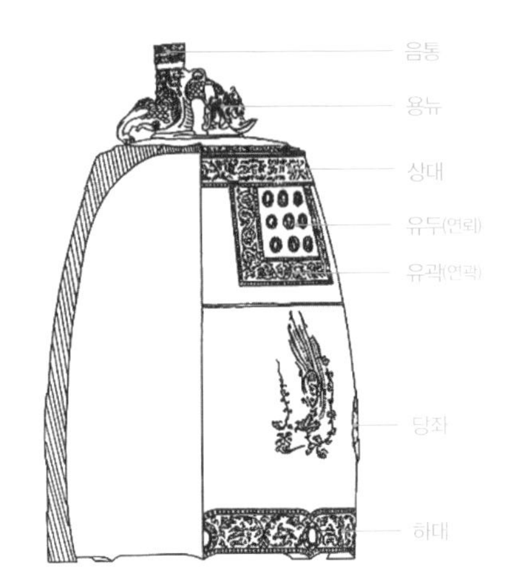

범종 각부 명칭
Detail of Temple Bell

양을 따서 두드림으로써 수행자의 잠을 쫓고 혼미함을 경계하는 의미를 담고 있다.

운판은 판형으로 만들고 구름을 새겼기 때문에 붙여진 이름이다. 동으로 만들며 비천주악상과 해와 달이 새겨지기도 한다. 원래 끼니를 알리는 용도로 썼다고 하나 요즘은 아침저녁으로 운판을 쳐 공중을 날아다니는 중생을 제도하고 허공을 헤매는 영혼을 천도한다는 의미로 쓰이고 있다.

법고는 법요식에 쓰는 큰 북으로 수미산에 사는 온갖 축생을 제도한다는 의미가 있다. 법고의 몸통은 나무로 만들고 두드려서 소리를 내는 양면은 소가죽으로 만든다. 이때 암소와 수소 가죽을 양면에 부착하면 음양이 조화를 이뤄 더욱 좋은 소리가 난다고 한다.

범종은 일명 **경종**(鯨鍾)이라고도 한다. 종을 치는 이유는 지옥의 중생들이 모두 고통에서 벗어나 즐거움을 얻고 불법의 진리를 깨우치도록 하는 데 있다. 종을 거는 고리는 보통 용 조각으로 하는데 이를 **용뉴**(龍鈕)라고 한다. 용뉴 옆에는 **음통**(音筒)이 있다. 종을 치는 **당**(撞)은 고래 모양으로 깎아 만든다. 이유는 용은 고래를 가장 무서워하기 때문에 고래 모양의 당으로 종을 치면 용이 놀라 큰 소리를 지르게 되고 이로 인해 종소리가 우렁차게 울린다는 설화가 있다. 종은 보통 위아래로 당초 문양의 띠가 돌아가 있는데 이를 **상대**(上帶)와 **하대**(下帶)라고 한다. 그리고 상대 바로 아래에는 동서남북으로 방형 띠를 두르고 그 안에는 연꽃과 젖꼭지를 새기는데 이를 **유곽**(乳廓)과 **유두**(乳頭)라고 한다. 유곽과 유두를 연곽(蓮廓)과 연뢰(蓮蕾)라고 명명하기도 한다. 그리고 유곽과 하대 사이에는 비천이 조각되는 경우가 많으며 당에 맞는 부분은 큰 연꽃을 새기는데 이를 **당좌**(撞座)라고 한다.

ieum, majchum

이음과 맞춤
Joinery

ieum
이음 Lengthening Extension Types

majdaen-ieum
- 맞댄이음 Butt Extension

jangbu-ieum
- 장부이음 Mortise-and-tenon Extension

maj-jangbu-ieum, eosgeol-isanjiieum
- 맞장부이음과 엇걸이산지이음
Stop Bladed Scarf Extension and Tenoned Scarf Extension

banteog-ieum, galkwiieum
- 반턱이음 및 갈퀴이음
Half-lap Scarf Extension and Dovetailed Scarf Extension

bis-ieum
- 빗이음 Splayed Extension

majchum
맞춤 Joint Types

sagaemajchum
- 사개맞춤 Four-way Dovetail Joint

jangbumajchum
- 장부맞춤 Mortise-and-tenon Joint

teogmajchum
- 턱맞춤 Shoulder Joint

sangtugeol-imajchum
- 상투걸이맞춤
Post and Beam Joint with Tenon

yeongwimajchum
- 연귀맞춤 Miter Joint

jjogmae
쪽매 Board Joint

법주사 대웅전

목조건축은 철기시대 이후 끌과 톱 등의 건축 연장이 발달함에 따라 규모도 커지고 부재끼리의 연결이 자유로워졌다. 맞춤이 발달하지 않았던 원시시대 기둥머리 맞춤은 가지가 있는 부분을 아(丫)자 모양으로 잘라 그 위에 도리를 얹고 칡넝쿨 등으로 묶는 것이 일반적이었다. 이를 **아장부(丫丈夫)**라고 하는데 이것은 아직 이음과 맞춤이라고 볼 수 없는 단계이다. 철기시대 이후에는 톱과 끌을 사용해 기둥머리를 일(一)자나 십(十)자로 따내고 여기에 보나 도리를 걸었다. 이처럼 철기시대이후 연장의 발달에 따른 결구법의 발전은 건축의 지상화를 가속시켜 나갔다.

부재를 길이 방향으로 결구하는 것을 **이음**이라고 하고, 직교하여 결구하는 것을 **맞춤**이라고 한다. 목조건축에서는 한 부분에서 이음과 맞춤이 동시에 이루어지기도 한다. 기둥머리 부분을 예로 들면 기둥과 도리 및 보는 서로 맞춤으로 연결되고 도리와 도리는 이음으로 연결된다. 이렇게 이음과 맞춤으로 서로 연결된 부분을 **결구(結構)**라고 한다. 목조건축은 많은 결구부분을 갖는 조립식의 가구구조(架構構造)라고 할 수 있다. 이음과 맞춤을 위해서는 부재에 암수를 만들어 결구하는 것이 가장 보편적인데 수놈 역할을 하는 것을 **숫장부**, 암놈 역할을 하는 것을 **암장부**라고 한다. 장부의 모양은 다양하며 이에 따라 이음 및 맞춤의 종류가 분류된다.

톱의 발명은 판재의 보급과 건축물을 경량화하는 데 기여하였다. 살창의 발달을 가져왔으며 보다 정밀한 결구를 가능케 했다. 한국에서도 널판문을 비롯하여 판벽이 많이 사용되었는데 판재를 서로 연결하는 이음법을 이음이나 맞춤이라고 하지 않고 특별히 **쪽매**라고 한다.

이음과 맞춤은 여러 방식이 하나의 부재에 동시에 사용되는 경우도 많다. 이 경우에는 두 개의 명칭을 붙여서 명명해준다. 예를 들면 기둥머리에서 창방이 익공과 반턱으로 맞춤되면서 창방끼리 주먹장으로 연결될 경우 반턱주먹장부이음으로 부른다.

ieum
이음
Lengthening Extension Types

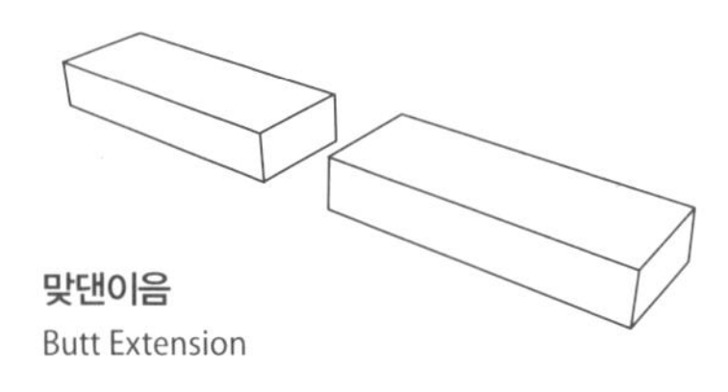

맞댄이음
Butt Extension

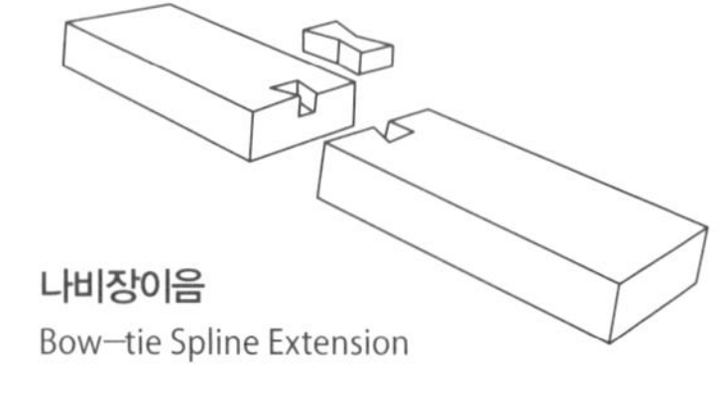

나비장이음
Bow–tie Spline Extension

나비장 법주사 대웅전
Bow–tie Spline

나비장이음 화암사 극락전

majdaen-ieum
맞댄이음
Butt Extension

장부 없이 두 부재를 맞대 놓은 이음법이다. 완주 송광사 대웅전의 창방 이음에서 그 사례를 볼 수 있는데 부재 간의 결속력은 전혀 기대할 수 없다. 따라서 순수한 맞댄이음은 찾아보기 어려우며 대개는 나비장이나 촉(산지) 등으로 보강한 이음을 사용한다. 나비장으로 보강한 맞댄이음을 **나비장이음***이라고 하며 한국건축에서 도리와 창방, 평방 등의 이음에서 매우 흔하게 볼 수 있다. 나비장이음은 연결할 두 부재를 붙여 놓고 이음매 부분에 각각 반쪽씩 나비장 암장부를 판 다음 쐐기의 개념으로 별도의 나비장을 만들어 끼워 완성한다. 주먹장부이음과 함께 많이 사용하는데 손쉽기는 하지만 나비장이 건조에 의해 수축하면 결속력이 떨어지는 단점이 있다.

* 나비장이음(nabijang-ieum) bow–tie spline Extension

맞댄촉이음 덕수궁 대한문
Dowel–anchored Butt Extension

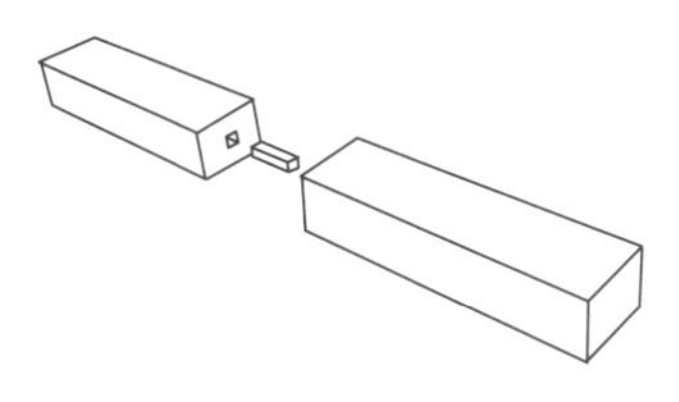

맞댄촉이음

제혀촉이음 법주사 대웅전
Wedge–mortise–and–tenon Butt Extension

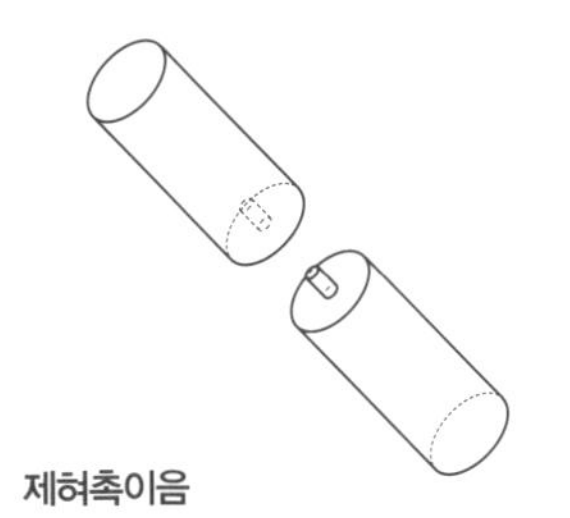

제혀촉이음

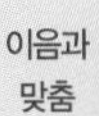

나비장이음은 수평부재에 많이 사용하며 기둥 등 수직부재를 맞댄이음할 경우에는 산지(촉)로 보강하는 경우가 대부분이다. 산지는 촉이라고도 하며 못과 같은 역할을 한다. 산지는 단단해야 하기 때문에 오리나무나 참나무 등을 사용한다. 산지를 사용한 이음을 **산지이음** 또는 **촉이음**이라고 하는데 산지는 이음뿐만 아니라 맞춤에도 널리 사용되기 때문에 단독 명칭보다는 합성 명칭을 사용하는 것이 타당하다. 덕수궁 대한문 기둥의 경우는 연결할 두 부재에 산지구멍을 내고 별도로 산지를 박아 연결하였다. 이 경우는 **맞댄촉이음***이라고 명명할 수 있다. 법주사 대웅전 동자주의 경우는 별도의 산지를 사용하지 않고 한쪽은 부재를 깎아 촉을 만들어 수놈으로 하고 반대쪽은 촉구멍을 내어 연결하였다. 이 경우는 **제혀촉이음****이라고 한다.

* 맞댄촉이음(majdaenchog-ieum) dowel-anchored butt extension

** 제혀촉이음(jehyeochog-ieum) Wedge-mortise-and-tenon butt extension

주먹장부이음 불갑사 대웅전
Dovetail Extension

주먹장부이음 순천 송광사 해청당

주먹장부이음 법주사 대웅전 도리

외장부촉이음 법주사 팔상전
Exposed Single Mortise-and-tenon Extension

jangbu-ieum

장부이음
Mortise-and-tenon Extension

각각의 부재에 암수 장부를 만들어 연결하는 이음법이다. 장부가 하나인 것을 외장부, 두 개인 것을 쌍장부라고 하는데 이음에서는 쌍장부는 거의 없고 외장부가 일반적이다. 법주사 팔상전의 사천주와 대웅전 고주에서 그 사례를 볼 수 있는데 장부이음 후에 측면에서 촉을 박아 고정했다. 따라서 정확히 **외장부촉이음**으로 명명해야 하지만 편의상 **장부이음**으로 부른다.

장부의 모양이 사다리 모양으로 생긴 것으로 한 부재에는 암주먹장, 다른 부재에는 숫주먹장을 만들어 연결한 것을 **주먹장부이음**˚이라고 한다.

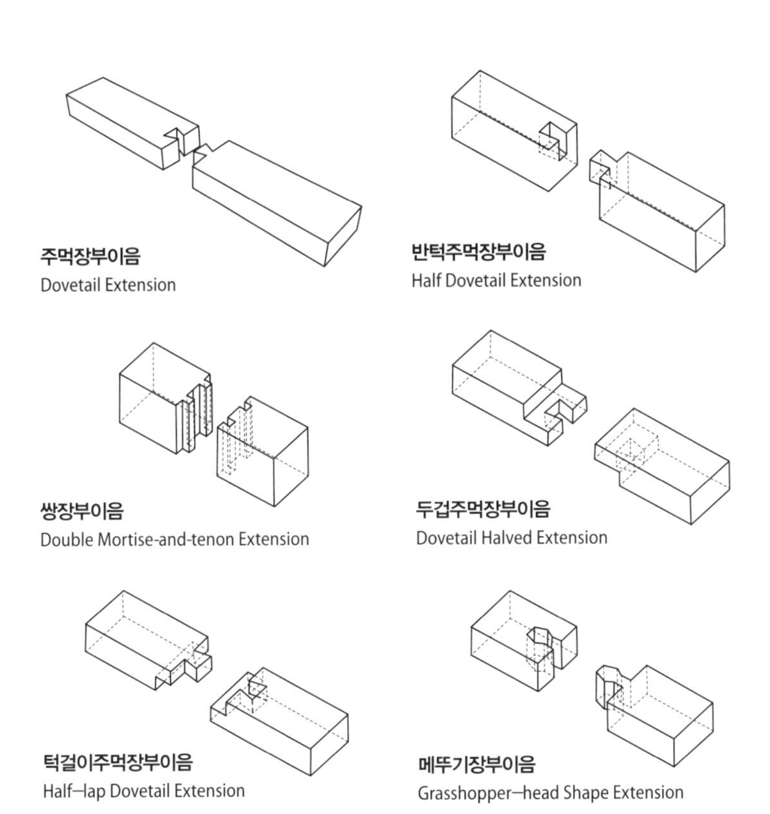

한국건축에서 가장 흔한 이음법으로 기둥, 도리, 창방, 장혀, 평방 등에서 많이 사용한다. 일반 장부이음에서는 촉이 필요하지만 주먹장부는 촉이 없어도 부재가 서로 빠지는 일이 없다. 기둥머리에서 운공이나 익공이 교차될 경우에는 **반턱주먹장부이음**이 쓰인다. 또 기둥 하부가 썩어 동바리이음할 때는 주먹장이 두 개인 **쌍주먹장부이음**을 이용하는 경우를 많이 볼 수 있다. 이때 주먹장은 이음 부위가 전후와 좌우로 이동하는 것을 방지하기 위해 사선 방향으로 낸다. 순천 선암사 대웅전, 고흥 능가사 대웅전의 평방은 폭이 넓어 수평부재에서도 쌍장부주먹장이음을 했다. 예천권씨 초간공파 종택에서는 계자난간의 치마널 이음에서도 쌍장부주먹장이음을 사용한 사례를 볼 수 있다. 또 반턱이음의 반쪽에만 주먹장부를 만들어 결구하

는 것을 **두겁주먹장부이음**이라고 한다. 걸침턱이 좁은 경우는 **턱걸이주먹장부**라고도 한다.

메뚜기장부이음*은 주먹장부와 원리는 같은데 장부의 머리가 메뚜기 머리처럼 생겼다고 하여 붙은 이름이다. 주먹장이음처럼 수평력에도 견딜 수 있는 이음법인데 한국에서는 봉정사 대웅전의 평방, 숭례문 평방, 도갑사 해탈문의 평방, 덕수궁 대한문 도리 등에서 볼 수 있으나 흔하지는 않다. 일본은 도쇼다이지(唐招提寺) 금당의 용마루 종도리에서 볼 수 있으며 15세기경부터 사용되기 시작했다. 그 이전의 메뚜기장부 모양은 화살표가 아니라 방형이었다.

maj-jangbu-ieum, eosgeol-isanjiieum

맞장부이음과 엇걸이산지이음

Stop Bladed Scarf Extension and Tenoned Scarf Extension

맞장부이음**은 각 부재의 반쪽을 길게 장부를 내어 이음하는 것으로 반턱이음과 비슷하지만 **장부걸이**가 있는 것이 다르다. 부재가 길이 방향으로 빠지는 것에 대해서는 반턱이음과 같이 저항력이 없으나 장부걸이가 있어서 휨에 대해서는 저항력이 있는 것이 특징이다. 하부의 받침이 튼튼하지 않은 수평재의 이음이나 수직력만을 받는 기둥의 이음에 사용된다. 동자주가 받치지 않는 부분의 난간대 이음에도 사용된 사례를 볼 수 있다. 길이 방향으로 빠지는 것을 방지하기 위하여 김제 귀신사 대적광전의 하중도리에서는 반주먹장인 갈퀴 모양으로 장부걸이를 만든 사례가 있으나 큰 효과는 없는 것으로 판단된다.

이러한 결점을 보완하기 위해 맞장부이음에 촉을 사용한 것을 **엇걸이산지이음*****이라고 한다. 장부 중앙에 산지구멍을 내고 촉을 박은 것으로 촉으

* 메뚜기장부이음(mettugijangbu-ieum) grasshopper-head shape extension

** 맞장부이음(majjangbu-ieum) stop bladed scarf extension

*** 엇걸이산지이음(eosgeolisanji-ieum) tenoned scarf extension

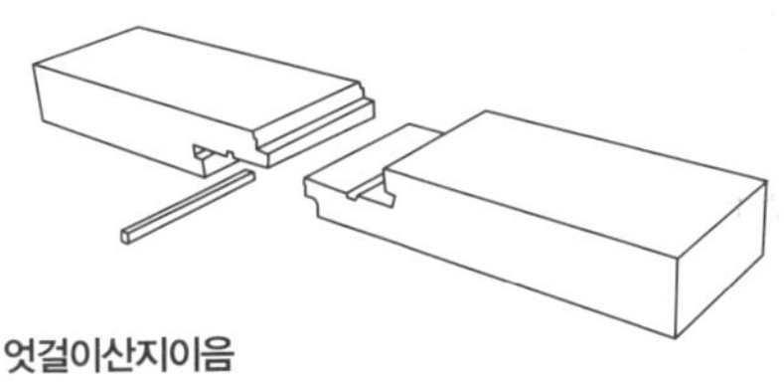

엇걸이산지이음
Tenoned Scarf Extension

엇걸이산지이음 조해영 가옥

엇걸이산지이음 완주 송광사

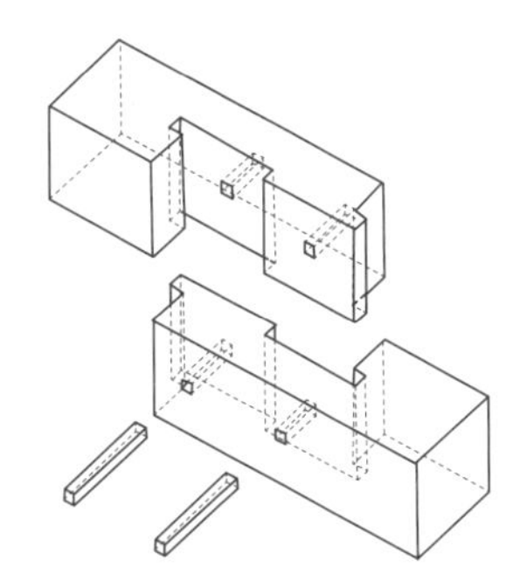

엇걸이턱이음
Hooked Extension with Dowels

로 인해 장부가 빠지는 것을 방지해준다. 이를 좀 더 보완해 장부에 턱까지 겸한 것을 **엇걸이턱이음**이라고 한다. 장부걸이와 산지 및 턱에 의해 수평력과 휨 응력을 동시에 온전히 받아주는 효과적인 이음법이다. 기둥과 같은 수직재, 난간대와 같은 수평재, 마감재 등의 이음에 널리 사용되지만 선암사 대웅전의 창방 이음에 엇걸이산지이음이 사용된 것은 특이한 사례이다. 또한 기둥의 양갈에 결구되는 창방에서는 휨 응력에 저항할 필요가 없어서 장부걸이가 없는 매우 단순한 엇걸이산지이음을 사용했다.

반턱이음 예천 초간정
Half–lap Scarf Extension

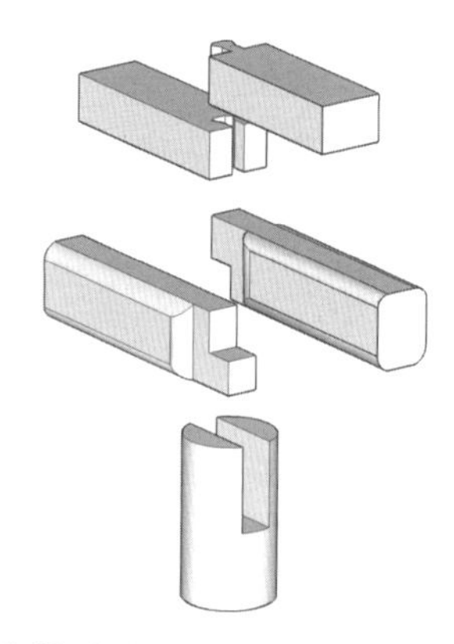

반턱이음 숭례문 (정연상 그림)

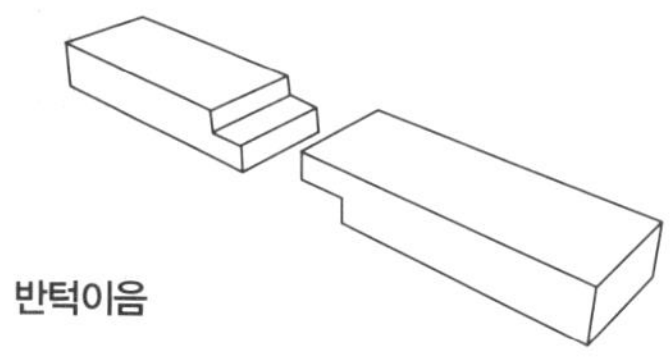

반턱이음

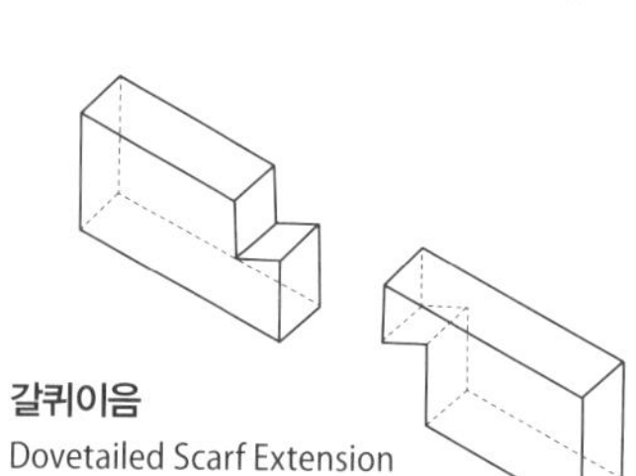

갈퀴이음
Dovetailed Scarf Extension

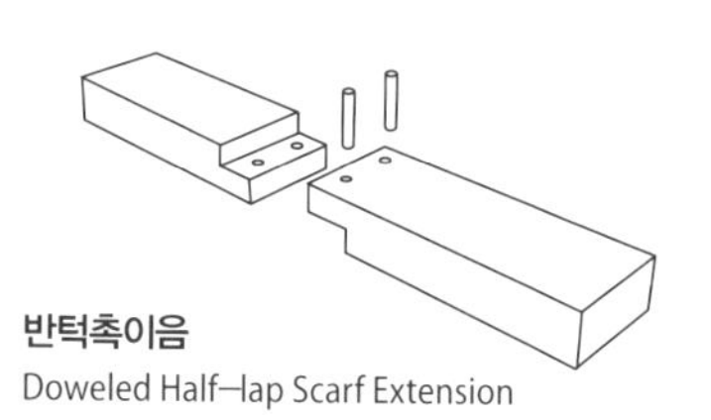

반턱촉이음
Doweled Half–lap Scarf Extension

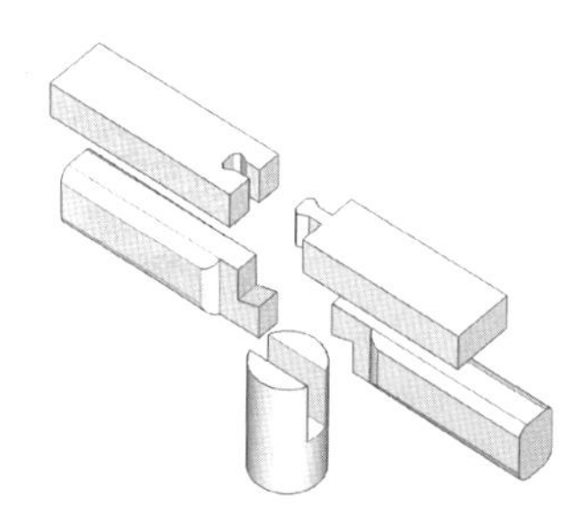

갈퀴이음 봉정사 대웅전 (정연상 그림)

banteog-ieum, galkwiieum

반턱이음 및 갈퀴이음

Half-lap Scarf Extension and Dovetailed Scarf Extension

부재 끝부분을 일정 길이만큼 상하 계단식으로 반턱씩을 내어 연결한 이음법이다. 맞댄이음과 같이 수평력과 휨 응력을 받을 수는 없다. 숭례문 창방, 봉정사 극락전 대들보, 봉정사 대웅전 창방, 예천 초간정 머름상방 등에서 볼 수 있는데 봉정사 대웅전에서는 좀 더 발달하여 반턱에 경사를 주었다. 이를 **갈퀴이음***이라고도 한다. 갈퀴이음은 위에서 창방을 눌러 준다면 어느 정도의 수평력을 견딜 수 있는 이음법이다. 통도사 대웅전에서는 반턱이음을 세워서 연결하고 산지를 박아 수평력도 받을 수 있도록 했다. 고주 중간에서 양쪽 인방재가 서로 만날 때도 이러한 이음법을 사용한다. 이때는 주로 산지를 박아 고정하여 수평력을 받도록 하는데 이를 특별히 **반턱촉이음****이라고 한다. 조선 전기 이전으로 시대가 올라가는 몇 건물에서 볼 수 있으며 이후 사례는 거의 없다.

* 갈퀴이음(galkwi-ieum) dovetailed scarf extension

** 반턱촉이음(banteogchog-ieum) doweled half-lap scarf extension

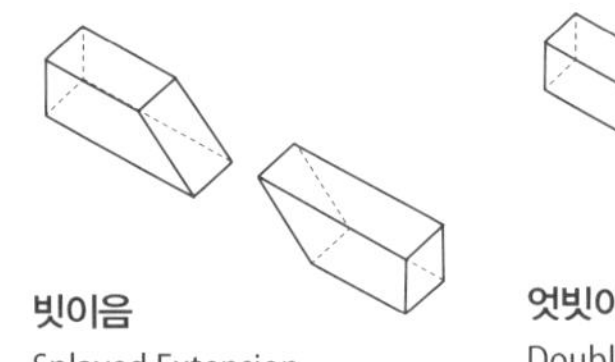

빗이음
Splayed Extension

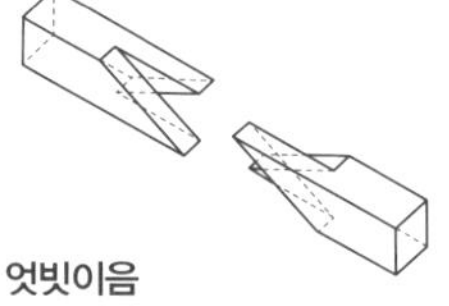

엇빗이음
Double Splayed Extension

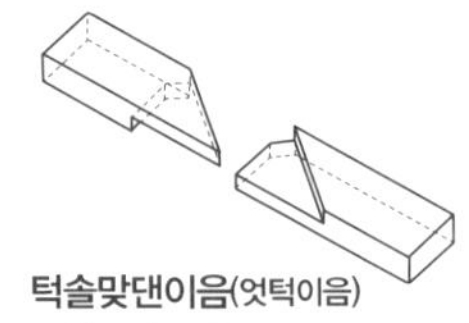

턱솔맞댄이음(엇턱이음)
Half-splayed Extension

턱솔맞댄이음 동호재

턱솔맞댄이음 동호재

bis-ieum
빗이음
Splayed Extension

맞댄 면이나 장부를 수직이 아닌 사선으로 만들어 연결한 이음법이다. 맞댄 면을 사선으로 한 일반 **빗이음**은 거의 사용되지 않는데 하동 쌍계사 대웅전의 평고대 이음에서 사례를 볼 수 있다. 부재 전체가 아닌 좌우 반쪽씩을 엇갈리게 사선으로 장부를 만들어 연결한 것을 **엇빗이음**이라고 하는데 하동 쌍계사 대웅전, 익산 숭림사 보광전, 김제 귀신사 대적광전 등의 평고대에서 볼 수 있다. 또 부재의 좌우가 아닌 상하로 반쪽씩을 나눠 사선으로 장부를 만들어 연결한 것을 **엇턱이음** 또는 **턱솔맞댄이음***이라고 한다. 엇빗이음과 다른 점은 부재를 상하로 나눈다는 것과 한쪽 장부만 빗자르기하고 한쪽은 꺾임자르기한다는 것에 차이가 있다. 턱솔맞댄이음도 평고대에 사용하는 이음법으로 평고대는 처마곡을 이루는 곡선 부재로 이음 부분에서도 일정한 곡선을 유지하는 데 효율적인 이음법이다.

* 턱솔맞댄이음(teogsolmajdaen-ieum) half-splayed extension

majchum

맞춤

Joint Types

사갈 정수사 법당
Four-way Dovetail

양갈 화암사 극락전
Two-way Dovetail

사개맞춤 법주사 대웅전
Four-way Dovetail Joint

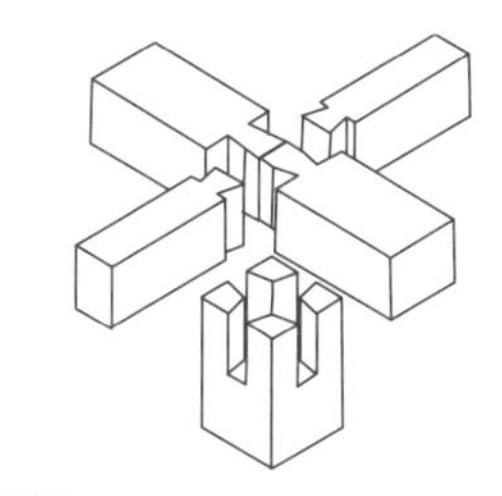

사개맞춤

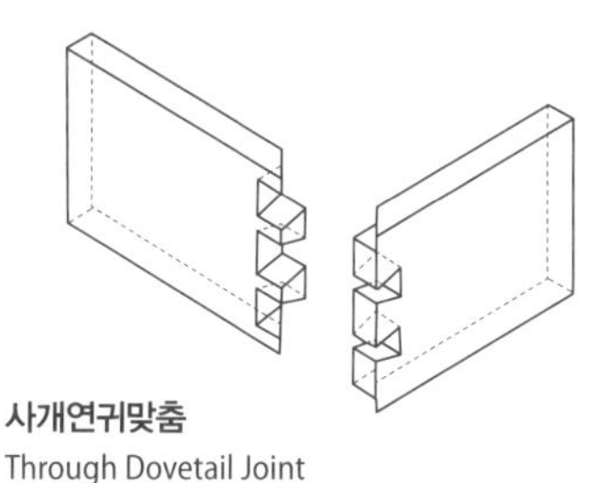

사개연귀맞춤
Through Dovetail Joint

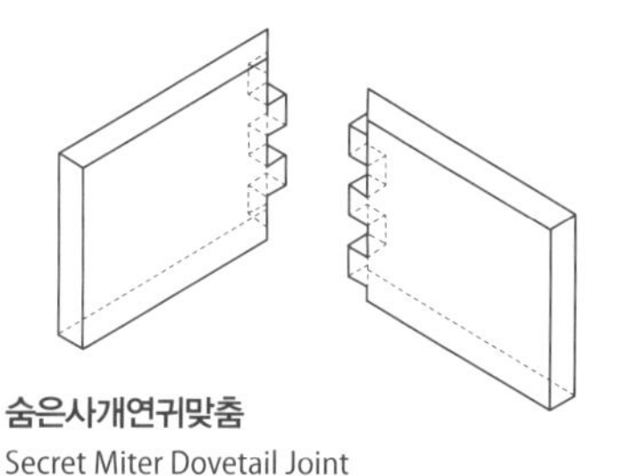

숨은사개연귀맞춤
Secret Miter Dovetail Joint

sagaemajchum

사개맞춤

Four-way Dovetail Joint

기둥머리 맞춤에서 가장 많이 사용된 것이 사개맞춤이다. 기둥머리에 창방이나 보를 결구하기 위해 터진 부분을 **갈**(乫)이라고 하는데 보통 한국건축에서는 기둥머리에서 창방과 보가 직교하여 만나기 때문에 앞뒤와 좌우 네

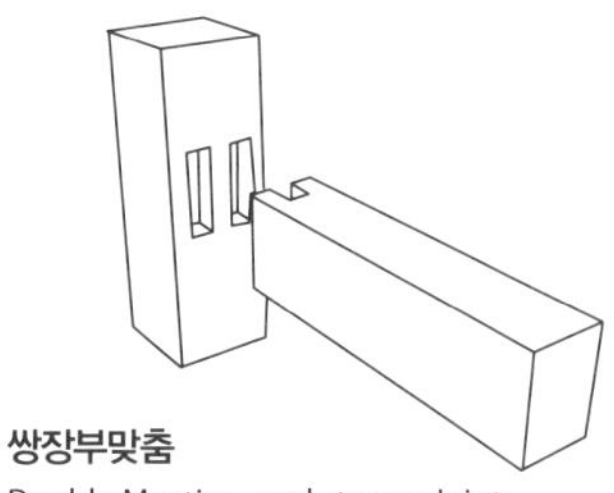

쌍장부맞춤
Double Mortise-and-tenon Joint

쌍장부맞춤 장흥 죽헌고택

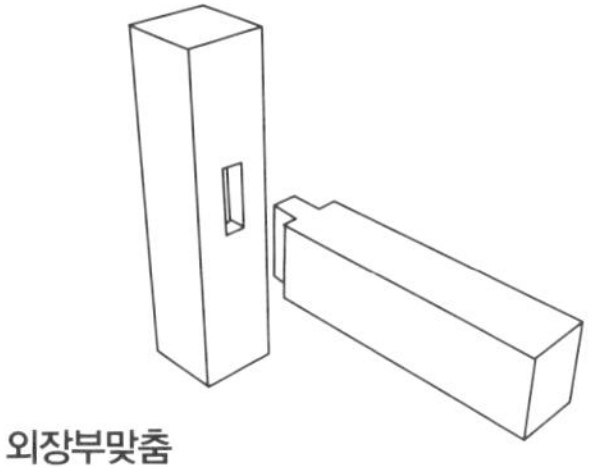

외장부맞춤
Exposed Single Mortise-and-tenon Joint

외장부맞춤 고성 어명기 고택

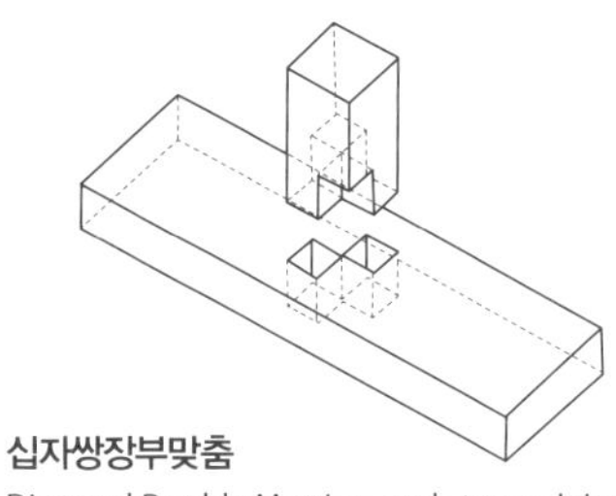

십자쌍장부맞춤
Diagonal Double Mortise-and-tenon Joint

메뚜기장부맞춤
일본 야마토민속공원(大和民俗公園)
Exposed Single Mortise-and-tenon Joint with Securing Peg

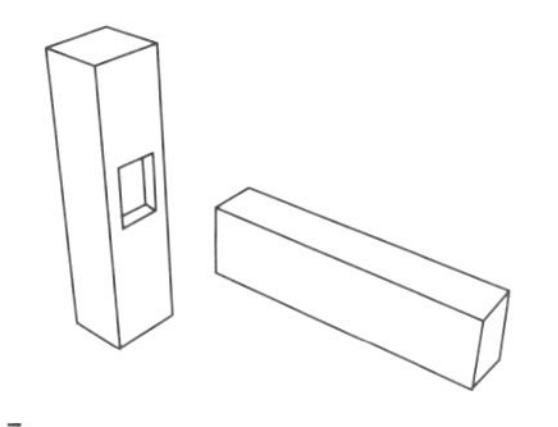

통맞춤
Insert Joint

통맞춤 양성향교

방향으로 '十'자형으로 기둥머리를 튼다. 이를 **사갈**(四乫)을 튼다고 하며 사갈을 기본으로 결구되는 기둥머리 맞춤법을 **사개맞춤**이라고 한다. 그러나 5포 이상의 포식 건축에서는 안초공이 없는 경우 좌우로 창방만 결구되기 때문에 **양갈**(兩乫)로 하는 경우가 대부분이다. 이 경우 양갈맞춤이라고 별도로 명명하지 않기 때문에 갈의 개수와 관계없이 기둥머리 맞춤을 대표적으로 사개맞춤이라고 부른다. 기둥머리에 사갈 튼 것을 사파수(四把手), 사개통, 화통가지라고도 하는데 그 기원은 알 수 없다. 또 사개맞춤은 기둥맞춤뿐만 아니라 가구를 만들 때 판재 모서리를 깍지 끼듯 맞춤한 것을 가리키기도 한다. 이 경우 **사개연귀맞춤**이라고도 하며 연귀를 보이지 않게 하는 경우는 **숨은사개연귀맞춤**이라고 한다.

jangbumajchum

장부맞춤
Mortise-and-tenon Joint

한국건축에서 가장 널리 사용되는 맞춤법이다. 기둥에 인방재를 걸 때 흔한 방법이 **쌍장부맞춤***이다. 보통 기둥에 두 개의 암장부를 파고 인방재에 요(凹)자 모양으로 숫장부를 만들어 끼워 넣는다. 인방은 기둥을 다 세우고 나중에 결구하기 때문에 옆에서 끼워 넣는다. 이를 위해 인방의 장부는 한쪽은 길고 한쪽은 짧게 하여 먼저 긴 쪽을 깊이 밀어 넣었다가 반대쪽 장부를 끼워 넣는다. 그리고 긴 쪽 장부 사이에는 쐐기를 박아 장부가 좌우로 이동하는 것을 방지한다. 보에 동자주를 세울 때도 많이 사용하였는데 대각선으로 방형의 장부 두 개를 만드는 **십자쌍장부맞춤****을 사용하기도 한다. 법주사 대웅전 동자주, 순천 정혜사 대웅전 대공, 부석사 조사당 대공 등에서 볼 수 있다.

* 쌍장부맞춤(ssangjangbumajchum) double mortise-and-tenon joint

** 십자쌍장부맞춤(sibjassangjangbumajchum) diagonal double mortise-and-tenon joint

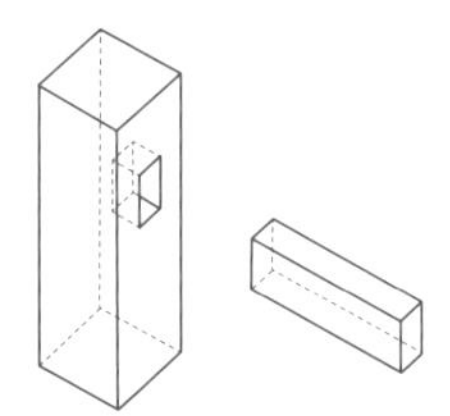

통장부맞춤
Insert Joint

산지통맞춤 홍성 노은리 고택

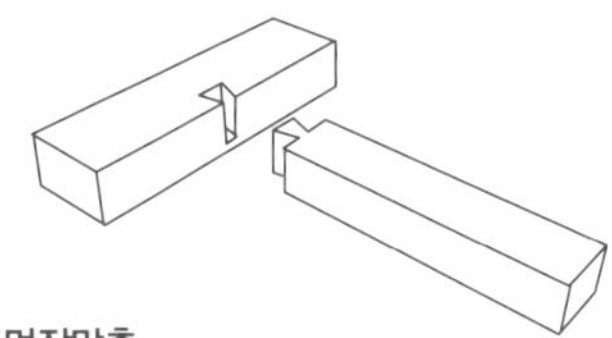

주먹장맞춤
Dovetail Joint

주먹장맞춤 법주사 대웅전

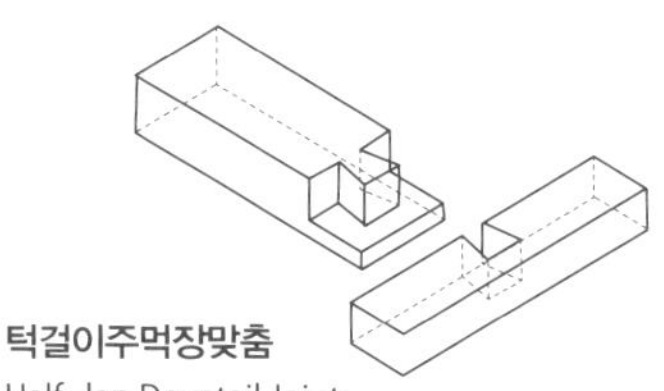

턱걸이주먹장맞춤
Half–lap Dovetail Joint

주먹장맞춤 불갑사 대웅전

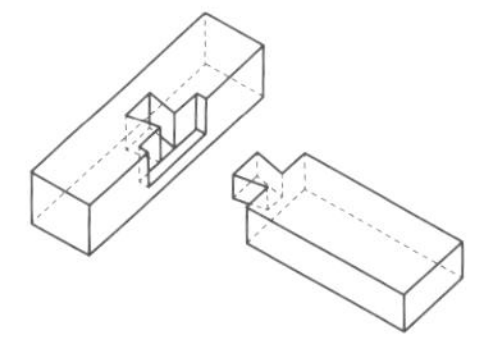

통넣고주먹장맞춤 동호재
Half–lap Dovetail Joint with Shoulder on Crossbeam

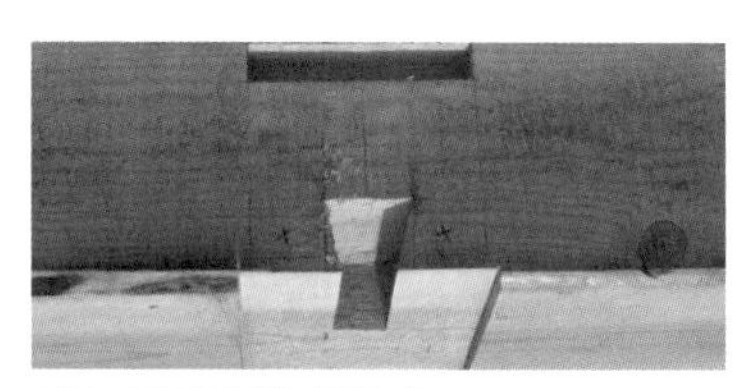

통넣고주먹장맞춤 동호재

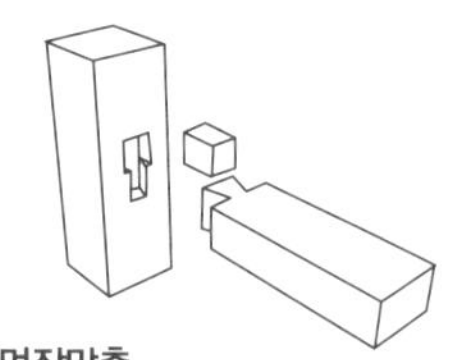

내리주먹장맞춤
Insert–and–slide Dovetail Joint

내리주먹장맞춤 홍성 노은리 고택

숫장부가 철(凸)자 모양으로 하나일 때는 **외장부맞춤***이라고 한다. 장부를 길게 만들어 관통시켜 빼목을 내고 빼목에 구멍을 뚫어 산지를 박아 뒤로 다시 빠지지 않도록 하기도 한다. 이때 장부빼목과 산지가 마치 메뚜기 머리처럼 생겼다고 하여 붙여진 이름으로 **메뚜기장부맞춤**이라고 하며, 박공에 평고대를 맞출 때 사용하였다. 일본 민가에서는 기둥에 인방재를 연결할 때 많이 사용하였다. 메뚜기장부맞춤은 장부의 모양이 화살표 모양인 것을 가리키기도 한다. 그리고 부재가 얇아서 폭을 줄여 장부를 만들지 않고 통으로 끼워 넣는 것을 **통맞춤** 또는 **통장부맞춤****이라고 하며 인방재 및 수장재, 마루 귀틀의 맞춤에 많이 사용한다. 서민 살림집에서 중방을 자연목을 이용해 끝부분만 살짝 다듬어 끼울 때 사용된 사례를 볼 수 있으며 중방에 중깃을 연결할 때도 통맞춤으로 한다. 또 기둥에 마루 귀틀을 맞출 때도 턱걸침 형태로 통맞춤한다.

이음과
맞춤

일반 장부의 경우 부재가 빠지는 단점이 있어서 보통은 산지를 박아 고정하기도 한다. 또는 장부를 역사다리 형태의 주먹장으로 만들어 결구하기도 하는데 이를 **주먹장맞춤*****이라고 한다. 주먹장맞춤은 기둥과 인방재에는 사용하기 어렵고 주로 기둥머리나 수평재끼리의 맞춤에 사용한다. 기둥 사갈에 창방이나 도리, 장혀를 결구할 때 가장 많이 사용하는 것이 주먹장맞춤이다. 또 보 옆에 장혀를 맞출 때나 장혀나 살미, 첨차 등이 측면에서 만날 때 많이 사용한다. 부재의 두께가 다르거나 밑으로 빠지는 것을 방지하기 위해 하단에 걸침턱이 있는 주먹장을 **턱걸이주먹장부맞춤**이라고 한다. 또 도리나 보에 충량 등을 걸 때는 상부에 걸침턱인 두겁을 두게 되는데 이를 **두겁주먹장******이라고 한다. 충량이 대들보 위에 올라탈 때 **통넣고주먹장**으로 하여 밑으로 빠지는 것을 방지할 수도 있지만 두겁주먹장으로 하여

* 외장부맞춤(oejangbumajchum) exposed single mortise-and-tenon joint

** 통장부맞춤(tongjangbumajchum) insert joint

*** 주먹장맞춤(jumeogjangmajchum) dovetail joint

**** 두겁주먹장(dugeobjumeogjang) dovetail lap joint

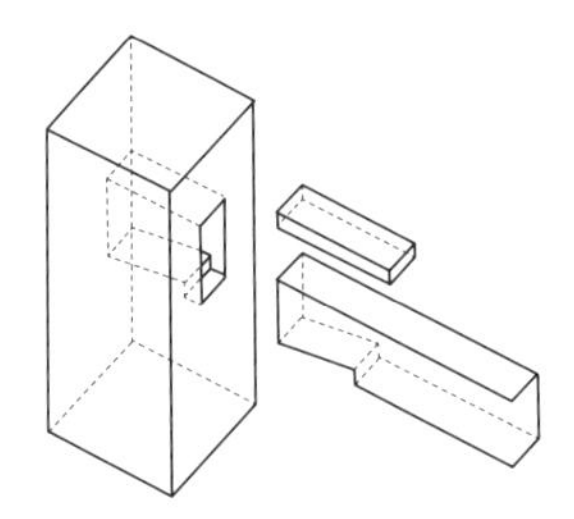

갈퀴맞춤
Insert–and–slide Joint with a Wedge

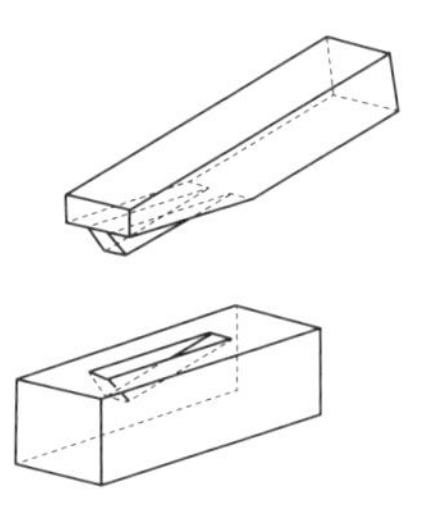

흘림장부맞춤
Angled Mortise–and–tenon Joint

빗장부맞춤
Twin Mortise–and–tenon Joint

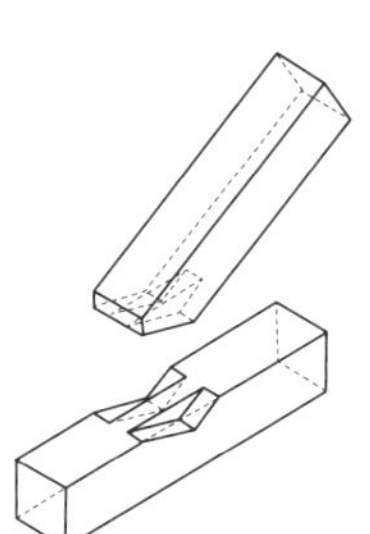

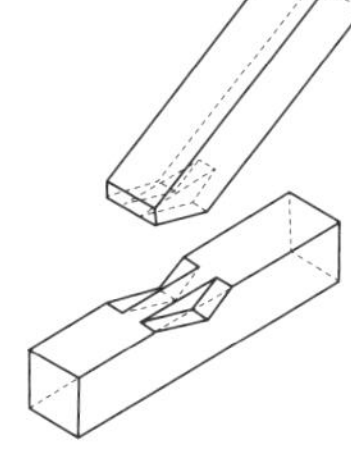

안장맞춤
Angled Double Mortise–and–tenon Joint

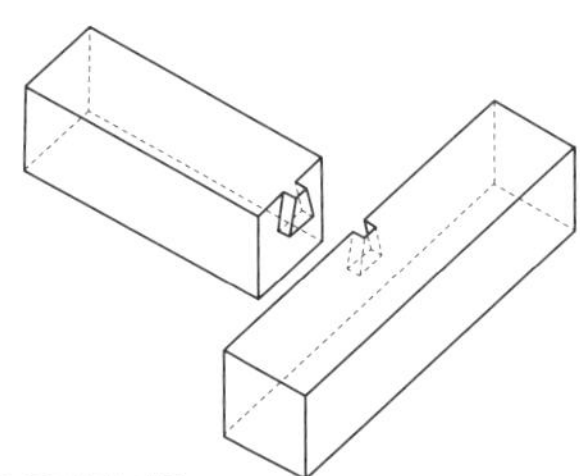

턱솔주먹장맞춤
Perpendicular Dovetail Joint

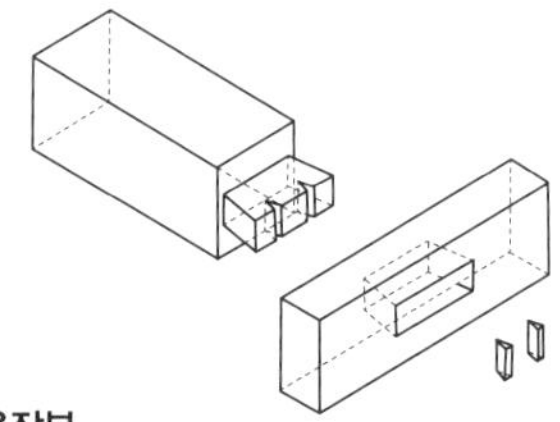

지옥장부
Wedged Mortise–and–tenon Joint

같은 효과를 줄 수도 있다. 또 민도리집에서 기둥머리에서 맞춰지는 도리를 보보다 약간 높이려 할 때 두겁주먹장으로 하는 경우가 많다.

통장부의 일종인데 장부가 빠지는 것을 방지하기 위해 통장부 홈에 일정 정도 유격을 두고 암장부 한쪽과 숫장부 일부분에만 주먹장을 두어 통넣고 내려 맞춘 다음 상부에 쐐기를 박아 고정한 것을 **내리주먹장맞춤***이라고 한다. 뺄목과 산지를 사용하지 않고 부재가 빠지지 않도록 하는 맞춤법이다. 다락의 상인방에 헛기둥을 맞출 때에도 이러한 맞춤법을 사용한다. 또 쪽마루 동귀틀을 기둥에 연결할 때 많이 쓰이는 맞춤법이다. 같은 원리로 장부구멍과 장부 하단에 반쪽 주먹장 모양으로 빗턱을 두고 통넣고 내려눌러 맞춘 다음 상부에서 산지를 박아 고정하는 **갈퀴맞춤**이 있다. 사례가 흔하지 않은 맞춤법이다. 이외에 인(人)자대공이나 소슬합장 등의 경사진 부재에 사용하는 **흘림장부맞춤**, **빗장부맞춤**, **안장맞춤** 등이 있다. 장부의 모양이 특수한 것으로는 십자모양의 **턱솔장부맞춤**이 있고 메뚜기 머리 모양의 **메뚜기장부맞춤**이 있다. 또 **지옥장부맞춤****은 장부에 단면이 삼각형으로 생긴 쐐기를 박아 장부가 밀려들어 가면 반대로 쐐기가 장부 쪽으로 밀려 들어와 장부의 폭을 넓혀주어 장부와 장부구멍이 단단하게 결속되는 맞춤법이다. 건축 구조재보다는 수장이나 가구재 등에 많이 이용되는 맞춤법이다.

* 내리주먹장맞춤(naelijumeogjangmajchum) insert-and-slide dovetail joint

** 지옥장부맞춤(jiogjangbumajchum) wedged mortise-and-tenon joint

teogmajchum

턱맞춤

Shoulder Joint

수평부재가 서로 교차될 경우에는 턱맞춤을 많이 사용한다. 가장 기본적인 것이 **반턱맞춤***이다. 부재 두께의 반씩을 걷어내 맞대어 맞춤하는 것을 말한다. 이때 반턱이 위로 열려있는 부재를 **받을장****이라고 하고 아래로 열려있는 부재를 **업힐장*****이라고 한다. 업힐장과 받을장은 부재에 전달되는 응력의 위치를 고려하여 결정한다. 평방 모서리 맞춤과 공포의 첨차와 살미의 맞춤에서 가장 흔하게 사용되는 맞춤법이다. 보통은 첨차는 받을장으로 하고 살미는 업힐장으로 한다. 기둥머리 사개맞춤에서 창방과 익공도 반턱맞춤으로 결구된다. 모서리에서 도리의 맞춤도 반턱을 기본으로 한 **반턱연귀맞춤******이다. 이렇듯 반턱맞춤은 맞춤의 기본이 되며 매우 많이 사용되는 맞춤법이다.

평방의 모서리 맞춤에서는 반턱이 아닌 장부맞춤이 사용된 사례도 있다. 평방의 한쪽은 외장부, 한쪽은 쌍장부로 하여 연결하는 맞춤법이다. 이를 **트인장부맞춤**이라고 하는데 빼목이 만들어지지 않는 고대의 평방맞춤에서 보인다. 일본 나라의 호키지 3층탑 평방에서 볼 수 있다. 한국에서는 남아있지 않은 고대의 맞춤법으로 빼목이 발생한 이후에는 반턱맞춤으로 바뀐 것으로 추정할 수 있다. 빼목이 없을 경우 평방이 벌어지는 단점이 있다. 평방 모서리는 때로는 반턱연귀맞춤으로 하기도 한다.

세 개의 부재가 같은 높이에서 결구될 경우는 부재의 춤을 1/3씩 덜어내 결구하는 **삼분턱맞춤**이 사용된다. 주로 귀포에서 귀한대와 좌우대가 만날 때 사용되었다. 또 두 부재의 높이 차이가 있을 경우 밀림 정도만을 방지하기 위해 안장을 만들어 올리는 맞춤법이 있다. 턱이 양쪽에 있으면 **양턱**

* 반턱맞춤(banteogmajchum) half-lap joint
** 받을장(badeuljang) lower part of half-lap joint
*** 업힐장(eobhiljang) upper part of half-lap joint
**** 반턱연귀맞춤(banteogyeongwimajchum) cross lap joint

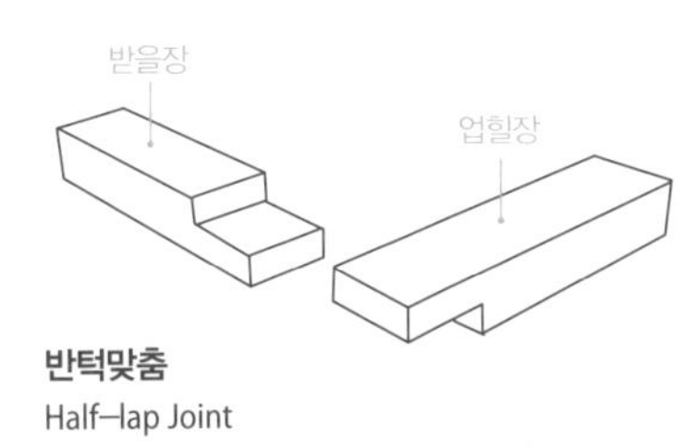

반턱맞춤
Half–lap Joint

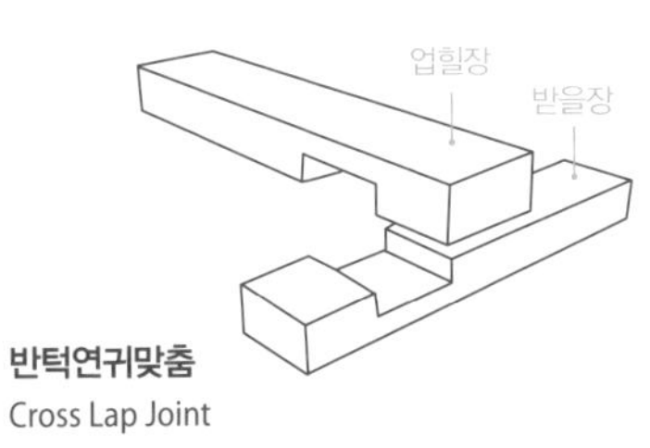

반턱연귀맞춤
Cross Lap Joint

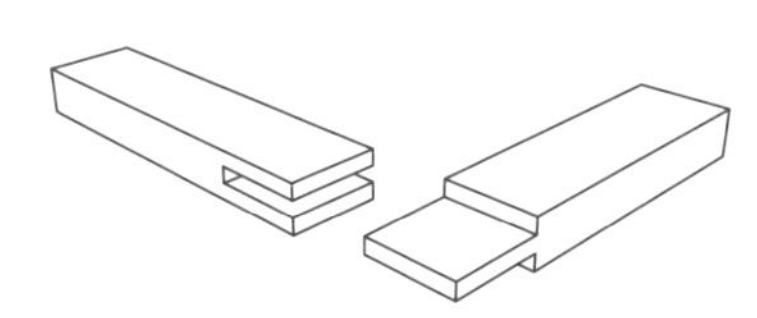

평방의 반턱맞춤 율곡사 대웅전 평방
Half–lap Joint of Bracket Set Supporting Beam

살미의 업힐장 법주사 대웅전 살미
Upper Part of Half–lap Joint of Cantilever Bracket Arm

트인장부맞춤
Bridle Joint

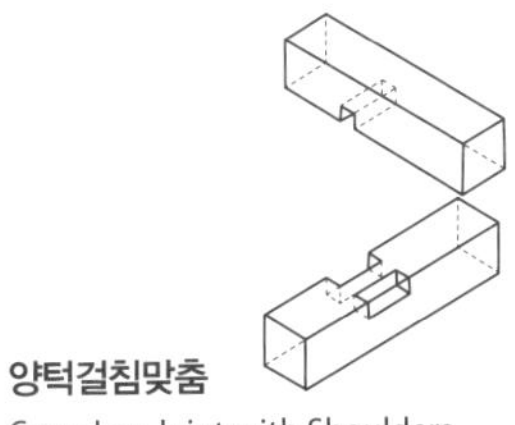

트인장부맞춤 일본 호키지(法起寺) 목탑

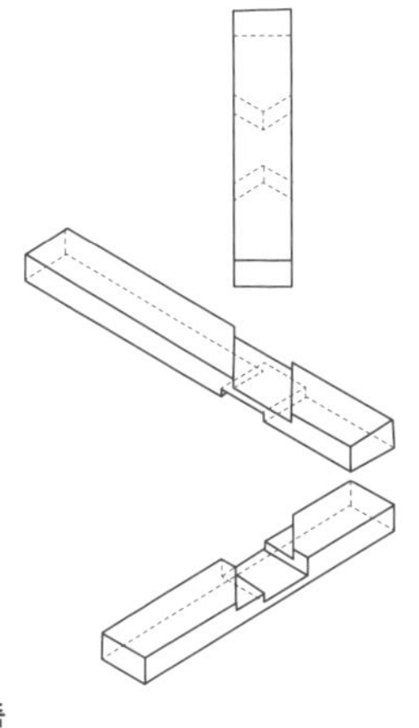

삼분턱맞춤
Three–way Lap Joint

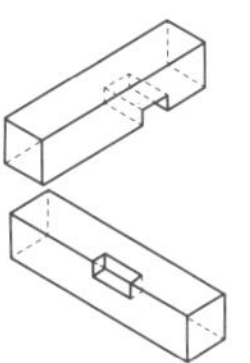

양턱걸침맞춤
Cross Lap Joint with Shoulders

외턱걸침맞춤
Cross Lap Joint with a Single Shoulder

이음과 맞춤

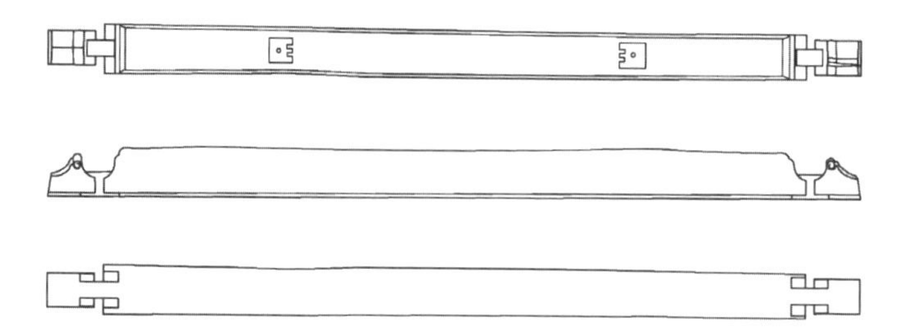

숭어턱맞춤
Mullet–fish Head Shape Joint

보머리 숭어턱맞춤 법주사 대웅전
Mullet–fish Head Shape Joint of Beam Head

걸침이고 한쪽에만 있으면 **외턱걸침**이다. 조선시대 건축에서는 보에 턱걸침을 만들고 양쪽 도리에 두겁을 두어 결구하는 **숭어턱맞춤***이 많이 사용되었다. 가장 오래된 건축으로는 강릉 임영관 삼문 및 아산 맹씨행단의 사례가 있고 경복궁 근정전, 제주 관덕정을 포함해 많은 건물에 사례가 있다.

* 숭어턱맞춤(sung-eoteogmajchum) mullet–fish head shape joint

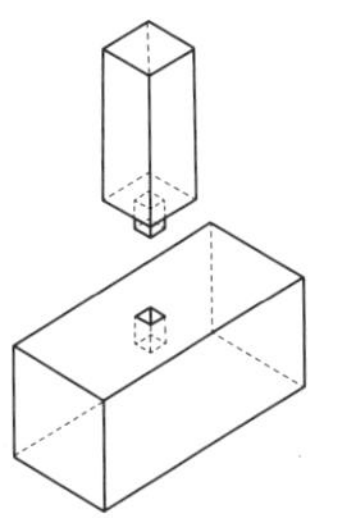

제혀촉맞춤
Wedge-mortise and-tenon

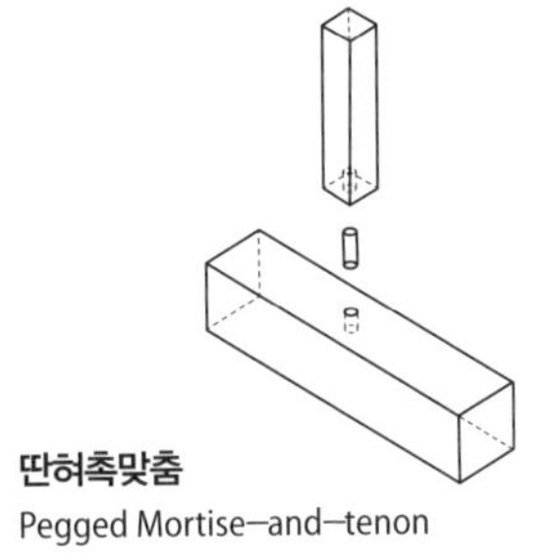

딴혀촉맞춤
Pegged Mortise–and–tenon

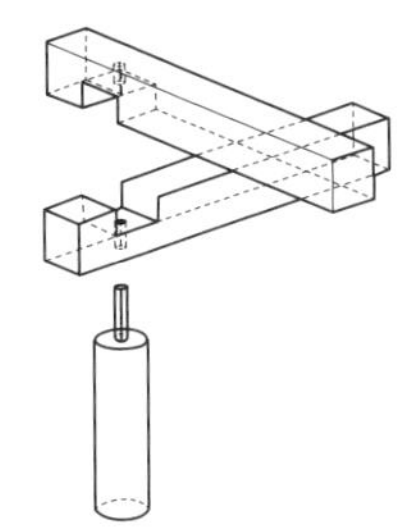

상투걸이맞춤
Post and Beam Joint with Tenon

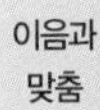

sangtugeol-imajchum
상투걸이맞춤
Post and Beam Joint with Tenon

부재를 촉(산지)을 이용해 맞추는 것을 **촉맞춤**이라고 한다. 주두나 소로를 앉힐 때 많이 사용하며 동자주와 보가 결구될 때도 쓰인다. 촉은 별도 부재로 만들 수도 있지만 모 부재를 깎아 촉을 만들어 맞춤하는 경우는 **제혀촉맞춤**이라고 한다. 제혀촉맞춤의 하나로 기둥머리에 촉의 모양을 상투처럼 만들고 여기에 보와 도리를 꽂아 맞춤하는 방식이 있는데 이를 **상투걸이맞춤***이라고 한다. 상투걸이맞춤은 고대 원시움집에서부터 사용되었을 것으로 추정되지만 지금은 거의 사라져 찾아보기 어렵다. 경주향교 삼문에서 볼 수 있으며 서민들의 살림집이나 헛간, 부속채 등에서 가끔 사례를 볼 수 있다.

* 상투걸이맞춤(sangtugeol-imajchum) post and beam joint with tenon

연귀장부맞춤 선암사 대웅전
Mitered Mortise-and-tenon Joint

연귀장부맞춤

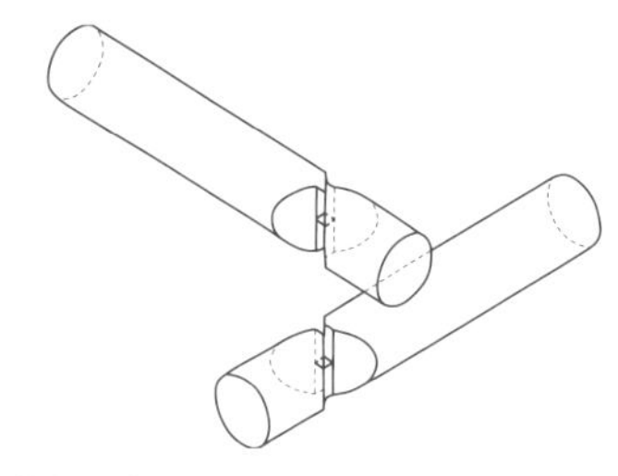

반턱연귀맞춤
Cross Lap Joint

yeongwimajchum
연귀맞춤
Miter Joint

액자 틀과 같이 모서리를 45도로 맞추는 것을 말한다. 연귀맞춤은 주로 문얼굴에서 사용한다. 말구를 45도로 잘라 맞댄 것을 **맞댄연귀맞춤**이라고 하는데 벌어지는 것을 방지하기 위해 산지를 사용한다. 하지만 연귀맞춤에서는 별도로 산지를 사용할 경우는 결구가 약하기 때문에 장부맞춤을 겸하는 경우가 많다. 이를 **연귀장부맞춤**이라고 한다. 또 반턱으로 하여 한쪽만 연귀를 둔 **반연귀맞춤**이 있는데 이 경우 결구가 벌어지는 것을 방지할 수 없어서 장부맞춤과 겸하여 **반연귀장부맞춤***으로 하는 것이 일반적이다. 한국 창호에 가장 많이 사용하는 맞춤법이다. 이외에 바깥 쪽에만 일부 연귀를

* 반연귀장부맞춤(banyeongwijangbumajchum) tenon and miter joint

제비초리맞춤 양주 매곡리 고택
Swallow Tail Shape Joint

두는 **바깥연귀맞춤**이 있다. 머름동자의 경우는 머름상방과의 'T'자형 맞춤에서 연귀를 양쪽에 두어 '人'자 모양으로 보이도록 하는 맞춤법을 사용하는 데 이를 제비 꼬리처럼 생겼다고 하여 **제비초리맞춤***이라고 한다. 제비초리맞춤은 우리판문에서 중간 가로대가 양쪽 문얼굴과 만나는 부분에서도 사용된다.

* 제비초리맞춤(jebicholimajchum) swallow tail shape joint

jjogmae

Board Joint

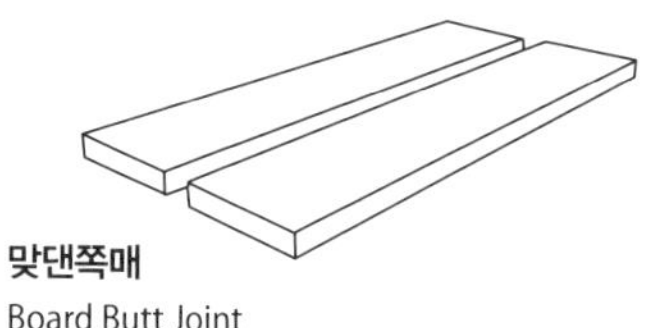

맞댄쪽매
Board Butt Joint

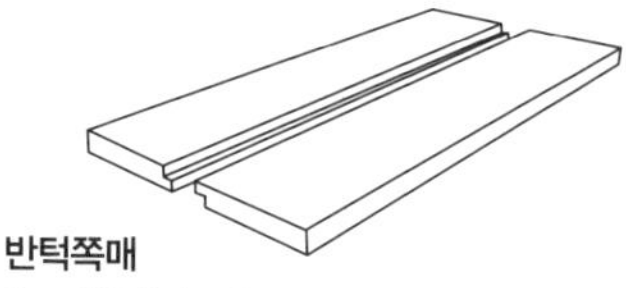

반턱쪽매
Board Half-lap Joint

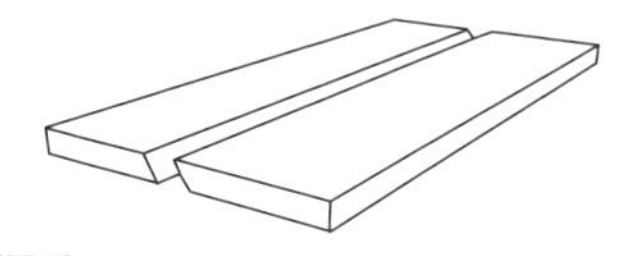

빗쪽매
Board Splayed Joint

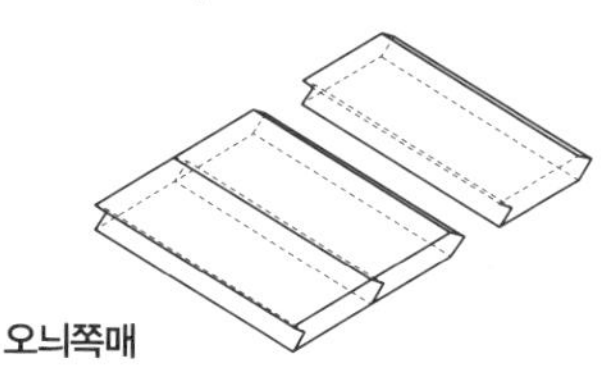

오늬쪽매
Board Slanted Tongue and Groove Joint

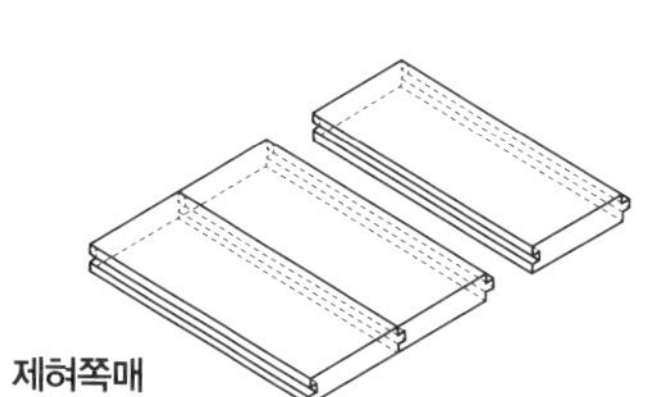

제혀쪽매
Board Tongue and Groove Joint

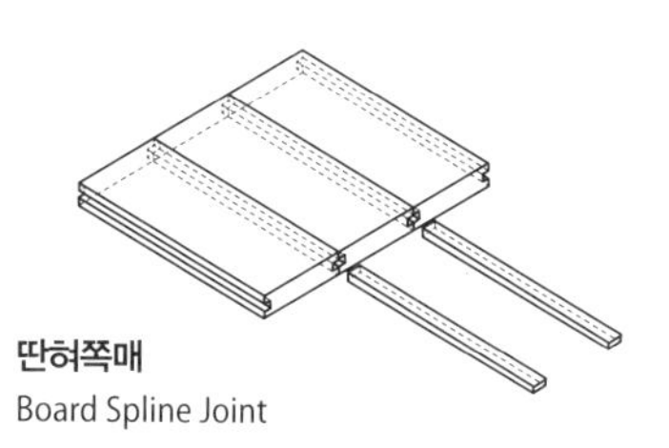

딴혀쪽매
Board Spline Joint

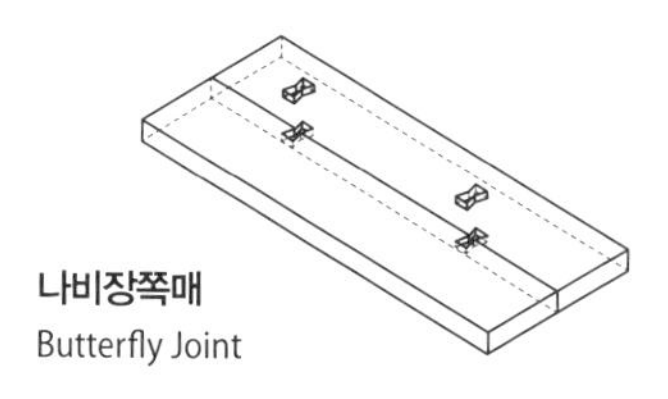

나비장쪽매
Butterfly Joint

거멀띠장쪽매
Board Exposed Dowel Joint

산지쪽매
Board Dowel Joint

쪽매는 얇은 판재를 연결하는 이음법을 부르는 명칭이다. 가장 단순한 것은 두 판을 그냥 맞대 놓는 것이다. 이를 **맞댄쪽매***라고 한다. 주로 빈지널 판벽을 만들 때 많이 사용되었다. 특수하게는 맞댄 면을 수직이 아닌 경사로 빗쳐서 맞대는 경우가 있는데 이를 **빗쪽매****라고 한다. 판재가 벌어져 틈새가 보이는 것을 어느 정도 막아준다. 그러나 맞댄쪽매는 틈새가 벌어지는 것을 방지할 수 없기 때문에 널의 옆을 두께의 반만큼 턱지게 깎고 서로 반턱이 겹치도록 잇는데 이것을 **반턱쪽매*****라고 한다. 역시 빈지널 판벽에 많이 쓰였다. **오늬쪽매**는 맞댄면이 '〈' 형태로 만나는 이음이다. 빈지널문 등에서 간혹 보인다.

제혀쪽매****는 맞댄 면이 암장부와 숫장부 모양의 요철형(凹凸形)으로 연결된 이음법이다. 고급스러운 쪽매 방식으로 현존하는 고건축에서는 찾아보기 어렵다. 현대식 마루널이 대부분 제혀쪽매 방식이다. **딴혀쪽매*******는 양쪽 빈지널을 모두 요(凹)형으로 만들고 별도로 방형 산지를 끼워 만든 이음법이다. 성문이나 궁궐문과 같이 두꺼운 판재를 사용한 판문에서 볼 수 있다.

나비장쪽매******는 맞댄쪽매에 입면상에서 나비장을 일정 간격으로 박아 판재가 벌어지지 않도록 한 것으로 널리 쓰이지 않는 방식이다. 또 대문이나 부엌문과 같은 판문은 판재 뒤에 띠장을 보내 고정하는데 보통은 광두정으로 고정한다. 하지만 판재의 변형이나 뒤틀림을 방지하기 위해 띠장과 판재를 주먹장으로 연결한 거멀띠장을 사용하는 경우가 있다. 이를 **거멀띠장쪽매*********라고 한다. 또 숭례문의 판문에서는 판재를 관통하는 산지구멍을 뚫어 판재 전체에 긴 산지를 꽂아 연결하는 **산지쪽매**********가 사용되었다.

* 맞댄쪽매(majdaenjjogmae) board butt joint
** 빗쪽매(bisjjogmae) board splayed joint
*** 반턱쪽매(banteogjjogmae) board half-lap joint
**** 제혀쪽매(jehyeojjogmae) board tongue and groove joint
***** 딴혀쪽매(ttanhyeojjogmae) board spline joint
****** 나비장쪽매(nabijangjjogmae) butterfly joint
******* 거멀띠장쪽매(geomeolttijangjjogmae) board exposed dowel joint
******** 산지쪽매(sanjijjogmae) board dowel joint

geonchug-yeonjang

건축연장

Tools

- yundopan
  윤도판 FengShui Compass
- ja
  자 Ruler
- meogtong
  먹통 Inkwell
- daepae
  대패 Plane
- tob
  톱 Saw
- jagwi
  자귀 Adze
- kkeul
  끌 Flat Chisel (Slot Chisel)
- jeong
  정 Point Chisel
- song-gos
  송곳 Gimlet

동호재 조각장

건축 장인은 분야별로 다양한데 가장 널리 알려진 장인은 나무를 다루는 목수이고 다음이 돌을 다루는 석수이다. 목수도 골격을 만드는 대목(大木)과 창호나 수장을 담당하는 소목(小木)으로 크게 나눌 수 있다. 더 세부적으로 나누면 나무를 자르거나 켜는 인거장, 기거장, 걸거장 등의 톱장이 따로 있고 소목 중에서도 조각을 전담하는 조각장이 따로 있다. 목공과 석공 이외에도 철을 다루는 야장, 흙을 다루는 니장(泥匠), 기와를 잇는 개장(蓋匠), 기와를 만드는 와장(瓦匠), 도배와 장판을 담당하는 도배장, 기계를 다루는 기계장, 가설을 담당하는 부계장(浮械匠), 온돌을 놓는 돌장(突匠), 사포를 다루는 마조장(磨造匠), 단청과 칠을 하는 도채장(塗彩匠) 등으로 다양하다. 그리고 이들이 쓰는 연장은 몇 가지 공통된 것을 제외하고는 모두 다르다. 또 조선시대 장인들은 자기가 쓰는 연장은 스스로 만들어 썼기 때문에 형태와 모양, 종류도 매우 다양하다. 그래서 여기서는 목조건축을 대표하는 목수가 쓰는 연장을 중심으로 정리하고자 한다. 목수가 쓰는 연장을 용도별로 정리하면 표와 같다.

기능분류	연장의 종류
터잡기 및 긋기 연장	윤도판(輪圖板), 먹통(墨筒, 墨桶), 자(尺), 그므개(畳引)
자르기 연장	톱(鋸), 작두(斫刀)
깎기 연장	대패(鉋), 훑이기(鋌), 자귀(錛), 까귀(副釿), 칼(刀), 도끼(斧)
파기 및 쪼기 연장	끌(鑿), 송곳(錐), 정(釘)
치기 및 다지기 연장	메(栘椺), 달고(達固)
갈기 연장	정(錠), 줄(鑢), 숫돌(礪石)
운반 연장	거중기(擧重器), 녹로(轆轤), 대차(大車), 평차(平車), 발차(發車), 동차(童車), 구판(駒板), 썰매(雪馬), 유형거(遊衡車), 지게(支架) 등

윤도 (국립민속박물관 소장)
FengShui Compass

yundopan
윤도판
FengShui Compass

집터를 잡거나 건물의 좌향(坐向)을 볼 때 사용하는 나침반이다. 가운데 자석으로 된 바늘이 돌아가게 되어 있고 그 외곽으로는 여러 개의 원이 그려져 있다. 여러 층의 원에는 방위를 나타내는 팔괘와 음양, 오행, 십간과 십이지 등이 조합을 이루고 있어서 풍수에 따른 양택과 음택의 방위를 볼 수 있도록 했다.

ja
자
Ruler

길이를 재는 연장이다. 자(尺)는 주로 전나무, 대나무로 만든 **나무자**(木尺)와 삼줄을 꼬아 만든 **줄자**(繩尺)로 나눌 수 있다.

자는 또 모양과 쓰임에 따라 여러 종류가 있다. 목수가 가장 흔하게 쓰는 것은 **기역자자** 혹은 **곡자**(曲尺)*로 'ㄱ'자 모양으로 생겼으며 **곱자** 또는 **곱은자**라고도 한다. 길이가 긴 쪽을 **장수**, 짧은 쪽을 **단수**라고 하며 목재 치목

* 곡자(gognja) square ruler

지금의 곡자 동호재 공사
Square Ruler

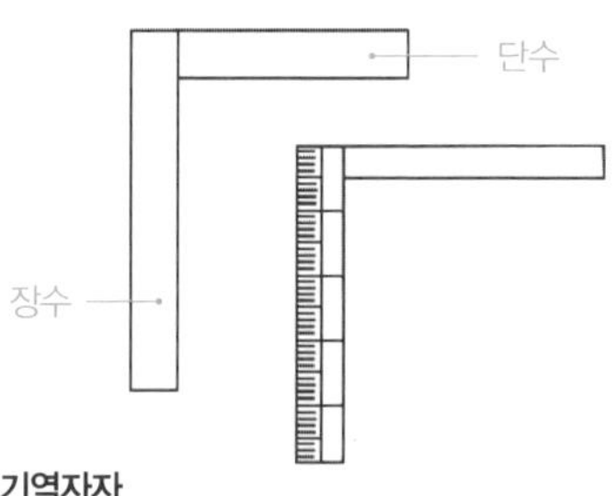

기역자자
L Shape Ruler

연귀자 (이광복 도편수 소장)
Triangle Ruler

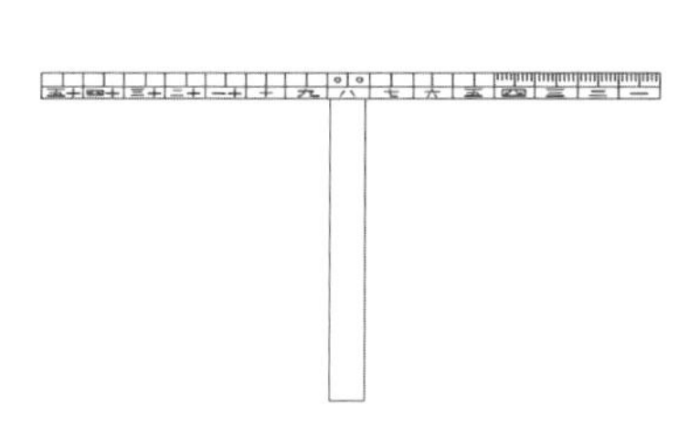

정자자
T Shape Ruler

연귀자 (이광복 도편수 소장)

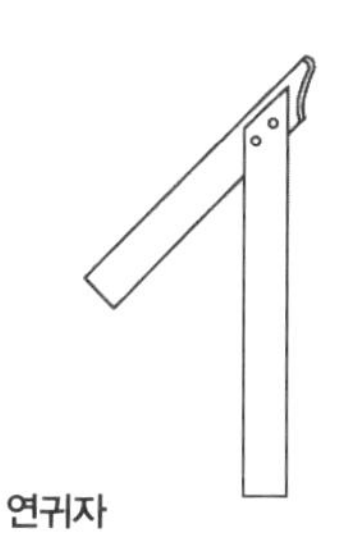

연귀자

에 주로 사용한다. **가늠자**(矩)*는 곡자 중에서 눈금 없는 것으로 다만 직각을 볼 때 사용한다. 이와 비슷하지만 직각도 보고 수직도 볼 수 있는 '丁'자형의 자를 **정자자**(丁字尺)**라고 한다. 창틀이나 문틀 모서리는 연귀맞춤을

* 가늠자(ganeumja) square ruler without measurment

** 정자자(jeongjaja) T shape ruler

그므개 (이광복 도편수 소장)
Slide Marking Ruler

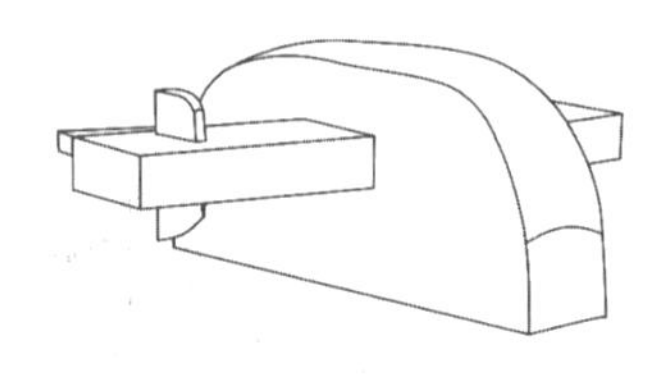

그므개

하기 때문에 직각이 아닌 45도, 30도 등의 예각을 사용한다. 이러한 예각을 잴 수 있는 자를 **연귀자**(緣歸尺, 燕口尺)*라고 하며 주로 소목이 사용한다. 건물 주간과 같이 길고 일정 간격으로 정해진 길이를 잴 때는 현장에서 나무자를 만들어 사용한다. 이를 **장척**(長尺, 杖尺)**이라고 한다. 경복궁 근정전을 해체했을 때 고종 당시 복원할 때 사용했던 장척이 나왔다.

특수한 자로는 그렝이를 뜰 때 사용하는 컴퍼스처럼 생긴 자가 있는데 이를 **그레자**라고 한다. 또 대패와 비슷하게 생겼는데 긋기 틀 중간에 구멍을 뚫어 가로대를 보내고 그 끝에 긋기 날을 달아 가로대를 좌우로 이동하면서 일정하게 간격을 표시할 수 있도록 만든 자가 있다. 이를 **그므개**(罫引)***라고 한다.

* 연귀자(yeongwija) triangle ruler

** 장척(jangcheog) on-site-made ruler

*** 그므개(geumeugae) slide marking ruler

먹통 (김창희 도편수 소장)
Inkwell

먹통 (이광복 도편수 소장)

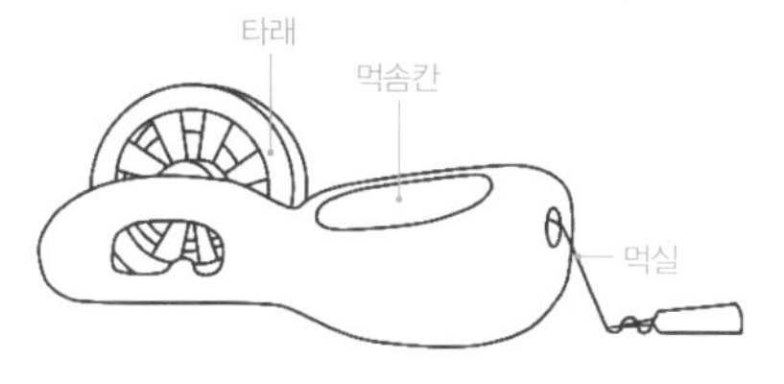

먹통 각부 명칭
Inkwell Detail

meogtong
먹통
Inkwell

치목할 먹선을 그리는 데 사용하는 연장이다. 목수 외에도 석수를 비롯한 많은 장인이 사용하는 기본 연장으로 공예품처럼 아름답게 만들었으며 모양이 다양하다. 모양은 달라도 기본 구성과 원리는 동일하다. 크게 두 부분으로 나뉘는데 한쪽은 먹줄을 감을 수 있는 타래가 설치되어 있고 다른 한쪽은 먹솜을 넣어두는 먹솜칸으로 구성되어 있다. 타래와 먹솜칸 사이에는 작은 구멍이 뚫려 있어서 먹실이 먹솜칸을 통과하면서 먹물이 묻어나와 먹선을 그릴 수 있는 것으로 먹실은 주로 명주실을 사용한다.

틀대패(단대패) (이광복 도편수 소장)
Wooden Hand Plane

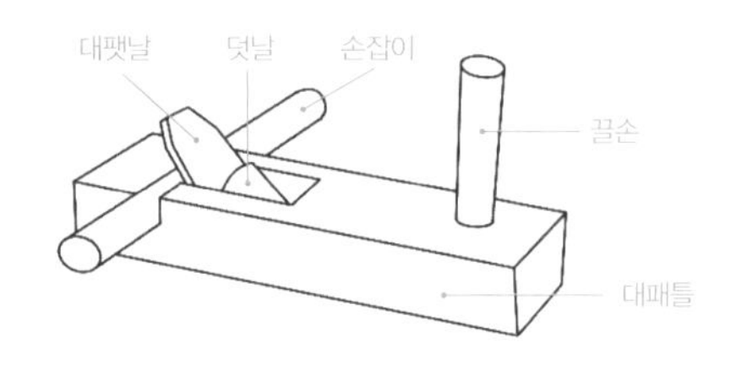

초련대패
Jointer Plane

daepae
대패
Plane

목재 면을 매끄럽게 다듬는 마감 연장이다. 지금과 같이 대팻집에 날을 끼워 사용하는 **틀대패***가 사용되기 이전에는 긴 자루 끝에 마치 인두와 같이 생긴 긴 날을 끼워 사용하는 **자루대패****가 쓰였다. 자루대패는 자루를 옆으로 잡고 밀거나 당기면서 대패질을 했기 때문에 숙련되어야 사용할 수 있다. 틀대패는 대팻집 가운데를 'V'자로 홈을 파고 **대팻날**과 대팻날을 고정하기 위한 **덧날**을 **덧날막이**에 의해 고정시킨 것이다. 대팻집 뒤쪽에는 날개처럼 가로로 대패자루를 만들고 앞쪽에는 한 손으로 잡을 수 있는 촉을 박아두는 데 이를 **끌손** 또는 **당길손**이라고 한다. 원래 한국 전통식 대패는 이런 모양의 대패로 대패 손잡이와 끌손을 잡고 바깥쪽으로 밀어 대패질하는 **밀대패**가 기본이었다. 그래서 옛날에는 **밀이**라고 하였다.

특수한 대패로는 창살이나 기둥 등의 모접기나 면접기에 사용하는 것으로 대패 바닥을 턱지게 만든 **변탕(邊鐋)대패**, 미닫이 문틀의 홈이나 빈지널벽의 홈을 팔 때 사용하는 **개탕(開鐋, 介鐋)대패** 등이 있다. 선자연 등 곡선

* 틀대패(teuldaepae) wooden hand plane
** 자루대패(jaludaepae) plane with handle

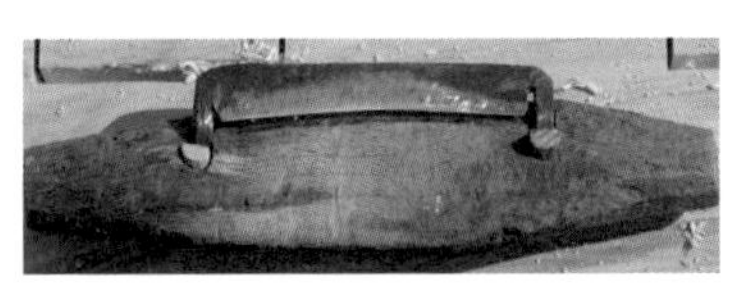

훑이기(등밀이) (이광복 도편수 소장)
Spokeshave

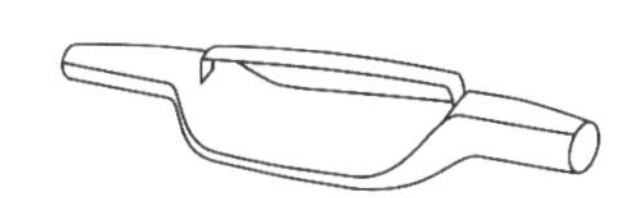

훑이기

개탕대패 (관동대박물관 소장)
Grooving Plane

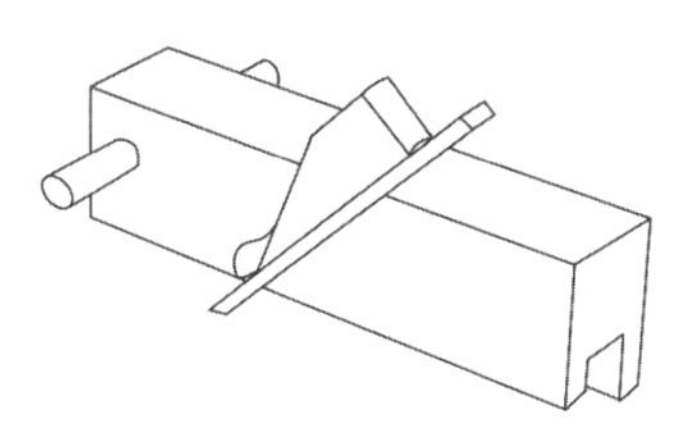

개탕대패

뒤접대패(배대패) (이광복 도편수 소장)
Round Bottom Plane

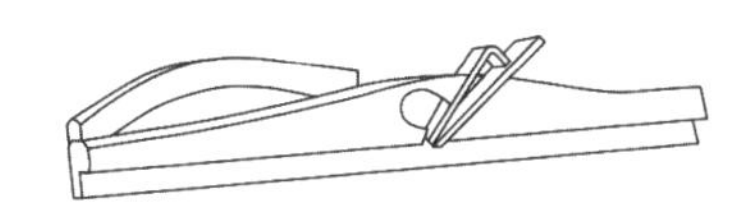

변탕대패
Rabbet Plane

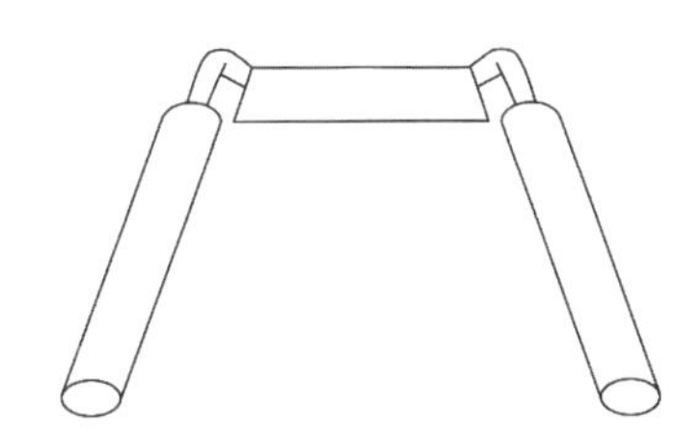

깎낫
Draw Knife

부재의 대패질을 위해서는 대패 자루가 옆으로 길고 폭이 좁은 것을 사용하는데 이를 **훑이기**라고 한다. 대패는 아니지만 목재의 껍질 등을 벗길 때 낫 양쪽에 'ㄷ'자 모양으로 자루를 박은 연장을 사용하는데 이를 **깎낫**이라고 한다.

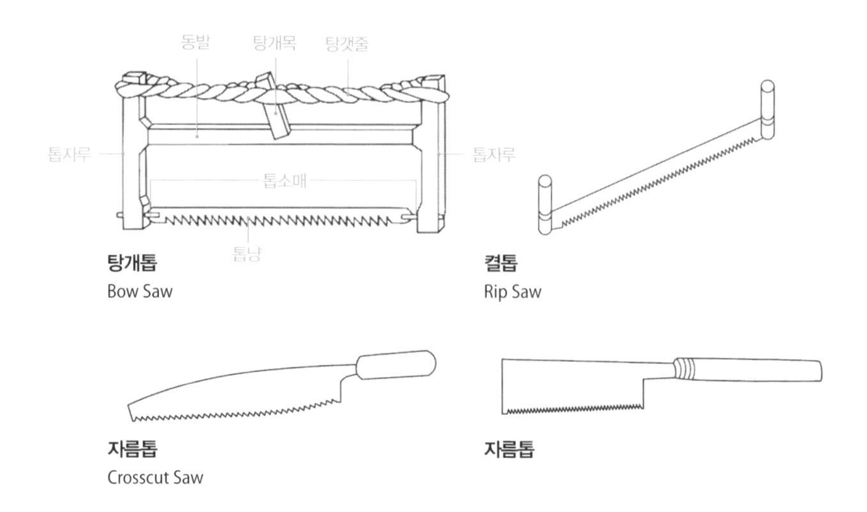

탕개톱
Bow Saw

켤톱
Rip Saw

자름톱
Crosscut Saw

자름톱

tob
톱
Saw

나무를 자르거나 켤 때 사용하는 연장이다. 나무는 결이 있어서 **켤톱**(引鋸)* 과 **자름톱**(斷鋸)**을 구분해 사용한다. 크기에 따라 **대톱**(大鋸), **중톱**(中鋸), **소톱**(小鋸)이 있다. 한국에서 켤톱으로는 두 사람이 사용하는 **탕개톱*****이 주로 사용되었다. 탕개톱은 톱날을 팽팽하게 당길 수 있는 탕갯줄이 사용된 톱이라는 의미이다. 먼저 양쪽에 톱자루를 세워 대고 가운데 동발이라는 가로목을 건너질러 'H'자 모양의 틀을 만든다. 그리고 아래쪽에는 톱냥을 톱소매에 걸고, 대칭으로 위쪽에는 탕갯줄을 건다. 탕갯줄은 탕개목에 의해 조여져 동발에 걸리게 한다. 이렇게 하면 저울대의 원리에 의해서 톱날이 팽팽하게 조여진다. 톱자루로는 참나무가 많이 쓰이며 동발은 압축력에 강한 참나무와 대나무가 쓰인다. 탕갯줄은 삼나무나 말총 등을 사용했다. 이외에도《영건의궤》에는 **인거**(引鋸), **걸거**(乬鋸), **기거**(岐鋸) 등의 톱 이름이 나온다.

* 켤톱(kyeoltob) rip saw

** 자름톱(jaleumtob) crosscut saw

*** 탕개톱(tanggaetob) bow saw

대자귀 (관동대박물관 소장)
Two Hand Large Adze

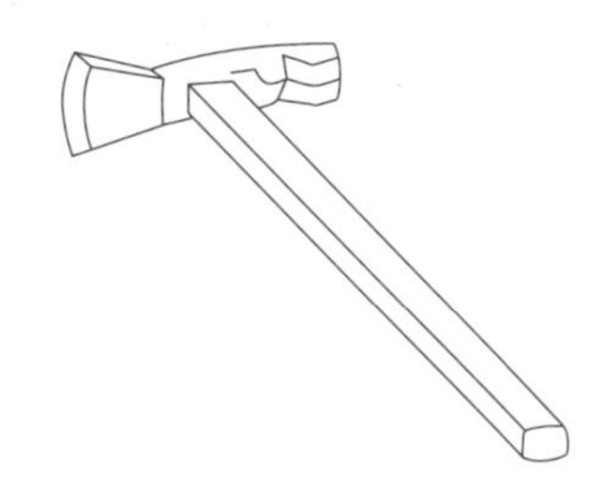

중자귀
Mid-size Adze

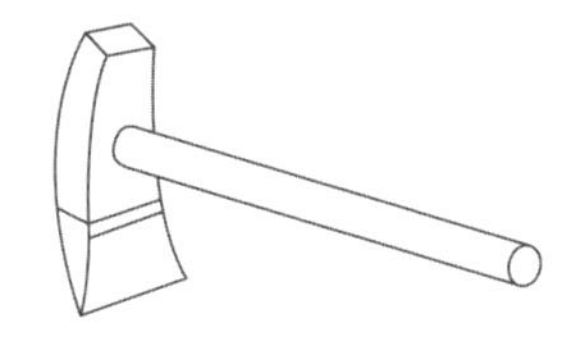

손자귀
Hand Adze

jagwi
자귀
Adze

목재를 찍어서 깎고 다듬는 연장이다. 도끼와 비슷하지만 도끼는 날과 평행하게 자루가 박히지만 자귀는 날과 수직으로 자루가 박히는 것이 다르다. 도끼는 목재를 거칠게 자르고 쪼개거나 다듬을 때 사용하지만 자귀는 정밀하게 표면을 마감할 때 사용했다. 대패가 나오기 이전에는 자귀로 마감을 대신했다. 자귀는 숙련이 필요하며 크기에 따라 **대자귀**(大錛)* 와 **손자귀**(手錛)** 로 나눌 수 있다. 대자귀는 서서 두 손으로 목재를 깎거나 바심질할 때 사용하며 서서 깎는다고 하여 **선자귀**라고도 한다. 손자귀는 한 손으로 사용할 수 있는 것으로 작고 세밀한 곳을 가공할 때 쓴다. **소자귀**라고도 하며 개와장이 연함을 깎을 때도 이 손자귀를 사용한다.

* 대자귀(daejagwi) two hand large adze

** 손자귀(sonjagwi) hand adze

초새김 끌질 동호재 공사
Carving with Chisels

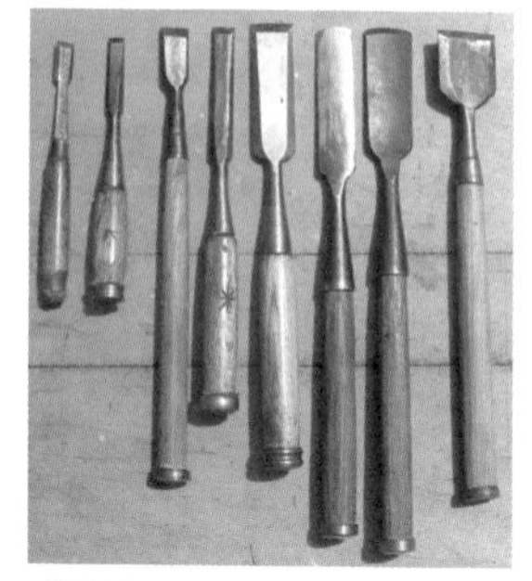

각종 끌 (이광복 도편수 소장)
Flat Chisel (Slot Chisel)

kkeul

끌
Flat Chisel (Slot Chiesel)

이음과 맞춤을 위해 구멍을 뚫고 장부를 만들 때 사용하는 연장이다. 좁고 긴 쇠봉의 한쪽 끝은 날을 세우고 반대쪽 머리는 망치로 때려 사용할 수 있도록 한 것이다. 다른 말로는 **주리**라고도 한다. 끌은 날의 폭과 모양에 따라 다양하며 목수가 직접 용도에 맞게 만들어 쓰는 것이 일반적이었다. 한국 전통 끌은 통쇠로 만들어진 것이었으며 나무자루가 달린 끌은 일본에서 들어온 것이다. 통쇠 끌은 주로 나무망치로 두드린다.

정
Point Chisel

도드락망치
Pattern Texturing Hammer

지렛대
Lever

jeong

정
Point Chisel

정(釘)은 통쇠의 끝부분을 뾰족하게 만든 것으로 목수보다는 석수가 돌을 다듬을 때 주로 사용했으며 마감 정도에 따라 굵기가 다양했다. 특수한 정으로는 끝이 뾰족하지 않고 방형의 쇠망치 머리에 작은 돌기가 일정 간격으로 바둑판처럼 나 있는 **도드락망치**(鐵椎)* 가 있다. 돌 마감 면을 좀더 곱게 다듬기 위해 사용했으며 도드락망치는 돌기의 크기에 따라서 마감 면의 곱기 정도가 결정된다. 돌은 또 무겁기 때문에 조금씩 움직이기 위한 연장으로 **지렛대**(千金鐵)** 가 사용되었다.

* 도드락망치(dodeulagmangchi) pattern texturing hammer

** 지렛대(jilesdae) lever

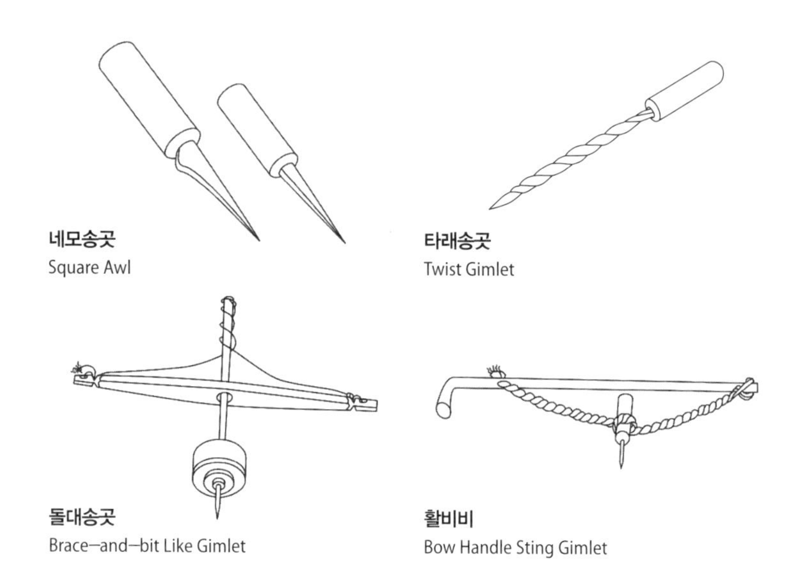

네모송곳
Square Awl

타래송곳
Twist Gimlet

돌대송곳
Brace–and–bit Like Gimlet

활비비
Bow Handle Sting Gimlet

song-gos
송곳
Gimlet

구멍을 뚫을 때 사용하는 연장이다. 쇠로 된 날과 나무로 된 자루로 구성된다. 작은 것은 뾰족한 날 반대쪽에 자루를 박아 사용하며 날 모양에 따라 **네모송곳**, **세모송곳**, **타래송곳**이 있다. 타래송곳은 네모송곳을 꽈배기처럼 꼰 송곳을 가리킨다. 자루를 돌리면서 사용하는 것으로 비교적 큰 구멍을 뚫을 때 쓰인다. 활시위처럼 생긴 손잡이에 줄을 걸고 줄 중간에 송곳을 달아 줄을 밀고 당기면 송곳이 돌아가도록 한 것이 있는데 이를 **활비비***라고 한다. 또 활비비와 비슷하나 가로 방향의 **쇠목** 중간에 구멍을 뚫어 수직으로 송곳을 관통시키고 송곳 아래에는 송곳추를 달아 추의 원심력으로 구멍을 뚫는다. 이를 **돌대송곳****이라고 하는데 송곳 꼭대기에는 쇠목 양쪽으로

* 활비비(hwalbibi) bow handle sting gimlet

** 돌대송곳(doldaesonggos) brace–and–bit like gimlet

연결된 끈이 있어서 추가 회전하면 실이 꽈졌다 풀어졌다 하면서 구멍을 뚫는다. 돌대송곳은 추의 원심력을 이용하는 것이기 때문에 활비비에 비해 힘이 덜 든다.

dam

담
Outer Walls

- sagoseogdam
  사고석담 Cube Stone Wall
- kkochdam
  꽃담 Floral Pattern Brick Wall
- wapyeondam
  와편담 Roof Tile Wall
- doldam
  돌담 Stone Wall
- todam
  토담 Earthen Wall
- jugdam
  죽담 Earth-bond Stone Walll
- saeng-ul
  생울 Plant Screen
- ssaliul
  싸리울 Bush Clover Screen
- bajaul
  바자울 Weaved Screen
- panjang
  판장 Wooden Board Fence
- chwibyeong
  취병 Plant Screen with Frame
- naeoedam
  내외담 Privacy Wall
- naedam, saesdam
  내담과 샛담 Inner Wall and Wall in-between Space
- gogdam
  곡담 Tomb Surrounding Wall
- yu
  유 State Deities Altar Surrounding Wall

나주 계은고택

담은 개인 생활을 보호하는 방어적 개념의 울타리로 방음과 방화, 시선 차단 등의 역할을 한다. 성곽의 성벽은 방어 개념의 울타리로 처음에는 간단한 목책(木柵)으로부터 출발하여 석축 성벽으로 발전하였다. 개인 살림집의 울타리는 방어 개념보다는 경계를 구분 짓거나 시선을 차단하여 개인 생활을 보호하는 목적이 더 강하다고 할 수 있다. 이를 담(墻)이라고 하며 담은 재료와 모양, 쌓기법 등이 매우 다양하다. 한국의 담은 성곽이나 궁궐을 제외하고는 사람 키를 넘는 경우가 드물며 경계를 구분 짓는 정도로 소담하고 정감 있게 만들었다. 담의 종류는 담을 쌓는 재료와 담의 성격에 따라 분류할 수 있다.

담은 순우리말이고 한자로는 장(墻)이라고 쓴다. 《의궤》에서는 장원(墻垣)이라고도 썼다. 또 꽃담을 **화초장(花草墻)**, 판재로 만든 담을 **판장(板墻)**, 틀을 짜서 식물 덩굴을 올린 담을 **취병(翠屛)**이라고 하였다.

사고석담 종묘 정전
Cube Stone Wall

사고석담과 꽃담
창덕궁 낙선재
Cube Stone Wall and
Floral Pattern Brick Wall

sagoseogdam
사고석담
Cube Stone Wall

사고석담은 **사괴석담**으로부터 온 말이며 사괴석(四塊石)으로 쌓은 담을 의미한다. 괴석(塊石)이란 방형으로 가공된 돌을 말하는데 **사괴석***은 한 변이 5~6치(약 15~18cm)가량 되는 정방형 돌로 한 사람이 네 덩이를 들 수 있는 정도의 돌이라는 의미이다. 한 사람이 두 개를 들 수 있는 정도의 괴석은 **이괴석**(二塊石)**이라고 부른다. 괴석을 한 사람이 들 수 있는 크기로 규정한 것은 재료의 운송과 관련하여 표준화와 규격화를 꾀한 것으로 조선 후기에 나타나는 근대건축적 성향을 반영한 것이다.

사고석담은 사괴석을 벽돌 쌓듯이 쌓은 것으로 줄눈은 대개 밖으로 튀어나온 **내민줄눈**으로 한다. 사고석담은 궁궐이나 부유한 살림집에서 사용하였는데 덕수궁 돌담길이 유명하다. 사고석담은 보통 맨 하단에 장대석을 2~3단 놓고 사괴석을 쌓는데 이를 지대석이라고 한다. 때로는 맨 윗단 몇 단은 벽돌로 쌓아 전체적으로 시각적인 안정감을 주기도 한다. 그리고 담 위에는 기와를 얹는데 궁궐에서는 서까래를 걸어 목조건물과 같은 방식으로 지붕을 만들어 격식을 높이기도 한다.

* 사괴석(sagoeseog) cube stone

** 이괴석(e-goeseog) large cube stone

꽃담 창덕궁 낙선재
Floral Pattern Brick Wall

꽃담 경복궁 자경전

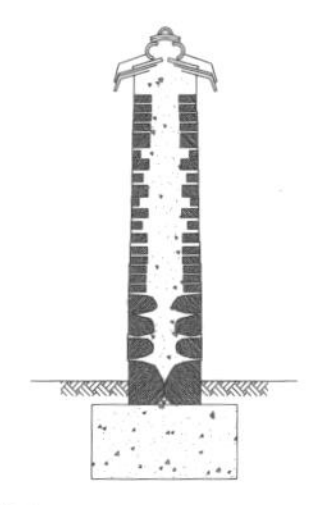

꽃담

kkochdam
꽃담
Floral Pattern Brick Wall

꽃담은 화장벽돌을 이용해 각종 문양을 베풀어 쌓은 담으로 **화초장**(花草墻)이라고도 한다. 경복궁 자경전은 신정왕후를 위해 지은 여성 전용공간으로 꽃담으로 매우 유명하다. 하단에는 사괴석을 몇 단 놓고 화장벽돌로 문양을 연출했는데 무시무종 무늬를 비롯해 수복강녕을 의미하는 문자 무늬, 장수를 뜻하는 귀갑무늬가 있고 목단을 비롯한 각종 꽃을 별도로 화판에 새겨 넣기도 하였다. 창덕궁 낙선재에도 꽃담이 있다. 이처럼 꽃담은 주로 여성들이 기거하는 공간에서 흔하게 볼 수 있다. 창덕궁 상량정과 승화루 사이 꽃담에는 벽돌로 만든 동그란 **월문**(月門)까지 설치하여 화려함의 극치를 보여준다.

민간에서는 화장벽돌을 이용해 꽃담을 만드는 것은 찾아볼 수 없고 기와편을 이용해 소박한 문양을 연출하는 정도이다. 하지만 괴산의 김항묵 고택에서는 안행랑에 붉은 벽돌과 검은 벽돌을 사용해 마치 궁궐 꽃담과 같이 만든 사례도 볼 수 있다.

와편담 경주 독락당
Roof Tile Wall

와편담 백양사

영롱장 화성 동장대
Patterned Roof Tile Wall

영롱장 《화성성역의궤》

wapyeondam
와편담
Roof Tile Wall

와편담은 기와와 흙을 섞어 쌓은 담장이다. 한국에서는 습기 때문에 흙만으로 담장을 쌓으면 약해서 대개 와편이나 돌 등을 섞어 쌓는다. 와편담에 쓰이는 기와는 대개 헌 기와로 온장을 쓰기보다는 반 정도 갈라 사용한다. 수키와와 암키와를 적절히 혼합하면 꽃담에 버금가는 다양한 문양을 만들어낼 수 있으며 소박하지만 화려한 연출이 가능하다. 양반들의 살림집과 사찰 등에서 주로 사용했지만 요즘은 매우 널리 사용되고 있다.

수원화성 동장대 뒤에는 흙을 채우지 않고 수키와를 엎어 놓고 바로 놓고 하면서 입체적인 문양을 연출한 치장담장을 쌓았는데 이를 **영롱장**(玲瓏墻)이라고 한다. 영롱장은 수원화성에서만 보이는 와편담장의 일종이다.

돌담 영광 불갑사
Stone Wall

돌담 순천 낙안읍성

돌담 순천 선암사

돌담 외암 민속마을

돌담 고성 왕곡마을

밭담 제주 우도
Sparse Stone Wall

doldam
돌담
Stone Wall

돌담은 자연석만으로 쌓은 담장을 말하며 **돌각담**이라고도 하는데 공기 유통과 배수가 자유로워 동결에 의한 변형이 드문 담장이다. 예전에는 서민들의 살림집 담장 대부분이 주변에서 돌을 주워 쌓은 돌담이었으나 1970년대 새마을사업으로 많이 없어지고 근래에는 차츰 전통적인 살림집이 사라지면서 거의 찾아볼 수 없게 되었다. 낙안읍성의 돌담은 돌담 위에 초가까지 올려 운치가 있으며 왕곡마을의 돌담에는 기와를 올려 격식을 더했다. 돌담은 직선보다는 구불구불 곡선으로 쌓는 것이 쉽게 무너지지 않

담

토담 영해 구계댁
Earthen Wall

토담 안동 수곡고택

는다. 이러한 것에서 경험을 통한 선조들의 지혜를 엿볼 수 있다. 화산석을 이용한 성글고 자연스러운 돌담은 제주도의 **밭담*** 에서도 볼 수 있다.

todam
토담
Earthen Wall

흙을 이용해 판축기법으로 만든 담으로 때로는 흙벽돌로 쌓기도 했지만 남아있는 사례가 드물다. 목재로 담장 폭에 맞게 틀을 만들고 여기에 일정 높이로 흙을 채워가면서 다지기를 반복하여 마치 시루떡 만들듯 쌓아올린 담장이다. 표면은 진흙 앙금에 풀을 섞어 맥질하여 빗물에 씻기지 않도록 마감하기도 했다. 토담은 빗물에 의한 유실을 방지하기 위해 기와나 초가로 지붕을 이었다. 괴산 김항묵 고택 후원 담은 판축한 토담으로 드문 사례이다. 안동 풍산김씨 종택이나 안동 학암고택은 흙벽돌로 쌓은 토담이다. 판축에 의한 토담은 토성의 성벽을 쌓을 때도 사용했던 기법으로 고대에서부터 사용해온 오래된 기법이다.

* 밭담(batdam) sparse stone wall

죽담 나주 계은고택
Earth–bond Stone Wall

죽담 보성 이승래 고택

jugdam
죽담
Earth-bond Stone Wall

흙으로만 쌓은 토담은 빗물에 약하고 수명이 길지 못하기 때문에 주변의 작은 자연석을 섞어 쌓기도 하는데 이를 **죽담**(토석담)이라고 한다. 지면에 접한 부분은 빗물과 습기에 풍화되기 쉬워 흙 없이 돌로만 쌓기도 하며 토석담 상부에 와편으로 치장한 담도 있다. 나주 계은고택의 토석담은 담 밑 봄꽃들과 어울려 아름다움을 뽐낸다.

생울 경주 양동마을
Plant Screen

생울 일본 사가현

saeng-ul

생울
Plant Screen

울타리에 나무를 심어 담을 대신하는 것을 말한다. 한국에서 울타리로 자주 이용했던 수종은 가시가 많은 탱자나무나 사철 푸른 잎이 있는 어린 측백나무 등이었다. 울타리로 사용하려면 잎이나 잔가지, 가시 등이 나무 전체에 골고루 분포되어 있어야 하고 너무 빨리 자라거나 위에만 잎이 달리는 수종은 적합하지 않다. 생울은 방어 개념보다는 경계선 정도의 개념이 강하며 담이 정원의 일부가 되어 자연 친화적이고 조화롭다. 지금은 도시화의 물결에 밀려 돌담과 함께 대부분 사라진 아쉬운 담 중 하나이다. 경주 양동마을에는 부분적으로 생울이 남아있다.

싸리울 해미읍성
Bush Clover Screen

싸리대문 아산 용궁댁
Bush Clover Gate

바자울 김일성 생가 (김명원 제공)
Weaved Screen

바자울 독일인 헤르만 산더의 여행
(국립민속박물관 소장)

ssaliul
싸리울
Bush Clover Screen

싸리울은 생울과 함께 서민들이 즐겨 사용했던 담이다. 싸리나무는 한국의 산과 들에서 흔히 자라며 높이는 2~3m이고 잔가지가 많고 탄력이 있다. 늦여름이나 가을쯤 싸리나무를 베어다가 발처럼 엮어 담으로 삼는다. 싸리나무는 담장 외에도 쓰임이 다양했다. 서까래 위 산자엮기나 심벽의 외엮기에 사용되었고 싸리로 대문을 만들기도 하였다. 고구려에서는 화살을 싸리나무로 만들고 오석 화살촉을 끼웠는데 막을 방패가 없을 정도로 강했다고 한다.

bajaul
바자울
Weaved Screen

바자울은 갈대나 옥수숫대, 싸리, 대나무, 잔가지 등으로 엮어 만든 담장이다. 독일인 헤르만 산더가 100년 전 한양을 여행하면서 찍은 사진에서 갈대를 엮어 만든 바자울을 볼 수 있다. 한국에서는 사라졌지만 일본에서는 아직도 흔히 사용하고 있다.

판장 경복궁
Wooden Board Fence

판장

판장 〈동궐도〉

panjang
판장
Wooden Board Fence

판장(板墻)은 판재를 연결해 만든 **널담**이다. 궁궐이나 관아 등에서 주로 사용한 것으로 고정식과 이동식이 있다. 판장은 행사 등을 위해 설치되는 경우가 많으며 외부공간을 분할하거나 가림벽의 역할을 한다. 1830년경 창경궁과 창덕궁을 그린 〈동궐도〉에 판장의 모습이 많이 나타난다. 화성행궁을 그린 그림에서도 볼 수 있다.

취병 창덕궁 주합루
Plant Screen with Frame

취병 〈동궐도〉

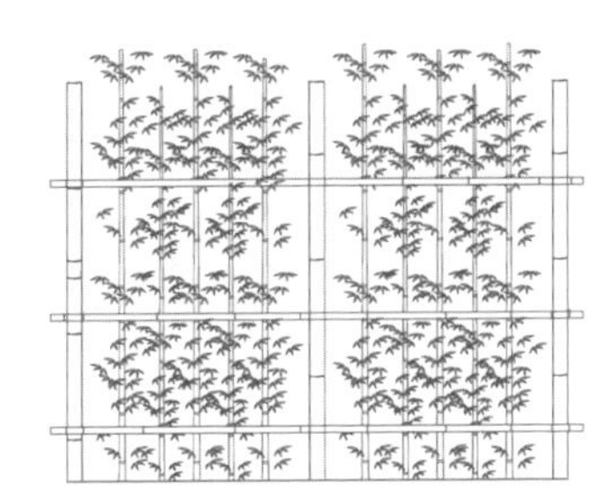

취병

chwibyeong
취병
Plant Screen with Frame

취병(翠屛)은 병풍처럼 틀을 만들고 그 안에 식물을 심어 만든 생울의 한 종류이다. 취병은 지주대가 있기 때문에 일반 생울처럼 탱자나무나 측백을 심지 않아도 차폐의 역할을 할 수 있다. 따라서 덩굴식물과 초화류 등을 자유롭게 심을 수 있어서 사계절 아름다움을 연출할 수 있는 장점이 있다. 〈동궐도〉에서 다양한 모습의 취병을 볼 수 있으며 현재도 창덕궁의 부용지에서 주합루로 오르는 어수문 양쪽에 설치된 취병을 볼 수 있다.

내외담 안동 풍산김씨 종택
Privacy Wall

내외담 대전 회덕 동춘당

naeoedam
내외담
Privacy Wall

내외담은 담장 재료가 아닌 담장의 성격으로 분류한 명칭 중 하나이다. 집 외곽에 쌓는 울타리 개념이 아니라 집 안에 쌓는 내담이나 샛담의 성격이다. 특히 사랑채와 안채 사이에 놓인 가림벽 역할을 하는 담을 가리키는 경우가 많다. 조선시대에는 유교사상에 의한 남녀유별에 따라 건축에서도 남녀 공간이 분리되어 있었다. 특히 여성 공간은 가장 깊숙한 곳에 두어 외부로부터 보호하였다. 사랑채와 안채 사이에도 시선 차단을 위해 가림벽을 두었는데 이를 내외담이라고 한다. 부부 사이를 내외지간이라고 하는 것도 내외담을 사이에 둔 사이라는 의미이다. 회덕 동춘당 내외담은 토석담으로 낮게 쌓아 사랑채 굴뚝과 잘 조화를 이루고 있다. 안동 풍산김씨 종택 내외담은 안채 중문 앞에 와편담장으로 쌓았는데 길이가 짧고 가운데 구멍을 뚫어 밖의 동태를 살필 수 있도록 했다.

내담 경주 독락당
Inner Wall

샛담 보성 이용우 고택
Wall in–between Space

naedam, saesdam

내담과 샛담
Inner Wall and Wall in-between Space

내담*은 울타리 안쪽에서 마당을 분할하기 위해 쌓은 담을 말한다. 내담에는 중문과 협문 등이 설치되어 동선을 연결하며 내담에 의해 구획된 공간은 쓰임에 따라 크고 작게 만들었다. 공간의 크기는 한국인의 호흡 및 박자와 일치하여 리듬감을 주고 편안하게 한다.

샛담**은 건물과 건물 사이 또는 담장과 담장 사이를 연결하여 동선과 시선 등을 차단하는 담장을 말한다. 사이에 있는 담장이라는 의미로 샛담이라고 한다.

* 내담(naedam) inner wall

** 샛담(saesdam) wall in–between space

곡담 수릉
Tomb Surrounding Wall

곡담 원릉

gogdam
곡담
Tomb Surrounding Wall

주로 조선시대 왕릉에서 봉분 양옆과 뒤를 감싸는 낮은 담장을 말한다. 담장 형태가 대부분 'U'자형이기 때문에 **곡담**(曲墻)이라는 이름이 붙었다. 여주 효종대왕릉처럼 모죽인 'ㄷ'자형으로 만들어지기도 한다. 곡담은 눈높이 아래로 낮게 만드는 것이 일반적이며 봉분을 보호하는 역할을 한다. 왕릉에서는 장대석을 담장 하부에 놓고 벽돌로 쌓은 것이 많으며 위에는 기와를 얹는다.

유 사직단
State Deities Altar Surrounding Wall

yu
유
State Deities Altar Surrounding Wall

사직단의 사단과 직단 외곽에 쌓은 낮은 전축담과 제단 외곽에 쌓은 담을 유(壝)라고 한다. 사직단의 유는 하단에 장대석을 한 단 놓고 두껍게 양쪽에서 전축담을 쌓았으며 위쪽은 폭을 좁혀 쌓고 윗면에는 지붕 모양의 옥개전을 올렸다. 제기동에 있는 선농단의 유는 단 외곽에 정방형의 두터운 전축담으로 쌓았으며 역시 옥개전을 올리고 동서남북을 터놓았다. 이처럼 유는 제단 외곽에 쌓는 낮은 담장으로 신성한 구역을 경계 짓는 역할을 한다. 유는 대개 전축담으로 하며 벽이 두껍고 낮으며 위에는 기와가 아닌 옥개전으로 마감하는 것이 특징이다.

seong-gwag

성곽

Fortress Walls

seonggwag-ui jonglyu

성곽의 종류 Fortress Wall Types

- doseong
  도성 Capital City Fortress Wall
- eubseong
  읍성 City Fortress Wall
- mogchaegseong
  목책성 Wooden Fortress Wall
- toseong
  토성 Earthen Fortress Wall
- seogseong
  석성 Stone Fortress Wall
- jeonchugseong
  전축성 Brick Fortress Wall
- sanseong
  산성 Fortress Wall on a Mountain
- pyeongjiseong
  평지성 Flatland Fortress Wall
- pyeongsanseong
  평산성 Hill Fortress Wall

영월 정양산성

seonggwag-ui guseong

성곽의 구성 Elements of Fortress Wall

- seongmun
  성문 Fortress Gate
- ammun
  암문 Hidden Gate
- sumun
  수문 Flood Gate
- ongseong
  옹성 Drum Tower
- cheseong
  체성 Rampart
- jeogdae
  적대 Gate House
- hyeon-an
  현안 Machicolation
- yongdo
  용도 Wall-walk (Chemin de Ronde)
- yeojang
  여장 Battlement
- chi
  치 Flanking Tower
- gaglu
  각루 Corner Sentry Tower
- jangdae
  장대 Control Tower
- bongsudae
  봉수대 Beacon Tower
- haeja
  해자 Moat

성곽(城郭)은 도시나 마을을 지키기 위해 군사 또는 행정 목적으로 쌓은 울타리를 말한다. 성곽을 나타내는 순수 우리말로 '잣' 또는 '재'가 있다. 성은 보(堡)나 망루 등의 작은 성에서부터 차츰 장성(長城)으로 발전해 갔으나 이 둘은 필요에 따라 동시에 만들어지기도 했다.

성곽의 종류는 거주 주체, 축성 재료, 성이 위치한 지형 조건에 따라 분류한다. 거주 주체에 의하면 도성, 읍성, 창성, 진성, 보 등으로 나눌 수 있다. **도성**(都城)은 왕이 상시 거주하는 곳으로 왕성과 황성으로 구성된다. 또 왕이 특별한 목적으로 임시로 옮겨 사용할 수 있는 행궁이 있는 성곽을 **행재성**(行在城)이라고 한다. 고려의 수도인 개경을 도성(都城)이라고 한다면 삼경으로 설치했던 평양의 서경, 경주의 동경, 서울의 남경은 행재성이라고 할 수 있다. 수원화성도 읍성이면서 행궁이 있는 행재성의 일종이다. **읍성**(邑城)은 거주 주체가 백성들이다. **창성**(倉城)은 국가 전략상 중요한 창고를 보호하는 성곽이다. **진성**(鎭城)은 진영(鎭營)이라고도 하며 국경이나 해안지대 등 전략상 중요한 요충지에 축조한 성곽이다. **보**(堡)는 변방을 지키기 위해 작은 군사 단위가 상주하는 요새로 성곽 시설을 하여 보루(堡壘), 보채(堡砦) 등으로 부른다. 임진왜란을 거치면서 한국에는 일본인들이 쌓은 왜성도 많이 남아있다.

축성 재료는 나무와 흙과 돌, 벽돌이 있다. **목책성**은 선사시대 취락 외곽에 두르던 목책과 백제 몽촌토성 목책의 예를 볼 수 있는데 주로 고대 초기 성곽에서 사용되었다. 이보다 좀 더 견고한 성곽으로 **토성**을 쌓았는데 삼국시대 초기 성곽들은 대개 토성이다. 토성의 약점을 보완하여 삼국시대 후기부터는 **석성**을 선호했는데 한국은 주변에 돌이 많아서 석성이 주류를 이루게 되었다. 중국은 석성보다는 당나라 장안성과 같이 벽돌로 쌓은 **전축성**이 많다. 양질의 진흙을 쉽게 구할 수 있기 때문이었다.

한국은 산이 많고 산을 잘 이용했기 때문에 **산성**이 많다. **평지성**은 도성이나 읍성과 같은 평상시 거주용으로 만든 성곽에서 사용되었고 전쟁이 나면 산성으로 옮겨 전투했기 때문에 도성이나 읍성 주변으로 많은 산성을 두었다. 때로는 읍성을 평상시 거처와 전투를 겸하기 위해 산과 평지에 걸쳐 쌓은 **평산성**도 있다.

seonggwag-ui jonglyu

성곽의 종류

Fortress Wall Types

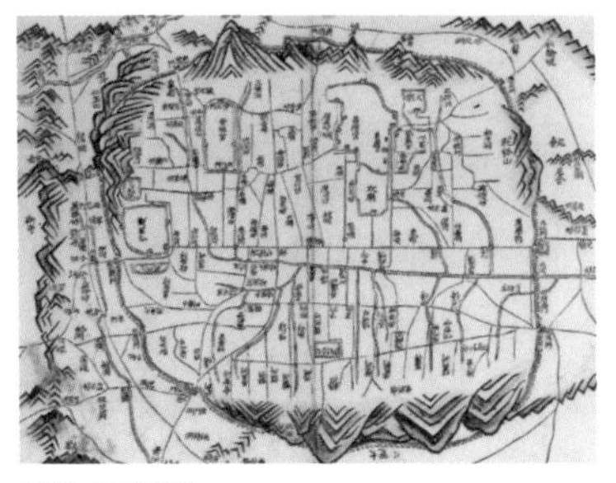

도성 〈도성도〉
Capital City Fortress Wall

도성 한양도성 성벽

doseong

도성

Capital City Fortress Wall

성곽 중의 으뜸이란 뜻으로 왕이 상시 거주하는 수도에 건립된 성곽을 가리킨다. 왕의 거주와 집무공간인 **궁성**(宮城)* 영역과 행정관서가 배치되는 **황성**(皇城)** 영역, 시가지를 둘러싼 **나성**(羅城)***으로 구성된다. 도성은 왕권이 강화되는 시점부터 나타나며 고구려의 장안성, 신라의 경주, 발해의 상경용천부, 고려의 개경, 조선의 한양 등이 대표적인 도성이다.

대개 성곽 북쪽 중앙에 궁성과 황성을 배치하고 그 앞에는 바둑판 모양의 시가지를 만든다. 궁성과 황성 앞에는 남북으로 대로를 두는데 이를 **주작대로**(朱雀大路)****라고 한다. 또 주작대로와 궁성이 만나는 부분에 **동서대로**(東西大路)*****를 둔다. 한양도성은 이전의 도성과 달리 권위와 형식적 성격이

* 궁성(gungseong) palace fortress wall

** 황성(hwangseong) imperial city fortress wall

*** 나성(naseong) outer city fortress wall

**** 주작대로(jujagdaelo) north-south axis major street

***** 동서대로(dongseodaelo) east-west axis major street

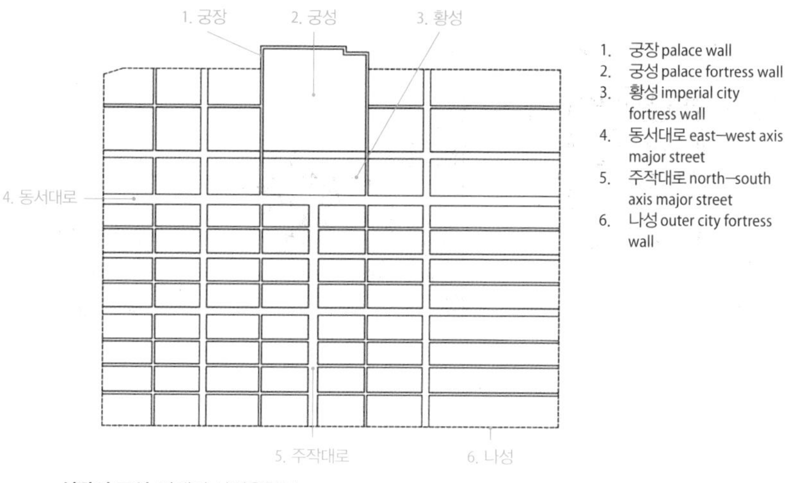

성곽의 구성 발해의 상경용천부
Fortress Wall

강한 주작대로를 두지 않았고 동서대로 이면에는 시전 행랑을 둔 실용성이 강조된 성곽이다. 도성은 교통의 원활한 소통을 위해 바둑판 모양으로 도시계획을 하는데 이를 **방리제**(坊里制)* 또는 **정전법**(井田法)이라고 한다. 시가지를 감싸는 나성은 필요에 따라 쌓지 않는 경우도 많다. 방리제는 교통 중심의 도성계획에 보편적으로 사용되었던 도시계획기법이다. 고구려 장안성에서도 방리제가 뚜렷이 나타나며 신라 경주 도성과 발해 상경용천부를 거쳐 조선시대 한양에 이르기까지 오랜 기간 사용되었다.

성곽

* 방리제(banglije) grid system of streets

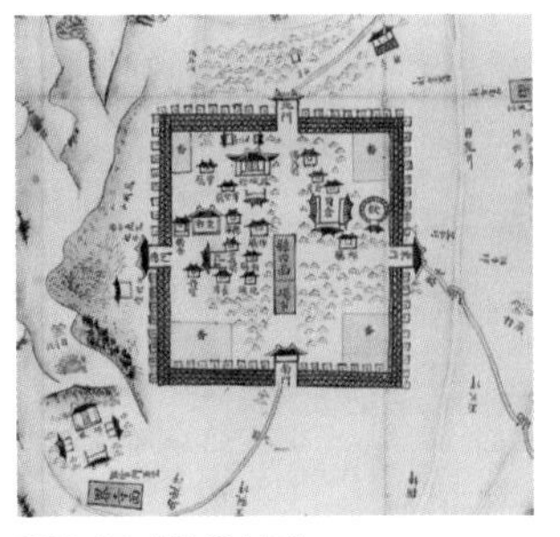

읍성 〈구례현 읍성도〉
City Fortress Wall

읍성 순천 낙안읍성

eubseong

읍성
City Fortress Wall

지방 군현에 읍민을 보호할 목적으로 쌓은 성곽이다. 규모는 작지만 도성과 형식은 거의 흡사하다. 그래서 종묘와 사직을 갖추면 도성이고 그렇지 않으면 읍성이라고 하였다. 읍성이 언제부터 지어졌는지 확실치 않지만 고려시대부터 본격적으로 그 사례가 나타난다. 조선 성종 때에는 330개의 행정구역 중 190개가 읍성이었다는 점을 감안하면 조선시대에는 읍성이 널리 보급되었음을 짐작할 수 있다. 현재는 대부분 사라지고 동래읍성, 수원화성, 홍주읍성, 해미읍성, 고창읍성, 낙안읍성, 남도석성, 경주읍성, 진주읍성 정도가 남아있다.

읍성은 어느 나라에서도 찾아볼 수 없는 한국만의 독특한 성곽 제도로 전쟁으로부터 백성을 보호하려는 애민사상에 바탕을 두고 있다. 읍성은 진산을 배후에 두고 시가지를 만드는 우리나라 지방도시의 특성에 따라 조선 초에는 평산성(平山城)으로 많이 만들었다. 성곽 북쪽 중앙에는 관아를 배치하고 그 앞으로 남북대로와 동서대로를 두었다. 성문은 동서남북에 두는데 북문은 없는 경우가 많다. 남북대로 변에는 시장을 비롯한 관영 건축물이 들어서고 나머지에는 살림집이 배치된다. 성곽 주변으로는 해자를 두고 성에는 치와 문루, 옹성시설을 하는 경우가 많다.

목책성 몽촌토성
Wooden Fortress Wall

목책성 일본 요시노가리(吉野ヶ里) 역사공원

mogchaegseong
목책성
Wooden Fortress Wall

초기 성곽에서 주로 나타나며 조선시대까지도 간헐적으로 사용되었다. 목책은 느티나무, 버드나무, 탱자나무, 가시나무 등을 땅에 박고 엮어서 성벽을 만들며 나무 표면에는 진흙을 바르기도 했다. 목책성은 수명이 길지 않아 고대 목책의 원형이 남아있는 것은 없으나 후대의 사례로는 임진왜란 때 만든 진양 월아산 목책성이 있다. 백제의 몽촌토성에는 최근 목책을 복원해 놓았다.

토성 몽촌토성
Earthen Fortress Wall

토성 풍납토성

토성 한양도성(초기 토성의 판축 흔적)

토성 중국 한대 장안성

toseong
토성
Earthen Fortress Wall

흙을 주재료로 쌓은 성곽으로 대부분의 고대 성곽은 토성이다. 조선시대 한양도성도 토성구역이 많았는데 차츰 석성으로 바뀌었다. 이처럼 토성은 긴 세월 동안 산성뿐만 아니라 읍성이나 도성에서도 사용되었다. 도성으로는 고구려 평양성의 나성, 백제 풍납토성이나 몽촌토성, 공산성 및 부소산성도 토성이었다. 조선시대 해안을 중심으로 한 읍성에서도 토성이 많이 나타난다.

토성은 흙을 층층이 다지면서 쌓아 올라가는 판축법으로 만들었으며 흙에는 생석회, 소금물, 느릅나무 삶은 물 등을 섞어 점성을 높이기도 했다. 때로는 기초에 숯을 넣거나 불을 놓는 탄축법이 쓰이기도 했다. 토축하는 방법은 판축법 이외에 특히 산성에서는 경사지를 깎아서 성벽을 만드는 삭토법(削土法)이 이용되기도 했다.

석성 남한산성
Stone Fortress Wall

석성 서울 한양도성 남산구간

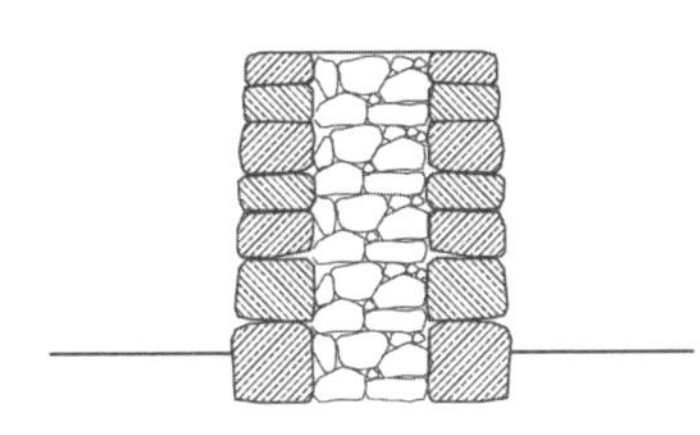

협축성
Construction System of of Both Inner and Outer Walls Made of Stone

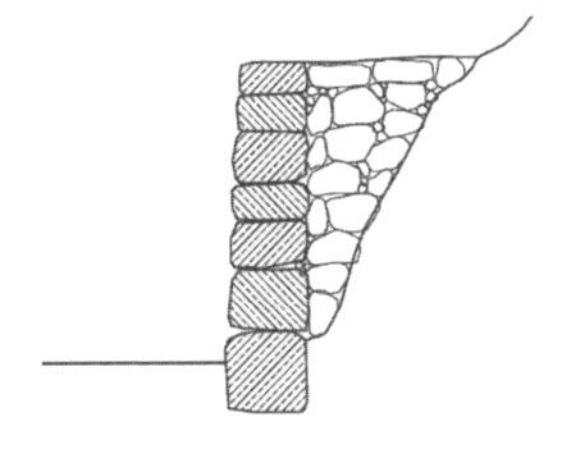

편축성
Construction System of Outer Walls Made of Stone and Inner Wall of Earth

seogseong
석성
Stone Fortress Wall

양질의 석재가 풍부한 한국에서 가장 보편적인 성곽 형식은 돌로 쌓은 석성(石城)이다. 석성은 목책성이나 토성에 비해 후대에 만들어진 것이며 남한산성이나 공산성 등을 비롯한 많은 성곽이 조선시대에 들어서 토성에서 석성으로 바뀌었다. 주변에서 쉽게 구할 수 있는 돌을 쓰며 화강석, 사암, 편마암, 점판암 등이 많고 처음에는 자연석을 그대로 사용했으나 차츰 가공석으로 바뀌었다. 석성의 경우 외부만 돌로 쌓고 내부는 흙으로 채우는 **편축법**(片築法)* 과 내외를 모두 돌로 쌓는 **협축법**(夾築法)** 이 있다. 편축

* 편축법(pyeonchugbeob) construction system of outer walls made of stone and inner wall of earth

** 협축법(hyeobchugbeob) construction system of both inner and outer walls made of stone

전축성 수원화성 장안문
Brick Fortress Wall

전축성 중국 명대 장안성

법은 경사지가 많은 한국의 산성에서 주로 쓰였고 협축은 평지성이나 성문 좌우에 사용되었다. 편축은 내부를 산 경사를 이용하거나 흙으로 채워졌다고 하여 **산탁**(山托) 또는 **내탁**(內托)이라고 하기도 한다.

jeonchugseong
전축성
Brick Fortress Wall

전축성(塼築城)은 벽돌로 쌓은 성곽을 말한다. 한국에서는 흔하지 않지만 중국에는 많다. 토성이던 당나라의 장안성도 후대에 전축성으로 바뀌었다. 중국은 석재보다는 벽돌을 만드는 진흙이 풍부하고 습도가 낮으며 흙에 점성이 있어서 토성 외벽에 얇게 벽돌을 쌓아도 문제가 없다. 한국 기록으로는 은성읍성과 부령읍성이 전축성이었다고 하며 조선시대 강화 외성과 수원화성이 전축성이다. 그러나 수원화성은 엄격한 의미에서 석축성이다. 조선 후기 실학자들은 전축성의 장점을 강조하면서 화성을 전축성으로 할 것을 논의하였으나 결국 우리나라 여건에 맞지 않아 성벽은 돌로 하고 여장을 비롯한 다른 부분에 벽돌을 사용했다. 이처럼 여장에 벽돌을 사용한 사례는 수원화성 이외에 남한산성과 서울성곽, 강화 외성 등에서 볼 수 있다.

산성 북한산성
Fortress Wall on a Mountain

산성 미륵산성

산성 고구려 위나엄성(현 환도산성)

산성 고구려 흘승골성(현 오녀산성)

sanseong
산성
Fortress Wall on a Mountain

산에 쌓은 성곽이다. 우리나라는 산성의 나라라고 불릴 만큼 산성이 많은 나라이다. 산이 많아 지형 조건을 잘 활용하면 적은 노력으로 충분한 방어력을 갖춘 요새를 만들 수 있었다. 산성은 최대한 지형을 이용하고 취약한 부분에만 성벽을 쌓는다. 고구려 흘승골성으로 알려진 오녀산성과 위나암성으로 알려진 환도산성에서 그 사례를 볼 수 있다.

산성은 지형에 따라 다시 두 가지로 구분할 수 있다. 하나는 산 정상을 중심으로 7~8부 능선에 돌아가면서 성벽을 쌓은 성곽이다. 산 정상을 마치 테두리를 돌린 것과 같다고 하여 **테뫼식***이라고 부른다. 테뫼식은 또 **산정식**(山頂式)이라고도 하며 일반적으로 규모가 작고 축성 연대가 올라가는 성곽에 많다. 이와 달리 성내에 계곡을 포함하여 쌓는 성곽을 **포곡식**(包谷

* 테뫼식(temoesig) fortress wall surrounding a summit

성곽

평지성 남도석성
Flatland Fortress Wall

式)*이라고 하며 포곡식은 성내 수원이 풍부하고 활동공간이 넓을 뿐만 아니라 외부에 잘 노출되지 않는다는 장점이 있다. 포곡식은 보은 삼년산성과 익산 오금산성, 목천 목천토성 등이 대표적이며 이외에도 많은 사례를 볼 수 있다.

pyeongjiseong
평지성
Flatland Fortress Wall

산성과는 반대로 평지에 들어선 성곽이다. 도성은 대부분 평지성이며 읍성에서도 평지성을 많이 볼 수 있다. 지형 지세를 활용할 수 없어서 방어에 불리한 듯하지만 공간 활용이나 관측, 수원 확보 등에는 유리하다. 성곽의 형태가 방형인 경우가 대부분이며 성벽의 방어력을 높이기 위해 크게 만드는 것이 일반적이다. 백제 풍납토성과 고려시대의 청주읍성, 조선시대의 남도석성, 언양읍성, 경주읍성 등이 평지성이다.

* 포곡식(pogogsig) fortress wall encompassing a valley

평산성 수원화성
Hill Fortress Wall

pyeongsanseong
평산성
Hill Fortress Wall

산성과 평지성의 중간쯤으로 구릉지와 평지를 각각 일부 포함한 성곽이다. 평산성은 산성의 장점과 평지성의 장점이 결합된 성곽이라고 할 수 있다. 대개 자연지세를 활용한 원형평면이 많고 서산의 해미읍성과 수원화성이 이에 속한다.

seonggwag-ui guseong

성곽의 구성

Elements of Fortress Wall

분류	종류
성문의 종류	성문, 암문, 수문
성문의 구성	육축, 개구부(개거식, 평거식, 홍예식, 현문식), 문비, 문루
성문 보호시설	옹성(반원형, 사각형, 자연지세형, 특수형), 적대, 현안
성벽시설	체성, 여장(평여장, 철형여장, 반원형여장), 미석, 사혈(타, 타구, 포혈, 전안), 치[포루(舖樓), 포루(砲樓), 각루, 공심돈, 포사], 용도
성 내외시설	해자, 녹각, 장대, 봉수

seongmun

성문

Fortress Gate

성 내외를 연결하는 개구부로 일반 문과는 달리 공격이나 방어에 필요한 시설을 갖추고 있다는 점이 다르다. 성문은 도성과 읍성, 산성을 비롯해 석성과 토성 등에 따라 종류와 형식이 다양하다. 토성의 경우 문루 없이 성벽 일부를 끊어 개방하거나 성벽을 엇갈리게 하여 열어 놓은 경우도 있다. 그러나 대개는 성문 양쪽은 큰 돌로 쌓고 나무문을 설치하여 출입을 통제한다. 성문에 설치하는 누각을 **문루(門樓)***라고 한다.

성문을 설치하기 위해 성벽에 열어 놓은 개구부는 모양에 따라 개거식, 평거식, 홍예식, 현문식으로 나눌 수 있다. **개거식(開据式)****은 성벽에 뚫어 놓은 개구부 상부가 열려있는 성문을 말한다. 토성의 성문은 개거식이 대부분이었을 것으로 추정되며 석성도 개거식에 문루를 올린 것이 일반적이

* 문루(munlu) pavilion above fortress gate

** 개거식(gaegeosig) open gate type

개거식 보령읍성
Open Gate Type

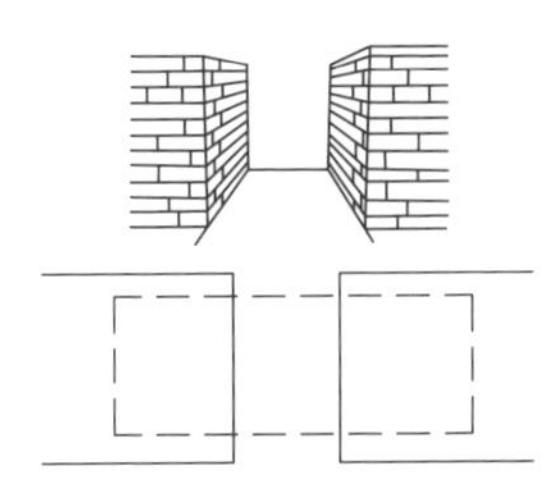

개거식

평거식 금산성 금서루
Stone Lintel Gate Type

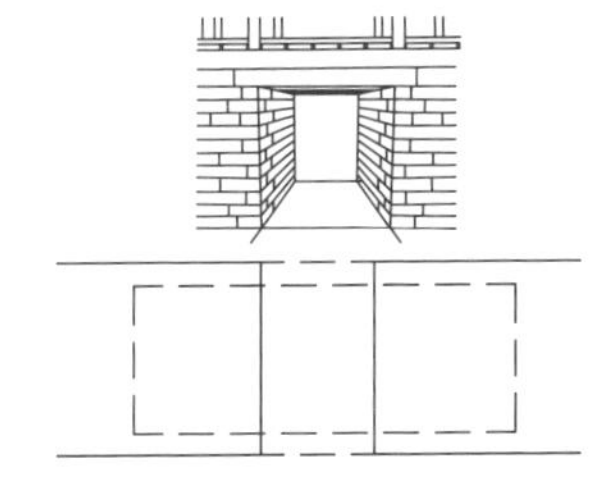

평거식

홍예식 남한산성 동문
Arched Gate Type

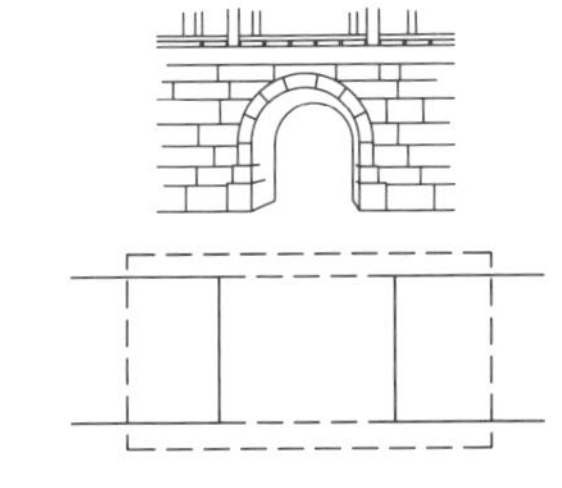

홍예식

현문식 보은 삼년산성
Loft–like Gate Type

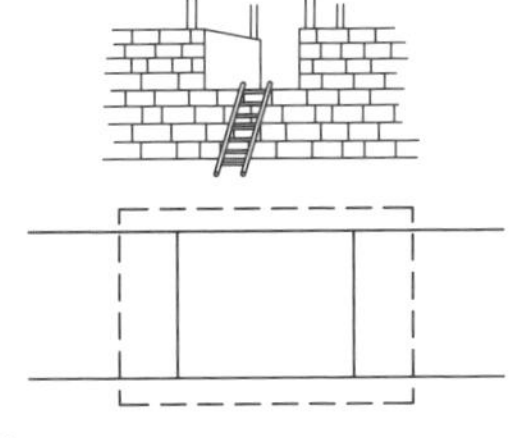

현문식

성곽

다. **평거식**(平据式)[*]은 개구부 양쪽 성벽에 긴 장대석을 건너질러 평석교처럼 만든 성문이다. 그러나 석재는 길이의 한계가 있어서 폭이 작은 성문이나 암문, 수문 등에 이용되었다. 공산성 금서루에서 그 사례를 볼 수 있다. **홍예식**(虹霓式)[**]은 개구부를 홍예로 만든 것이다. 홍예식은 석교나 석실고분, 빙고 등에도 많이 사용되며 석재에서는 매우 합리적인 구조법이다. 홍예식은 도성처럼 규모와 격식이 있는 성문에서 많이 쓰였으며 대개 반원형 홍예를 사용했다. 홍예문의 경우 성벽 두께만큼 전체를 홍예로 튼 것은 드물고 대개는 내외측만 홍예를 튼다. 그 사이는 문루 하부로 마루귀틀 아래에 천장을 설치하여 마감한다.

현문식(懸門式)[***]은 다락문 형식이라고 하는데 개구부가 성벽의 일정 높이에서 시작되는 형식이다. 현문식은 양주 대모산성 북문에서 볼 수 있으며 삼년산성 북문과 남문, 충주산성 사대문, 단양 온달산성도 현문식으로 추정하고 있다. 현문식은 옹성을 만들기 힘든 산성에 설치되어 방어력을 높인 것이다.

성문의 문짝은 대개 목재 판문으로 만들며 표면에는 불화살로부터 보호하기 위해 작은 철판을 붙이는데 이를 **철엽**(鐵葉)[****]이라고 한다. 문 안쪽은 양쪽 석벽에 난 홈에 긴 버팀목을 건너질러 고정함으로써 외부의 충격에 견디도록 했는데 이를 **장군목**[*****] 또는 **횡경**(橫扃)이라고 한다.

홍예식 성문에서는 안팎 홍예 사이에 긴 널을 이용해 천장을 만드는데 이를 **홍예개판**(虹霓蓋板)[******]이라고 한다. 홍예개판 밑에는 대개 용과 구름 무늬로 단청하고 상부에는 문루의 마루가 깔린다. 홍예문은 양쪽에 육중한 돌을 받쳐 놓고 반원형으로 홍예를 트는데 홍예석(虹霓石) 받침석을 **선단**

* 평거식(pyeonggeosig) stone lintel gate type

** 홍예식(hongyesig) arched gate type

*** 현문식(hyeonmunsig) loft-like gate type

**** 철엽(cheolyeob) iron leaf (protects wooden gate)

***** 장군목(janggunmog) thick wooden bolt

****** 홍예개판(hongyegaepan) arched gate ceiling

철엽 수원화성 팔달문
Iron Leaf (Protects Wooden Gate)

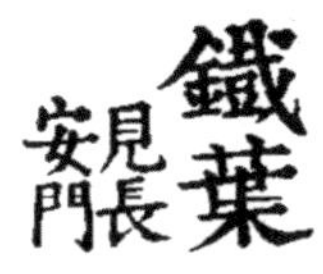

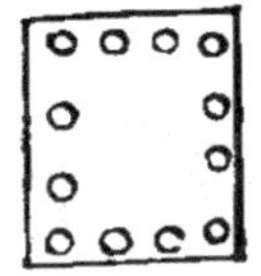

철엽 《화성성역의궤》

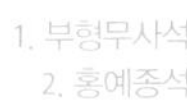

홍예문 수원화성 화서문
Arched Gate

홍예개판 수원화성 화서문
Arched Gate Ceiling

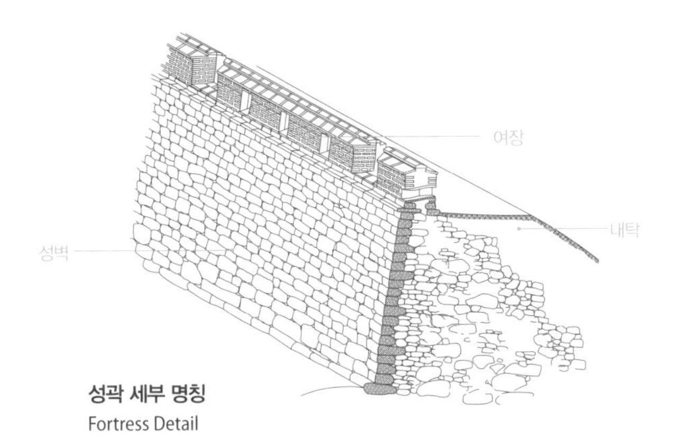

성곽 세부 명칭
Fortress Detail

1. 부형무사석 stone top abutment
2. 홍예종석 keystone
3. 홍예석 arch–stone
4. 무사석 stone abutment
5. 선단석 impost

암문 수원화성
Hidden Gate

암문 남한산성

석(扇單石) 또는 **홍예기석**(虹霓基石)이라고 한다. 홍예 양쪽 벽은 잘 가공된 방형 석재로 육축을 쌓는데 이를 **무사석**(武砂石)이라고 한다. 홍예 주변의 무사석은 홍예의 곡선에 맞춰 그렝이를 뜨는데 그중 **홍예종석** 위에 올라가는 무사석은 밑면이 위로 솟은 원형으로 가공된다. 이를 **부형무사**(缶形武砂)라고 한다.

ammun
암문
Hidden Gate

눈에 잘 띄지 않는 은밀한 곳에 내는 작은 성문의 하나이다. 눈에 띄면 안 되기 때문에 개구부 위에 문루를 세우지 않으며 외부에서 식별할 수 있는 어떠한 시설도 하지 않는다. 전쟁 시 적의 눈에 띄지 않고 성 안으로 필요한 병기나 식량 등을 운반하는 비밀통로 역할을 한다. 산성에는 **암문**(暗門)* 설치가 많은데 남한산성의 경우 15개의 암문이 설치되었다. 8개는 홍예식이고 나머지는 평거식이다. 수원화성에는 벽돌로 쌓은 홍예식 암문이 많다.

* 암문(ammun) hidden gate

수문 수원화성 화홍문
Flood Gate

화홍문 외도 《화성성역의궤》

수문 한양도성 이간수문

수구 전라병영성
Fortress Wall Drain

sumun
수문
Flood Gate

성벽이 내를 건너질러 설치되는 경우에는 물의 흐름은 방해하지 않으면서 방어의 기능을 발휘할 수 있는 **수문**(水門)*을 설치한다. 수문은 대개 다리와 같이 연속 홍예 방식으로 만드는 것이 일반적이다. 수원화성의 북수문인 화홍문은 7칸 홍예이고 홍예 위에는 누각을 만들었다. 그리고 수문에는 적의 침투를 막고자 방어 시설을 하였는데 철로 만든 **쇠살문**(鐵箭門)을 달았고 다리 위 누각에서 여닫을 수 있도록 했다. 비교적 내의 폭이 작은 고흥

* 수문(sumun) flood gate

옹성 수원화성 팔달문
Drum Tower

옹성 고창읍성

의 홍양읍성은 큰 홍예 하나로 수문을 만들었다.

또 성에서 발생하는 우수와 오수 등을 배출하는 성벽에 설치하는 배수구는 **수구**(水口)*라고 한다. 수구는 수문과 같이 많은 양을 배출하는 것이 아니기 때문에 시설이 크지 않아 눈에 잘 띄지 않는다. 수구는 성벽 중에 낮은 곳에 설치하며 유수지를 설치하여 우수를 모았다가 배출하기도 한다.

ongseong
옹성
Drum Tower

성문 앞에 설치되는 시설물로 모양이 마치 항아리와 같다고 하여 붙은 이름이다. **옹성**(甕城)**은 성문을 공격하거나 부수는 적을 측면과 후방에서 공격할 수 있으며 성문을 은폐하고 엄폐하는 시설이다. 적이 아무리 많아도 옹성 안에 들어올 수 있는 인원은 제한적이기 때문에 아군 쪽에서 공격하기가 쉽다. 또 성문을 깰 때는 통나무를 들고 가속을 붙여 공격하는데 옹성이 있으면 가속을 붙일 만한 공간적 여유가 없어서 성문 보호를 위해서는 필수적인 시설이다.

* 수구(sugu) fortress wall drain
** 옹성(ongseong) drum tower

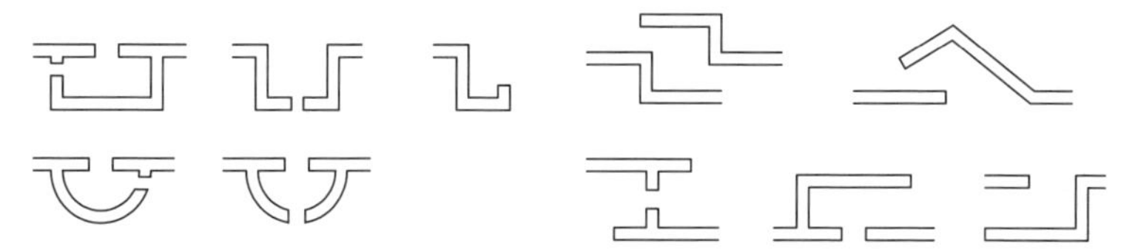

옹성의 형식
Types of Drum Tower

인도 성곽에서는 옹성 대신에 출입문의 방향을 바꾸어가며 여러 개 두어 옹성의 역할을 하도록 했다. 옹성의 형태는 원형이 가장 많고 이외에도 방형, 삼각형, 'ㄱ'자형, 엇갈림형 등으로 다양하다. 옹성에는 개구부를 두는데 옹성 정중앙에 두는 **중앙문식**과 한쪽 측면에 두는 **편문식**이 있다. 옹성문은 대개 개방형인데 수원화성은 특수하게도 중앙문식이며 문짝까지 설치하였고 문 위에는 **오성지**(五星池)라는 방화시설을 했다. 옹성 위에도 여장과 현안 등을 설치한다.

cheseong
체성
Rampart

원성(元城)이라고도 한다. 바닥에서부터 여장 아래 미석(眉石)까지의 성벽을 말한다. 미석은 성벽과 여장 사이에 얇은 돌이나 벽돌을 눈썹처럼 약간 돌출시켜 설치한 것을 가리킨다. 미석은 날카롭고 예리한 것을 가공 없이 그대로 사용하여 성벽을 타고 오르는 적에게 큰 장애물이 된다. **체성**(体城)* 은 쌓는 재료에 따라 토성, 석성, 전축성 등으로 구분하며 돌 쌓는 방식이나 체성의 형태는 나라와 시대에 따라 약간씩 차이가 있다. 단면상의 성벽 모양은 밑에서부터 위까지 사선으로 같은 체감을 한 단경사(單傾斜)가 있고 하부는 완만하고 상부는 급경사인 복경사(複傾斜)가 있다.

* 체성(cheseong) rampart

체성 북한산성
Rampart

체성 한양도성

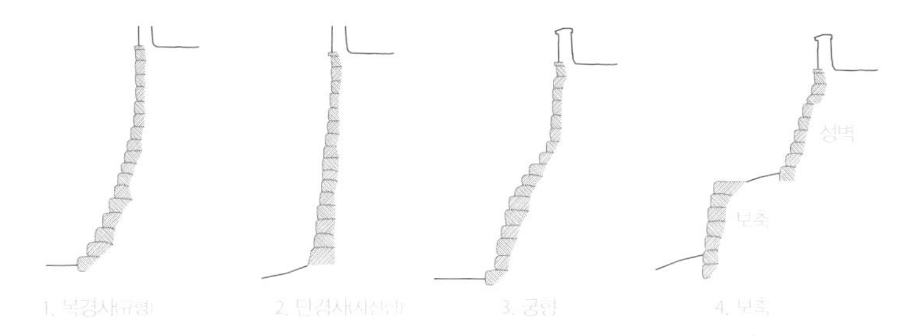

체성의 단면 형식
Section Types of Rampart

1. 복경사(규형) curve inward wall section type
2. 단경사(사선형) inclined wall section type
3. 궁형 bulge outward wall section type
4. 보축 reinforcing stone base wall

곡선형으로 성벽을 만들 경우 현수선처럼 안으로 휘어진 형태의 성벽을 **규형**(圭形)*이라 하고 바깥으로 배가 부른 첨성대 모양의 성벽을 **궁형**(弓形)**이라고 한다. 산성과 같이 급경사지에 성벽을 쌓는 경우 성벽 하부의 유실을 막기 위해 건물 기단처럼 성돌을 덧쌓는데 이를 **보축**(補築)***이라고 한다.

* 규형(gyuhyeong) curve inward wall section type

** 궁형(gunghyeong) bulge outward wall section type

*** 보축(bochug) reinforcing stone base wall

적대 수원화성 장안문
Gate House

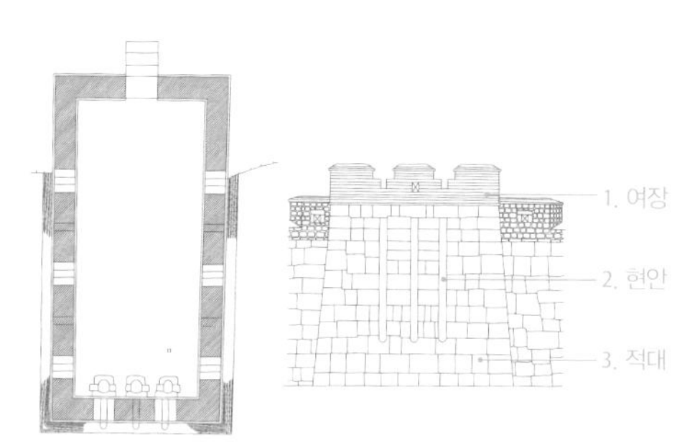

1. 여장 battlement
2. 현안 machicolation
3. 적대 gate house

적대 세부 구성
Gate House Detail

jeogdae
적대
Gate House

성문 좌우에 설치하는 치(雉)를 체성(体城)에 설치하는 치와 특별히 구분하여 **적대**(敵臺)라고 불렀다. 성문을 보호하기 위한 시설로 측면에서 공격할 수 있도록 만든 공격 시설이다. 적대는 삼국시대부터 쓰인 것으로 추정되며 고구려 국내성에서 사례를 볼 수 있다. 수원화성의 적대는 매우 발달된 형식이다. 적대에도 여장이 있으며 적대 전면에는 현안을 시설하여 적이 성벽을 타고 오르는 것을 막았다.

현안 수원화성 창룡문
Machicolation

현안 수원화성 화서문

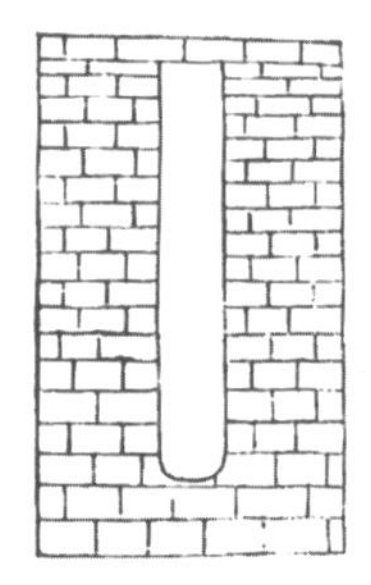

현안 《화성성역의궤》

hyeon-an

현안

Machicolation

성벽 외벽 면을 수직에 가깝게 뚫어 성벽을 타고 오르는 적을 공격하는 시설이다. 14세기 말경에 창안된 것으로 보이며 한국 성곽에서는 의주성에서부터 채용되었다. 수원화성은 현안(懸眼)이 가장 잘 남아있는데 적대와 벽돌로 쌓은 옹성 및 암문 좌우에도 설치하였다. 현안에 뜨거운 물이나 기름을 부어 공격했다고 한다.

용도 수원화성
Wall-walk (Chemin de Ronde)

yongdo
용도
Wall-walk (Chemin de Ronde)

양쪽에 담을 쌓은 길이란 뜻이다. 성벽의 일부를 지형에 따라 좁고 길게 외부로 내뻗어 양쪽에 여장을 쌓은 것을 말한다. 용도는 지형상 성벽으로 전체를 감싸기 어려운 돌출된 능선 위에 설치한다. 길게 만든 치라고도 할 수 있다. 강화 용두돈대와 수원화성의 서남암문에서 화양루에 이르는 **용도**(甬道)*의 사례를 볼 수 있다.

* 용도(yongdo) wall-walk (chemin de ronde)

1. 여장(타, 첩)　2. 근총안　3. 원총안　4. 타구

여장 남한산성
Battlement

여장 수원화성 화서문

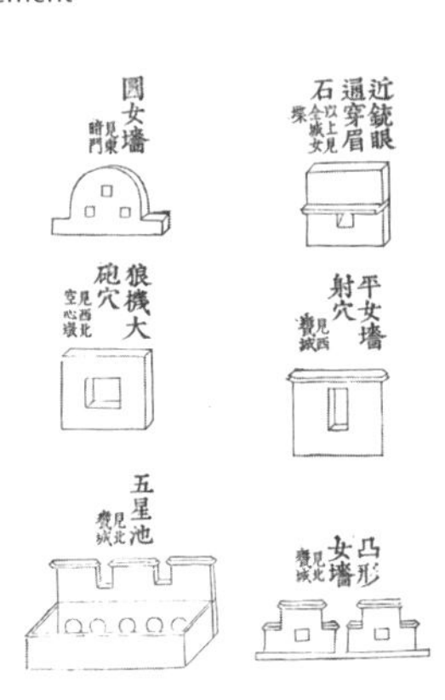

여장 《화성성역의궤》

평여장 수원화성 화서문
Horizontal Battlement

철형여장 수원화성 장안문
Center–high Merlon Battlement

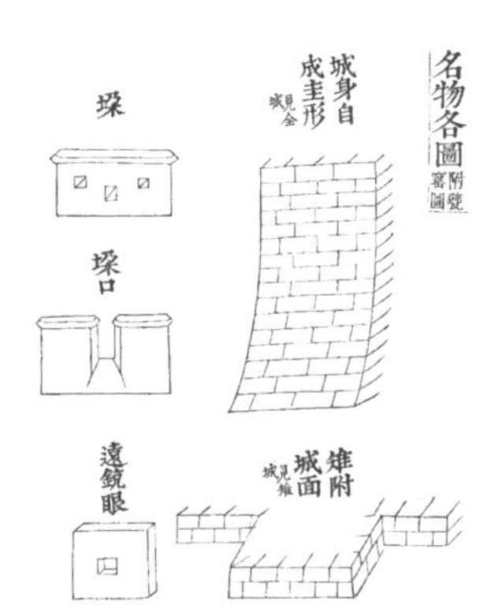

타와 타구 《화성성역의궤》
Battlement and Crenel

반원형여장 수원화성 동암문
Semi–circular Battlement

1. 여장(타, 첩) battlement
2. 근총안 oblique gun slit for close–range shooting
3. 원총안 horizontal gun slit for long–range shooting
4. 타구 crenel

yeojang

여장

Battlement

성벽 위에 설치하는 낮은 담으로 적으로부터 몸을 보호하고 적을 효과적으로 공격할 수 있는 구조물이다. **여장**(女墻)은 **여담** 또는 **여첩**(女堞), **타**(垜), **성가퀴** 등 다양하게 부른다. 여장은 삼국시대부터 사용된 것으로 보이지만 토성에도 여장이 있었는지는 알 수 없으나 석성에는 대부분 여장이 있다.

여장은 사이사이가 끊어져 있는데 그 끊어진 구멍을 **타구**(垜口)*라고 한다. 수원화성의 타구는 열린 모양이 마름모꼴이어서 시야를 넓게 확보할 수 있어서 매우 효과적이다. 타구로 끊어진 여장의 한 구간을 **첩**(堞)**또는 **타**(垜)라고 하며 첩이나 타의 개수는 성벽의 길이를 가늠하는 기준이 되기도 한다. 따라서 첩이나 타는 일정한 기준이 있었음을 짐작할 수 있다.

타에는 총을 쏠 수 있는 구멍이 뚫려 있는데 이를 **총안**(銃眼)***이라고 한다. 총안은 수평으로 뚫려 있는 것과 경사로 뚫린 것이 있는데 이를 각각 **원총안**(遠銃眼)****과 **근총안**(近銃眼)*****이라고 부른다. 성곽 문루 주위로는 타구 없이 만든 여장이 있는데 이것을 **평여장**(平女墻)******이라고 한다. 또 수원화성에서 특징적으로 나타나는데 마치 솟을대문과 같이 가운데가 높고 양쪽이 낮은 계단형 여장이 있다. 이것을 **철형여장**(凸形女墻)*******이라고 하며 반원형으로 만든 것을 **반원형여장**(半圓形女墻)********이라고 한다.

성곽

* 타구(tagu) crenel

** 첩(cheob) merlon

*** 총안(chongan) gun slit

**** 원총안(wonchongan) horizontal gun slit for long-range shooting

***** 근총안(geunchongan) oblique gun slit for close-range shooting

****** 평여장(pyeongyeojang) horizontal battlement

******* 철형여장(cheolhyeongyeojang) center-high merlon battlement

******** 반원형여장(banwonhyeongyeojang) semi-circular battlement

치 수원화성 북동치
Flanking Tower

1. 방형치 square flanking tower
2. 원형치 semi-circular flanking tower

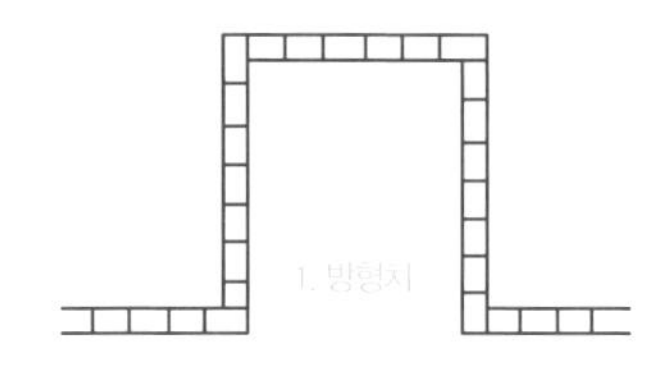

치의 평면 형식
Plan Types of Flanking Tower

포루(鋪樓) 수원화성 동이포루
Tower with Pavilion

포루(砲樓) 수원화성 북포루

노대 수원화성 동북노대
High Platform for Archer

노대 수원화성 서노대

chi
치
Flanking Tower

성벽 일부를 돌출시켜 성벽에 접근한 적을 정면이나 측면에서 공격할 수 있는 시설을 **치**(雉)*라고 한다. 류성룡의 축성론에 따르면 '치가 없으면 적이 성 밑으로 붙는 것을 발견하여 막아내지 못한다'고 하였다. 이로 미루어 치는 성벽을 타고 오르는 적군을 공격하는데 유용한 시설이었음을 알 수 있다. 치는 고대 성곽에서부터 나타나며 대부분의 성곽에서 사용되었다.

치를 설치하는 거리는 무기의 사정거리와 관계가 있으며 양쪽에서 공격했을 때 모든 성벽이 사정거리 안에 들어올 수 있는 간격으로 설치했다. 따라서 포와 총 등의 무기가 발달한 후대에는 치 사이의 거리가 멀어졌다. 치 위에 누각을 두는 경우 부르는 명칭이 달라지는데 이를 **포사**(鋪舍)** 또는 **포루**(鋪樓)***라고 하며 포사나 포루에 포(砲)를 설치하면 **포루**(砲樓)가 된다. 또 누각은 없지만 연속으로 화살을 쏠 수 있는 무기인 노수(弩手)가 배치된 치를 **노대**(弩臺)****라고 한다. 수원화성의 서장대에는 치 형식이 아닌 독립된 팔각형의 노대도 있다.

* 치(chi) flanking tower

** 포사(posa) tower with pavilion

*** 포루(polu) synonym for posa

**** 노대(nodae) high platform for archer

각루 수원화성 방화수류정
Corner Sentry Tower

각루 수원화성 서북공심돈

서북각루 외도 《화성성역의궤》
Outer Axonometric of North–west Corner Sentry of Suwon Hwaseong Fortress

서북각루 내도 《화성성역의궤》
Inner Axonometric of North–west Corner Sentry of Suwon Hwaseong Fortress

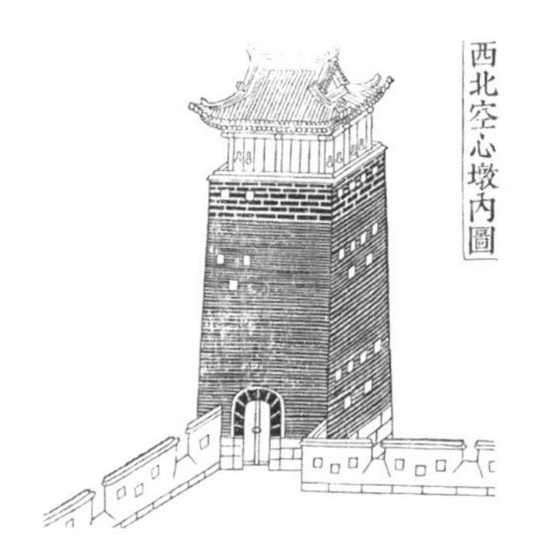

서북공심돈 내도 《화성성역의궤》
Inner Axonometric of North–west Gun–slit along Stairway of Suwon Hwaseong Fortress

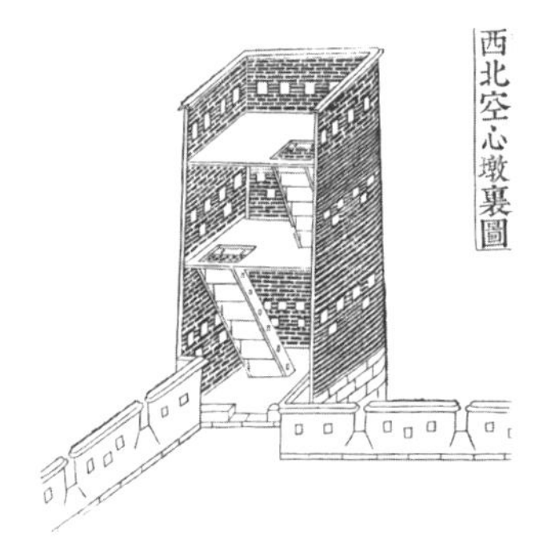

서북공심돈 이도 《화성성역의궤》
Interior Axonometric of North–west Gun–slit along Stairway of Suwon Hwaseong Fortress

gaglu

각루

Corner Sentry Tower

각루(角樓)*는 성벽 모서리에 설치된 치를 말한다. 방형인 성에서는 모서리 부분에 설치하였고 자연지세를 이용한 성곽에서는 돌출된 부분에 설치하였다. 각루는 성벽 전체를 조망할 수 있고 멀리까지 적의 동태를 살필 수 있도록 높게 설치한다. 각루는 고대 성곽부터 사용되었으며 보초병이 기거할 수 있는 누각이 있는 것이 보통이다. 수원화성에서는 벽돌을 쌓아 여러 층으로 실을 만들고 그 위에 목조 누각을 올린 각루도 있다. 벽돌로 만든 실의 실내는 비어있으며 벽에는 계단을 따라 총혈이나 포혈을 뚫어 놓았는데 이를 특별히 **공심돈(空心墩)****이라고 하였다. 비어있는 돈대라는 의미로 이 용어는 수원화성에서만 나타난다.

* 각루(gaglu) corner sentry tower

** 공심돈(gongsimdon) gun-slits along stairway

성곽

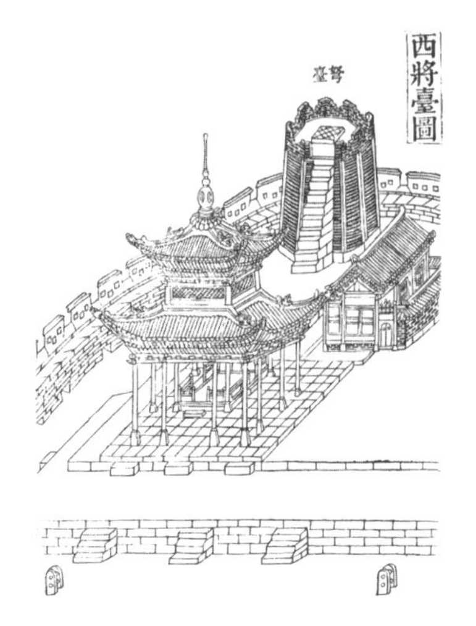

서장대 《화성성역의궤》
West Control Tower

장대 수원화성 서장대
Control Tower

jangdae
장대
Control Tower

전쟁 시 군사를 지휘하기 좋은 곳에 지은 장군의 지휘소이다. **장대**(將臺)* 는 모든 성곽에 다 둔 것은 아니고 규모가 크고 중요한 성곽에 두었다. 평상시에는 성의 관리와 행정기능을 수행했을 것으로 추정된다. 장대는 보통 단층이지만 남한산성 수어장대와 수원화성 서장대는 중층이다. 수원화성은 장대를 두 곳에 설치하여 서장대와 동장대로 불렀다.

* 장대(jangdae) control tower

봉수대 수원 화성 봉돈
Beacon Tower

봉수대 무악동 봉수대

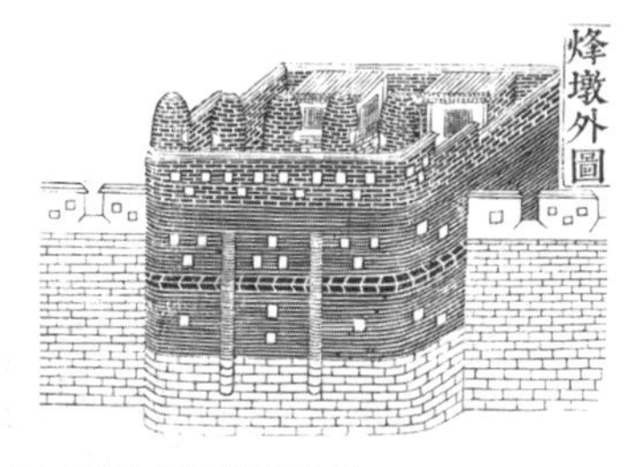

봉돈 외도 《화성성역의궤》
Outer Axonometric of Beacon Tower of Suwon Hwaseong Fortress

봉돈 내도 《화성성역의궤》
Inner Axonometric of Beacon Tower of Suwon Hwaseong Fortress

1. 화두 fire beacon

bongsudae
봉수대
Beacon Tower

봉(烽)은 밤에 봉화(烽火)를 올려 연락하는 것을 말하고 수(燧)는 낮에 연기를 올려 신호를 전달하는 것을 뜻한다. **봉수대(烽燧臺)***는 봉수가 설치된 대를 가리키는 것으로 지형에 따라 일정한 간격으로 설치하여 적의 동태를 조기에 알려주는 역할을 했다. 봉수대 주변에는 봉수군이 기거하는 거주시설 등이 함께 있다. 수원화성의 봉수대는 원형이 잘 남아있는데 전체를 벽돌로 축조했으며 마치 돈대처럼 봉수대를 만들었다고 하여 수원화성에서

* 봉수대(bongsudae) beacon tower

해자 인도 아그라성
Moat

해자 경주 월성

해자 캄보디아 앙코르와트

는 이를 **봉돈(烽墩)***이라고 불렀다. 봉수대에는 봉화를 올릴 수 있는 다섯 개의 원추형 시설을 했는데 이를 **화두(火竇)****라고 한다.

haeja
해자
Moat

성벽 주변에 인공으로 땅을 파서 고랑을 내거나 자연 하천을 이용해 적의 접근을 막는 성곽의 방어시설 가운데 하나이다. **해자(垓字)*****는 **호(壕)** 또는 **호**

* 봉돈(bongdon) beacon tower of Suwon Hwaseong Fortress
** 화두(hwadu) fire beacon
*** 해자(haeja) moat

참(壕塹)이라고도 불렀다. 경주와 같이 서남북에 하천이 있는 곳은 이것을 자연 해자로 이용했고 그렇지 않은 성곽에서는 인공 해자를 팠다. 산성이 많은 한국에서는 물을 채우지 않는 해자가 많았는데 이를 **건호**(乾壕)* 또는 **황**(隍)이라고 한다. 해자는 성벽에서 일정한 거리를 두고 설치하며 방어 목적 이외에 성벽 기초의 침수나 지하수위를 조절하는 역할도 했다. 또 해자에는 **마름쇠**(菱鐵)나 나무꼬챙이 등의 장애물을 설치하여 도강을 막았다.

성곽

* 건호(geonho) dry moat

seogjomul
석조물
Stone Works

- seogtab
  석탑 Stone Pagoda
- seogdeung
  석등 Stone Lantern
- seungtab
  승탑 Stone Stupa
- danggan
  당간 Flagpole
- tabbi
  탑비 Stone Stele Accompanying Stupa
- hamabi
  하마비 Dismount Sign Stone
- seogjo
  석조 Stone Basin
- seogjo
  누조 Water Spout
- nodusdol
  노둣돌 Dismounting Stone Steps
- pumgyeseog
  품계석 Rank Sign Stone
- jeonglyodae
  정료대 Stone Pedestal for Illuminating Device
- manglyowi
  망료위 Brick Housing for Burning Used Ceremonial Items
- gwansewi
  관세위 Stone Cleansing Bowl
- bongbaldae
  봉발대 Stone Offering Bowl to Maitreya
- gyedan
  계단 Stone Platform for Buddhist Initiation Ritual

창덕궁 연경당 괴석

한국건축에는 건물에 부수되거나 독립된 돌로 만든 조형물이 많다. 석조물 중 가장 대표적인 것이 석탑이다. 한·중·일 모두 초기에는 목탑이 주류를 이루었으나 목탑은 물리적 수명이 길지 않기 때문에 중국은 주변에서 쉽게 구할 수 있는 벽돌을 이용해 전탑을 만들었고 한국은 화강석이 풍부해 석탑을 만들었다. 화강석은 다른 돌에 비해 단단하기 때문에 다루기 어려운 재료이지만 이를 극복하면서 뛰어난 석조기술을 갖게 되었다. 따라서 화강석 조형물이 한국적 이미지를 대표하게 되었다. 일본은 한국건축의 영향을 받던 아스카시대와 나라시대를 벗어나면 화강석 조형물이 사라지고 주변에서 흔히 볼 수 있는 화산석을 이용해 조형물을 만들었으나 많지는 않고 목조가 중심이다.

한국에서 석탑 다음으로 많은 조형물이 불교와 관련된 승탑과 석등, 석비 등이다. 건축물에 부착되거나 부속되는 석조물도 많지만 여기서는 독립된 석조물을 중심으로 설명한다.

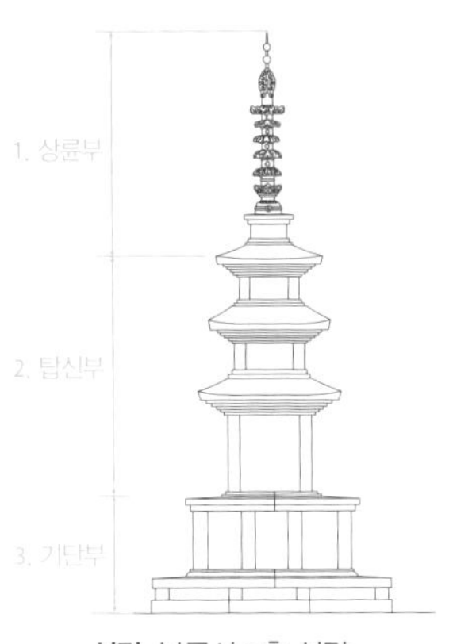

석탑 불국사 3층 석탑
Stone Pagoda

석탑 감은사지 동탑

석탑 사자빈신사지 사사자석탑

seogtab
석탑
Stone Pagoda

탑은 부처의 사리를 안치한 신앙 대상물이다. 초기 불교는 탑 중심 신앙이었기 때문에 탑을 사찰의 중심에 배치했다. 그리고 목탑이 일반적이었다. 그러나 차츰 금당 중심 신앙으로 옮겨갔으며 탑은 금당 앞에 두 개를 두는 것으로 약화되었고 이때부터 석탑이 늘어나기 시작했다.

현존하는 열국시대 석탑은 백제의 익산 미륵사지 9층 석탑과 부여 정림사지 5층 석탑이 있고 신라 경주의 분황사지 9층 모전석탑이 있다. 열국시대 석탑은 목탑 못지않게 규모도 크며 목탑을 모방한 가구식구조로 만들었다. 통일신라를 대표하는 석탑은 감은사지와 고선사지 3층 석탑, 불국사 3층 석탑 및 다보탑 등이 있다. 통일신라는 열국시대보다 탑의 규모가 작아졌으며 쌍탑으로 배치하는 것이 일반적이다. 또 열국시대에는 기단이 단층이었는데 통일신라에서는 이중기단으로 격이 높아졌다. 고려가 되면 탑은 더 왜소해지고 다양한 형태로 만들어졌으며 조선시대에는 거의 만들지 않았다.

석탑 기단은 단층과 중층이 있으며 대부분 가구식이다. 이중기단일 경우에는 보통 아랫기단은 **하대**(下臺)[*]라고 하는데 낮다. 윗기단은 **상대**(上臺)[**]라고 하는데 높다. 세부 구성은 건물 가구식기단의 명칭과 같다. 즉 바닥의

1. 상륜부 finial
2. 탑신부 tower
3. 기단부 base
4. 보주 top stone aka "sacred jewel"
5. 용차 dragon ornament
6. 수연 water ornament
7. 보개 canopy
8. 보륜 Dhama wheel
9. 앙화 lotus pedestal
10. 복발 inverted basin
11. 노반 base plate
12. 탑신석 tower stone of a pagoda
13. 옥개석 roof stone
14. 옥개받침 roof stone base
15. 탑신받침석 tower base stone

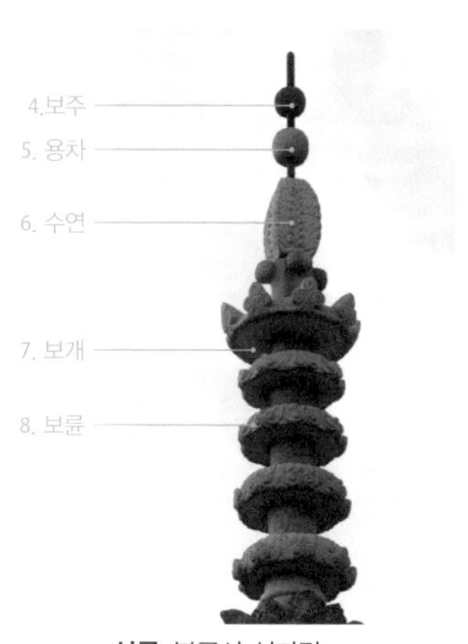

상륜 불국사 석가탑
Finial

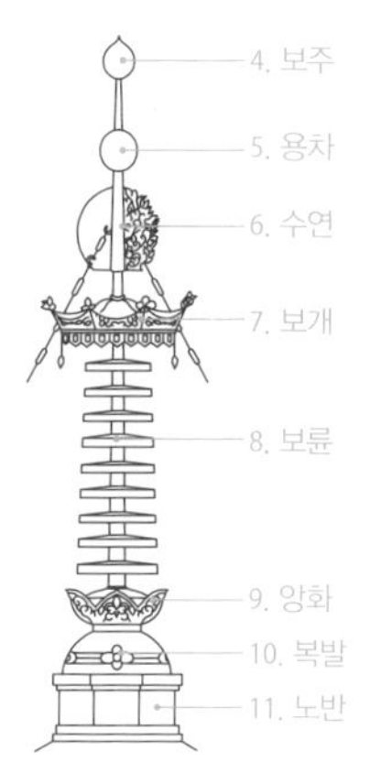

상륜부 상세도

옥개석 불국사 석가탑
Roof Stone of a Pagoda

15. 탑신받침석

탑신받침석 성주사지 5층 석탑
Tower Base Stone

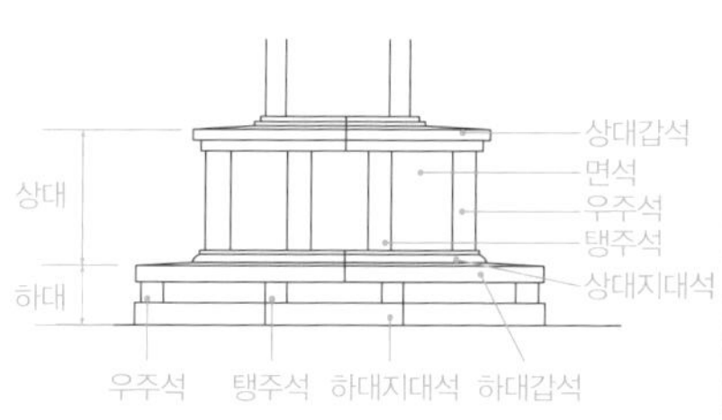

기단부 상세도
Base Detail

이중기단(가구식기단) 감은사지 동탑
Double Base

석조물

받침돌을 지대석, 기둥석을 탱주석, 모서리 기둥은 우주석이라고 부르고 기둥석 사이를 면석이라고 한다. 규모가 작은 경우에는 기둥석과 면석을 별도의 돌로 만들지 않고 조각으로 새김하여 모양만 내는 경우도 많다. 하대 갑석은 상대 지대석이 되며 상대의 구성도 하대와 같다.

기단 위에는 **탑신석**(塔身石)*** 과 **옥개석**(屋蓋石)****이 한 조가 되어 층을 이룬다. 탑신석에는 대개 모서리에 기둥을 새기는 것이 일반적이며 면에는 문얼굴과 자물쇠를 조각하는 경우도 많다. 또 통일신라 후기부터는 탑신에 부처를 새기거나 기단에 안상이나 팔부신장을 새기는 등 장식화 경향을 보인다.

맨 위층 옥개석 위에는 높게 장식물이 올라가는데 이를 **상륜부**(相輪部)***** 라고 한다. 목탑에서는 찰주에 동으로 장식하여 상륜을 만드는 것이 일반적이지만 석탑에서는 돌로 조각하여 만든다. 상륜은 복잡한 것에서 간단한 것까지 다양하며 모양에 따라 세부 명칭을 붙인다. 가장 아래 방형의 상륜받침을 **노반**(露盤)이라고 하며 노반 위는 마치 산치탑과 같은 반구형을 올리는데 이를 사발을 엎어 놓은 것과 같다고 하여 **복발**(覆鉢)이라고 한다. 복발 위에는 활짝 핀 꽃송이와 같은 **앙화**(仰花)를 올리고 앙화 위에는 마차 바퀴처럼 생긴 **보륜**(寶輪)이 여러 단 올라간다. 보륜 위에는 마치 왕관처럼 생긴 모자를 씌우는데 이를 **보개**(寶蓋)라고 하며 보개 위에는 꽃씨 주머니처럼 생긴 **수연**(水煙)이 있다. 수연 위에는 동그란 구슬 모양의 장식이 올라가는데 이를 **용차**(龍車), **보주**(寶珠)라고 한다. 실상사 석탑 상륜은 이러한 요소들이 모두 갖추어진 장식성이 강한 상륜이다. 상륜의 이러한 장식들은 모두 극락세계의 법륜과 금은보화 등 진귀한 보물을 상징한다.

* 하대(hadae) lower base of a stone pagoda

** 상대(sangdae) upper base of a stone pagoda

*** 탑신석(tabsinseog) tower stone of a pagoda

**** 옥개석(oggaeseog) roof stone of a pagoda

***** 상륜부(sanglyunbu) finial

석등 실상사
Stone Lantern

석등 영암사지 쌍사자석등

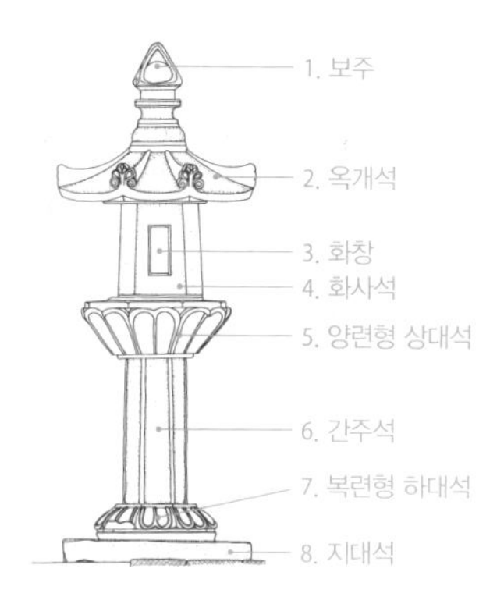

석등 금산사 대장전 앞

1. 보주 top stone aka 'sacred jewel'
2. 옥개석 roof stone
3. 화창 firebox window
4. 화사석 stone firebox
5. 양련형 상대석 upper base of a stone lantern
6. 간주석 stone pillar
7. 복련형 하대석 lower base of a stone lantern
8. 지대석 foundation base stone

seogdeung
석등
Stone Lantern

사찰에서 야외에 설치하는 돌로 만든 등이지만 기능보다는 부처에게 불을 공양한다는 의미가 강한 조형물이다. **석등(石燈)***은 대개 불전이나 부도전, 승탑 앞에 놓인다. 때로 석등 앞에 배례석(拜禮石)이 놓이기도 한다. 석등은 조선시대 왕릉에서도 사용되었으며 드물게 향교나 서원 등에서도 볼 수 있다. 그러나 대부분 서원과 향교에는 석등보다는 간단히 관솔불을 지필 수 있는 정도의 정료대라는 석물이 설치된다.

석등은 승탑과 같이 세 부분으로 구성된다. 먼저 지면에 지대석을 놓고 그 위에 하대석을 올리는데 하대석에는은 복련을 조각하는 경우가 많다. 승탑과 달리 석등은 가운데 중대석이 높아야 하기 때문에 팔각 기둥석을 세우는 경우가 많다. 이를 **간주석(竿柱石)****이라고 한다. 간주석은 때로 북

* 석등(seogdeung) stone lantern
** 간주석(ganjuseog) stone pillar

1. 석등 stone lantern
2. 배례석 prostration stone plate

석등과 배례석 부석사
Stone Lantern and Prostration Stone Plate

모양으로 장식하기도 하는데 이를 마치 북을 눕혀 놓은 것과 같다고 하여 **고복석**(鼓腹石)이라고 부른다. 간주석 위에는 상대석을 올리는데 앙련으로 조각하는 것이 일반적이다. 상대석 위에는 불을 피울 수 있는 **화창**(火窓)이 뚫린 팔각형의 **화사석**(火舍石)*이 놓이고 화사석 위에는 팔각지붕 돌인 옥개석을 올리며 옥개석 위는 **보주**(寶珠)** 정도의 상륜 장식으로 마감한다. 그리고 지금은 모두 사라졌지만 화창은 목재로 창틀을 만들어 끼우고 한지를 발라 마감했다. 간주석은 때로 두 마리의 사자가 화사석을 받치고 있는 모습으로 조각되는 경우가 있는데 이를 **쌍사자석등**이라고 부른다. 화사석은 대부분 팔각형이지만 드물게 여천 흥국사 석등이나 충주 미륵대원지 석등, 회암사지 석등처럼 방형인 경우도 있다. 또 화엄사 각황전 앞 석등이나 실상사 석등처럼 규모가 큰 경우에는 통돌로 만든 계단석을 따로 놓아 올라갈 수 있도록 했다.

* 화사석(hwasaseog) stone firebox

** 보주(boju) top stone aka 'sacred jewel'

seungtab
승탑
Stone Stupa

스님의 사리를 안치한 탑을 불탑과 구분하여 **승탑(僧塔)*** 이라고 부른다. 한국에서 승탑이 처음으로 만들어진 것은 통일신라 선종사원에서부터이다. 승탑은 탑신 모양에 따라 **팔각원당형(八角圓堂形)**** 과 **석종형(石鐘形)***** 으로 나눈다. 팔각원당형은 탑신이 팔각형으로 크고 화려하며 통일신라에 많다. 반면 석종형은 탑신이 마치 종과 같이 생겨 붙은 이름으로 규모와 장식이 천차만별이지만 팔각원당형에 비해 조각이 없고 소박한 것이 일반적이다. 석종형은 고려시대 이후 것이 대부분인데 유일하게 통일신라 석종형 승탑으로 태화리 태화사지 승탑이 있다.

승탑도 탑과 같이 크게 기단부, 탑신부, 상륜부로 구분된다. 팔각원당형의 기단부는 대개 가운데가 잘록한 장구 모양으로 만들어지는데 이를 셋으로 나눠 하대석, 중대석, 상대석으로 나눈다. 하대석 밑에는 지대석이 깔려있는데 대개는 장식이 없고 방형이다. 하대석의 윗면에는 연꽃을 엎어 놓은 것과 같은 복련(覆蓮)을 조각하고 측면에는 안상을 새긴 것이 많은데 통일신라 쌍봉사 철감선사탑에는 구름과 용이 새겨있다. 중대석은 면석에 안상을 새긴 가구식기단과 같이 만드는 것이 일반적인데 고달사지 원종대사탑은 구름 속에 노니는 용을 새겼다. 상대석은 연꽃이 핀 앙련(仰蓮) 모양으로 조각하는 것이 보통이다. 흥법사지 염거화상탑은 상대, 중대, 하대를 하나의 통돌로 만들었다. 상대 위에는 팔각형 탑신을 올리는데 정면은 중앙에 자물쇠를 새기고 나머지 면에는 사천왕이나 팔부신장상을 새기는 것이 일반적이다.

석종형 승탑은 **지대석** 위에 석종형 **탑신**을 바로 올리고 탑신과 한 몸으로 연봉형의 **보주(寶珠)**로 상륜장식을 하는 것이 보통이다. 그리고 탑신 정

* 승탑(seungtab) stone stupa

** 팔각원당형(palgagwondanghyeong) octagonal shape stone stupa

*** 석종형(seogjonghyeong) bell shape stone stupa

팔각원당형
진전사지 도의선사탑
Octagonal Shape Stone Stupa

팔각원당형
고달사지 원종대사탑

팔각원당형
쌍봉사 철감선사탑

석종형 백양사 승탑
Bell Shape Stone
Stupa

석종형 건봉사 승탑

석종형 신륵사 보제존자탑

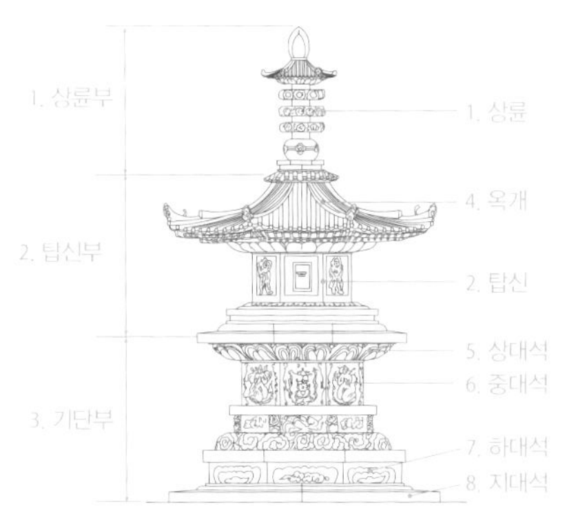

팔각원당형 승탑
Octagonal Shape Stone Stupa

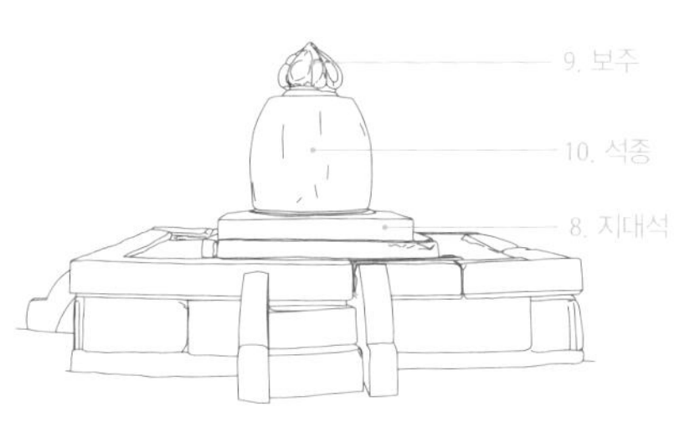

석종형 승탑
Bell Shape Stone Stupa

1. 상륜부 finial
2. 탑신부 tower
3. 기단부 base
4. 옥개 roof stone
5. 상대석 upper base
6. 중대석 middle base
7. 하대석 lower base
8. 지대석 foundation base stone
9. 보주 top stone aka 'sacred jewel'
10. 석종 bell shape stone

탑 모양의 방형 승탑
법천사 지광국사현묘탑
Pagoda Shape Stone Stupa

면에는 세로로 길게 음각하여 당호를 쓰는 경우가 많은데 이를 **제액**(題額)이라고 한다. 신륵사 보제존자 석종은 마치 건물의 가구식기단처럼 꾸민 단 위에 승탑을 올려 품격을 갖추었다.

팔각원당형이나 석종형 이외에 법천사 지광국사현묘탑의 경우는 탑신이 방형이고 2층 석탑과 같이 만든 방형 승탑이다. 또 정토사 홍법국사탑은 탑신이 구슬처럼 생긴 구형(球形) 승탑이다.

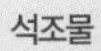

당간지주 미륵사지
Flagpole Stone Support

당간지주 중초사지

철당간 법주사
Steel Flagpole

1. 철당간 steel flagpole
2. 당간지주 flagpole stone support
3. 원공 flagpole hole
4. 간대 base for flagpole

dang-gan
당간
Flagpole

고대 사원에서는 절 맨 앞에 **당**(幢)* 이라는 좁고 긴 깃발을 걸어 사찰의 행사를 알렸다. 이때 당을 거는 깃발대를 **당간**(幢竿)** 이라고 하며 당간을 고정하기 위한 지지대가 **당간지주**(幢竿支柱)*** 이다. 당간은 대개 나무로 만들기 때문에 거의 사라졌고 대부분 돌로 만든 당간지주만 남아있다. 그러나 아주 드물게 당간을 철로 만드는 경우도 있었다. 공주 갑사, 청주 용두사지, 보은 법주사, 안성 칠장사 등에서 아직 남아있는 철당간 유적을 볼 수 있다. 또 담양 읍내리 석당간과 나주 동문 밖 당간은 돌로 만들어진 특수한 사례이다.

당간지주는 바닥에 방형의 기단석을 놓고 그 위에 두 개의 지주석을 세워 구성하는데 대개 기단석(基壇石)은 장방형이고 측면에는 안상(眼象)을

* 당(dsang) flag

** 당간(danggan) flagpole

*** 당간지주(dangganjiju) flagpole support

3. 원공 4. 간대

간대와 원공 미륵사지
Base for Flagpole and Flag Hole

간대와 원공 중초사지

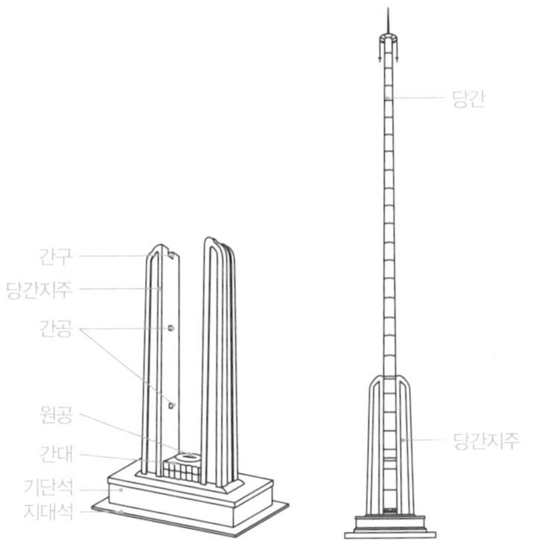

당간지주의 각부 명칭
Flagpole Detail

석조물

조각한다. 기단석 위에서는 길게 홈을 내어 양쪽에 석주를 세우고 가운데는 당간을 받칠 수 있는 받침석을 놓는다. 양쪽 석주를 **당간지주**라고 하며 당간지주에는 당간을 고정할 수 있도록 위아래와 중간에 구멍을 뚫는데 이때 맨 윗구멍을 **간구**(竿溝)라 하고 중간과 아랫구멍을 **간공**(竿孔)이라고 한다. 당간은 당간지주의 간구와 간공에 쐐기목을 박아 고정한다. 당간지주 사이 당간의 받침돌은 **간대**(竿臺)라고 하며 간대 위에는 당간이 내려앉을 수 있도록 구멍을 뚫는데 이를 **원공**(圓孔)이라고 한다.

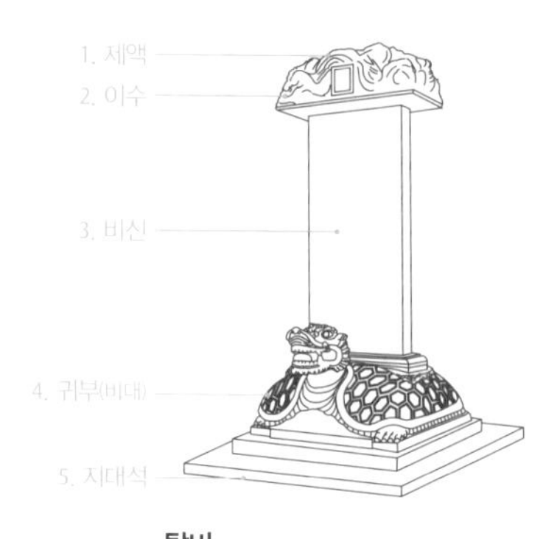

탑비
Stone Stele Accompanying Stupa

탑비
법천사지 지광국사현묘탑비

탑비
회암사지 지공선사탑비

귀부와 이수 고달사진 원종대사탑비
Capstone and Turtle Base

귀부 건봉사
Turtle Base

tabbi

탑비
Stone Stele Accompanying Stupa

승탑과 한 조로 만들며 승탑 주인의 행적과 업적을 기록한 비석이다. 비석은 탑비 외에도 목적에 따라 신도비, 묘비, 공덕비, 위령비, 대첩비 등으로 다양하다. 탑비를 제외한 대부분의 비석은 관석을 별도로 얹지 않고 머리를 둥글게 만드는 경우가 많은데 이를 **갈**(碣) 또는 **비갈**(碑碣)*이라고 한다. 중국에서는 탑비도 옥개석 없이 둥근 머리 부분에 용을 조각하여 마무리하는 경우가 많다.

* 비갈(b-gal) stele with round shape top

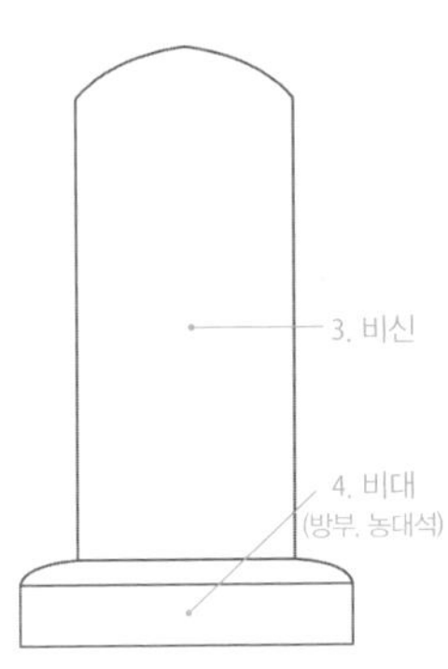

비갈
Stele with Round Shape Top

비갈 익산향교 선정비

선정비
양성향교 군수선정비

1. 제액 inscription panel
2. 이수 capstone
3. 비신 monument body
4. 귀부(비대) turtle base
5. 지대석 foundation base stone
6. 옥개석 roof stone

탑비는 비문을 새긴 **비신**(碑身)과 비신 받침인 **비대**(碑臺), 지붕에 해당하는 **관석**(冠石)을 갖추고 있는 경우가 많다. 비대(碑臺)는 탑비에서는 대개 거북 모양으로 만들고 **귀부**(龜趺)라고 불렀다. 귀부의 머리는 용머리로 조각하는 것이 보통인데 초기의 탑비인 7세기 경주 서악리 귀부와 신라 태종 무열왕릉 비석 귀부의 경우는 거북으로 했다. 거북 모양 없이 방형의 받침돌을 사용했을 경우는 **방부**(方趺)라고 하며 **농대석**(籠臺石)이라고도 부른다.

귀부 또는 방부 위에는 비석 받침 구멍을 파는데 이를 **비좌**(碑座)라고 한다. 비신은 얇은 판석으로 만들며 양쪽에 비문을 새기는데 법천사지 지광국사현묘탑비는 비신을 오석(烏石)으로 만들었으며 측면에는 여의주를 사이에 두고 싸우는 화려한 용 조각을 했다. 비신 위에는 지붕에 해당하는 관석을 올리는데 지붕 모양으로 생긴 것을 **옥개석**(屋蓋石) 또는 **가첨석**(加檐石)이라고 한다. 그러나 탑비에서는 관석에 용을 새기는 것이 보편적이며 이를 **이수**(螭首)라고 부른다. 이수는 보통 구름과 용이 얽혀 있는 모습으로 조각되며 이수 전면 중앙에는 편액처럼 면을 다듬어 탑비 주인의 이름을 새겼다. 이 부분을 **제액**(題額)이라고 한다.

하마비 나주향교
Dismount Sign Stone

하마비 안성향교

hamabi
하마비
Dismount Sign Stone

서원이나 향교의 홍살문 앞에 세우는 비석으로 말이나 가마에서 내리라는 표시이다. **하마비(下馬碑)***에는 대개 '대소인원개하마(大小人員皆下馬)'라고 쓰여 있는데 여기서 인(人)과 원(員)은 모두 사람을 지칭하는 대명사로 인(人)은 관직이 없는 사람이고 원(員)은 관직이 있는 사람을 뜻한다. 그 아래로는 명(名)과 구(口)가 있는데 서원이나 향교에 올 정도면 인이나 원 정도의 등급이었기 때문에 쓸 필요가 없었다. 하마비는 서원이나 향교의 홍살문 앞에 놓인다.

* 하마비(hamabi) dismount sign stone

석조 선암사
Stone Basin

석조 경주 최부자댁

석조 여주 고달사지

석조 통도사

seogjo
석조
Stone Basin

돌로 만든 물통으로 주로 사찰에서 물을 받아놓고 쓸 때 사용한다. 때로는 목욕을 위한 욕조로도 쓰였으나 보통은 공양이나 찻물을 받아두는 것으로 사용했다. **석조(石槽)***는 크기와 마감이 다양한데 여주 고달사지 석조는 모서리에 간단한 귀꽃을 새길 정도로 정교하게 만들었으며 경주 최부자댁의 석조는 거칠지만 전체를 꽃 모양으로 장식하고 유선형으로 만든 뛰어난 작품이다.

선암사 석조는 네 단으로 놓아 석연지를 꾸몄는데 쓰임에 따라 물을 뜨는 곳이 달랐다. 제일 윗단은 찻물로 사용하며 두 번째 단은 마시는 물이고 세 번째 단은 일반 물이며 네 번째 단은 허드렛물로 사용한다고 한다. 운치와 서정을 느끼게 한다.

* 석조(seogjo) stone basin

石漏槽
見長安門

석누조 《화성성역의궤》
Stone Water Spout

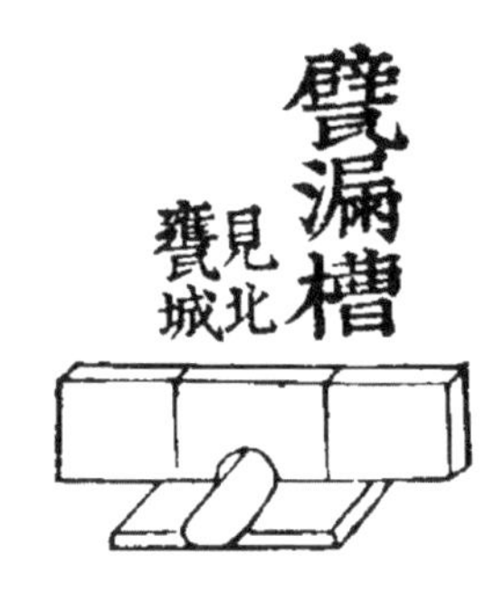

벽누조 《화성성역의궤》
Brick Water Spout

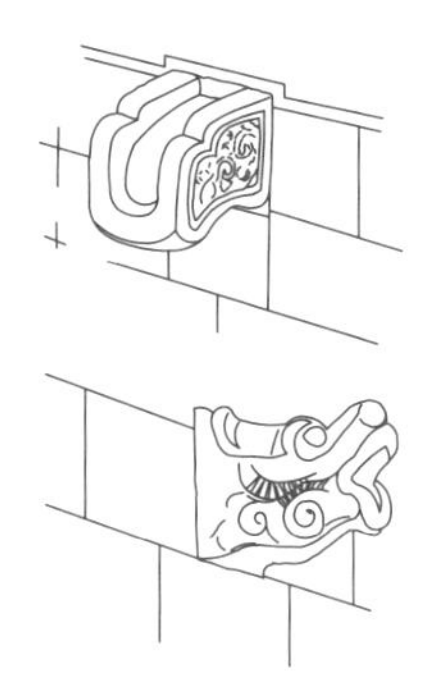

석누조

석누조 종묘 정전

석누조 창덕궁 후원

석누조 수원화성 화서문

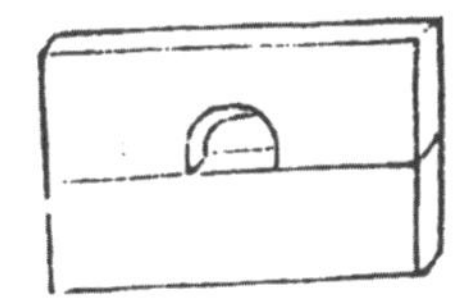

누혈 《화성성역의궤》
Water Spout Hole

누혈과 석누조 수원화성 화홍문
Water Spout Hole and Stone Water Spout

1. 누혈 water spout hole
2. 석누조 stone water spout

nujo
누조
Water Spout

누조(淚槽)는 배수구의 물이 밖으로 잘 흘러 빠지도록 성벽이나 다리, 기단 끝 등에 설치하는 물홈돌이다. 혀처럼 만들어 벽면에서 약간 튀어나오게 만들어 배수된 물이 벽을 타고 흐르지 않도록 한다. 중국에서는 용머리로 만드는 경우가 많다. 돌로 만든 것을 **석누조**(石漏槽)*, 벽돌로 만든 것을 **벽누조**(甓漏槽)**라고 한다. 돌출부분 없이 구멍만을 뚫었을 경우는 **누혈**(漏穴)***이라고 한다. 벽누조와 누혈은 수원화성에서 볼 수 있다.

* 석누조(seoknujo) stone water spout
** 벽누조(byeoknujo) brick water spout
*** 누혈(nuhyeol) water spout hole

석조물

노둣돌 영광 매간당 고택
Dismounting Stone Steps

노둣돌 수원화성 동장대

노둣돌 창덕궁 낙선재

1. 노둣돌 dismounting stone steps
2. 우석 single monolithic side stone
3. 와장대석 slope capstone

nodusdol

노둣돌
Dismounting Stone Steps

노둣돌은 **노대석**(路臺石)이라고 쓰며 **하마석**(下馬石)이라고도 한다. 대문 앞에 설치하여 말이나 가마에서 내릴 때 디딤돌로 사용하였다. 지금은 말이나 가마가 사라져 노둣돌도 없어졌지만 수원화성 동장대, 창덕궁 낙선재, 영광 매간당고택 대문 앞 등에 남아있다.

품계석 덕수궁
Rank Sign Stone

품계석 창덕궁

pumgyeseog
품계석
Rank Sign Stone

궁궐 정전 앞 어도 양쪽에 품계를 새겨 세운 작은 비석으로 정1품, 종1품, 정2품, 종2품, 정3품, 종3품 순서로 놓고 이후에는 종은 없고 정4품에서 정9품까지 순서대로 놓았다. 정전에 가까운 쪽이 높은 품계이고 멀수록 낮은 품계이다. 동서를 문신과 무신으로 나누었으며 신년 하례식이나 조회 때 각각의 품계석(品階石) 앞에 서서 의례를 행한다.

정료대 회암사지
Stone Pedestal for Illuminating Device

정료대 통도사

정료대 도동서원

jeonglyodae
정료대
Stone Pedestal for Illuminating Device

서원이나 향교의 사당이나 강당, 사찰의 불전 앞에 관솔불을 피우기 위해 설치하는 석조물이다. **요거석**(燎炬石) 또는 **불우리**라고도 한다. 옥산서원의 정료대(庭燎臺)는 팔각 석주 위에 앙련이 새겨진 갑석을 올렸다. 회암사지 보광전 앞 정료대는 방형 석주 위에 방형 갑석을 올렸다. 이와 같이 형태는 다양하다.

망료위 종묘 정전
Brick Housing for Burning Used Ceremonial Items

예감 사직단
Stone Marking for Burying Used Ceremonial Items

manglyowi
망료위
Brick Housing for Burning Used Ceremonial Items

망료위(望燎位)는 제향을 지내고 난 뒤 축문을 불사르는 곳으로 보통은 사당 뒤에 설치한다. **망예위**(望瘞位)라고도 한다. '예(瘞)'는 묻는다는 의미이다. 그래서 사직단에서는 이를 묻는 구덩이란 의미로 **예감**(瘞坎)*이라고 하였다. 사직단 예감은 장대석 네 개를 방형으로 돌려놓은 모양으로 단 옆에 있다.

석조물

* 예감(yegam) stone marking for burying used ceremonial items

관세위 완주 송광사
Stone Cleansing Bowl

봉발대 통도사
Stone Offering Bowl to Maitreya

gwansewi
관세위
Stone Cleansing Bowl

관세위(盥洗位)는 향사 때 헌관이 사당에 들어가 제향 의식을 행하기 전에 손 씻을 대야를 받쳐 놓는 받침대를 가리킨다. 일반적으로 돌기둥을 세워 그 위에 **관분**(盥盆) 즉 대야를 올려놓는다. 보통 사당 동쪽 계단 옆에 설치한다.

bongbaldae
봉발대
Stone Offering Bowl to Maitreya

양산 통도사 용화전 앞에는 승려가 사용하는 밥그릇인 발우(鉢盂) 모양의 거대한 화강석 그릇이 대좌 위에 올려져 있다. 이를 봉발대라고 한다. 봉발대는 미래에 출현할 미륵불을 공양하기 위해서 가섭존자가 부처로부터 받아 미리 준비해 둔 상징 조형물이다. 용화법회에 참석할 준비물로 향목(香木)을 해변에 묻어둔 **매향비**(埋香碑)* 등과 같은 의미이다. 통도사 봉발대는 보물로 지정된 대표적인 유적이다.

* 매향비(maehyangbi) stele commemorating the burial of incense

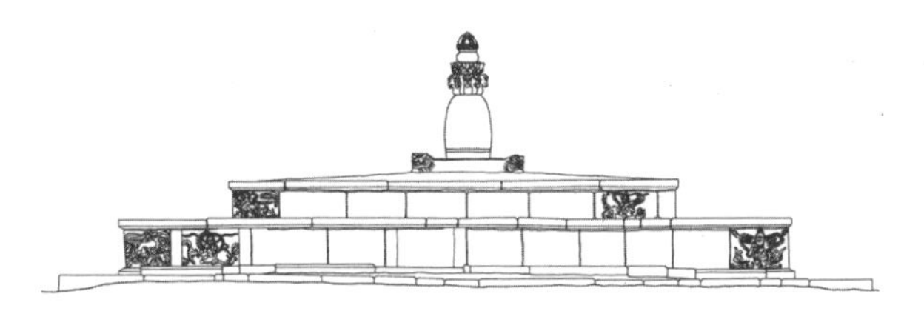

계단 금산사 방등계단
Stone Platform for Buddhist Initiation Ritual

계단 금산사 방등계단

계단 통도사 금강계단

gyedan

계단(戒壇)
Stone Platform for Buddhist Initiation Ritual

수계(受戒)의식을 위해 만든 단을 말한다. 현재 남아있는 **계단**(戒壇)* 유적으로는 통도사 금강계단과 금산사 방등계단이 대표적이다. 계단은 계율을 중히 여기는 율종 사찰의 특징이기도 하다. 방형으로 이중 석단을 만든 다음 중앙에는 부처님의 진신사리를 안치한 석종형 탑을 올렸다. 계단은 인도에서 유래했으며 중국 당나라 도선율사(道宣律師)가 정업사(淨業寺)에 처음으로 만들었다고 한다. 우리나라에서는 643년 신라의 자장율사가 당나라 종남산 운제사(雲際寺)에서 불경과 진신사리를 모시고 와 양산 통도사에 계단을 만든 것이 시초였다.

* 계단(gyedan) stone platform for Buddhist initiation ritual

dali
다리
Bridges

jing-geomdali
- 징검다리 Stepping-stone Bridge

namudali
- 나무다리 Wooden Bridge

pyeongseoggyo
- 평석교 Stone Slab Bridge

hong-yegyo
- 홍예교 Arch Bridge

nugyo
- 누교 Pavilion Bridge

baedali
- 배다리 Pontoon Bridge

창덕궁 금천교

재료 및 형식	종류
재료	나무다리(木橋), 돌다리(石橋), 쇠다리(鐵橋)
형식	징검다리(徒杠), 평교(平橋), 홍예교(虹霓橋), 배다리(舟橋), 누교(樓橋)

다리(橋)는 강이나 내를 건널 수 있게 하는 구조물이다. 사람만 겨우 건널 수 있는 작은 다리에서부터 차량이 통행할 수 있는 큰 다리까지 규모와 형식은 천차만별이며 재료도 나무다리, 돌다리, 쇠다리 등으로 다양하다. 민간에서는 주로 나무다리를 이용했고, 궁궐이나 관아는 돌다리가 많으며 철교는 근대 이후에 나타났다. 또 다리는 모양과 구조형식에 따라 징검다리, 평교, 홍교, 배다리, 누교 등으로 나눌 수 있다. 평교는 교각을 세우고 교면을 평평하게 건 것이며 나무로 만든 평교와 돌로 만든 평교가 있다. 홍교는 홍예를 틀어 둥글게 교면을 만든 것으로 돌다리가 대부분이다.

다리는 물리적인 구조물일 뿐만 아니라 문학에서도 많이 인용되어 마음을 이어주는 서정성이 담겨 있다. 실존하지는 않으나 민속 설화에 나타난 **오작교(烏鵲橋)**가 매우 유명하다. 오작교는 칠월칠석에 견우와 직녀가 만나는 까마귀가 놓아준 다리로 지상과 천상을 연결해주는 상상의 다리인 것이다.

징검다리 송광사
Stepping-stone Bridge

jing-geomdali
징검다리
Stepping-stone Bridge

얕은 강물이나 늪지에 돌 또는 흙더미를 드문드문 놓아 건너다닐 수 있도록 한 다리이다. 마을의 작은 개울에서 흔하게 볼 수 있으며 때로는 갯벌에 길게 **징검다리**(徒杠)*를 놓아 갯일을 할 때 사용하기도 했다. 징검다리는 내를 건너 마을로 들어가는 옛 풍경에서는 많이 볼 수 있었으나 지금은 대부분 사라졌다. 송광사의 징검다리는 위에 판재를 깔아 널다리를 겸하고 있는 모습을 볼 수 있다.

* 징검다리(jinggeomdali) stepping-stone bridge

나무널다리 경복궁 향원정 취향교
Wood Board Bridge

통나무다리 달성 삼가헌 고택
Log Bridge

섶다리 안동 하회마을
Twig–base Earth Finish Bridge

통나무다리 무섬마을

namudali
나무다리
Wooden Bridge

나무로 만든 다리로 **나막다리**라고도 하며 형식과 모양은 다양하다. 가장 간단한 것은 개천 양쪽에 통나무를 하나 또는 둘 건너지른 것이다. 이를 **통나무다리***라고 하며 좁아서 교행이 안 되기 때문에 외나무다리라고도 속칭한다. 강폭이 넓으면 돌다리처럼 나무기둥을 강바닥에 박아 교각을 세우고 교각에 멍에목을 건너지른 다음 멍에목 사이에 널판을 깔아 만든다. 이를

* 통나무다리(tongnamudali) log bridge

널을 깔아 만든 다리라고 하여 **나무널다리**(板橋)*라고 한다. 경복궁 향원정의 취향교는 목재로 교각을 세우고 멍에 위에 장마루 짜듯이 목재를 깐 무지개형 다리이다. 그리고 다리 양쪽에는 나무 난간까지 갖춘 격식 있는 나무다리이다.

그러나 널을 쉽게 구할 수 없는 서민들이 이용하는 나무다리는 멍에목에 성글게 통나무를 건너지른 다음 솔가지나 나뭇가지들을 깔고 위에 흙을 덮어 마감하는데 이를 **섶다리****라고 한다. 나무다리는 약하고 수명이 짧아 남아있는 사례가 거의 없다.

pyeongseoggyo
평석교
Stone Slab Bridge

교각을 세우고 그 위에 상판을 평평하게 깐 돌다리를 말한다. 평석교(平石橋)도 규모와 형식에 따라 모양이 다양하다. 가장 간단한 것은 개울 폭이 좁은 경우 판석을 하나 건너질러 만들 수도 있다. 이를 **돌널다리*****라고 한다. 널의 재료가 나무나 돌로 다를 수 있지만 이름은 같다. 그러나 강폭이 넓을 경우는 중간에 교각을 세우고 교각 위에 멍에돌을 건너지른 다음 그 위에 판석이나 장대석을 깔아나간다. 봉화마을 청암정 돌다리는 멍에돌 위에 긴 장대석 하나만을 건너지른 간단하면서도 세련된 사례를 보여준다. 문화재로 지정된 진천의 농다리는 자연석을 쌓아 교각을 만들고 그 중간에 판석을 건너질러 만든 소박하면서도 화려한 널다리이다.

다리 폭을 더 넓게 하기 위해서는 창경궁 통명전 옆 석연지 중간에 놓인 다리처럼 멍에돌 위에 귀틀석을 두 줄로 보내고 그 사이에 갑석을 깔아 마감한다. 규모가 있는 석교에서는 다리 양쪽에 난간을 설치하여 격식을 갖

* 나무널다리(namuseoldali) wood board bridge

** 섶다리(seopdali) twig-base earth finish bridge

*** 돌널다리(dolneoldali) single stone bridge

돌널다리 창덕궁
Single Stone Bridge

돌널다리 진천 농다리

평석교 봉화마을 청암정
Flat Stone Bridge

평석교 경복궁 경회루 연지

1. 교각 bridge pier
2. 멍에돌 girder stone
3. 귀틀석 lintel stone
4. 하엽석 lotus leaf shape stone spindle
5. 돌란대 stone handrail
6. 법수석 stone newel post

평석교 창경궁 통명전 석연지

춘다. 조선시대 한양의 평석교 유적으로는 수표교, 광통교, 살곶이다리 등이 남아있고 지방에는 보령의 한내다리, 논산 원봉리다리, 벌교 도마교, 선죽교 등이 있다.

규모가 있는 평석교는 먼저 강바닥에 기둥석을 세우는데 이를 **교각**(橋脚)이라고 한다. 교각 밑에는 마치 초석처럼 생긴 받침석을 놓는데 이를 **교대**(橋臺)라고 한다. 교대 아래에는 때로는 얇은 박석을 깔기도 하는데 이를 **하박석**이라고 한다. 교대는 초석처럼 놓기도 하지만 양쪽 교각을 연결하여

귀틀석과 상판석 수표교
Lintel Stone and Deck Stone

멍에돌과 귀틀석 수표교
Girder Stone and Lintel Stone

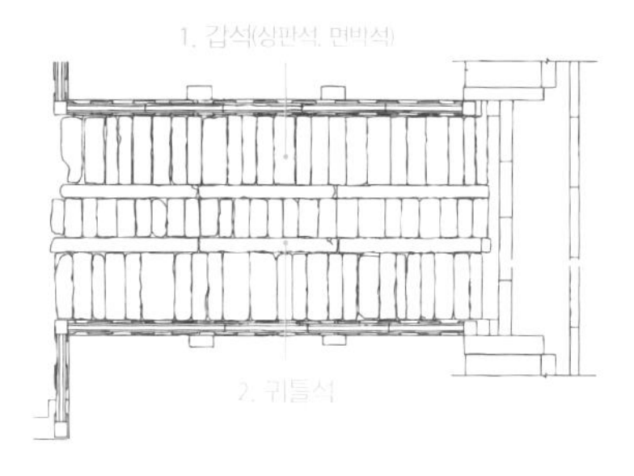

평석교 세부 명칭
Flat Stone Bridge Detail

교각과 멍에돌 수표교
Bridge Pier and Girder Stone

이주석 경주 월정교
Decorative Stone Newel post

이주석 광통교

1. 갑석 deck stone
2. 귀틀석 lintel stone
3. 교각 bridge pier
4. 멍에돌 girder stone
5. 하엽석 lotus leaf shape stone spindle
6. 돌란대 handrail
7. 동자주석 queen post stone
8. 교대 bridge pier base

길게 놓기도 한다. 통일신라 다리 유적인 경주 월정교지 교각은 기둥식이 아닌 벽식으로 만든 사례이다.

교각과 교각 위에는 긴 장대석을 건너질러 연결하는데 이를 **멍에돌**(駕石)이라고 한다. 멍에돌 위는 마치 우물마루를 짜듯이 다리 상판을 만드는데, 먼저 **귀틀석**(耳機石)을 멍에돌 위에 건너지른 다음 귀틀석 사이에 청판석을 깔아 마감한다. 난간이 있는 석교에서는 귀틀석이 난간 받침석의 역할도 하게 되는데 이때 귀틀석을 **지방석**(地方石)으로 부르기도 한다. 귀틀석 위에는 청판석을 깔아 마감하는데 이 청판석을 **갑석**(甲石) 또는 **상판석**(上板石), **면박석**(面博石)이라고 한다. 이 갑석이 다리의 교면이 된다.

다리 양쪽 돌난간의 구성은 다양하다. 경회루 다리처럼 귀틀석 위에 **하엽석**(荷葉石)을 일정 간격으로 놓고 그 위에 **돌란대**(竹石)를 올려 간단히 만드는 것이 있는 반면에 목재 난간처럼 석주를 세워 복잡하게 만들기도 한다. 수표교와 광통교에서는 귀틀석 위에 일정 간격으로 **동자석주**(童子石柱)를 먼저 세우고 석주 사이에 돌란대를 걸었다. 그리고 석주와 석주 사이에는 돌란대 밑으로 하엽 모양의 돌을 받쳤는데 이를 **하엽석**(荷葉石)이라고 한다. 동자기둥은 대개 위쪽에 연봉을 조각하는 것이 일반적이다. 그리고 다리가 시작되고 끝나는 부분의 동자석주는 조금 크게 만들기도 하고 위에는 해태 등 서수상을 조각하는 것이 보통이다. 이 석주를 **법수석**(法首石)이라고 하는데 동물을 새긴 법수석을 특별히 **이주석**(螭柱石)이라고 부르기도 한다. 창경궁 옥천교의 경우는 동자석주 사이에 풍혈이 있는 청판석을 두었는데 하엽동자와 청판석이 하나의 돌로 만들어졌다.

홍예교 창덕궁 금천교
Arch Bridge

홍예교 만안교

홍예교 세부 명칭
Arch Bridge Detail

홍예석과 부형무사 만안교
Arch–stones and Stone Top Abutment

용두석 벌교 홍교
Keystone Dragon Head Decoration

1. 동자석주 stone queen post
2. 돌란대 handrail
3. 하엽석 lotus leaf shape stone spindle
4. 법수(이주석) stone newel post
5. 청판석 stone balustrade panel
6. 무사석 stone abutment
7. 홍예종석 keystone
8. 청정무사 stone side abutment
9. 홍예석 arch–stones
10. 선단석(홍예기석) impost
11. 부형무사 stone top abutment

hong-yegyo

홍예교

Arch Bridge

홍교(虹橋)* 라고도 하며 홍예가 교각이나 교대의 역할을 하는 돌다리를 가리킨다. 강폭이 좁을 경우는 홍예 하나만으로 가능하지만 강폭이 넓은 경우에는 홍예를 여러 개 틀어 연결해 사용하는데 이때 다리 규모는 홍예 숫자에 따라 계산된다. 청계천의 오간수문(五間水門)은 홍예가 5개인 수문을 의미한다. 창경궁 옥천교는 홍예가 두 개인 이간 홍예교(虹霓橋)이고 정조의 능행을 위해 놓았다는 안양의 만안교는 7칸 홍예교이다.

홍예를 만들기 위해서는 먼저 홍예석 하단에 육중한 받침돌이 놓이는데 이를 **선단석**(扇單石)** 또는 **홍예기석**(虹霓基石)*** 이라고 한다. 홍예가 여러 개 반복되는 곳에서는 양쪽 홍예석을 동시에 받칠 수 있도록 선단석으로 큰 돌을 쓴다. 또 선단석은 물 흐름을 방해하지 않도록 끝을 뾰족하게 마름모꼴로 만들기도 한다. 선단석 위에는 부채꼴 모양으로 **홍예석**(虹霓石)**** 을 이용해 홍예를 트는데 홍예의 가장 위쪽 꼭짓점에 올라가는 홍예석을 특별히 **홍예종석**(虹霓宗石)***** 이라고 한다. 홍예종석은 때로 멍에돌처럼 약간 튀어나오게 하여 용머리 등을 조각하기도 한다.

홍예 양쪽 수직면은 잘 다듬은 돌로 석축 쌓듯이 쌓는데 이를 **무사석**(武砂石)****** 이라고 한다. 무사석은 방형이지만 홍예석 옆에서는 홍예석에 맞추어 그렝이를 뜬다. 무사석 중에 홍예종석 위에 올라가는 무사석은 밑면이 위쪽으로 등이 굽은 모양이 되는데 이를 특별히 **부형무사**(缶形武砂)******* 라고 하고 반대로 홍예 두 개가 양쪽에서 만나는 부분에는 역삼각형 모양

다리

* 홍교(honggyo) synonym for hong-yegyo

** 선단석(seondanseog) impost

*** 홍예기석(hongyegiseog) synonym for seondanseog

**** 홍예석(hongyeseog) arch-stones

***** 홍예종석(hongyejongseog) keystone

****** 무사석(musaseog) stone abutment

******* 부형무사(buhyeongmusa) stone top abutment

청정무사의 서수상 창경궁 옥천교
Protective Sculpture on Stone Side Abutment

이주석의 동물상 창덕궁 금천교
Animal Figure Decorative Stone Rail Post

벅수(법수) 병영성 홍교
Guardian Stone Statue

의 무사석이 쓰이는데 이를 **청정무사**(蜻蜓武砂)*라고 한다. 창경궁 옥천교의 청정무사에는 도깨비 얼굴을 조각했다. 무사석 위에서는 평석교와 마찬가지로 귀틀석을 올리고 그 사이에 면박석을 깔아 다리의 상판을 완성한다. 한편 홍예교에서는 교각이 없기 때문에 멍에돌을 생략하는 경우도 많다. 홍예 내부에서는 천장 중앙에 밑을 내려다보고 있는 용머리를 꽂기도 하는데 이를 **용두석****이라고 한다. 잡귀를 막아주는 벽사의 의미를 갖는다. 전라병영성의 홍교에서는 다리 양쪽에 벅수(법수)로 돌장승을 세우기도 하였다. 단칸 홍예교에서는 구름다리 양쪽에 경사가 있어서 계단이 설치되기

* 청정무사(cheongjeongmusa) stone side abutment
** 용두석(yongduseog) keystone dragon head decoration

누교 승주 송광사 우화각
Pavilion Bridge

누교 경주 월정교

도 하는데 계단 양쪽의 비스듬하게 놓인 소맷돌을 **와장대석**(臥長臺石)이라고도 한다. 수원화성의 화홍문에서는 홍예 수문 바닥에 박석을 깔았는데 물살을 거스르지 않는 모양의 **어린박석**(魚鱗博石)을 깔았다고 한다.

nugyo
누교
Pavilion Bridge

누교(樓橋)*는 다리 위에 누각이 있는 경우이다. 승주 송광사 입구의 청량각 홍교와 일주문 안쪽의 우화각 홍교에서 그 사례를 볼 수 있다. 이 경우에는 다리가 통로 역할만 하는 것이 아니라 여름에 시원한 바람을 즐길 수 있는 정자와 같은 휴식 공간 역할도 한다. 또 누각과 홍예교와 물이 어우러져 훌륭한 경치를 만들어내는 정원 요소이기도 하다.

다리

* 누교(nugyo) pavilion bridge

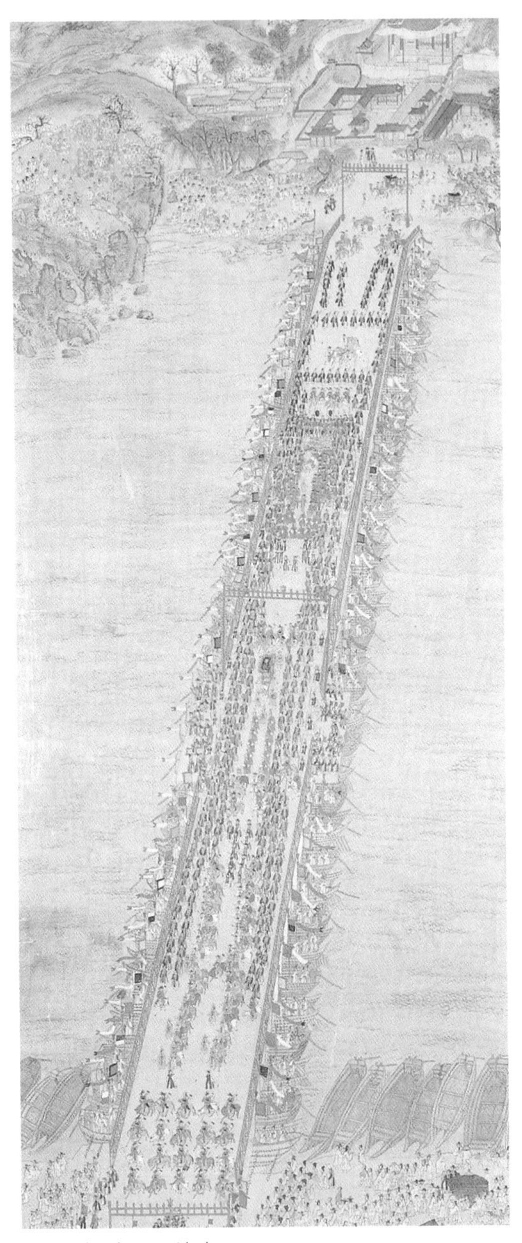

배다리 〈노량주교도섭도〉
Pontoon Bridge

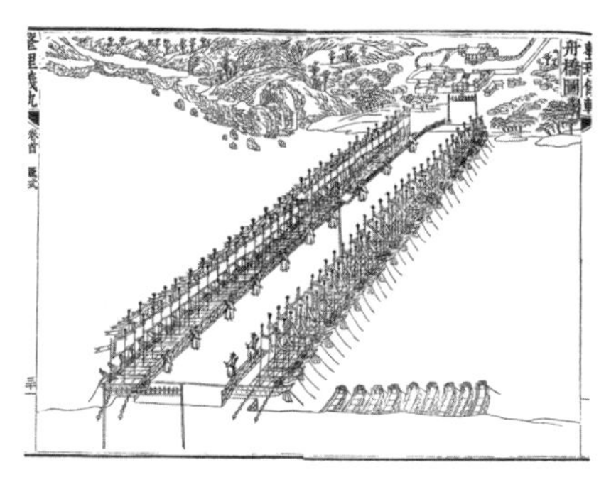

배다리 《정리의궤》

baedali
배다리
Pontoon Bridge

배를 일정 간격으로 늘어놓고 그 위에 판재를 건너질러 만드는 **부교**(浮橋)* 의 일종이다. 조선 정조는 화성에 아버지 사도세자의 능을 옮겨 놓고 자주 능행을 다녔다. 능행을 위해서 한강을 건너야 했고 그때마다 **배다리**(舟橋)** 를 설치했다. 왕은 배를 타고 물을 건너지 않는다. 그래서 주변의 배를 모아 임시 다리를 만든 것이 배다리인데 임시로 설치한다고 해서 대충 만들지는 않는다. 배에 귀틀을 건너지르고 그 사이에 청판을 깔아 우물마루 깔듯이 상판을 만들었다. 또 난간을 설치하고 단청까지 하여 고정된 목교 못지않은 격식 있는 다리이다.

배다리를 설치할 때는 한강에 떠다니는 조세선을 비롯한 관선이 동원되었지만 상선과 개인 배들도 부역으로 동원되기도 하였다. 배다리를 만드는 것은 작은 일이 아니었기 때문에 이를 주관하는 주교사(舟橋司)라고 하는 관청을 별도로 두기도 했다.

다리

* 부교(bugyo) floating bridge

** 배다리(baedali) pontoon bridge

mudeom

무덤
Tomb

- seogmul baechi
석물 배치 Stone Work Placement
- hoseog
호석 Stone Slabs around a Tumulus
- munseog-in, museog-in
문석인과 무석인 Stone Statue of Civil Official and Stone Statue of Military Official
- jangmyeongdeung
장명등 Stone Lantern for a Tomb
- seog-yang, seogho
석양과 석호 Stone Sheep to Ward off Evil Spirits and Stone Tiger to Guard the Tomb
- sindobi, myobi
신도비와 묘비 Tombstone with Epitaph and Tomb Stele
- hon-yuseog
혼유석 Spirit Stone Seat
- sangseog
상석 Ritual Stone Table
- gyecheseog
계체석 Ritual Area Marking Platform Stone
- mangjuseog
망주석 Pair of Stone Posts
- jeongjagag
정자각 T shape Plan Shrine

무덤은 음택(陰宅)이라 하여 죽은 사람의 집을 의미한다. 무덤은 시대와 지역, 신분에 따라 제각각이며 부르는 명칭 또한 다양하다. 무덤을 **고분**(古墳)이라고도 하는데 오래된 무덤이라고 모두 고분이라고 하지 않는다. 선사시대부터 불교의 도입으로 화장문화가 성행하면서 대형 무덤이 사라지는 통일신라기 정도까지를 고고학에서는 고분이라고 한다. 조선시대에는 피장자의 신분에 따라 무덤의 명칭이 달랐는데 왕과 왕비의 무덤을 **능**(陵)이라고 했으며 왕세자 및 비, 왕의 종친 무덤을 **원**(園)이라고 했다. 그리고 일반 사대부와 서민의 무덤을 **묘**(墓)라고 했다.

장묘법에는 땅속에 묻는 토장(土葬), 물속에 묻는 수장(水葬), 불에 태우는 화장(火葬), 공기 중에서 풍화시키는 풍장(風葬), 새에게 먹이로 주는 조장(鳥葬) 등이 있다. 그리고 무덤은 만드는 재료에 따라 석총(石塚)과 토총(土塚)으로 나눈다. 또 봉분 모양에 따라서는 원형, 방형, 피라미드형, 전방후원형(前方後圓形), 사우돌출형(四隅突出形), 주변에 도랑이 있는 주구묘(周溝墓), 고인돌(支石墓) 등이 있다. 또 시신을 묻는 방법에 따라 수혈식(竪穴式)과 횡혈식(橫穴式)이 있으며 묘실의 축조 재료에 따라서도 석실분(石室墳)과 전축분(塼築墳), 목곽분(木槨墳)이 있다. 무덤은 지역과 시대에 따라서 워낙 다양해서 여기서는 조선시대 무덤 석물 장식을 중심으로 설명하기로 한다.

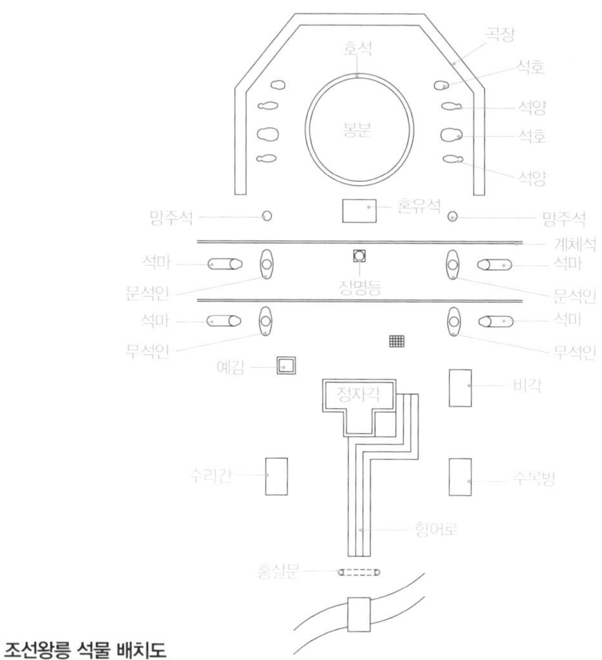

조선왕릉 석물 배치도
Stone Work Placement at Royal Tombs of the Joseon Dynasty

seogmul baechi
석물 배치
Stone Work Placement

봉분 주변에 석물을 배치하는 것은 통일신라부터 시작되어 조선시대에 절정을 이룬다. 석물 장식은 왕릉으로부터 시작되어 민간 무덤까지 확대되었다. 통일신라 무열왕릉으로부터 시작된 봉분 주변 **호석**은 이후 왕릉과 민간 무덤에 보급되었으며 점차 호석 이외에 석물 장식이 늘어나기 시작했다. 호석 주위에는 바닥에 박석을 깔고 바깥으로 돌난간을 둘렀다. 그리고 봉분 양옆과 뒤쪽으로는 **석양**과 **석호**를 배치했고 낮은 담장을 둘렀다. 이 담장을 **곡장**이라고 하는데 석양과 석호 및 곡장은 왕릉에서 주로 나타난다. 봉분 앞에는 **혼유석**과 **상석**, **향로석**이 놓이는데 왕릉에는 상석과 향로석이 없다. 왕릉은 **정자각**(丁字閣)이 따로 있어서 여기서 제향을 올리기 때문에 민간 무덤과 차이가 있다. 민간 무덤에서는 혼유석과 상석을 경계로

조선왕릉 경릉
Royal Tombs of the Joseon Dynasty

영계(靈界)와 인간계(人間界)가 구분한다. 상석을 중심으로 양쪽에는 **망주석**, 앞에는 **장명등**이 놓인다. 망주석 앞 양쪽으로는 **문석인**과 **무석인**이 놓이고 문·무석인은 각각 **석마**(石馬)를 거느리고 있다. 왕릉에서는 경사지 아래에 정자각을 두고 제향을 올리며 정자각 앞으로는 두 단으로 구성된 향로(香路)와 어로(御路)가 있는데 이를 **향어로**라고 하고 향어로 맨 앞에는 **홍살문***이 놓인다.

* 홍살문(hongsalmun) red colored gate with arrow shape decoration

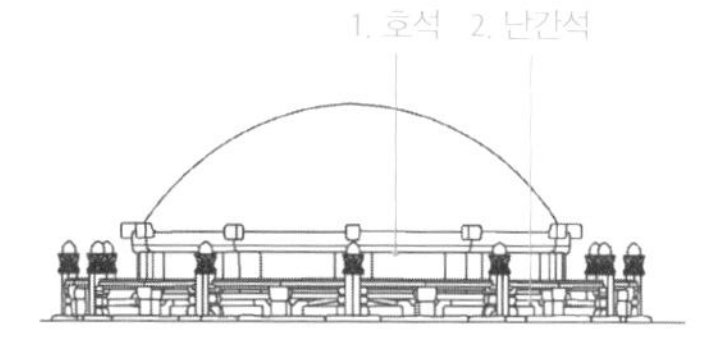

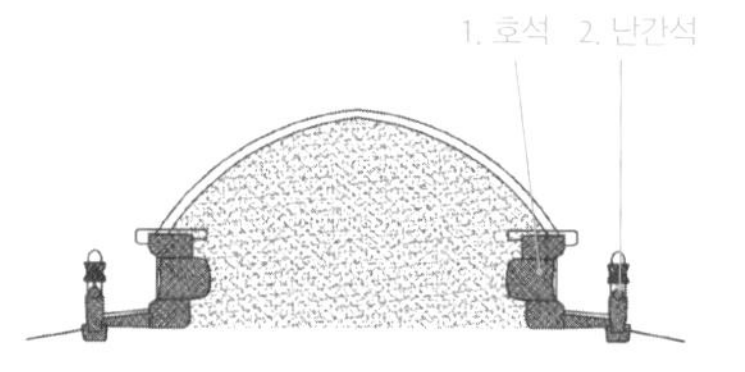

호석과 난간석 목릉
Stone Slabs around a Tumulus and Stone Railing

호석 목릉
Stone Slabs around a Tumulus

난간석 목릉
Stone Railing

1. 호석 stone slabs around a tumulus
2. 난간석 stone railing

hoseog

호석
Stone Slabs around a Tumulus

봉분 유실을 막을 목적으로 봉분 주변을 감싼 석물을 말한다. 통일신라 무열왕릉에서 최초로 봉분 주변에 자연석을 몇 개 박아 놓은 것으로부터 호석(護石)* 이 시작되었다. 신문왕릉은 무사석을 성돌 쌓듯이 쌓고 버팀석을 일정 간격으로 돌린 형태이다. 성덕왕릉에서는 무사석 대신에 판석을 돌리고 버팀석을 일정 간격으로 배치했다. 그러나 경덕왕릉에 이르러서는 건축

* 호석(hoseog) stone slabs around a tumulus

무석인 목릉
Stone Statue of Military Official

문석인 목릉
Stone Statue of Civil Official

석마 숭릉
Stone Horse

물의 가구식기단과 같이 지대석과 탱주석, 갑석 및 청판석이 갖춰진 호석이 나타났으며 청판석에는 십이지를 조각했고 호석 주위로 난간을 돌렸으며 호석과 난간석 사이에는 박석을 깔았다. 조선시대에는 12각으로 호석을 돌리고 장식도 늘어났다. 이러한 호석을 **병풍석**(屛風石)이라고도 한다. 민간 무덤에서는 가구식보다 단순한 장대석을 몇 단 돌리는 정도로 호석을 만들었다.

munseog-in, museog-in

문석인과 무석인

Stone Statue of Civil Official and Stone Statue of Military Official

무덤을 수호하는 상징성을 갖는 것으로 배계절 전방 좌우에 각각 한 쌍씩 배치되었다. 문무석인은 각각 **석마**(石馬)* 하나씩을 대동한 채 입상으로 만든다. 민묘에서는 문무석인 대신에 상석 좌우에 **동자석**(童子石)** 을 배치한다. 동자석은 죽은 이를 공양하는 시동을 상징한다. 왕릉에서 **문석인**(文石

* 석마(seogma) stone horse

** 동자석(dongjaseog) stone statue of a child

장명등 건원릉
Stone Lantern for a Tomb

장명등 목릉

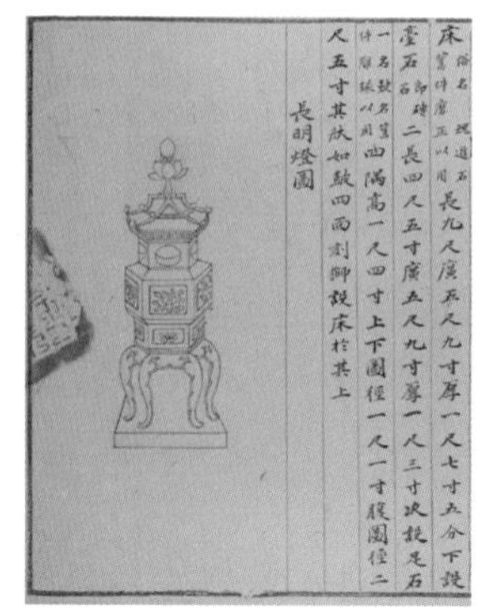

장명등 《휘경원천봉원소도감의궤》

人)*은 중계(中階)에 두고 **무석인(武石人)****은 한 단 낮은 하계(下階)에 배치하여 차등을 두었다.

jangmyeongdeung
장명등
Stone Lantern for a Tomb

장명등은 혼유석보다 한 단 아래인 중계에 세운다. 기능은 묘역에 불을 밝히는 것이지만 실제 사용보다는 사악한 기운을 쫓는다는 벽사의 의미가 강하다. 고려 말부터 사용된 것으로 추정되며 조선시대에는 일품 이상만 장명등(長明燈)을 세울 수 있어서 피장자의 신분을 나타내는 상징물이기도 했다. 처음에는 방형의 팔작지붕이 많았으나 차츰 팔각형의 모임지붕 형태로 바뀌었다.

* 문석인(munseogin) stone statue of civil official

** 무석인(museogin) stone statue of military official

석양과 석호 숭릉
Stone Sheep to Ward off Evil Spirits and
Stone Tiger to Guard the Tomb

곡장 원릉
Low Outer Wall around Tomb

석양 《휘경원천봉원소도감의궤》
Stone Sheep to Ward off Evil Spirits

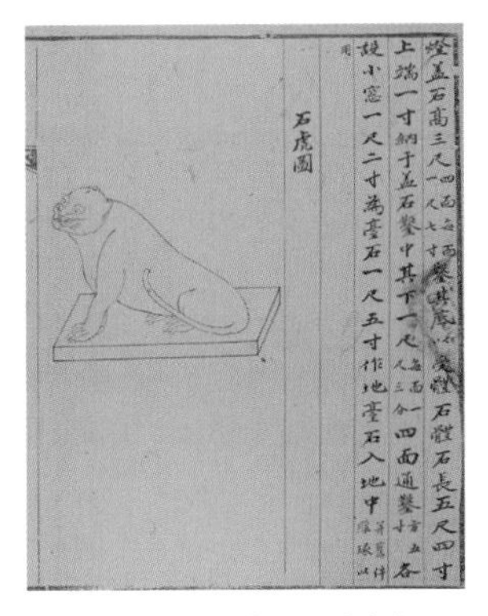

석호 《휘경원천봉원소도감의궤》
Stone Tiger to Guard the Tomb

1. 석양 stone sheep to ward off evil spirits
2. 석호 stone tiger to guard the tomb
3. 곡장 low outer wall around tomb

seog-yang, seogho

석양과 석호
Stone Sheep to Ward off Evil Spirits and Stone Tiger to Guard the Tomb

석호(石虎)* 는 능을 지키는 수호신이며 **석양**(石羊)** 은 사악한 것을 피한다는 의미와 함께 명복을 비는 뜻을 담고 있다. 봉분 좌우에 네 마리씩 배치한다. 효종대왕릉은 동쪽에 석호 네 마리, 서쪽에 석양 네 마리를 바깥쪽을 바

* 석호(seogho) stone tiger to guard the tomb
** 석양(seogyang) stone sheep to ward off evil spirits

라보도록 배치했다. 추존된 왕릉의 경우는 석호와 석양의 수를 반으로 줄여 차등을 두었다. 석양과 석호 바깥으로 측면과 뒤쪽은 낮은 담장을 쌓아 봉분을 보호하는데 이를 **곡장**(曲墻)*이라고 한다.

sindobi, myobi

신도비와 묘비
Tombstone with Epitaph and Tomb Stele

죽은 사람의 사적을 기록하여 묘 입구에 세운 비를 **신도비**(神道碑)**라고 한다. 신도비를 세우는 목적은 죽은 사람의 뛰어난 업적과 학문을 후세에 전하여 귀감이 되도록 하기 위함이었다. 왕릉에서는 임금의 행적은 모두 국사에 기록되어 있으므로 신도비를 건립할 필요가 없다는 이유로 문종 이후에는 사라졌다. 하지만 사대부의 신도비는 수없이 많다. 신도비와 달리 **묘비**(墓碑)***는 주인공의 출생과 사망일, 이름, 행적, 가족 사항 등을 기록한 비석으로 봉분 앞 중앙에 놓인다. **묘비**는 비문 내용에 따라 산문체인 서(序)와 운문체인 명(銘)이 있는 것을 **묘갈**(墓碣)이라 하였고 명(銘) 없이 서(序)로만 쓰인 것을 **묘표**(墓表)라고 하였다. 왕릉에서는 묘 앞 중앙이 아니라 정자각 측면에 비각을 세우고 비각 안에 묘비를 세웠다.

신도비와 묘비의 모양은 시대에 따라 특징을 갖는다. 절에 세우는 탑비와 같은 모양의 귀부, 비신, 옥개석 세 부분으로 구성된 비석은 조선 초기에 나타나서 16세기 전반까지 유행하였다. 비석은 제일 아래에 지대석에 해당하는 **대좌**(臺座)를 놓고 그 위에 비신을 받치는 **비대**(碑臺)를 놓는다. 비대는 모양에 따라 거북이 모양일 경우 **귀부**(龜趺)라 불렀고 방형인 경우는 **방부**(方趺)라고 했다.

비신은 옥개석 없이 위를 둥글게 만든 것을 **원수**(圓首)라고 하고 모서리

* 곡장(gogjang) low outer wall around tomb

** 신도비(sindobi) tombstone with epitaph

*** 묘비(myobi) tomb stele

묘비 안동권씨 능동재사
Tomb Stele

왕릉의 비각 선릉
Monument Encase Pavilion of Royal Tomb

왕릉의 묘비 파주 공릉
Tomb Stele of Royal Tomb

신도비 연천 김효현 신도비
Tombstone with Epitaph

1. 옥개석 roof stone
2. 비신 monument body
3. 귀부형 비대 turtle base
4. 방부형 비대 square base

혼유석 경릉
Spirit Stone Seat

고석 목릉
Stone Leg

를 사선으로 접은 것을 **규수**(圭首)라고 한다. 규수는 그 사례가 매우 드물다. 비신 위에 올라가는 **관석**(冠石)은 통일신라와 고려에서는 탑비와 같이 구름과 용 조각의 **이수**(螭首)가 쓰였지만 14세기 후반부터는 건물 지붕 모양의 옥개석(屋蓋石)이 출현하였다. 이를 **옥개석**(屋蓋石) 또는 **가첨석**(加檐石)이라고 한다.

hon-yuseog

혼유석

Spirit Stone Seat

묘의 봉분 앞에 놓는 장방형의 돌로 영혼이 나와 앉아서 후손들이 올리는 제수를 흠향(歆饗)하고 즐기는 자리이다. 보통 혼유석 밑에는 두 개 혹은 네 개의 상석 받침돌을 놓는데 그 모양이 마치 북과 같다고 해서 **고석**(鼓石)이라고 한다. 고석에는 도깨비 얼굴이나 문고리를 조각하는데 이는 벽사의 의미와 함께 문을 열고 들어가는 통로임을 암시하기도 한다. 왕릉에는 혼유석(魂遊石)만 있고 상석이 없는데 이는 민묘에는 없는 정자각이 있기 때문이다.《산릉도감의궤》에서 때로는 혼유석을 상석으로 표기한 사례도 있어서 혼돈을 준다.

상석과 혼유석 화순옹주묘
Spirit Stone Seat and Ritual Stone Table

향로석과 상석 안동권씨 능동재사
Incense Burner Stone and Ritual Stone Table

1. 혼유석 spirit stone seat
2. 고석 stone leg
3. 상석 ritual stone table
4. 향로석 incense burner stone

sangseog
상석
Ritual Stone Table

혼유석 앞에 놓이며 장방형의 돌로 만든 상(床)이다. 묘제를 지낼 때 제물을 올려놓는 역할을 한다. 상석 앞에는 향을 피울 수 있는 **향로석(香爐石)**이 놓이는데 이 또한 왕릉에는 없다. 향을 피우는 것은 조상의 영혼을 불러들이기 위함이다. 민묘에서는 혼유석 없이 상석만 설치된 사례도 많다. 왕릉에서는 묘 앞에 정자각이라는 건물이 있어서 여기에 재물도 진설하고 향도 피우기 때문에 민묘에 있는 상석과 향로석이 없다.

계체석 건원릉
Ritual Area Marking Platform Stone

계체석 현릉

gyecheseog
계체석
Ritual Area Marking Platform Stone

혼유석을 경계로 상단과 하단을 구분하기 위하여 장대석을 이용하여 단을 만드는데 이를 **계체석**(階砌石)이라고 한다. 이 단을 중심으로 봉분 쪽을 **계절**(階節), 그 아래쪽을 **배계절**(拜階節)이라고 하여 공간을 구분한다. 계절은 죽은 사람의 공간이고 배계절은 산 사람의 공간이다. 왕릉에서는 단을 세 단 으로 하는데 각각 위에서부터 **상계**(上階), **중계**(中階), **하계**(下階)로 구분하여 부른다. 상계와 중계 무인석까지는 비교적 평탄하며 대부분의 석물이 여기에 배치된다. 그러나 무인석부터 하계는 급경사를 이루며 여기를 사초지(莎草地)라고 한다. 사초지 끝에는 제사를 위한 정자각이 놓인다.

망주석 안동권씨 능동재사
Pair of Stone Posts

망주석 목릉

망주석(다람쥐 조각)
효종대왕릉

mangjuseog
망주석
Pair of Stone Posts

상석 또는 혼유석 좌우에 한 쌍을 세운다. **망주석(望柱石)**은 묘에 설치하는 석물 중 가장 기원이 오래된 것으로 알려져 있다. 석주(石柱) 또는 망주(望柱)라고도 하는데 망주석을 세우는 의미는 명확하지 않다. 망주석에는 다람쥐 한 쌍을 조각하는데 동쪽 망주석의 다람쥐는 올라가는 형태이고 서쪽은 내려오는 형태이다. 동쪽 다람쥐는 촛불을 켜기 위해 올라가는 것이고 서쪽은 끄고 내려오는 것을 의미한다. 무덤이 아닌 해인사와 직지사 대웅전 앞 석등의 간주석에는 올라가는 다람쥐가 새겨 있다. 불교에서 흰 쥐와 검은 쥐는 각각 낮과 밤을 상징하며 동과 서는 양과 음을 상징한다. 삶과 죽음을 생각하는 불교적 상징이 무덤에 영향을 준 요소라고 추정할 수 있다.

정자각 세종대왕릉
T–shaped Plan Shrine

수복방 세종대왕릉
Antechamber Pavilion

정자각과 향어로 원릉
T–shaped Plan Shrine and
Path of Incense and the King

배위와 향어로 숭릉
Designated Stone Spot for the King and
Path of Incense and the King

예감 숭릉
Stone Marking for Burying Used Ceremonial Items

홍살문 세종대왕릉
Red Colored Gate with Arrow Shape Decoration

1. 배위 designated stone spot for the king
2. 어로 path of the king
3. 향로 path of incense

jeongjagag

정자각

T-shape Plan Shrine

평면이 정(丁)자 모양이어서 붙은 명칭으로 왕릉에서 제향(祭享)에 사용하는 건물이다. **정자각**(丁字閣)* 은 전면은 퇴로 트여 있어서 제사 지내기 편하게 했으며 계단은 동쪽과 서쪽에 두었다. 이는 동입서출(東入西出)의 유교적 격식을 위한 것이다. 정자각 서쪽 뒤에는 축문을 태워 묻는 석함이 있는데 이를 **예감**(瘞坎)** 이라고 한다. 그리고 정자각 동쪽에는 비를 보호하기 위한 **비각**(碑閣)*** 이 놓이고 정자각 앞쪽 좌우에는 음식물을 데우고 준비하는 **수라간**(水喇間)**** 과 제관이 대기하는 **수복방**(守僕房)***** 이 배치된다.

정자각 정면으로는 이도 혹은 삼도(三道) 형식의 참배로가 깔려 있고 참배로 끝에는 신성한 곳임을 알리는 **홍살문**(紅箭門)****** 이 놓인다. 그리고 홍살문 오른쪽에는 **배위**(拜位)******* 가 있다. 배위는 왕이 제사를 지내러 왔을 때 홍살문 앞에서 내려 절을 하고 대기했다가 들어가는 곳이다. 참배로는 향이 이동하는 **향로**(香路)와 임금이 이동하는 **어로**(御路)가 결합된 명칭으로 **향어로**(香御路)******** 라고도 부르며 대개 박석을 깔아 마감하고 향로와 어로는 단 차를 두어 구분했다.

* 정자각(jeongjagag) t-shaped plan shirne
** 예감(yegam) stone marking for burying used ceremonial items
*** 비각(b-gag) monument encase pavilion
**** 수라간(sulagan) kitchen pavilion
***** 수복방(subogbang) antechamber pavilion
****** 홍살문(hongsalmun) red colored gate with arrow shape decoration
******* 배위(baewi) designated stone spot for the king
******** 향어로(hyang-eolo) path of incense and the king

bulog

부록 Appendix

yong-eopyogibeob
- 용어표기법 Terminology Notation Principle

jeongag myeongching
- 전각 명칭 Names of Building Types

sachal jeongag-ui uimi
- 사찰 전각의 의미 Meaning of Each Building in a Temple

yeolaesang
- 여래상 Statue of Buddha

bosalsang
- 보살상 Statue of Bodhisattva

su-in
- 수인 Hand Gestures (Mudras)

gogeonchug gwanlyeon cheogdo
- 고건축 관련 척도 Measurements Related to Ancient Architecture

dong-yang bigyoyeonpyo
- 동양 비교연표 Comparative Chronological Table of the East

yeonho mich ganji sayong salye
- 연호 및 간지 사용 사례 Examples of Era Names and Zodiac Cycle Usage

han·jung·il yeonho
- 한·중·일 연호 Era Names of Korea, China, and Japan

wangjopyo
- 왕조표 Table of Dynasties

ganjipyo
- 간지표 Zodiac Cycle Table

nachimban
- 나침반 Compass

용미리 석불입상

답사를 다닐 때 안내판이나 고건축 관련 책을 보면 건축물의 부재 용어뿐만 아니라 알고 있으면 편리한 몇 가지가 있다. 그중 하나가 척도 문제이다. 예전에는 지금처럼 미터법을 사용한 것이 아니고 시대마다 고유한 척도를 사용했기 때문에 어느 정도 크기인지를 알려면 당시의 척도를 알아야 한다.

다음은 연도 표기 문제이다. 지금처럼 서기(西紀)를 사용하지 않고 왕조별로 연호를 달리 사용했기 때문에 당시 연호를 현대의 서기로 환산해내는 방법을 알아야 한다.

사찰의 경우에는 전각의 명칭에 따라서 모시는 부처의 내용이 다르다. 그 내용을 알고 전각을 보면 더욱 재미있게 볼 수 있다. 방위표와 동양 비교연표는 수시로 필요한 것이기 때문에 달리 전문서를 찾지 않아도 되도록 부록에 제공하였다.

yong-eopyogibeob

용어표기법

Terminology Notation Principle

이 책에 나오는 건축용어는 조선시대 건축 준공보고서에 해당하는《영건의궤》를 기본 사료로 했다.《영건의궤》에는 나라에서 공사를 주도한 궁궐이나 사묘, 성곽의 건축 개요, 도면, 재료, 공사조직, 공정, 예산 등 건축생산과 관련된 내용이 실려 있다. 17세기부터 20세기 초까지 약 300년 정도의 사료를 볼 수 있다. 특히《영건의궤》는 건축 준공보고서이기 때문에 대단히 많은 건축용어가 포함되어 있다. 따라서 건축용어를 정리하는 데《영건의궤》 연구는 필수라고 할 수 있다. 용어는 모두 한자로 표기되어 있다. 순수 우리말인 건축용어 대부분을 한자로 바꾸어 표기한 것인데, 이 과정에서 **차자**(借字)라는 기법이 사용되었다. 차자는 한자의 음과 훈을 빌려 한글을 표기하는 고유한 문자표기 형식을 말한다. 차자에 대한 이해 없이는 건축용어의 정확한 어형을 찾기 어렵다.

1) 차자 표기의 종류

차자 표기는 크게 어휘 표기와 문장 표기로 나눌 수 있다. 어휘 표기 중 특히 물건의 명칭을 표기한 것을 **차명**(借名)이라고 하는데,《의궤》에 나오는 건축용어 대부분이 여기에 속한다.

① 어휘 표기

- 고유명사: 인명, 지명, 관직명, 왕명
- 향약명: 중국 원한명(原漢名)을 우리말로 차자 표기한 향약재명(鄕藥材名)을 가리킨다.
- 물명(物名; 보통명사, 차명 표기):《의궤》의 건축용어가 여기에 속한다.

② 문장 표기

- 문예문: 향찰
- 실용문: 이두

- 번역문: 구결

2) 이두와 차명 표기의 차이점

- 이두는 대부분 문법 형태소로 주로 문법적 기능을 담당한다.
- 이두는 명사류, 부사류, 조사류 및 어미류로 분류되지만 조사류 및 어미류가 대부분이다.
- 이두의 명사형을 《의궤》의 차명 표기와 구분하는 것은 거의 불가능하다.
- 향찰은 전면적인 우리말 표기이다.
- 구결은 한문 원전의 이해나 암송을 위한 문법 형태의 표기이다.

구분	이두	차명
조사류, 어미류 표기 형식	있음	없음
단음절 표기	흔히 나타남	거의 없음
표기법	형태소 위주 표기	단어차원의 표기
표현 명사의 종류	추상적 의미를 가진 단어 (추상명사)	구체적인 지시 의미를 가진 단어(물질명사)
사용 계층	서리(공문서 작성)	사대부
사용 시기	한글 창제 이전 (향찰, 향약명, 구결)	한글 창제 이후

3) 《의궤》 차명 표기의 특징

- 《의궤》에서는 음절말(乙-ㄹ, 音-ㅁ, 應-ㅇ, 叱-ㅅ,ㅌ)이 다른 문헌에 비해 절반 수준으로 나타난다.
- 고유 한자가 눈에 띄게 많다: 한글 창제 이후 고유어의 발달과 관계있는 것으로 추정되며 고유 한자는 한자의 요소가 되는 '形, 音, 義' 중에 義(훈)을 갖지 않는 것으로 음의 표기에 이용하기 위해 만든 것이다.
- 음절보다는 단어 위주이다.
- 차명 표기가 관용화되어 보편적이고 일반적인 표기형이 되었다.

- 한자 음훈의 기능을 빌려 여기에 표음성과 표의성이 혼합된 복잡한 체계를 갖는다. 이에 따라 차명 표기법을 세분하면 음독자(音讀字), 훈독자(訓讀字), 음가자(音假字), 훈가자(訓假字)로 나눌 수 있으며 이것이 서로 복잡하게 결합되어 나타난다.
- 같은 용어에서 서로 다른 표기법이 혼재하지만 이런 표기의 다양성은 한자어의 혼란이 아니라 차자 표기의 임의성에서 비롯된 것이다.
- 건축용어 중에는 차명이 아닌 한자로 표기된 것도 많다. 기둥을 '주(柱)'로 쓰고 기둥으로 읽는 것은 차명이 아니라 한자의 뜻을 푼 것이다. 보를 '樑'으로 쓰는 것도 마찬가지다. 다만 보를 우리 발음대로 표기하여 '栿'라고 쓰는 경우가 있는데 이것은 한자의 뜻이 아니라 음을 빌려온 것이다. 따라서 '보'라는 우리 발음을 한자의 음을 빌려 음독자로 표기한 차명 표기법이다.

4) 차명 표기의 몇 가지 사례

① 대표어형: 덧보

- 표기법: 加栿, 加樑, 加褓
- 분석: 加(더+ㅅ; 훈독자) + 栿(보 ; 음독자), 樑(보 ; 훈독자), 褓(보 ; 음독자)
- 해설: 접두사 '덧-'의 실례는 덧창을 '加窓'으로 표기한 것에서도 보인다.

② 대표어형: 고막이돌

- 표기법: 古莫只石, 高莫只石, 庫莫石, 古莫石
- 분석: 古, 高, 庫(고; 음가자) + 莫(막; 음가자) + 只(이; 음가자) + 石(돌; 훈가자)
- 해설: 只는 '이' 음을 표기하지만 때로는 '지'와 '이' 음을 표기할 때도 있다.

③ 대표어형: 돌적이 〉돌쩌귀

- 표기법: 乭迪耳, 道乙迪耳, 乭赤耳
- 분석: 乭, 道乙(돌; 음가자) + 迪, 赤(적; 음가자) + 耳(이; 음가자)
- 해설: 현재는'돌쩌귀'가 표준어로 되어 있다. '耳'가 음가자가 아닌 훈가자로 사용되었고 여기에 연음현상과 격음화현상이 반영된 것으로 추정된다.

④ 대표어형: 산방

- 표기법: 散防 〉山枋

  분석: 散(산; 음가자) + 防(방; 음가자)
- 해설: '防'이 '枋'으로 바뀌는 것은 후대에 재료적 속성을 감안하여 '언덕 부(阝)' 변이 '나무목(木)' 변으로 바뀐 것이다.

⑤ 대표어형: 듕깃 〉중깃

- 표기법: 中衿
- 분석: 中(듕; 음가자) + 衿(깃; 훈가자)
- 해설: 衿(옷깃) 이두에서'衿'의 의미는'몫'으로 衿(깃긔), 衿得(깃득), 分衿(분깃)으로 독음 되기 때문에 '衿'은 '깃'으로 표기할 수 있다.

⑥ 대표어형: 산미 〉살미

- 표기법: 山彌, 沙乙尾(1647)
- 분석: 山(산; 음가자) + 彌(미; 음가자)
- 해설: '산미'가 '살미'로 바뀐 것은 발음을 부드럽게 하기 위한 것이다.

5)《의궤》 용어의 한계와 전망

《의궤》는 조선시대의 건축 보고서이기 때문에 조선 이전 건물의 용어를 찾는데 어려움이 있고 차자와 한자표기가 혼재되어 있어서 이를 구분해내는데 어려움이 있다. 또《의궤》에 표현된 용어가 기존 용어와 일치하는 것은 문제가 없지만 개념이 다른 용어는 용어의 생명력이라는 관점으로 보았을 때 혼란을 초래할 수 있어서 당장 고치기 어려운 점이 있다.

또한 차명 표기는 발음은 같아도 한자 표기가 다른 것이 많다. 이는 여러 《의궤》에서 사용 빈도수와 시대적 변천 과정을 고찰하여 가장 많이 나타나는 표기법으로 통일하면 큰 문제는 없다고 생각한다. 이런 작업은 대표어형을 찾는데 보편성과 타당성을 제공할 뿐만 아니라 시간과 노력이 필요하겠지만 많은 부분 대표어형 표기가 가능하다. 따라서 여러 가지 차명으로 표기된 건축용어는 대표어형을 찾아 순수 우리 발음의 한글로 표기하는 것이 타당하다.

전(殿)

가장 격식이 높고 규모도 커서 여러 건물 중 으뜸인 건물을 의미한다. 사찰에서는 대웅전이나 극락전, 약사전 등으로 부처를 모신 불전을 부를 때 사용하였다. 궁궐에서는 근정전, 명정전, 인정전, 자경전, 대조전 등과 같은 중심 건물과 내전 및 침전의 대표 건물을 일컬었다. 따라서 '전'은 사찰과 궁궐 등에서 중심을 이루는 건물이라고 할 수 있다.

당(堂)

전보다는 한 등급 격식이 낮은 건물로 전에 딸린 부속건물이거나 부속 공간의 중심 건물을 부르는 말이다. 한국에서는 궁궐, 사찰, 관아, 살림집 등 모든 건축유형에서 '당'이 나타나는데, 각 영역의 중심 건물을 일컫는다. 궁궐에서는 양화당, 영화당, 희정당 등과 같이 주전에 부속된 건물을 나타내며, 사찰에서는 불전에 딸린 선당과 승당 등을 나타낸다. 그러나 서원이나 향교에서는 사당, 강당 등 주전을 '당'이라고 하였고 살림집에서도 양진당, 충효당, 독락당, 일성당처럼 주전을 '당'이라고 하였다.

합(閤)

많이 사용되는 용어가 아니며 서궐의 사현합(思賢閤), 동궐의 체원합(體元閤), 공묵합(恭默閤), 의신합(儀宸閤) 등과 같이 전이나 당에 부속되어 공공용도보다는 사적으로 다양한 용도와 기능을 가진 부속건물로 추정된다.

헌(軒)

원래 비바람막이가 달린 수레를 의미하는 것이지만 강릉 오죽헌이나 안동 소호헌, 낙선재 석복헌과 같이 살림집 성격의 당의 형식을 갖는 것과 화성 행궁의 낙남헌, 덕수궁의 정관헌과 같이 정(亭)의 성격을 갖는 특별한 용도의 건물이다. 지방 수령이 공무를 보는 본 건물을 동헌(東軒)이라고 하였다. 이외에도 층헌(層軒), 양헌(凉軒), 빈헌(賓軒), 비헌(飛軒) 등의 용례가 보인다.

누(樓)

중첩시켜 올린 집을 의미한다. 즉 원두막처럼 마루를 지면으로부터 높이 띄워 습기를 피하고 통풍이 원활하게 만든 여름용 건물이다. 남원 광한루와 밀양 영남루 등은 객사에 부속된 누각으로 접대와 향연을 위한 건물이었다. 경복궁 경회루도 궁궐 연회를 위한 것이었다. 다만 창덕궁의 주합루는 특수하게 도서관으로 쓰였다. 사찰에서는 불전 앞에 누를 세워 휴식과 문루로 이용하였다. 성곽에서는 문에 누를 세워 문루라고 하였으며 방어와 공격의 기능을 하였다.

정(亭)

일반적으로 정자(亭子)라고 부르는데, 원래 의미는 잠시 쉬거나 수련을 위한 건물이다. 강릉 해운정, 양동 관가정처럼 살림집의 당과 같은 기능을 하기도 하고 창덕궁 애련정, 부용정, 청의정, 경복궁 향원정과 같은 궁궐이나 별서 및 원림에 세워 휴식과 유희 공간으로 사용하는 정자가 있다. 또 건축형식으로 보면 누각 형태로 만든 것과 온돌을 들인 살림집 형식이 있다. 유희를 위해 세운 건물은 누와 같은 기능을 하지만 대개 '정'은 규모가 작고 개인적인데 비해 '누'는 건물이 크고 공공성을 가지며 사적 행사보다는 공적 행사를 위한 시설이다.

각(閣)

누와 유사한 중층건물이 대부분이다. 합쳐서 **누각(樓閣)**이라고도 부른다. 그러나 살림집 대문간으로 사용되는 좁고 긴 단층 건물은 **행각(行閣)**이라고 부른다. 궁궐에서는 창경궁 행각, 경복궁 행각처럼 주전 앞을 감싼 회랑(回廊)이 있는데 이것도 행각이라고 부른다. 지금은 단지 '낭(廊)'으로 비어

있지만 원래는 실로 사용했기 때문에 행각으로 불렸던 것으로 추정된다.

사(榭)

무술을 익히고 수련하기 위해 지은 건물로 특히 궁술을 익히는 건물을 뜻한다. 창덕궁 불로문을 지나 서북쪽으로 돌아 들어가면서 계곡에 폄우사(砭愚榭)가 있는데 정자의 기능을 겸하지 않았을까 추정된다.

사(舍)

부속된 작은 건물을 부를 때 사용하는 경우가 많다. 수원화성에서는 성안에 지어진 작은 포루를 특별히 **포사**(舖舍)라고 했으며 대개는 마루가 깔려 있다. 관아 건물에서는 손님이 머무는 건물을 **객사**(客舍)라고 불렀다. 안동 하회마을 옥연정사, 겸암정사, 원지정사, 빈연정사처럼 살림집 본채와 떨어져 경치 좋은 곳에 별서의 개념으로 지은 작은 규모의 살림채를 **정사**(精舍)라고 하였다. 정사는 공부와 휴식을 위해 지은 재(齋)보다는 작고 정(亭)보다 큰 별서 개념의 건물이다. 재와 정사의 차이점은 제사 기능을 중심으로 하면 재가 되고 별서 개념만 있으면 정사가 되는 것으로 추정된다.

청(廳)

관청이나 손님을 영접하는 장소의 의미를 갖고 있다. 그래서 **관청**(官廳), **객청**(客廳)이란 명칭이 자주 사용되었으며 **청사**(廳舍)라고도 한다. 단위 건물이 아닌 마루가 깔린 실을 의미하기도 한다. 이외에도 **정청**(政廳), **정청**(正廳), **양청**(涼廳) 등의 용례가 있다.

재(齋)

당과 비슷하지만 제사를 드리거나 한적하고 조용한 곳에서 소박하게 학문을 연마하기 위해 지은 건물이다. 경치 좋은 곳에 작고 은밀하며 검소하게 지어 사용하는 살림집에 부속된 암자와 비슷한 개념의 건물이다. 정사(精舍)와 개념이 비슷하며 두 개념이 결합한 것을 **재사**(齋舍)라고 부르고 안동

권씨 소등재사, 의성김씨 서지재사와 같은 사례가 있다. 서원과 향교에서는 학생들의 기숙사인 동재(東齋)와 서재(西齋)가 있고, 경복궁 집옥재(集玉齋)는 고종이 서재나 외국 사신의 접견에 이용한 별서의 개념이었다. **재궁(齋宮)**, **재사(齋舍)**, **재실(齋室)**, **재전(齋殿)**, **서재(書齋)**, **산재(山齋)** 등의 용례가 보인다.

관(館)

군사들의 지휘본부로 사용했던 여수 진남관 및 충무 세병관처럼 많은 사람이 모일 수 있는 크고 개방된 관아 성격의 건물을 말한다.

낭(廊)

건물과 건물을 연결하거나 감싸고 있는 좁고 긴 건물을 말한다. 궁궐 정전에서처럼 사방을 감싸고 있는 낭을 **회랑(回廊)**이라고 한다. 경복궁 근정전 회랑은 측면이 2칸인 **복랑(復廊)**이며 처음에는 실로 이용했다. 조선 초까지만 해도 정전은 건물 앞뒤 중앙에서 빠져나온 낭이 있었는데 이를 **천랑(穿廊)**이라고 했다. 현재는 창경궁 명정전 뒤쪽 천랑이 부분적으로 남아있으며 불국사 대웅전 양쪽에도 천랑이 남아있다. 또 살림집에서 마당 앞쪽에 좁고 긴 건물을 두고 중문이나 하인방, 창고 등을 들였던 건물이 있는데 이를 **행랑(行廊)**이라고 한다. 따라서 낭은 통로로만 이용된 것이 아니고 실로도 이용되었으며 대략 좁고 긴 건물을 일컫는 말이다. 또 종묘 정전이나 영녕전에서와 같이 정전 양쪽에 날개처럼 빠져나온 건물은 **익랑(翼廊)**이라고 한다. 이외에 **낭옥(廊屋)**, **낭하(廊下)**, **문랑(門廊)**, **장랑(長廊)**, **보랑(步廊)** 등의 용례가 보인다.

무(廡)

당 좌우에 부속된 건물을 말한다. 따라서 당보다는 격식이 한 단계 낮다고 볼 수 있다. 그러나 일반적으로 **낭무(廊廡)**라고 할 때는 단위 건물과 회랑이 어우러진 집 전체를 가리킨다. 이때 무는 옥(屋)과 같이 일반적인 단위

건물을 나타낸다. 현재 한국에서는 잘 사용되지 않지만 향교에서 사당 양쪽에 놓여 공자의 제자와 한국 명현을 모신 사당을 **동무**(東廡)와 **서무**(西廡)라고 부르고 있다.

실(室)

독립된 건물을 나타내기도 하고 건물 내부의 단위공간을 나타내기도 한다. 제사를 위해 특별히 마련된 건물을 **재실**(齋室)이라고 하는데 이때는 독립된 건물을 뜻한다. 그러나 각실(各室)이라고 할 때는 단위공간을 나타낸다. 묘침제에서 쓰이는 용어 중에 '동당이실제(同堂異室制)'라는 말은 같은 건물에 칸만 나눠 신위를 봉안하는 것을 뜻하는데, 이때는 각실을 의미한다. 거실(居室), 어실(御室), 온실(溫室), 빙실(氷室), 익실(翼室), 정실(淨室), 욱실(燠室), 석실(石室), 장실(丈室), 유실(幽室) 등의 용례가 보인다.

가(家)

집을 통칭하는 것으로 집의 쓰임에 관계없이 사용된 것이지만 요즘은 민가(民家), 반가(班家) 등의 단어가 쓰이면서 살림집을 뜻하는 의미가 강해졌다. 물리적으로는 건물이 모여 있는 집합군을 이르지만 인문학적으로는 가족을 포함한 생활로도 해석된다. 가묘(家廟), 가사(家舍), 인가(隣家), 공가(公家), 대가(大家), 술가(術家), 무가(武家), 무가(巫家) 등의 용례가 있으며 대개 집의 성격을 나타내고 있다.

택(宅)

가(家)와 같이 집을 통칭하여 부르는 말이지만 집의 성격과 관계없이 단위주호를 일컬으며, 현재는 살림집의 의미가 강하다. 고택(古宅), 고택(故宅), 사택(舍宅), 사택(私宅), 제택(第宅), 장택(庄宅), 전택(田宅), 연안댁(延安宅), 천동댁(泉洞宅) 등의 용례가 보인다.

옥(屋)

기능을 구분하지 않는 모든 유형의 건축물을 가리키는 것이지만 가(家) 및 택(宅)에 비하면 물리적인 성격이 강하다. 옥(屋)은 지붕을 뜻하기도 한다. 가옥(家屋), 민옥(民屋), 사옥(寺屋), 성옥(城屋), 가옥(假屋), 고옥(庫屋), 대옥(大屋), 토옥(土屋), 부옥(蔀屋), 양옥(凉屋), 고옥(高屋), 낭옥(廊屋), 장옥(墻屋), 와옥(瓦屋), 초옥(草屋) 등의 용례가 보인다.

방(房)

거실 용도로 사용하는 실의 의미가 있다. 방은 대개 구들을 들인 온돌방(溫突房)으로 꾸며진다. 공방(空房), 서방(西房), 동방(東房) 등의 용어가 보이며 용도에 따라서는 다방(茶房), 미타방(彌陀房), 수방(水房) 등의 용례가 보인다.

궁(宮)

왕이 기거하는 규모가 크고 격식 있는 집을 말한다. 운현궁과 같이 왕자나 공주, 대군이 사는 살림집도 궁이라고 불렀으며 현사궁, 경모궁과 같은 왕실 관련 사당도 궁이라고 했다. 대개 '궁'보다는 궁궐이라고 많이 하는데 이것은 궁과 궁 앞에 설치되는 감시용 망루인 궐(闕)이 합쳐진 용어이다.

단(壇)

건물이라기보다 제사를 지내기 위해 설치된 높은 대를 말한다. 사직단, 중악단, 마조단, 원구단, 선농단 등이 이에 속하는데 아산의 맹씨행단과 양동마을의 향단처럼 살림집의 별칭으로 사용되기도 했다.

묘(廟)

조상이나 성현의 위패를 모셔두고 제향하는 건물이다. 왕들의 신위를 모신 종묘(宗廟)와 공자를 모신 문묘(文廟), 일반 백성들의 조상신을 모신 가묘(家廟) 등이 있다.

사(祠)

성현이나 충신 등의 위패나 영정을 모셔 놓고 제사하는 건물이다. 또 묘 앞에 제사를 위해 지어놓은 건물을 '사'라고 한다. 통영의 충렬사를 들 수 있으며 효령대군묘 앞에 있는 청권사, 사육신묘 앞의 의절사 등도 이에 속한다.

대(臺)

남한산성의 장군 지휘소인 수어장대와 화성의 지휘소인 동장대 및 서장대와 같이 권위를 나타내기 위해 높은 대 위에 지은 건물을 말한다. 강릉 경포대처럼 누각 형태로 지은 것도 있으나 동장대처럼 단층이면서 사방이 트이고 마루가 넓게 깔린 것도 있다.

암(庵)

주전과 떨어져 한적한 곳에 별도로 작게 지은 초막을 말한다. 해인사 홍제암, 실상사 백장암 등과 같이 대개 사찰건축에서 스님들이 기도 정진하기 위해 산속에 암자를 만든다.

1) 문

일주문

사찰 삼문(三門) 중에서 가장 앞에 있는 문이다. 사찰에 세 개의 문을 둬서 진입을 길게 유도하는 방법은 고려 말부터 쓰이기 시작했다. **일주문(一柱門)**은 기둥이 일렬로 서 있어서 붙은 이름이다. 불교의 우주관으로는 일심(一心)을 뜻한다. 또한 물리적으로 출입을 통제하는 문이 아니라 마음의 문이다. 신성한 사원에 들어가기 전에 '세속의 번뇌로 흩어진 마음을 하나로 모아 진리의 세계로 향하라'는 상징적인 의미를 담고 있다. 범어사 조계문이 대표적이다.

사천왕문과 금강문

삼문 중 중문에 해당하는 문이다. 사천왕문(四天王門) 대신에 금강문(金剛門)이 세워지기도 한다. 사천왕문은 불법의 외호신(外護神)인 사천왕을 모신다. 사천왕은 수미산의 각 방향을 지키는 수호신으로 착한 중생을 격려하고 악한 자에게 벌을 내리는 역할을 한다. 그래서 대부분 발밑에는 악귀를 밟고 있으며 손에는 전투에 사용하는 무기를 들고 있다. 또 각 방위별로 얼굴에 오방색(五方色)이 표현되는데 동쪽 **지국천왕(持國天王)**은 푸른색이며 한 손에는 칼을 들고 있고, 다른 손은 주먹을 쥐고 있다. 안민(安民)의 신으로 인간을 두루 보살피는 역할을 한다. 남쪽 **증장천왕(增長天王)**은 붉은색이며 한 손에는 용을, 다른 손에는 여의주를 들고 있다. 위덕(威德)으로 만물을 소생시키는 역할을 한다. 서쪽 **광목천왕(廣目天王)**은 흰색이며 삼지창과 탑을 들고 있다. 죄인에게 벌을 내려 도심(道心)을 일으키게 한다. 북쪽 **다문천왕(多聞天王)**은 검은색이며 비파를 들고 있으며 어둠을 방황하는 중생을 제도하는 역할을 한다.

금강문은 불교의 수호신인 금강역사를 모신 전각이다. 보통 왼쪽에 **밀적금강**(密迹金剛), 오른쪽에 **나라연금강**(那羅延金剛)이 서게 된다. 금강역사는 오백의 야차신을 거느리고 현겁 천불의 법을 수호하는 역할을 한다.

불이문과 해탈문

삼문의 마지막 문으로 불이(不二)의 경지를 상징한다. 불교의 우주관에서는 수미산 정상에 오르면 제석천왕이 다스리는 도리천(忉利天)이 있고 도리천 위에 불이문이 있다고 한다. 제석천왕은 현실세계인 사바세계를 다스리는 천왕으로 중생의 번뇌와 죄를 다스리는 역할을 한다. 그 위에 있는 불이문(不二門)은 중생이 극락에 가기 위한 마지막 관문이다. 이미 마음이 둘이 아닌 불이의 경지에 다다른 것이며 이것이 곧 해탈의 경지이기 때문에 불이문을 해탈문(解脫門)이라고도 한다.

2) 불전

금당과 법당

부처님을 모신 주 전각을 통칭하여 이르는 말이다. 오행으로 중앙을 상징하는 황색 또는 금부처님을 의미하여 고려 초까지는 불전을 **금당**(金堂)으로 불렀던 것으로 추정된다. 이후 **법당**(法堂)이라는 명칭이 쓰였는데, 법당은 영원한 자유와 진리로 충만한 법의 집이라는 의미를 담고 있다. 역시 부처님을 모신 전각의 통칭이다. 법당이라는 말은 선종에서 처음 사용하였으며 법문을 연설하는 곳으로 교종의 강당과 같은 기능을 하였다. 고려 이후부터는 전각에 모신 부처님의 성격에 따라 전각의 명칭이 달리 불리기 시작했다. 대개 천태종 계열 사찰의 금당은 대웅전, 화엄종 계열은 대적광전, 법상종 계열은 미륵전, 정토종 계열은 극락전을 두어 사찰의 성격을 나타냈다. 일본과 중국에서는 법당은 불전이 아니라 강당으로 우리와 개념 차이가 있다.

대웅전과 대웅보전

대웅(大雄)이란 현세불인 **석가모니불**의 존칭 중 하나이다. 그래서 석가모니불을 모신 불전을 대웅전(大雄殿)이라고 칭한다. 한국에서 가장 많이 모셔진 부처가 바로 석가모니불이다. 석가모니불 양쪽에는 협시불이 놓이는데 대개 세 종류가 있다. 첫째는 가섭(迦葉)과 아난(阿難)이 입불로 모셔지는 경우이다. 두 번째는 문수보살(文殊菩薩)과 보현보살(普賢菩薩)이 모셔지기도 한다. 세 번째는 갈라보살(艶羅菩薩)과 미륵보살(彌勒菩薩)이 모셔지는 경우도 있다. 대웅전의 격을 높여 대웅보전(大雄寶殿)이라고 할 때는 석가모니불 좌우에 아미타불과 약사여래를 모시고 다시 그 좌우에 협시불을 봉안한다. 그리고 건물도 정면 5칸이 원칙이다. 때로는 3칸이면서도 이름만 대웅보전으로 높여 부르는 경우도 많다.

대적광전·대광명전·광명전·비로전

대적광전(大寂光殿)은 연화장세계의 교주인 **비로자나불**을 본존불로 모신 불전이다. 주로 화엄종에서 본전으로 삼는다. 비로자나불의 협시불은 문수와 보현을 모신다. 비로자나불을 모시기 때문에 비로전(毘盧殿)이라고도 하며, 비로자나불의 광명이 모든 곳에 두루 비친다는 의미로 대광명전(大光明殿) 또는 광명전(光明殿)이라고도 한다.

극락전·무량수전·미타전

극락전(極樂殿)은 극락세계를 관장하는 **아미타불**을 모신 전각이다. 한국의 법당 중에서 대웅전 다음으로 많다. 아미타불을 모셨기 때문에 미타전(彌陀殿)이라고도 하며, 아미타불은 무량한 수명과 무량한 빛 자체이므로 무량수전(無量壽殿)이라고도 한다. 아미타불의 협시불로는 관세음보살과 대세지보살 또는 관세음보살과 지장보살이 모셔진다.

약사전

약사전(藥師殿)은 **약사여래**를 모신 전각을 말한다. 우리 민족이 선호하는

5대 부처님 중 한 분이다. 중생들의 육체적 질병과 마음의 고통을 치료해주는 역할을 하는 부처이다.

미륵전·용화전·자씨전

미륵전(彌勒殿)은 용화세계에서 중생을 교화하는 것을 상징화한 미래의 부처님인 **미륵불**을 모신 법당이다. 미륵불에 의해 정화되고 새로운 불국토의 용화세계를 상징한다고 하여 용화전(龍華殿), 미륵의 한문식 표기법인 자씨(慈氏)를 취하여 자씨전(慈氏殿)이라고도 한다. 금산사 미륵전이 대표적이다.

팔상전·영산전

석가모니불의 일생을 여덟 단계로 구분하여 표현한 모습을 팔상(捌相)이라고 하고 **팔상도**를 모시고 있는 전각을 팔상전(捌相殿)이라고 한다. 대개 팔상전에는 중앙에 석가모니불을 모시고 외곽에 팔상탱화를 봉안하는 것이 일반적이다. 5층 목탑인 법주사 팔상전이 대표적이다.

부처님께서 묘법연화경을 설한 영산회상의 장면을 그린 **영산회상도**를 모신 전각을 영산전(靈山殿)이라고 한다. 영산회(靈山會)란 영취산에서 제자들을 모아놓고 가르침을 베풀던 모임이다.

관음전·원통전·대비전

관음전(觀音殿)은 **관세음보살**을 모신 법당이다. 중생의 고뇌를 씻어주는 권능이 모든 곳에 두루 통한다고 하여 원통전(圓通殿)이라고도 한다. 중국에서는 관세음보살의 대자대비를 강조하여 대비전(大悲殿)이라고도 한다. 관세음보살은 현세에서 고통받는 인간이 해탈을 이룰 수 있게 도와주는 부처이다.

명부전·지장전·시왕전

명부전(冥府殿)은 지옥 세계에서 중생들을 구제하는 **지장보살**을 모신 전각이다. 지장보살을 모셨기 때문에 지장전(地藏殿)이라고도 한다. 또 지장전에는 유명계(幽冥界)의 **시왕**을 봉안하고 있기 때문에 시왕전(十王殿)이라고도 한다.

응진전·나한전

응진전(應眞殿)이나 나한전(羅漢殿)은 모두 부처님의 제자를 모신 전각으로 중생들 가까이에서 중생들의 소원을 이루어주는 역할을 한다. 부처님의 **16제자**를 모신 전각을 응진전이라 하고, **500제자**를 모신 전각은 나한전이라고 한다.

3) 기타 전각

삼성각

토속신을 사찰에 모셔둔 전각의 명칭이다. 삼성각(三聖閣)은 한 건물 안에 **산신 · 칠성 · 독성**을 함께 모셨을 때 부르는 명칭이며, 이들을 따로 모시면 산신각·칠성각·독성각이 된다.

칠성각

칠성각(七星閣)은 수명장수신인 **칠성**을 봉안한 전각이다. 따라서 이 전각을 북두각(北斗閣)이라고도 한다. 칠성각은 도교의 영향으로 한국 사찰에서만 볼 수 있는 특이한 전각이다. 조선 중기 이후 사찰에서 나타난다. 제1북두는 자손에게 만덕을, 제2북두는 재난을 없애고, 제3북두는 업장을 소멸시키고, 제4북두는 모든 것을 얻게 하고, 제5북두는 백 가지 장애를 없애주며, 제6북두는 복덕을 두루 갖추게 하고, 제7북두는 수명을 오래도록 연장시켜 준다.

산신각

산신각(山神閣)에는 호랑이를 타고 있는 **산신**을 모시거나 탱화를 봉안하기도 한다. 산신은 유교·불교·도교가 혼재되어 나타나며 산사의 생활과 평온을 비는 외호신의 역할과 신도들의 부귀공명 및 건강을 지켜주는 수호신으로서의 역할을 한다.

독성각

독성각(獨聖閣)은 남인도 천태산에서 홀로 선정을 닦고 있는 성자인 **나반존자(那般尊者)**를 모신 전각이다. 나반존자는 나와 남을 이롭게 하는 능력을 갖추고 있다.

대장전·장경각

대장전(大藏殿)은 부처님의 법을 기록한 **대장경**과 **경전**을 보관한 건물이다. 그래서 장경각(藏經閣)이라고도 한다. 대표적인 장경각은 법보사찰인 해인사의 팔만대장경판을 보관한 장경각이다. 또 용문사 대장전에는 팔각형으로 된 서가인 윤장대가 설치되어 있다. 이외에 금산사 대장전이 있다.

조사전·국사전

선종사찰에서 나타나는 전각이다. 조사전(祖師殿)은 각 선종사찰에서 으뜸으로 모시는 **선승**의 영정을 봉안한 전각이다. 또 고려부터 나라의 스승이 될 만한 스님을 **국사(國師)**로 모셨고, 왕의 스승을 왕사(王師)라고 불렀다. 그래서 이들을 모신 전각을 국사전(國師殿)이라고 하는데 보조국사를 포함해 16국사를 모신 송광사의 국사전이 유명하다. 부석사 조사전과 여주 신륵사 조사전을 들 수 있다.

설법전·무설전

설법전(說法殿)은 부처님의 설법을 듣고 논하는 곳이다. 고려 이전에는 강당이라고 불렀다. 대개 금당 뒤에 위치하며 스님들이 모여 경문을 공부하고 강의와 설법이 이루어지는 건물이다. 말하지 않고 깨닫는 것이 가장 큰 깨달음이라고 하여 무설전(無說殿)이라고도 한다. 불국사 대웅전 뒤 무설전을 예로 볼 수 있다.

요사채·승당·승방

요사채는 스님들이 기거하면서 생활하는 건물이다. 요사채에 승당(僧堂)과 승방(僧房)이 겸해 있는 경우와 별개의 건물로 짓는 경우가 있다. 승당이나 승방은 부처님의 계율과 선법 및 교법을 닦는 곳이다.

해우소

해우소(解憂所)는 근심을 해결하는 곳, 즉 사찰의 뒷간을 이르는 명칭이다

yeolaesang

여래상

Statue of Buddha

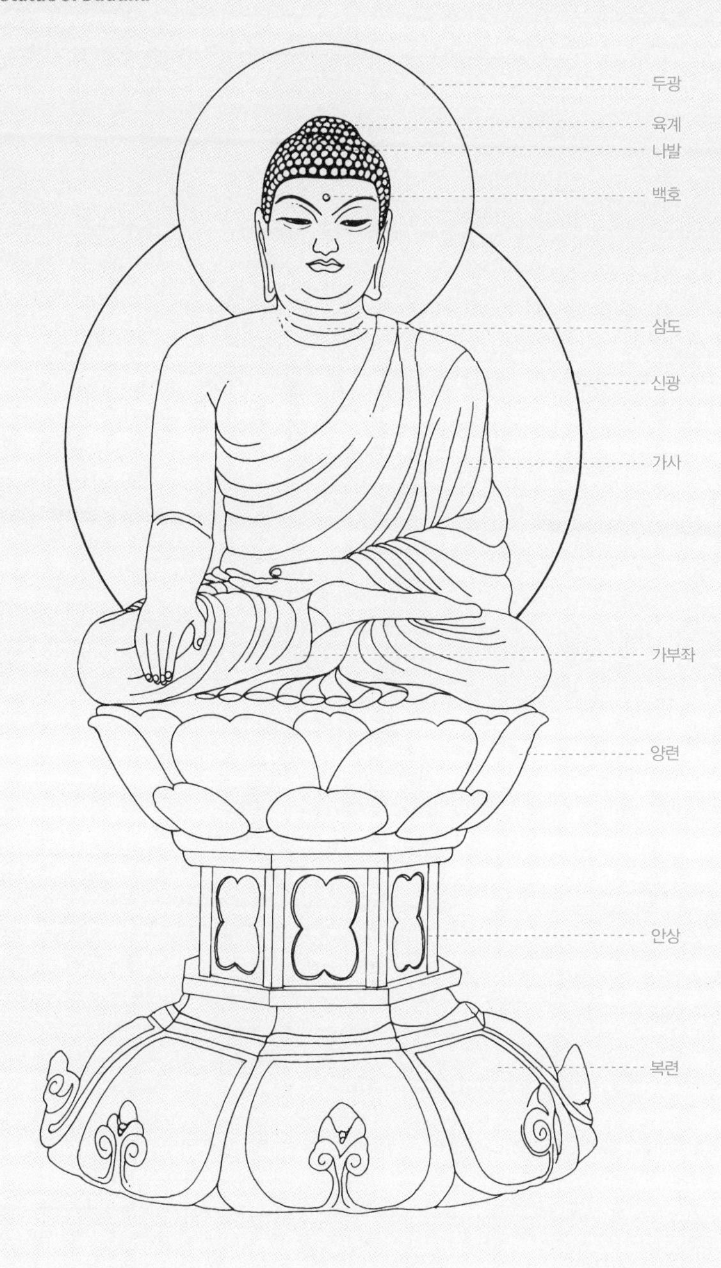

bosalsang

보살상

Statue of Bodhisattva

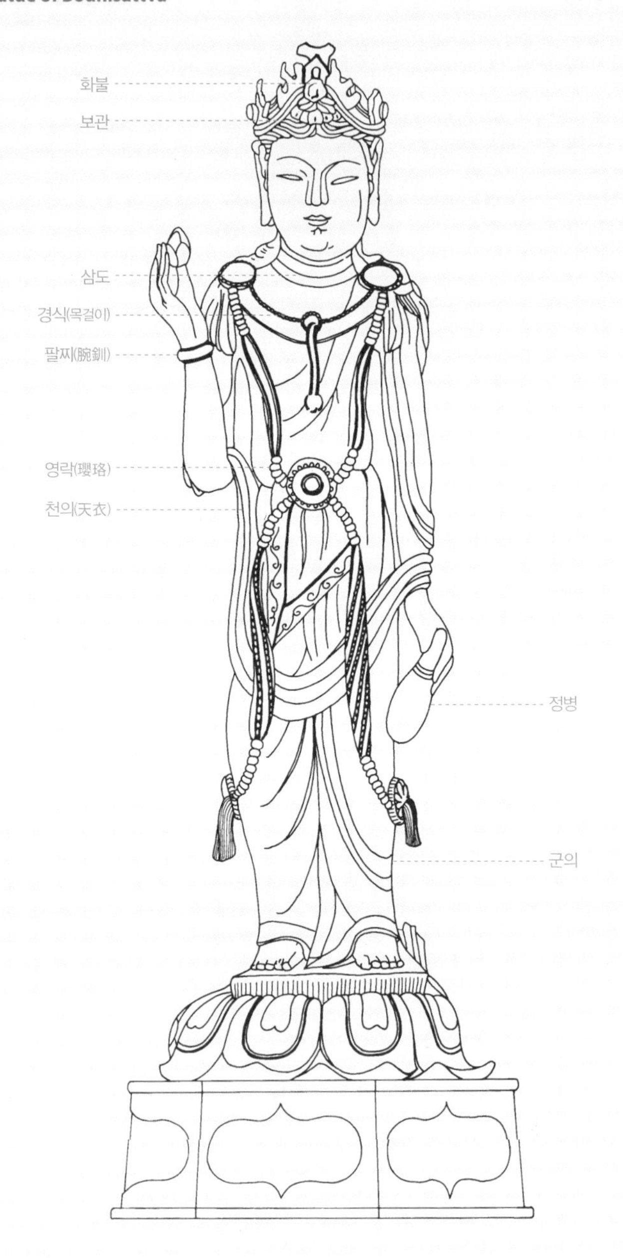

su-in
수인
Hand Gestures (Mudras)

아미타여래 구품인

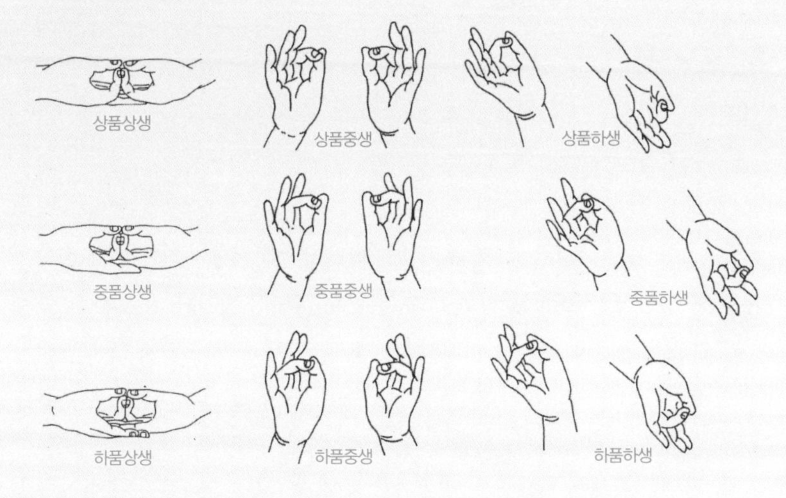

수인

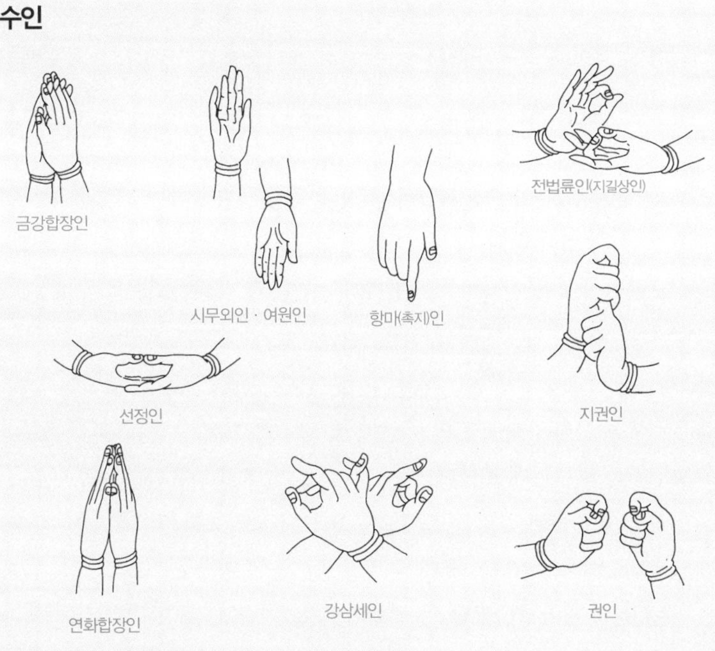

길이를 재는 단위로 지금처럼 미터법이 사용되기 시작한 것은 서양 척도가 수입되면서부터이다. 이전에는 고유한 척도를 가지고 있었는데 이것을 **자**(尺)라고 한다. 보통 한 자는 10치(寸)이고 치의 1/10을 푼(分)이라고 한다. **치**(寸)는 손가락 한 마디를 기준 한 것이다. 서양에서는 이를 인치(inch)라고 불러왔다. 그러므로 동서양 모두 척도의 기준은 인체에서 나왔다고 할 수 있다.

그러나 이러한 척도는 지역과 시대에 따라서 편차가 큰 것이 단점이어서 지구 자오선의 1/40,000,000을 1m로 하는 미터법이 제정되어 세계적으로 척도가 통일되었다. 하지만 미터법은 사용된 지 불과 얼마 되지 않은 것이어서 한국 고건축을 이해하는 데 별로 도움이 되지 않는다. 지금도 한옥을 짓는 목수는 **곡척**(曲尺)을 사용해 자(尺) 단위로 작업을 하기 때문에 고건축의 정확한 이해를 위해서는 고대 척도의 이해가 필수적이다.

또 척도는 사용되는 곳에 따라 다르다. 음악의 음률을 교정하는 기준으로 사용된 것이 **황종척**(黃鐘尺)이며, 옷감 재단용으로 사용된 것은 **포백척**(布帛尺) 이다. 그리고 논밭의 크기를 재는 양전(量田)과 도로의 거리를 재는 이정(里程)에 사용된 척도를 양전척(量田尺)이라고 하는데 양전척으로는 보통 **주척**(周尺)이 사용되었다. 건축에 주로 사용되었던 척도는 **영조척**(營造尺)이다. 그러나 영조척은 조선 시대에 사용되었던 것이고, 삼국시대에는 고려척이, 통일신라기에는 당척과 주척이 주로 사용되었다.

영조척

영조척(營造尺)은 건축과 토목, 조선(造船) 및 조차(造車) 등 주로 건축물이나 조영물을 만드는데 쓰였다. 영조척은 명나라에서 사용하던 척도로 조선에서는 주척과 함께 널리 사용되었다. 조선시대 영조척은 세종 12년(1430)에 31.22cm로 통일되었는데 이후 점차 줄어들어 광무 6년(1902)에 지금과 같은 30.30cm로 고정되었다.

시대를 확정할 수는 없으나 척도유물로 살펴보면 창덕궁 유물관에 있는 10개 영조척은 평균 305.94mm로 나타났다. 고려대 박물관의 영조척은 299.1mm, 300.50mm, 309.32mm 세 종류가 있다. 도본에 그려져 있는 영조척으로는 성종 5년(1474)《국조오례서례》는 299mm, 효종 4년(1653)《전제상정소준수조획》은 308mm, 경종 3년(1723)《계묘일기》는 306mm, 영조 25년(1749)《황단의범》은 318.2이고《황단증수의》는 321.4mm이다. 또 영조조에 개간된《국조오례의서》는 275mm로 매우 짧다. 정조 4년(1780)의《시약화성》은 305.6mm와 307mm로 나타났으며 정조 7년(1783)의《사직서의궤》는 294.2mm이고 정조년간의《경모궁의궤》는 305.2mm이다. 헌종 10년(1844)의《사례편람》은 304mm이다. 서울 경기지역 실존하는 건물의 용척을 조사한 자료에 따르면 17세기 건축물의 평균 용척은 310.39mm로 나타났으며 18세기 건축물은 309.11mm, 19~20세기 건축물은 305.53mm로 나타났다. 또 박물관에 보관되어있는 실존 척도를 살펴보면 창덕궁에 소장되어있는 유척(鍮尺)은 309.6mm이며 국립박물관에 소장되어있는 건륭 6년(1741)의 철척은 309.0mm이다.

주척

주척(周尺)은 남자의 한 뼘(手長)인 19.91cm를 1척(尺)으로 한 것이다.《주례(周禮)》에 표기된 척도로 한국에서는 근세에 이르기까지 양전척 또는 이정척으로 사용되었다. 건축물을 지을 때는 잘 사용하지 않았지만 토목공사 및 전체 배치 영역을 측정하는 데는 영조척보다 주척을 많이 사용했다. 정조조에 축조한 수원화성의 성곽 길이는 주척을 기준으로 했다. 수원화성 성역에 사용된 척도 기준은 아래와 같다. 수원화성 축성 시에 사용된 주척은 미터법으로는 196.3mm였다. 따라서 수원화성 축성 시 영조척은 309.95mm로 환산된다.

周尺 6尺 = 1步

周尺 2,300尺 = 1里

營造尺 3.8尺 = 1步

營造尺 1,457尺 = 1里

당척

당척(唐尺)은 통일신라 때에 주척과 함께 당나라의 당대척(唐大尺)을 도입한 것으로 당척 한 자는 약 296.94mm이다. 통일신라 때에 건립된 불국사의 배치와 석가탑 및 다보탑 등의 조형물을 비롯하여 석굴암을 만드는 데 이용되었다. 이외에 사천왕사, 망덕사, 천군리사, 화엄사 쌍사자 3층 석탑, 부석사 무량수전 등이 0.98곡척의 단위길이를 가진 당척으로 건축되었음이 조사되었다.

고려척

여기서 고려는 고구려를 가리킨다. 삼국시대 고구려·백제·신라에서는 **고려척**(高麗尺)을 사용했다. 고려척은 고대에 사용되었던 가장 긴 장척으로 주로 고대의 요동과 산둥지방에서 널리 쓰였다. 일본의 세기노타다시(關野貞)는 호류지 영건에서도 고려척이 사용되었다고 주장하였다. 고려척은 중국 은나라의 기전척(箕田尺)으로부터 기인된 것으로 보고 있다. 고려척은 35.6328cm로 고증되었으며 고구려 평양도성, 신라왕경, 백제 부소산성, 신라 황룡사탑, 일본의 호류지, 아스카데라 등의 건축에 사용되었다.

곡척과 자

곡척(曲尺)은 **곡자**를 이르는 말로 척도 단위가 아니라 자를 가리키는 명칭이다. 곡척은 **기역자자** 또는 **가늠자**라고 불렀다. 목수들이 가장 많이 사용하는 자가 곡자이기 때문에 곡척이라고 하면 통상 목수들이 집 지을 때 사용하는 영조척을 이르기도 한다. 현재 목수들도 이 자를 기준으로 한옥을 짓고 있으며, 미터 단위는 쓰지 않는다. 그러나 현재 설계도면은 모두 미터 단위로 작성되기 때문에 현장에서 다시 곡척으로 환산하여 공사하는 어려움이 있다.

곡자 외에 주칸 등 넓은 칸의 길이를 잴 때 사용하는 **장척**(長尺, 주로 현장에서 제작해 전공정에 사용됨), 연귀맞춤 등 각도가 있는 부재를 치목할 때 사용하는 **연귀자**, 먹매김 할 때 사용하는 **미레자** 등으로 다양하다. 건축에 사용되는 자와 각종 연장에 관한 자료는 (이왕기, 〈건축연장2〉, 《꾸밈》 46호, 1982년 2월)를 참조 바라며, 길이를 재는 자 외에 조선시대 각종 물건이나 연장 및 재료 등을 세는 단위 용어와 면적 및 부피 등에 관한 단위어는 (박성훈, 《단위어사전》, 민중서림, 1998)을 참조하기 바란다.

고건축 관련 척도

자의 종류	사용 시기	cm : 사례
영조척	조선 - 현재	31.22cm : 세종12년(1430) 30.96cm : 창덕궁 소장 30.30cm : 광무6년(1902), 현재
주척	통일신라 - 근세	19.42cm : 신라·고려의 양전척 20.81cm : 세종12년(1430) 21.79cm : 인조12년(1634) 수표교 수위계 19.63cm : 정조 연간 화성축조시 21.60cm : 건륭6년(1741. 국립중앙박물관 소장) 20.00cm : 광무6년(1902)
당척	통일신라	29.69cm
고려척	삼국시대	35.63cm

dong-yang bigyoyeonpyo

동양 비교연표

Comparative Chronological Table of the East

인도	중국	일본	한국
BC3000 인더스문명 BC 1500	BC 18세기 은 BC 12세기	BC 3000 조몬 BC 3세기	BC 2333 고조선 BC 108
BC1500 베다시대 BC 545	BC 1111 주 BC 771	BC 200 야요이 AD 300	BC 108 열국 AD 688
BC 545 마가다 왕국 BC 413	BC 771 춘추전국 BC221	AD 4세기 야마토 AD 7세기	668 남북국 935
BC 326 난다왕조 BC 321	BC 221 진 BC 206	593 아스카 710	918 고려 1392
BC 320 마우리아왕조 BC 185	BC 206 한 AD 23	710 나라 784	1392 조선 1897
AD 40 쿠샨왕조 AD 3세기중엽	25 후한 220	754 헤이안 1192	
320 굽타왕조 6세기중엽	220 위·촉·오 280	1192 가마쿠라 1333	
6세기중엽 분열기 1206	304 5호16국, 동진 439	1333 난보쿠 1392	
1206 모슬렘왕조 1526	386 북조 581 / 420 남조 589	1392 무로마치 1573	
1526 무갈왕조 1757	581 수 618	1573 모모야마 1603	
1757 영국식민 1947	618 당 907	1603 에도 1868	
	907 오대 960		
	960 북송 1127 / 947 요 1125		
	1115 금 1234 / 1127 남송 1279		
	1271 원 1368		
	1368 명 1644		
	1644 청 1911		

yeonho mich ganji sayong salye

연호 및 간지 사용 사례

Examples of Era Names and Zodiac Cycle Usage

연대를 기록할 때 지금은 서기 2024년으로 표기하지만 고대 문헌이나 건축물의 상량문 등에서는 연호(年號)나 왕조(王朝)를 사용하여 표기했기 때문에 연호나 왕조를 모르면 정확한 연대를 파악할 수 없다. '연호표'와 '간지표' 및 '왕조표'를 이용하여 건축물에 남아있는 기록을 통한 연대를 계산하는 방법을 소개한다.

예1) 崇禎紀元後一百十一年(恩津雙溪寺重創記)

① 숭정(崇禎) 1년은 '연호표'에서 1628년이므로 숭정기원후 111년은 1628 + 110 = 1738년이다.

예2) 崇禎紀元後丁卯四月初一日(興城東軒移建上樑文)

① '연호표'에서 숭정 원년(숭정 1년)을 찾는다.→1628년

② '간지표'에서 1628년 이후 간지가 丁卯인 연도를 찾는다.→1687년

③ 그러므로 崇禎紀元後丁卯四月初一日 = 1687년 4월 1일

예3) 崇禎紀元後三周甲乙亥四月初一日

① '연호표'에서 숭정 원년(숭정 1년)을 찾는다.→1628년

② '간지표'에서 1628년 이후 세 번째 을해년(三周甲乙亥)을 찾는다.
→첫 번째 을해년(1635년), 세 번째 을해년(1755년)

③ 그러므로 崇禎紀元後三乙亥四月初一日 = 1755년 4월 1일

예4) 雍正九年辛亥六月二十日上樑記(陜川海印寺弘濟庵上樑記)

① '연호표'에서 옹정(雍正) 1년은 1723년이므로 옹정 9년은 1723 + 8 = 1731년이다.

예5) 咸豊癸丑十一月二十六日(注谷洞玉川宗宅重建上樑文)

① '연호표'에서 함풍원년(咸豊元年)을 찾는다.→1851년

② '간지표'에서 1851년 이후의 간지가 계축(癸丑)인 연대를 찾는다.
→1853년

③ 그러므로 咸豊癸丑十一月二十六日 = 1853년 11월 26일이다.

예6) 高麗 仁宗五年

① '왕조표'에서 고려 인종 1년은 1122년이므로 인종 5년은 1122 + 4 = 1126년이다.

예7) 朝鮮 仁祖三年

① '왕조표'에서 조선 인조 1년은 1623년이므로 인조 3년은 1623 + 2 = 1625년이다.

예8) 불기(佛滅紀元) 2551年

① 불기 2551년 = 불기-544년(2551-544) = 서기 2007년

예9) 단기(檀紀) 4357年

① 단기 4357년 = 단기-고조선 건국 연도(4357-2333) = 서기 2024년

han·jung·il yeonho

한·중·일 연호

Era Names of Korea, China, and Japan

한국

開國	신라	551~567	聖冊	마진	905~910	峻豊	고려	960~963
開國	조선	1894~1897	水德萬歲	태봉	911~914	中興	발해	794
建國	신라	551~567	永德	발해	809~812	天開	고려	1135
建福	신라	584~633	永樂	고구려	391~413	天慶	발해	1029~1120
建陽	조선	1896~1897	隆基	발해	1115	天授	고려	918~933
建元	신라	536~550	隆熙	대한	1907~1910	天統	발해	699~718
建興	발해	818~829	應順	발해	1115	太始	발해	817~818
光德	고려	950~951	仁安	발해	719~736	太昌	신라	568~571
光武	대한	1897~1907	仁平	신라	634~646	太和	신라	647~650
大昌	신라	568~571	政開	태봉	914~917	咸和	발해	830~858
大興	발해	737~792	正曆	발해	795~809	鴻濟	신라	572~583
武泰	마진	904~905	朱雀	발해	813~817			

중국

嘉慶	1796~1820	乾德	963~967	建平	BC6~BC3
嘉祐	1056~1063	建德	572~577	乾亨	979~982
嘉定	1208~1224	乾道	1165~1173	建衡	269~271
嘉靖	1522~1566	乾隆	1736~1795	乾化	911~912
嘉泰	1201~1204	建隆	960~962	建和	147~149
嘉平	249~254	乾明	560	建興	223~237
嘉禾	232~237	建武	25~55	建興	252~253
嘉熙	1237~1240	建武	494~497	建興	313~317
甘露	256~260	建文	1399~1402	景德	1004~1007
甘露	BC53~BC50	乾封	666~668	景龍	707~710
康熙	1662~1722	乾符	874~879	景明	500~503
開寶	968~976	建昭	BC38~BC34	景福	892~893
開成	836~840	建始	BC32~BC29	慶曆	1041~1048
開運	944~946	建安	196~220	景炎	1276~1278
開元	713~741	建炎	1127~1130	景耀	258~263
開泰	1012~1020	乾元	758~760	景祐	1034~1037
開平	907~910	建元	479~482	景雲	710~712
開皇	581~600	建元	343~344	慶元	1195~1200
開禧	1205~1207	建元	BC140~BC135	景元	260~263
居攝	6~8	建中	780~783	慶定	1260~1264
乾寧	894~897	建初	76~83	慶初	237~239
建寧	168~171	乾統	1101~1110	景泰	1450~1457

景平	423~424	明昌	1190~1195	承聖	552~554
光啓	885~887	武德	618~626	承安	1196~1200
光大	567~568	武成	559~560	升平	357~361
廣德	763~764	武定	543~550	始建國	9~13
廣明	880~881	武平	570~576	始光	424~427
光緖	1875~1908	寶慶	1225~1227	始元	bc.86~bc.81
廣順	951~953	保寧	969~978	神龜	518~519
光化	898~900	保大	1121~1125	神瑞	414~415
光和	178~183	寶曆	825~826	神爵	bc.61~bc.58
寧康	373~375	寶祐	1253~1258	神冊	916~921
端拱	988~989	寶元	1038~1039	陽嘉	132~135
端平	1234~1236	寶應	762~763	陽朔	BC24~BC21
大康	1075~1084	保定	561~565	延光	122~125
大觀	1107~1110	寶鼎	266~268	延祐	1314~1320
大寧	561	普通	520~526	延昌	512~515
大德	1297~1307	本始	BC73~BC70	延和	432~434
大同	535~545	鳳曆	914~923	延興	471~475
大曆	766~779	鳳皇	272~274	延熙	238~257
大明	457~464	上元	674~676	延熹	158~166
大寶	550~551	上元	760~761	永嘉	307~313
大象	579~580	祥興	1278~1279	永建	126~131
大順	890~891	宣德	1426~1435	永光	BC43~BC39
大安	1085~1094	先天	712~713	永樂	1403~1424
大安	1209~1211	宣統	1909~1911	永隆	680~681
大業	605~617	宣和	1119~1125	永明	483~493
大定	1161~1189	聖曆	698~700	永壽	155~157
大中	847~859	成化	1465~1487	永淳	682~683
大中祥符	1008~1016	紹聖	1094~1097	永始	BC16~BC13
大通	527~528	紹定	1228~1233	永安	258~264
大和	827~835	紹興	1131~1162	永安	528~530
德祐	1275~1276	紹熙	1190~1194	永元	89~104
道光	1821~1850	垂拱	685~688	永元	499~501
同光	923~926	收國	1115~1116	永定	557~559
同治	1862~1874	壽隆	1095~1101	永初	107~113
登國	386~395	綏和	BC8~BC7	永初	420~422
龍德	921~923	淳祐	1241~1252	永泰	765~766
隆慶	1567~1572	順治	1644~1661	永平	58~75
隆安	397~401	淳化	990~994	永平	291~299
隆化	576~577	淳熙	1174~1189	永平	508~511
隆興	1163~1164	崇寧	1102~1106	永和	136~141
萬曆	1573~1620	崇德	1636~1643	永和	345~356
萬歲通天	696~697	崇禎	1628~1644	永徽	650~656
明道	1032~1033	昇明	477~0479	永興	153~154

永興	304~305	長壽	692~694	天監	502~519
永興	409~413	長安	701~704	天慶	1111~1120
永熙	532~534	章和	87~88	天啓	1621~1627
五鳳	254~255	長興	930~933	天眷	1138~1140
五鳳	BC57~BC54	赤烏	238~250	天紀	277~281
雍正	1723~1735	靖康	1126~1127	天德	1149~1152
雍熙	984~987	貞觀	627~649	天曆	1328~1329
龍德	921~923	正光	520~524	天祿	947~951
龍朔	661~663	正大	1224~1231	天命	1616~1626
元嘉	151~152	正德	1506~1521	天保	550~559
元康	BC65~BC62	正隆	1156~1161	天寶	742~756
元光	1222~1223	禎明	587~589	天輔	1117~1123
元光	BC134~BC129	貞明	915~920	天復	901~903
元年	557~558	正始	240~248	天福	936~942
元年	907~915	正始	504~507	天鳳	14~19
元封	BC110~BC105	正元	254~255	天賜	404~409
元封	1098~1100	貞元	785~805	天成	926~929
元鳳	BC80~BC75	貞元	1153~1155	天聖	1023~1031
元朔	BC128~BC123	正統	1436~1449	天授	690~692
元壽	424~453	正平	451~452	天順	1457~1464
元壽	BC2~BC1	征和	BC92~BC089	天祐	905~907
元狩	BC122~BC117	政和	1111~1117	天贊	922~925
元始	1~5	調露	679~680	天聰	1627~1636
元延	BC12~BC9	中大通	529~534	天統	565~569
元祐	1086~1093	中統	1260~1263	天平	534~537
元貞	1295~1296	中平	184~189	天漢	BC100~BC97
元鼎	BC116~BC111	中和	881~884	天顯	926~937
元初	114~119	中興	501~502	天和	566~571
元統	1333~1334	中興	531~532	天興	398~403
元和	84~86	重熙	1032~1055	天興	1232~1234
元和	806~820	至大	1308~1311	天禧	1017~1021
元徽延興	473~477	至德	583~586	清寧	1055~1064
元興	105~106	至德	756~758	靑龍	233~236
元興	402~404	至道	995~997	清泰	934~936
元熙	419~420	至順	1330~1332	初元	BC48~BC44
應曆	951~969	至元	1264~1294	初平	190~193
義寧	617~618	至元	1335~1340	總章	668~670
儀鳳	676~679	地節	BC69~BC66	治平	1064~1067
義熙	405~418	至正	1341~1368	太康	280~289
麟德	664~666	至治	1321~1323	太建	569~582
仁壽	601~604	至和	1054~1055	太寧	323~325
長慶	821~824	地皇	20~23	泰常	416~423
章武	221~223	天嘉	560~565	太始	BC96~BC93

泰始	265~274	河清	562~565	皇慶	1312~1313
泰始	465~471	河平	BC28~BC25	黃龍	229~231
太安	302~303	漢安	142~143	黃武	222~228
太安	455~459	咸康	335~342	皇祐	1049~1053
太延	435~439	咸寧	275~279	黃初	220~226
太元	251~252	咸淳	1265~1274	黃治	396~397
太元	376~396	咸安	371~372	皇統	1141~1149
泰定	1324~1327	咸雍	1065~1074	皇興	467~0471
太清	547~549	咸通	860~873	會同	938~946
太初	BC104~BC101	咸豊	1851~1861	會昌	841~846
太平	256~258	咸平	998~1003	孝建	454~456
太平	556~557	咸亨	670~674	孝昌	525~527
太平	1021~1031	咸和	326~334	後元	BC88~BC87
太平眞君	440~450	咸熙	264~265	興光	454
太平興國	976~983	顯慶	656~661	興寧	363~365
太和	227~232	顯德	955~959	興平	194~195
太和	366~371	鴻嘉	BC20~BC17	興和	539~542
太和	477~499	洪武	1368~1398	熙寧	1068~1077
泰和	1201~1208	弘治	1488~1505	熙平	516~517
太興	318~321	和平	460~465	熹平	172~177
統和	983~1011	皇建	560~561		

일본

嘉慶	1387~1389	康平	1058~1064	寛元	1243~1246
嘉吉	1441~1443	康和	1099~1103	觀應	1350~1352
嘉暦	1326~1328	建久	1190~1198	寛仁	1017~1020
嘉祿	1225~1226	建德	1370~1371	寛正	1460~1465
嘉保	1094~1095	建暦	1211~1212	寛政	1789~1800
嘉祥	848~850	建武	1334~1335	寛治	1087~1093
嘉承	1106~1108	建保	1213~1218	寛平	889~897
嘉永	1848~1853	建仁	1201~1203	寛弘	1004~1012
嘉元	1303~1305	建長	1249~1255	寛和	985~986
嘉応	1169~1170	建治	1275~1277	寛喜	1229~1231
嘉禎	1235~1237	慶安	1648~1651	久安	1145~1150
康暦	1379~1381	慶雲	704~707	久壽	1154~1155
康保	964~967	慶応	1865~1867	大同	806~809
康安	1361~1362	慶長	1596~1614	大宝	701~703
康永	1342~1345	寛德	1044~1045	大永	1521~1527
康応	1389~1390	寛保	1741~1743	大正	1912~1925
康正	1455~1456	寛延	1748~1750	大治	1126~1130
康治	1142~1143	寛永	1624~1643	大化	645~650

德治	1306~1307	神龜	724~728	応德	1084~1086
靈龜	715~716	神護景雲	767~769	応保	1161~1162
曆應	1338~1342	安永	1772~1780	応安	1368~1375
令和	2019~	安元	1175~1176	応永	1394~1427
萬壽	1024~1027	安貞	1227~1228	応仁	1467~1468
萬治	1658~1660	安政	1854~1859	応和	961~963
明德	1390~1394	安和	968~969	長寬	1163~1164
明曆	1655~1657	養老	717~723	長久	1040~1043
明応	1492~1500	延慶	1308~1310	長德	995~998
明治	1868~1911	延久	1069~1073	長曆	1037~1039
明和	1764~1771	延德	1489~1491	長祿	1457~1459
文久	1861~1863	延曆	782~805	長保	999~1003
文龜	1501~1503	延文	1356~1361	長承	1132~1134
文祿	1592~1595	延寶	1673~1680	長元	1028~1036
文明	1469~1486	延長	923~930	長治	1104~1105
文保	1317~1318	延享	1744~1747	長和	1012~1016
文安	1444~1448	延喜	901~922	正嘉	1257~1258
文永	1264~1274	永觀	983~984	正慶	1332~1334
文中	1372~1374	永久	1113~1117	貞觀	859~876
文政	1818~1829	永德	1381~1384	正德	1771~1715
文治	1185~1189	永祿	1588~1569	正曆	990~994
文和	1352~1356	永保	1081~1083	正保	1644~1647
文化	1804~1817	永承	1046~1052	正安	1299~1301
白雉	650~654	永延	987~988	貞元	976~977
寶龜	770~780	永仁	1293~1298	貞応	1222~1223
寶德	1449~1451	永正	1504~1520	正応	1288~1292
寶曆	1751~1763	永享	1429~1440	正中	1324~1325
保安	1120~1123	永和	1375~1379	正治	1199~1200
保延	1135~1140	元久	1204~1205	貞治	1362~1368
寶永	1704~1710	元龜	1570~1572	正平	1346~1369
保元	1156~1158	元德	1329~1330	貞享	1684~1687
寶治	1247~1248	元祿	1688~1703	正和	1312~1316
昭和	1926~1988	元文	1736~1740	貞和	1345~1350
壽永	1182~1185	元永	1118~1119	齊衡	854~856
承久	1219~1221	元応	1319~1320	至德	1384~1392
承德	1097~1098	元享	1322~1323	昌泰	898~900
承曆	1077~1880	元弘	1331~1333	天慶	938~947
承保	1074~1076	元和	1615~1623	天德	957~960
承安	1171~1174	仁德	851~853	天曆	947~956
承元	1207~1210	仁安	1166~1168	天明	1781~1788
承応	1652~1654	仁治	1240~1242	天祿	970~972
承平	931~937	仁平	1151~1153	天文	1532~1554
承和	834~847	仁和	885~888	天保	1830~1843

天授	1375~1380	天平勝宝	749~756	享保	1716~1735
天安	857~858	天平神護	765~766	享和	1801~1804
天延	973~975	天平宝字	757~764	弘安	1278~1287
天永	1110~1112	天和	1681~1683	弘仁	810~823
天元	978~982	天喜	1053~1057	弘長	1261~1263
天仁	1108~1109	治暦	1065~1068	弘治	1555~1557
天応	781~782	治承	1177~1180	弘和	1381~1383
天長	824~833	治安	1021~1023	弘和	1381~1384
天正	1573~1591	平成	1989~2019	弘化	1844~1847
天治	1124~1125	享徳	1452~1453	和銅	708~714
天平	729~748	享祿	1528~1531	興國	1340~1345

wangjopyo

왕조표

Table of Dynasties

고구려

동명성왕(東明聖王)	BC37~BC19	동천왕(東川王)	227~248	문자왕(文咨王)	491~519
유리왕(榴璃王)	BC19~AD18	중천왕(中川王)	248~270	안장왕(安藏王)	519~531
태무신왕(太武神王)	18~44	서천왕(西川王)	270~292	안원왕(安原王)	531~545
민중왕(閔中王)	44~48	봉상왕(烽上王)	292~300	양원왕(陽原王)	545~559
모본왕(慕本王)	48~53	미천왕(美川王)	300~331	평원왕(平原王)	559~590
태조왕(太祖王)	53~146	고국원왕(故國原王)	331~371	영양왕(嬰陽王)	590~618
차대왕(次大王)	146~165	소수림왕(小獸林王)	371~384	영류왕(榮留王)	618~642
신대왕(新大王)	165~179	고국양왕(故國壤王)	384~391	보장왕(寶藏王)	642~668
고국천왕(故國川王)	179~197	광개토왕(廣開土王)	391~413		
산상왕(山上王)	197~227	장수왕(長壽王)	413~491		

백제

온조왕(溫祚王)	BC18~AD28	계왕(契王)	344~346	삼근왕(三斤王)	477~479
다루왕(多婁王)	28~77	근초고왕(近肖古王)	346~375	동성왕(東城王)	479~501
기루왕(己婁王)	77~128	근구수왕(近仇首王)	375~384	무녕왕(武寧王)	501~523
개루왕(蓋婁王)	128~166	침류왕(枕流王)	384~385	성왕(聖王)	523~554
초고왕(肖古王)	166~214	진사왕(辰斯王)	385~392	위덕왕(威德王)	554~598
구수왕(仇首王)	214~234	아신왕(阿莘王)	392~405	혜왕(惠王)	598~599
사반왕(沙泮王)	234	전지왕(腆支王)	405~420	법왕(法王)	599~600
고이왕(古爾王)	234~286	구이신왕(久爾辛王)	420~427	무왕(武王)	600~641
책계왕(責稽王)	286~298	비유왕(毘有王)	427~455	의자왕(義慈王)	641~660
분서왕(汾西王)	298~304	개로왕(蓋鹵王)	455~475	풍왕(豊王)	660~663
비류왕(比流王)	304~344	문주왕(文周王)	475~477		

신라

혁거세(赫居世)	BC57~AD4	나해왕(奈解王)	196~230	눌지왕(訥祇王)	417~458
남해왕(南解王)	4~24	조분왕(助賁王)	230~247	자비왕(慈悲王)	458~479
유리왕(瑠璃王)	24~57	첨해왕(沾解王)	247~261	소지왕(炤知王)	479~500
탈해왕(脫解王)	57~80	미추왕(味鄒王)	262~284	지증왕(智證王)	500~514
파사왕(婆娑王)	80~112	유례왕(儒禮王)	284~298	법흥왕(法興王)	514~540
지마왕(祇摩王)	112~134	기림왕(基臨王)	298~310	진흥왕(眞興王)	540~576
일성왕(逸聖王)	134~154	흘해왕(訖解王)	310~356	진지왕(眞智王)	576~579
아달라왕(阿達羅王)	154~184	내물왕(柰勿王)	356~402	진평왕(眞平王)	579~632
벌휴왕(伐休王)	184~196	실성왕(實聖王)	402~417	선덕여왕(眞德女王)	632~647

진덕여왕(眞德女王)	647~654	원성왕(元聖王)	785~798	경문왕(景文王)	861~875
무열왕(武烈王)	654~661	소성왕(昭聖王)	798~800	헌강왕(憲康王)	875~886
문무왕(文武王)	661~681	애장왕(哀莊王)	800~809	정강왕(定康王)	886~887
신문왕(神文王)	681~692	헌덕왕(憲德王)	809~826	진성여왕(眞聖女王)	887~897
효소왕(孝昭王)	692~702	흥덕왕(興德王)	826~836	효공왕(孝恭王)	897~912
성덕왕(聖德王)	702~737	희강왕(僖康王)	836~838	신덕왕(神德王)	912~917
효성왕(孝成王)	737~742	민애왕(閔哀王)	838~839	경명왕(景明王)	917~924
경덕왕(景德王)	742~765	신무왕(神武王)	839	경애왕(景哀王)	924~927
혜공왕(惠恭王)	765~780	문성왕(文聖王)	839~857	경순왕(敬順王)	927~935
선덕왕(宣德王)	780~785	헌안왕(憲安王)	857~861		

고려

태조(太祖)	918~943	선종(宣宗)	1083~1094	충열왕(忠烈王)	1274~1308
혜종(惠宗)	943~945	헌종(獻宗)	1094~1095	충선왕(忠宣王)	1308~1313
정종(定宗)	945~949	숙종(肅宗)	1095~1105	충숙왕(忠肅王)	1313~1339
광종(光宗)	949~975	예종(睿宗)	1105~1122	충혜왕(忠惠王)	1339~1344
경종(景宗)	975~981	인종(仁宗)	1122~1146	충목왕(忠穆王)	1344~1348
성종(成宗)	981~997	의종(毅宗)	1146~1170	충정왕(忠定王)	1348~1351
목종(穆宗)	997~1009	명종(明宗)	1170~1197	공민왕(恭愍王)	1351~1374
현종(顯宗)	1009~1031	신종(神宗)	1197~1204	우왕(禑王)	1374~1388
덕종(德宗)	1031~1034	희종(熙宗)	1204~1211	창왕(昌王)	1388~1389
정종(靖宗)	1034~1046	강종(康宗)	1211~1213	공양왕(恭讓王)	1389~1392
문종(文宗)	1046~1083	고종(高宗)	1213~1259		
순종(順宗)	1083~1083	원종(元宗)	1259~1274		

조선

태조(太祖)	1392~1398	연산군(燕山君)	1494~1506	숙종(肅宗)	1674~1720
정종(定宗)	1398~1400	중종(中宗)	1506~1544	경종(景宗)	1720~1724
태종(太宗)	1400~1418	인종(仁宗)	1544~1545	영조(英祖)	1724~1776
세종(世宗)	1418~1450	명종(明宗)	1545~1567	정조(正祖)	1776~1800
문종(文宗)	1450~1452	선조(宣祖)	1567~1608	순조(純祖)	1800~1834
단종(端宗)	1452~1455	광해군(光海君)	1608~1623	헌종(憲宗)	1834~1849
세조(世祖)	1455~1468	인조(仁祖)	1623~1649	철종(哲宗)	1849~1863
예종(睿宗)	1468~1469	효종(孝宗)	1649~1659	고종(高宗)	1863~1907
성종(成宗)	1469~1494	현종(顯宗)	1659~1674	순종(純宗)	1907~1910

연도	간지	연도	간지	연도	간지
0001	辛酉	0040	庚子	0079	己卯
0002	壬戌	0041	辛丑	0080	庚辰
0003	癸亥	0042	壬寅	0081	辛巳
0004	甲子	0043	癸卯	0082	壬午
0005	乙丑	0044	甲辰	0083	癸未
0006	丙寅	0045	乙巳	0084	甲申
0007	丁卯	0046	丙午	0085	乙酉
0008	戊辰	0047	丁未	0086	丙戌
0009	己巳	0048	戊申	0087	丁亥
0010	庚午	0049	己酉	0088	戊子
0011	辛未	0050	庚戌	0089	己丑
0012	壬申	0051	辛亥	0090	庚寅
0013	癸酉	0052	壬子	0091	辛卯
0014	甲戌	0053	癸丑	0092	壬辰
0015	乙亥	0054	甲寅	0093	癸巳
0016	丙子	0055	乙卯	0094	甲午
0017	丁丑	0056	丙辰	0095	乙未
0018	戊寅	0057	丁巳	0096	丙申
0019	己卯	0058	戊午	0097	丁酉
0020	庚辰	0059	己未	0098	戊戌
0021	辛巳	0060	庚申	0099	己亥
0022	壬午	0061	辛酉	0100	庚子
0023	癸未	0062	壬戌	0101	辛丑
0024	甲申	0063	癸亥	0102	壬寅
0025	乙酉	0064	甲子	0103	癸卯
0026	丙戌	0065	乙丑	0104	甲辰
0027	丁亥	0066	丙寅	0105	乙巳
0028	戊子	0067	丁卯	0106	丙午
0029	己丑	0068	戊辰	0107	丁未
0030	庚寅	0069	己巳	0108	戊申
0031	辛卯	0070	庚午	0109	己酉
0032	壬辰	0071	辛未	0110	庚戌
0033	癸巳	0072	壬申	0111	辛亥
0034	甲午	0073	癸酉	0112	壬子
0035	乙未	0074	甲戌	0113	癸丑
0036	丙申	0075	乙亥	0114	甲寅
0037	丁酉	0076	丙子	0115	乙卯
0038	戊戌	0077	丁丑	0116	丙辰
0039	己亥	0078	戊寅	0117	丁巳

0118	戊午	0161	辛丑	0204	甲申
0119	己未	0162	壬寅	0205	乙酉
0120	庚申	0163	癸卯	0206	丙戌
0121	辛酉	0164	甲辰	0207	丁亥
0122	壬戌	0165	乙巳	0208	戊子
0123	癸亥	0166	丙午	0209	己丑
0124	甲子	0167	丁未	0210	庚寅
0125	乙丑	0168	戊申	0211	辛卯
0126	丙寅	0169	己酉	0212	壬辰
0127	丁卯	0170	庚戌	0213	癸巳
0128	戊辰	0171	辛亥	0214	甲午
0129	己巳	0172	壬子	0215	乙未
0130	庚午	0173	癸丑	0216	丙申
0131	辛未	0174	甲寅	0217	丁酉
0132	壬申	0175	乙卯	0218	戊戌
0133	癸酉	0176	丙辰	0219	己亥
0134	甲戌	0177	丁巳	0220	庚子
0135	乙亥	0178	戊午	0221	辛丑
0136	丙子	0179	己未	0222	壬寅
0137	丁丑	0180	庚申	0223	癸卯
0138	戊寅	0181	辛酉	0224	甲辰
0139	己卯	0182	壬戌	0225	乙巳
0140	庚辰	0183	癸亥	0226	丙午
0141	辛巳	0184	甲子	0227	丁未
0142	壬午	0185	乙丑	0228	戊申
0143	癸未	0186	丙寅	0229	己酉
0144	甲申	0187	丁卯	0230	庚戌
0145	乙酉	0188	戊辰	0231	辛亥
0146	丙戌	0189	己巳	0232	壬子
0147	丁亥	0190	庚午	0233	癸丑
0148	戊子	0191	辛未	0234	甲寅
0149	己丑	0192	壬申	0235	乙卯
0150	庚寅	0193	癸酉	0236	丙辰
0151	辛卯	0194	甲戌	0237	丁巳
0152	壬辰	0195	乙亥	0238	戊午
0153	癸巳	0196	丙子	0239	己未
0154	甲午	0197	丁丑	0240	庚申
0155	乙未	0198	戊寅	0241	辛酉
0156	丙申	0199	己卯	0242	壬戌
0157	丁酉	0200	庚辰	0243	癸亥
0158	戊戌	0201	辛巳	0244	甲子
0159	己亥	0202	壬午	0245	乙丑
0160	庚子	0203	癸未	0246	丙寅

0247	丁卯	0290	庚戌	0333	癸巳
0248	戊辰	0291	辛亥	0334	甲午
0249	己巳	0292	壬子	0335	乙未
0250	庚午	0293	癸丑	0336	丙申
0251	辛未	0294	甲寅	0337	丁酉
0252	壬申	0295	乙卯	0338	戊戌
0253	癸酉	0296	丙辰	0339	己亥
0254	甲戌	0297	丁巳	0340	庚子
0255	乙亥	0298	戊午	0341	辛丑
0256	丙子	0299	己未	0342	壬寅
0257	丁丑	0300	庚申	0343	癸卯
0258	戊寅	0301	辛酉	0344	甲辰
0259	己卯	0302	壬戌	0345	乙巳
0260	庚辰	0303	癸亥	0346	丙午
0261	辛巳	0304	甲子	0347	丁未
0262	壬午	0305	乙丑	0348	戊申
0263	癸未	0306	丙寅	0349	己酉
0264	甲申	0307	丁卯	0350	庚戌
0265	乙酉	0308	戊辰	0351	辛亥
0266	丙戌	0309	己巳	0352	壬子
0267	丁亥	0310	庚午	0353	癸丑
0268	戊子	0311	辛未	0354	甲寅
0269	己丑	0312	壬申	0355	乙卯
0270	庚寅	0313	癸酉	0356	丙辰
0271	辛卯	0314	甲戌	0357	丁巳
0272	壬辰	0315	乙亥	0358	戊午
0273	癸巳	0316	丙子	0359	己未
0274	甲午	0317	丁丑	0360	庚申
0275	乙未	0318	戊寅	0361	辛酉
0276	丙申	0319	己卯	0362	壬戌
0277	丁酉	0320	庚辰	0363	癸亥
0278	戊戌	0321	辛巳	0364	甲子
0279	己亥	0322	壬午	0365	乙丑
0280	庚子	0323	癸未	0366	丙寅
0281	辛丑	0324	甲申	0367	丁卯
0282	壬寅	0325	乙酉	0368	戊辰
0283	癸卯	0326	丙戌	0369	己巳
0284	甲辰	0327	丁亥	0370	庚午
0285	乙巳	0328	戊子	0371	辛未
0286	丙午	0329	己丑	0372	壬申
0287	丁未	0330	庚寅	0373	癸酉
0288	戊申	0331	辛卯	0374	甲戌
0289	己酉	0332	壬辰	0375	乙亥

0376	丙子	0419	己未	0462	壬寅
0377	丁丑	0420	庚申	0463	癸卯
0378	戊寅	0421	辛酉	0464	甲辰
0379	己卯	0422	壬戌	0465	乙巳
0380	庚辰	0423	癸亥	0466	丙午
0381	辛巳	0424	甲子	0467	丁未
0382	壬午	0425	乙丑	0468	戊申
0383	癸未	0426	丙寅	0469	己酉
0384	甲申	0427	丁卯	0470	庚戌
0385	乙酉	0428	戊辰	0471	辛亥
0386	丙戌	0429	己巳	0472	壬子
0387	丁亥	0430	庚午	0473	癸丑
0388	戊子	0431	辛未	0474	甲寅
0389	己丑	0432	壬申	0475	乙卯
0390	庚寅	0433	癸酉	0476	丙辰
0391	辛卯	0434	甲戌	0477	丁巳
0392	壬辰	0435	乙亥	0478	戊午
0393	癸巳	0436	丙子	0479	己未
0394	甲午	0437	丁丑	0480	庚申
0395	乙未	0438	戊寅	0481	辛酉
0396	丙申	0439	己卯	0482	壬戌
0397	丁酉	0440	庚辰	0483	癸亥
0398	戊戌	0441	辛巳	0484	甲子
0399	己亥	0442	壬午	0485	乙丑
0400	庚子	0443	癸未	0486	丙寅
0401	辛丑	0444	甲申	0487	丁卯
0402	壬寅	0445	乙酉	0488	戊辰
0403	癸卯	0446	丙戌	0489	己巳
0404	甲辰	0447	丁亥	0490	庚午
0405	乙巳	0448	戊子	0491	辛未
0406	丙午	0449	己丑	0492	壬申
0407	丁未	0450	庚寅	0493	癸酉
0408	戊申	0451	辛卯	0494	甲戌
0409	己酉	0452	壬辰	0495	乙亥
0410	庚戌	0453	癸巳	0496	丙子
0411	辛亥	0454	甲午	0497	丁丑
0412	壬子	0455	乙未	0498	戊寅
0413	癸丑	0456	丙申	0499	己卯
0414	甲寅	0457	丁酉	0500	庚辰
0415	乙卯	0458	戊戌	0501	辛巳
0416	丙辰	0459	己亥	0502	壬午
0417	丁巳	0460	庚子	0503	癸未
0418	戊午	0461	辛丑	0504	甲申

0505	乙酉	0548	戊辰	0591	辛亥
0506	丙戌	0549	己巳	0592	壬子
0507	丁亥	0550	庚午	0593	癸丑
0508	戊子	0551	辛未	0594	甲寅
0509	己丑	0552	壬申	0595	乙卯
0510	庚寅	0553	癸酉	0596	丙辰
0511	辛卯	0554	甲戌	0597	丁巳
0512	壬辰	0555	乙亥	0598	戊午
0513	癸巳	0556	丙子	0599	己未
0514	甲午	0557	丁丑	0600	庚申
0515	乙未	0558	戊寅	0601	辛酉
0516	丙申	0559	己卯	0602	壬戌
0517	丁酉	0560	庚辰	0603	癸亥
0518	戊戌	0561	辛巳	0604	甲子
0519	己亥	0562	壬午	0605	乙丑
0520	庚子	0563	癸未	0606	丙寅
0521	辛丑	0564	甲申	0607	丁卯
0522	壬寅	0565	乙酉	0608	戊辰
0523	癸卯	0566	丙戌	0609	己巳
0524	甲辰	0567	丁亥	0610	庚午
0525	乙巳	0568	戊子	0611	辛未
0526	丙午	0569	己丑	0612	壬申
0527	丁未	0570	庚寅	0613	癸酉
0528	戊申	0571	辛卯	0614	甲戌
0529	己酉	0572	壬辰	0615	乙亥
0530	庚戌	0573	癸巳	0616	丙子
0531	辛亥	0574	甲午	0617	丁丑
0532	壬子	0575	乙未	0618	戊寅
0533	癸丑	0576	丙申	0619	己卯
0534	甲寅	0577	丁酉	0620	庚辰
0535	乙卯	0578	戊戌	0621	辛巳
0536	丙辰	0579	己亥	0622	壬午
0537	丁巳	0580	庚子	0623	癸未
0538	戊午	0581	辛丑	0624	甲申
0539	己未	0582	壬寅	0625	乙酉
0540	庚申	0583	癸卯	0626	丙戌
0541	辛酉	0584	甲辰	0627	丁亥
0542	壬戌	0585	乙巳	0628	戊子
0543	癸亥	0586	丙午	0629	己丑
0544	甲子	0587	丁未	0630	庚寅
0545	乙丑	0588	戊申	0631	辛卯
0546	丙寅	0589	己酉	0632	壬辰
0547	丁卯	0590	庚戌	0633	癸巳

0634	甲午	0677	丁丑	0720	庚申
0635	乙未	0678	戊寅	0721	辛酉
0636	丙申	0679	己卯	0722	壬戌
0637	丁酉	0680	庚辰	0723	癸亥
0638	戊戌	0681	辛巳	0724	甲子
0639	己亥	0682	壬午	0725	乙丑
0640	庚子	0683	癸未	0726	丙寅
0641	辛丑	0684	甲申	0727	丁卯
0642	壬寅	0685	乙酉	0728	戊辰
0643	癸卯	0686	丙戌	0729	己巳
0644	甲辰	0687	丁亥	0730	庚午
0645	乙巳	0688	戊子	0731	辛未
0646	丙午	0689	己丑	0732	壬申
0647	丁未	0690	庚寅	0733	癸酉
0648	戊申	0691	辛卯	0734	甲戌
0649	己酉	0692	壬辰	0735	乙亥
0650	庚戌	0693	癸巳	0736	丙子
0651	辛亥	0694	甲午	0737	丁丑
0652	壬子	0695	乙未	0738	戊寅
0653	癸丑	0696	丙申	0739	己卯
0654	甲寅	0697	丁酉	0740	庚辰
0655	乙卯	0698	戊戌	0741	辛巳
0656	丙辰	0699	己亥	0742	壬午
0657	丁巳	0700	庚子	0743	癸未
0658	戊午	0701	辛丑	0744	甲申
0659	己未	0702	壬寅	0745	乙酉
0660	庚申	0703	癸卯	0746	丙戌
0661	辛酉	0704	甲辰	0747	丁亥
0662	壬戌	0705	乙巳	0748	戊子
0663	癸亥	0706	丙午	0749	己丑
0664	甲子	0707	丁未	0750	庚寅
0665	乙丑	0708	戊申	0751	辛卯
0666	丙寅	0709	己酉	0752	壬辰
0667	丁卯	0710	庚戌	0753	癸巳
0668	戊辰	0711	辛亥	0754	甲午
0669	己巳	0712	壬子	0755	乙未
0670	庚午	0713	癸丑	0756	丙申
0671	辛未	0714	甲寅	0757	丁酉
0672	壬申	0715	乙卯	0758	戊戌
0673	癸酉	0716	丙辰	0759	己亥
0674	甲戌	0717	丁巳	0760	庚子
0675	乙亥	0718	戊午	0761	辛丑
0676	丙子	0719	己未	0762	壬寅

0763	癸卯	0806	丙戌	0849	己巳
0764	甲辰	0807	丁亥	0850	庚午
0765	乙巳	0808	戊子	0851	辛未
0766	丙午	0809	己丑	0852	壬申
0767	丁未	0810	庚寅	0853	癸酉
0768	戊申	0811	辛卯	0854	甲戌
0769	己酉	0812	壬辰	0855	乙亥
0770	庚戌	0813	癸巳	0856	丙子
0771	辛亥	0814	甲午	0857	丁丑
0772	壬子	0815	乙未	0858	戊寅
0773	癸丑	0816	丙申	0859	己卯
0774	甲寅	0817	丁酉	0860	庚辰
0775	乙卯	0818	戊戌	0861	辛巳
0776	丙辰	0819	己亥	0862	壬午
0777	丁巳	0820	庚子	0863	癸未
0778	戊午	0821	辛丑	0864	甲申
0779	己未	0822	壬寅	0865	乙酉
0780	庚申	0823	癸卯	0866	丙戌
0781	辛酉	0824	甲辰	0867	丁亥
0782	壬戌	0825	乙巳	0868	戊子
0783	癸亥	0826	丙午	0869	己丑
0784	甲子	0827	丁未	0870	庚寅
0785	乙丑	0828	戊申	0871	辛卯
0786	丙寅	0829	己酉	0872	壬辰
0787	丁卯	0830	庚戌	0873	癸巳
0788	戊辰	0831	辛亥	0874	甲午
0789	己巳	0832	壬子	0875	乙未
0790	庚午	0833	癸丑	0876	丙申
0791	辛未	0834	甲寅	0877	丁酉
0792	壬申	0835	乙卯	0878	戊戌
0793	癸酉	0836	丙辰	0879	己亥
0794	甲戌	0837	丁巳	0880	庚子
0795	乙亥	0838	戊午	0881	辛丑
0796	丙子	0839	己未	0882	壬寅
0797	丁丑	0840	庚申	0883	癸卯
0798	戊寅	0841	辛酉	0884	甲辰
0799	己卯	0842	壬戌	0885	乙巳
0800	庚辰	0843	癸亥	0886	丙午
0801	辛巳	0844	甲子	0887	丁未
0802	壬午	0845	乙丑	0888	戊申
0803	癸未	0846	丙寅	0889	己酉
0804	甲申	0847	丁卯	0890	庚戌
0805	乙酉	0848	戊辰	0891	辛亥

0892	壬子	0935	乙未	0978	戊寅
0893	癸丑	0936	丙申	0979	己卯
0894	甲寅	0937	丁酉	0980	庚辰
0895	乙卯	0938	戊戌	0981	辛巳
0896	丙辰	0939	己亥	0982	壬午
0897	丁巳	0940	庚子	0983	癸未
0898	戊午	0941	辛丑	0984	甲申
0899	己未	0942	壬寅	0985	乙酉
0900	庚申	0943	癸卯	0986	丙戌
0901	辛酉	0944	甲辰	0987	丁亥
0902	壬戌	0945	乙巳	0988	戊子
0903	癸亥	0946	丙午	0989	己丑
0904	甲子	0947	丁未	0990	庚寅
0905	乙丑	0948	戊申	0991	辛卯
0906	丙寅	0949	己酉	0992	壬辰
0907	丁卯	0950	庚戌	0993	癸巳
0908	戊辰	0951	辛亥	0994	甲午
0909	己巳	0952	壬子	0995	乙未
0910	庚午	0953	癸丑	0996	丙申
0911	辛未	0954	甲寅	0997	丁酉
0912	壬申	0955	乙卯	0998	戊戌
0913	癸酉	0956	丙辰	0999	己亥
0914	甲戌	0957	丁巳	1000	庚子
0915	乙亥	0958	戊午	1001	辛丑
0916	丙子	0959	己未	1002	壬寅
0917	丁丑	0960	庚申	1003	癸卯
0918	戊寅	0961	辛酉	1004	甲辰
0919	己卯	0962	壬戌	1005	乙巳
0920	庚辰	0963	癸亥	1006	丙午
0921	辛巳	0964	甲子	1007	丁未
0922	壬午	0965	乙丑	1008	戊申
0923	癸未	0966	丙寅	1009	己酉
0924	甲申	0967	丁卯	1010	庚戌
0925	乙酉	0968	戊辰	1011	辛亥
0926	丙戌	0969	己巳	1012	壬子
0927	丁亥	0970	庚午	1013	癸丑
0928	戊子	0971	辛未	1014	甲寅
0929	己丑	0972	壬申	1015	乙卯
0930	庚寅	0973	癸酉	1016	丙辰
0931	辛卯	0974	甲戌	1017	丁巳
0932	壬辰	0975	乙亥	1018	戊午
0933	癸巳	0976	丙子	1019	己未
0934	甲午	0977	丁丑	1020	庚申

1021	辛酉	1064	甲辰	1107	丁亥
1022	壬戌	1065	乙巳	1108	戊子
1023	癸亥	1066	丙午	1109	己丑
1024	甲子	1067	丁未	1110	庚寅
1025	乙丑	1068	戊申	1111	辛卯
1026	丙寅	1069	己酉	1112	壬辰
1027	丁卯	1070	庚戌	1113	癸巳
1028	戊辰	1071	辛亥	1114	甲午
1029	己巳	1072	壬子	1115	乙未
1030	庚午	1073	癸丑	1116	丙申
1031	辛未	1074	甲寅	1117	丁酉
1032	壬申	1075	乙卯	1118	戊戌
1033	癸酉	1076	丙辰	1119	己亥
1034	甲戌	1077	丁巳	1120	庚子
1035	乙亥	1078	戊午	1121	辛丑
1036	丙子	1079	己未	1122	壬寅
1037	丁丑	1080	庚申	1123	癸卯
1038	戊寅	1081	辛酉	1124	甲辰
1039	己卯	1082	壬戌	1125	乙巳
1040	庚辰	1083	癸亥	1126	丙午
1041	辛巳	1084	甲子	1127	丁未
1042	壬午	1085	乙丑	1128	戊申
1043	癸未	1086	丙寅	1129	己酉
1044	甲申	1087	丁卯	1130	庚戌
1045	乙酉	1088	戊辰	1131	辛亥
1046	丙戌	1089	己巳	1132	壬子
1047	丁亥	1090	庚午	1133	癸丑
1048	戊子	1091	辛未	1134	甲寅
1049	己丑	1092	壬申	1135	乙卯
1050	庚寅	1093	癸酉	1136	丙辰
1051	辛卯	1094	甲戌	1137	丁巳
1052	壬辰	1095	乙亥	1138	戊午
1053	癸巳	1096	丙子	1139	己未
1054	甲午	1097	丁丑	1140	庚申
1055	乙未	1098	戊寅	1141	辛酉
1056	丙申	1099	己卯	1142	壬戌
1057	丁酉	1100	庚辰	1143	癸亥
1058	戊戌	1101	辛巳	1144	甲子
1059	己亥	1102	壬午	1145	乙丑
1060	庚子	1103	癸未	1146	丙寅
1061	辛丑	1104	甲申	1147	丁卯
1062	壬寅	1105	乙酉	1148	戊辰
1063	癸卯	1106	丙戌	1149	己巳

1150	庚午	1193	癸丑	1236	丙申
1151	辛未	1194	甲寅	1237	丁酉
1152	壬申	1195	乙卯	1238	戊戌
1153	癸酉	1196	丙辰	1239	己亥
1154	甲戌	1197	丁巳	1240	庚子
1155	乙亥	1198	戊午	1241	辛丑
1156	丙子	1199	己未	1242	壬寅
1157	丁丑	1200	庚申	1243	癸卯
1158	戊寅	1201	辛酉	1244	甲辰
1159	己卯	1202	壬戌	1245	乙巳
1160	庚辰	1203	癸亥	1246	丙午
1161	辛巳	1204	甲子	1247	丁未
1162	壬午	1205	乙丑	1248	戊申
1163	癸未	1206	丙寅	1249	己酉
1164	甲申	1207	丁卯	1250	庚戌
1165	乙酉	1208	戊辰	1251	辛亥
1166	丙戌	1209	己巳	1252	壬子
1167	丁亥	1210	庚午	1253	癸丑
1168	戊子	1211	辛未	1254	甲寅
1169	己丑	1212	壬申	1255	乙卯
1170	庚寅	1213	癸酉	1256	丙辰
1171	辛卯	1214	甲戌	1257	丁巳
1172	壬辰	1215	乙亥	1258	戊午
1173	癸巳	1216	丙子	1259	己未
1174	甲午	1217	丁丑	1260	庚申
1175	乙未	1218	戊寅	1261	辛酉
1176	丙申	1219	己卯	1262	壬戌
1177	丁酉	1220	庚辰	1263	癸亥
1178	戊戌	1221	辛巳	1264	甲子
1179	己亥	1222	壬午	1265	乙丑
1180	庚子	1223	癸未	1266	丙寅
1181	辛丑	1224	甲申	1267	丁卯
1182	壬寅	1225	乙酉	1268	戊辰
1183	癸卯	1226	丙戌	1269	己巳
1184	甲辰	1227	丁亥	1270	庚午
1185	乙巳	1228	戊子	1271	辛未
1186	丙午	1229	己丑	1272	壬申
1187	丁未	1230	庚寅	1273	癸酉
1188	戊申	1231	辛卯	1274	甲戌
1189	己酉	1232	壬辰	1275	乙亥
1190	庚戌	1233	癸巳	1276	丙子
1191	辛亥	1234	甲午	1277	丁丑
1192	壬子	1235	乙未	1278	戊寅

1279	己卯	1322	壬戌	1365	乙巳
1280	庚辰	1323	癸亥	1366	丙午
1281	辛巳	1324	甲子	1367	丁未
1282	壬午	1325	乙丑	1368	戊申
1283	癸未	1326	丙寅	1369	己酉
1284	甲申	1327	丁卯	1370	庚戌
1285	乙酉	1328	戊辰	1371	辛亥
1286	丙戌	1329	己巳	1372	壬子
1287	丁亥	1330	庚午	1373	癸丑
1288	戊子	1331	辛未	1374	甲寅
1289	己丑	1332	壬申	1375	乙卯
1290	庚寅	1333	癸酉	1376	丙辰
1291	辛卯	1334	甲戌	1377	丁巳
1292	壬辰	1335	乙亥	1378	戊午
1293	癸巳	1336	丙子	1379	己未
1294	甲午	1337	丁丑	1380	庚申
1295	乙未	1338	戊寅	1381	辛酉
1296	丙申	1339	己卯	1382	壬戌
1297	丁酉	1340	庚辰	1383	癸亥
1298	戊戌	1341	辛巳	1384	甲子
1299	己亥	1342	壬午	1385	乙丑
1300	庚子	1343	癸未	1386	丙寅
1301	辛丑	1344	甲申	1387	丁卯
1302	壬寅	1345	乙酉	1388	戊辰
1303	癸卯	1346	丙戌	1389	己巳
1304	甲辰	1347	丁亥	1390	庚午
1305	乙巳	1348	戊子	1391	辛未
1306	丙午	1349	己丑	1392	壬申
1307	丁未	1350	庚寅	1393	癸酉
1308	戊申	1351	辛卯	1394	甲戌
1309	己酉	1352	壬辰	1395	乙亥
1310	庚戌	1353	癸巳	1396	丙子
1311	辛亥	1354	甲午	1397	丁丑
1312	壬子	1355	乙未	1398	戊寅
1313	癸丑	1356	丙申	1399	己卯
1314	甲寅	1357	丁酉	1400	庚辰
1315	乙卯	1358	戊戌	1401	辛巳
1316	丙辰	1359	己亥	1402	壬午
1317	丁巳	1360	庚子	1403	癸未
1318	戊午	1361	辛丑	1404	甲申
1319	己未	1362	壬寅	1405	乙酉
1320	庚申	1363	癸卯	1406	丙戌
1321	辛酉	1364	甲辰	1407	丁亥

1408	戊子	1451	辛未	1494	甲寅
1409	己丑	1452	壬申	1495	乙卯
1410	庚寅	1453	癸酉	1496	丙辰
1411	辛卯	1454	甲戌	1497	丁巳
1412	壬辰	1455	乙亥	1498	戊午
1413	癸巳	1456	丙子	1499	己未
1414	甲午	1457	丁丑	1500	庚申
1415	乙未	1458	戊寅	1501	辛酉
1416	丙申	1459	己卯	1502	壬戌
1417	丁酉	1460	庚辰	1503	癸亥
1418	戊戌	1461	辛巳	1504	甲子
1419	己亥	1462	壬午	1505	乙丑
1420	庚子	1463	癸未	1506	丙寅
1421	辛丑	1464	甲申	1507	丁卯
1422	壬寅	1465	乙酉	1508	戊辰
1423	癸卯	1466	丙戌	1509	己巳
1424	甲辰	1467	丁亥	1510	庚午
1425	乙巳	1468	戊子	1511	辛未
1426	丙午	1469	己丑	1512	壬申
1427	丁未	1470	庚寅	1513	癸酉
1428	戊申	1471	辛卯	1514	甲戌
1429	己酉	1472	壬辰	1515	乙亥
1430	庚戌	1473	癸巳	1516	丙子
1431	辛亥	1474	甲午	1517	丁丑
1432	壬子	1475	乙未	1518	戊寅
1433	癸丑	1476	丙申	1519	己卯
1434	甲寅	1477	丁酉	1520	庚辰
1435	乙卯	1478	戊戌	1521	辛巳
1436	丙辰	1479	己亥	1522	壬午
1437	丁巳	1480	庚子	1523	癸未
1438	戊午	1481	辛丑	1524	甲申
1439	己未	1482	壬寅	1525	乙酉
1440	庚申	1483	癸卯	1526	丙戌
1441	辛酉	1484	甲辰	1527	丁亥
1442	壬戌	1485	乙巳	1528	戊子
1443	癸亥	1486	丙午	1529	己丑
1444	甲子	1487	丁未	1530	庚寅
1445	乙丑	1488	戊申	1531	辛卯
1446	丙寅	1489	己酉	1532	壬辰
1447	丁卯	1490	庚戌	1533	癸巳
1448	戊辰	1491	辛亥	1534	甲午
1449	己巳	1492	壬子	1535	乙未
1450	庚午	1493	癸丑	1536	丙申

1537	丁酉	1580	庚辰	1623	癸亥
1538	戊戌	1581	辛巳	1624	甲子
1539	己亥	1582	壬午	1625	乙丑
1540	庚子	1583	癸未	1626	丙寅
1541	辛丑	1584	甲申	1627	丁卯
1542	壬寅	1585	乙酉	1628	戊辰
1543	癸卯	1586	丙戌	1629	己巳
1544	甲辰	1587	丁亥	1630	庚午
1545	乙巳	1588	戊子	1631	辛未
1546	丙午	1589	己丑	1632	壬申
1547	丁未	1590	庚寅	1633	癸酉
1548	戊申	1591	辛卯	1634	甲戌
1549	己酉	1592	壬辰	1635	乙亥
1550	庚戌	1593	癸巳	1636	丙子
1551	辛亥	1594	甲午	1637	丁丑
1552	壬子	1595	乙未	1638	戊寅
1553	癸丑	1596	丙申	1639	己卯
1554	甲寅	1597	丁酉	1640	庚辰
1555	乙卯	1598	戊戌	1641	辛巳
1556	丙辰	1599	己亥	1642	壬午
1557	丁巳	1600	庚子	1643	癸未
1558	戊午	1601	辛丑	1644	甲申
1559	己未	1602	壬寅	1645	乙酉
1560	庚申	1603	癸卯	1646	丙戌
1561	辛酉	1604	甲辰	1647	丁亥
1562	壬戌	1605	乙巳	1648	戊子
1563	癸亥	1606	丙午	1649	己丑
1564	甲子	1607	丁未	1650	庚寅
1565	乙丑	1608	戊申	1651	辛卯
1566	丙寅	1609	己酉	1652	壬辰
1567	丁卯	1610	庚戌	1653	癸巳
1568	戊辰	1611	辛亥	1654	甲午
1569	己巳	1612	壬子	1655	乙未
1570	庚午	1613	癸丑	1656	丙申
1571	辛未	1614	甲寅	1657	丁酉
1572	壬申	1615	乙卯	1658	戊戌
1573	癸酉	1616	丙辰	1659	己亥
1574	甲戌	1617	丁巳	1660	庚子
1575	乙亥	1618	戊午	1661	辛丑
1576	丙子	1619	己未	1662	壬寅
1577	丁丑	1620	庚申	1663	癸卯
1578	戊寅	1621	辛酉	1664	甲辰
1579	己卯	1622	壬戌	1665	乙巳

1666	丙午	1709	己丑	1752	壬申
1667	丁未	1710	庚寅	1753	癸酉
1668	戊申	1711	辛卯	1754	甲戌
1669	己酉	1712	壬辰	1755	乙亥
1670	庚戌	1713	癸巳	1756	丙子
1671	辛亥	1714	甲午	1757	丁丑
1672	壬子	1715	乙未	1758	戊寅
1673	癸丑	1716	丙申	1759	己卯
1674	甲寅	1717	丁酉	1760	庚辰
1675	乙卯	1718	戊戌	1761	辛巳
1676	丙辰	1719	己亥	1762	壬午
1677	丁巳	1720	庚子	1763	癸未
1678	戊午	1721	辛丑	1764	甲申
1679	己未	1722	壬寅	1765	乙酉
1680	庚申	1723	癸卯	1766	丙戌
1681	辛酉	1724	甲辰	1767	丁亥
1682	壬戌	1725	乙巳	1768	戊子
1683	癸亥	1726	丙午	1769	己丑
1684	甲子	1727	丁未	1770	庚寅
1685	乙丑	1728	戊申	1771	辛卯
1686	丙寅	1729	己酉	1772	壬辰
1687	丁卯	1730	庚戌	1773	癸巳
1688	戊辰	1731	辛亥	1774	甲午
1689	己巳	1732	壬子	1775	乙未
1690	庚午	1733	癸丑	1776	丙申
1691	辛未	1734	甲寅	1777	丁酉
1692	壬申	1735	乙卯	1778	戊戌
1693	癸酉	1736	丙辰	1779	己亥
1694	甲戌	1737	丁巳	1780	庚子
1695	乙亥	1738	戊午	1781	辛丑
1696	丙子	1739	己未	1782	壬寅
1697	丁丑	1740	庚申	1783	癸卯
1698	戊寅	1741	辛酉	1784	甲辰
1699	己卯	1742	壬戌	1785	乙巳
1700	庚辰	1743	癸亥	1786	丙午
1701	辛巳	1744	甲子	1787	丁未
1702	壬午	1745	乙丑	1788	戊申
1703	癸未	1746	丙寅	1789	己酉
1704	甲申	1747	丁卯	1790	庚戌
1705	乙酉	1748	戊辰	1791	辛亥
1706	丙戌	1749	己巳	1792	壬子
1707	丁亥	1750	庚午	1793	癸丑
1708	戊子	1751	辛未	1794	甲寅

1795	乙卯	1838	戊戌	1881	辛巳
1796	丙辰	1839	己亥	1882	壬午
1797	丁巳	1840	庚子	1883	癸未
1798	戊午	1841	辛丑	1884	甲申
1799	己未	1842	壬寅	1885	乙酉
1800	庚申	1843	癸卯	1886	丙戌
1801	辛酉	1844	甲辰	1887	丁亥
1802	壬戌	1845	乙巳	1888	戊子
1803	癸亥	1846	丙午	1889	己丑
1804	甲子	1847	丁未	1890	庚寅
1805	乙丑	1848	戊申	1891	辛卯
1806	丙寅	1849	己酉	1892	壬辰
1807	丁卯	1850	庚戌	1893	癸巳
1808	戊辰	1851	辛亥	1894	甲午
1809	己巳	1852	壬子	1895	乙未
1810	庚午	1853	癸丑	1896	丙申
1811	辛未	1854	甲寅	1897	丁酉
1812	壬申	1855	乙卯	1898	戊戌
1813	癸酉	1856	丙辰	1899	己亥
1814	甲戌	1857	丁巳	1900	庚子
1815	乙亥	1858	戊午	1901	辛丑
1816	丙子	1859	己未	1902	壬寅
1817	丁丑	1860	庚申	1903	癸卯
1818	戊寅	1861	辛酉	1904	甲辰
1819	己卯	1862	壬戌	1905	乙巳
1820	庚辰	1863	癸亥	1906	丙午
1821	辛巳	1864	甲子	1907	丁未
1822	壬午	1865	乙丑	1908	戊申
1823	癸未	1866	丙寅	1909	己酉
1824	甲申	1867	丁卯	1910	庚戌
1825	乙酉	1868	戊辰	1911	辛亥
1826	丙戌	1869	己巳	1912	壬子
1827	丁亥	1870	庚午	1913	癸丑
1828	戊子	1871	辛未	1914	甲寅
1829	己丑	1872	壬申	1915	乙卯
1830	庚寅	1873	癸酉	1916	丙辰
1831	辛卯	1874	甲戌	1917	丁巳
1832	壬辰	1875	乙亥	1918	戊午
1833	癸巳	1876	丙子	1919	己未
1834	甲午	1877	丁丑	1920	庚申
1835	乙未	1878	戊寅	1921	辛酉
1836	丙申	1879	己卯	1922	壬戌
1837	丁酉	1880	庚辰	1923	癸亥

1924	甲子	1960	庚子	1996	丙子
1925	乙丑	1961	辛丑	1997	丁丑
1926	丙寅	1962	壬寅	1998	戊寅
1927	丁卯	1963	癸卯	1999	己卯
1928	戊辰	1964	甲辰	2000	庚辰
1929	己巳	1965	乙巳	2001	辛巳
1930	庚午	1966	丙午	2002	壬午
1931	辛未	1967	丁未	2003	癸未
1932	壬申	1968	戊申	2004	甲申
1933	癸酉	1969	己酉	2005	乙酉
1934	甲戌	1970	庚戌	2006	丙戌
1935	乙亥	1971	辛亥	2007	丁亥
1936	丙子	1972	壬子	2008	戊子
1937	丁丑	1973	癸丑	2009	己丑
1938	戊寅	1974	甲寅	2010	庚寅
1939	己卯	1975	乙卯	2011	辛卯
1940	庚辰	1976	丙辰	2012	壬辰
1941	辛巳	1977	丁巳	2013	癸巳
1942	壬午	1978	戊午	2014	甲午
1943	癸未	1979	己未	2015	乙未
1944	甲申	1980	庚申	2016	丙申
1945	乙酉	1981	辛酉	2017	丁酉
1946	丙戌	1982	壬戌	2018	戊戌
1947	丁亥	1983	癸亥	2019	己亥
1948	戊子	1984	甲子	2020	庚子
1949	己丑	1985	乙丑	2021	辛丑
1950	庚寅	1986	丙寅	2022	壬寅
1951	辛卯	1987	丁卯	2023	癸卯
1952	壬辰	1988	戊辰	2024	甲辰
1953	癸巳	1989	己巳	2025	乙巳
1954	甲午	1990	庚午	2026	丙午
1955	乙未	1991	辛未	2027	丁未
1956	丙申	1992	壬申	2028	戊申
1957	丁酉	1993	癸酉	2029	己酉
1958	戊戌	1994	甲戌	2030	庚戌
1959	己亥	1995	乙亥		

nachimban

나침반

Compass

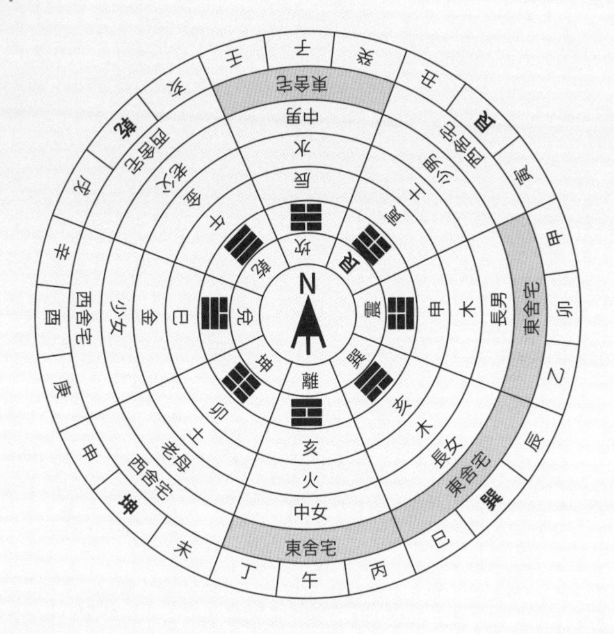

우리나라의 윤도판은 방위를 나타내는 나침반이지만 단순히 방향만을 나타내지 않고 양택과 풍수 등 인문과 자연을 동시에 이해할 수 있도록 되어 있다. 그래서 여러 개의 원이 그려져 있으며 각 원에는 각기 다른 내용이 기록되어 있다. 제일 안쪽의 원은 방향을 나타내는 나침반이고 다음은 음양사상에 따른 팔괘가 글과 기호로 표시되어 있다. 다음은 오행사상에 따른 방위별 물성을 나타내는 흙, 물, 나무, 불, 쇠가 있으며 그 외곽으로는 양택론에 의한 사람별 길방의 표시와 동사택, 서사택이 나타나 있다. 제일 외곽으로는 십이지가 표시되어 있다. 윤도판은 건축전공자들뿐만 아니라 풍수가를 비롯해 다양한 계층이 여러 용도로 사용할 수 있도록 되어 있어서 많은 사람들의 필수품이 었다.

찾아보기

* 귀틀(gwiteul) refer to a structural member and therefore is translated according to context.

ㄴ

ㅁ

ㅂ

ㅇ

ㅊ

ㅍ

ㅎ

참고문헌

조선시대 각종《의궤(儀軌)》

경기도,《경기도 문화재대관(국가지정편, 경기도지정편)》, 1989

경기문화재단,《경기도의 성곽》, 2003

__________,《국역증보 화성성역의궤(상중하)》, 2005

__________,《화성성역의궤 건축용어집》, 2007

곽철환,《불교 길라잡이》, 시공사, 2001

국립문화재연구소,《운반용구》, 1997

______________,《한국고고학전문사전》, 2012

국립민속박물관,《한국 의식주 생활사전》, 2019

국립부여박물관,《백제의 도량형》, 2003

김도경,〈한국 고대 목조건축의 형성과정에 관한 연구〉, 고려대학교 박사논문, 2000.1

_____,《한옥살림집을 짓다》, 현암사, 2004

김동욱,《18세기 건축사상과 실천 - 수원성》, 발언, 1996

_____,《조선시대 건축의 이해》, 서울대출판부, 1999

_____,《한국건축의 역사》, 기문당, 1997

김동현,《서울의 궁궐건축》, 시공사, 2002

_____,《한국고건축단장(하)》, 동산문화사, 1975

_____,《한국목조건축의 기법》, 발언, 1993

김영모,《알기쉬운 전통조경 시설사전》, 동녘, 2012

김왕직,《그림으로 보는 한국건축용어》, 발언, 2000

_____,〈건축의궤서에 나타난 창호명칭에 관한연구〉,《동악미술사학》 제3호, 동악미술사학회, 2002.12

김우림,〈조선시대 묘제의 이해〉,《파평윤씨 정정공파 묘역조사 보고서》, 고려대학교박물관, 2003

김원중 편저,《허사사전》, 현암사, 1995

김정기,《한국목조건축》, 일지사, 1989

김지민,《한국의 유교건축》, 발언, 1993

김홍식,《민가》, 한길사, 1992

대한건축학회,《한국건축사》, 기문당, 2000

동이문화연구원,《신라의 기와》, 동산문화사, 1976

문기현,《사진과 도면으로 보는 한옥짓기》, 한국문화재보호재단, 2004

문화재청,《문화재수리표준시방서》, 문화재청, 2005
______,《조선시대 궁궐용어해설》, 2009
민덕식,〈고구려 평양성의 도시형태와 설계〉,《고구려연구》 제15집, 2003
민병현,《한국정원문화》, 예경산업사, 1991
박성형,《甓甎》, 시공문화사, 2010
박성훈,《단위어사전》, 민중서림, 1998
박언곤,《한국의 정자》, 대원사, 1989
박홍국,《한국의 전탑연구》, 학연문화사, 1998
배대온,《이두사전》, 형설출판사, 2003
서울특별시사편찬위원회,《국역 서궐영건도감의궤》, 2003
성곽연구회,《한국성곽 용어사전》, 국가유산청, 2019
손영식,《옛다리》, 대원사, 1990
______,《한국성곽의 연구》, 문화공보부문화재관리국, 1987
신영훈,《한국고건축단장(상)》, 동산문화사, 1975
______,《한국의 살림집》, 열화당, 1983
심정보,《한국읍성의 연구》, 학연문화사, 1995
영건의궤연구회,《영건의궤: 의궤에 기록된 조선시대 건축》, 동녘, 2010
윤내현,《고조선연구》, 일지사, 1994
______,《한국열국사연구》, 지식산업사, 1999
윤장섭,《한국건축사론》, 기문당, 1997
______,《한국의 건축》, 서울대출판부, 2002.12
이병건,《발해건축의 이해》, 백산자료원, 2003
이상해,《궁궐 - 유교건축》, 솔, 2004
______,《서원》, 열화당, 1998
이윤화,《중국고전건축의 원리》, 이상해외 역, 시공사, 2005
이정미,〈고려시대 주거건축에 관한 문헌연구〉, 청주대학교 박사논문, 2004
장경호,《아름다운 백제건축》, 주류성, 2004
______,《한국의 전통건축》, 문화출판사, 1996
장기인,《기와(한국건축대계VI)》, 보성각, 1996
______,《단청(한국건축대계III)》, 보성각, 1997
______,《목조(한국건축대계V)》, 보성각, 1998
______,《창호(한국건축대계I)》, 보성각, 1996
______,《한국건축사전(한국건축대계IV)》, 보성각, 1998
장영기,〈조선시대 궁궐 장식기와 잡상의 기원과 의미〉, 국민대학교 대학원, 2004
전재성 역,《힌두교의 그림언어》, 동문선, 1994

장지영·장세경,《이두사전》, 산호, 1991
정기철,〈17세기 사림의 묘침제 인식과 서원영건〉, 서울대박사논문, 1999
정명호,《한국의 석등양식》, 민족문화사, 1994
정인국,《한국건축양식론》, 일지사, 1995
주남철,《한국건축사》, 고려대출판부, 2007
______,《한국건축의장》, 일지사, 2003
______,《한국의 목조건축》, 서울대출판부, 1999.9
______,《한국의 문과창호》, 대원사, 2001
______,《한국의 전통민가》, 아르케, 2000
중앙문화재연구원,《한국고고학 전문용어집》, 2018
한국건축개념사전 기획위원회,《한국건축 개념사전》, 동녘, 2013
한국문원편집실,《문화유산 왕릉》, (주)한국문원, 1995
한국역사연구회,《고려의 황도 개경》, 창작과비평사, 2002
《강릉 객사문 수리보고서》, 문화재청, 2004
《강릉 문묘 대성전 실측조사보고서》, 문화재청, 2000
《강릉 오죽헌 실측조사보고서》, 문화재청, 2000
《강진 무위사극락전 수리보고서, 문화재관리국, 1984
《강화 정수사 법당 수리보고서》, 문화재청, 2004
《개심사 대웅전 실측조사보고서》, 문화재청, 2001
《경기도지정문화재실측조사보고서 상, 하 - 흥국사, 신륵사, 칠장사》, 경기도, 1996
《경기도지정문화재실측조사보고서 - 용주사, 보광사》, 경기도, 1989
《경복궁 근정전 수리보고서》, 문화재청, 2003
《국역 태학지》, 성균관
《귀신사 대적광전 수리보고서》, 문화재청, 2005
《기림사 대적광전 해체실측조사보고서》, 문화재청, 1997
《논산 쌍계사 대웅전 실측조사보고서》, 문화재청, 1999
《덕수궁 중화전 실측조사보고서》, 문화재청, 2001
《무위사 극락전 수리보고서》, 문화재청, 2004
《범어사 대웅전 수리보고서》, 부산광역시, 2004
《법주사 대웅전 실측수리보고서》, 문화재청, 2005
《봉정사 극락전 수리보고서》, 문화재청, 2003
《봉정사 대웅전 수리보고서》, 안동시, 2004
《부석사 무량수전 수리보고서》, 문화재청, 2002
《부석사 조사당 수리보고서》, 문화재청, 2005
《불갑사 대웅전 수리보고서》, 문화재청, 2004

《불회사 대웅전 수리보고서》, 문화재청, 2002
《선암사 대웅전 수리보고서》, 문화재청, 2002
《선운사 대웅전 수리보고서》, 문화재청, 2005
《수덕사 대웅전 수리보고서》, 문화재청, 2005
《숭례문 실측조사보고서》, 서울시 중구, 2006
《숭림사 보광전 수리보고서》, 문화재청, 2002
《율곡사 대웅전 수리보고서》, 문화재청, 2003
《은해사 거조암 영산전 실측조사보고서》, 문화재청, 2004
《임청각 정침 군자정 실측조사보고서》, 문화재청, 2001
《전주객사 수리실측보고서》, 문화재청, 2004
《창덕궁 인정전 실측조사보고서》, 문화재관리국, 1998
《피향정 수리보고서》, 문화재청, 2001
《화암사 극락전 수리보고서》, 문화재청, 2004
《한국의 고건축》 8권, 국립 문화재 연구소, 1986
《한국의 고건축》 12권, 국립 문화재 연구소, 1990
《한국의 고건축》 15권, 국립 문화재 연구소, 1993
《한국의 고건축》 16권, 국립 문화재 연구소, 1994
《한국의 고건축》 17권, 국립 문화재 연구소, 1995
《한국의 고건축》 18권, 국립 문화재 연구소, 1996
《한국의 고건축》 19권, 국립 문화재 연구소, 1997
《한국의 고건축》 21권, 국립 문화재 연구소, 1999
《한국의 고건축》 22권, 국립 문화재 연구소, 2000
張家驥, 《中國建築論》, 山西人民出版社, 2003
北京市文物研究所, 《中國古代建築辭典》, 中國書店, 1992
吉林省文物考古研究所·集安市博物館編著, 《國內城》, 文物出版社, 2004
宮元健次, 《日本庭園のみかた》, 學藝出版社, 2000
前久夫, 《古建築圖典》, 東京美術, 昭和60年
井上光貞, 《圖說 歷史散步事典》, 山川出版社, 1999
松井郁夫·小林一元·宮越喜彦, 《木造住宅〈私家版〉仕樣書 - 架構編》, 建築知識, 1998
木造建築研究フォラム, 《圖說 木造建築事典》, 學藝出版社, 1995
西和夫, 《圖解古建築入門》, 彰國社, 1998
東潮·田中俊明, 《高句麗の歷史と遺蹟》, 中央公論社, 1995